2 次関数

1 定義域・値域

関数 $y=f(x)$ において

定義域　変数 x のとる値の範囲

値　域　定義域の x の値に対応して y がとる値の範囲

2 1 次関数 $y=ax+b$ のグラフ

傾きが a で y 軸上の切片が b の直線。

3 1 次関数 $y=ax+b$ $(p\leqq x\leqq q)$ の最大・最小

$a>0$ のとき　$x=q$ で最大，$x=p$ で最小

$a<0$ のとき　$x=p$ で最大，$x=q$ で最小

4 $y=ax^2$ のグラフ

・y 軸に関して対称な放物線

・$a>0$ のとき下に凸

・$a<0$ のとき上に凸

5 $y=a(x-p)^2+p$ のグラフ

$y=ax^2$ のグラフを，x 軸方向に p，y 軸方向に q だけ平行移動した放物線

頂点は点 $(p,\ q)$，軸は直線 $x=p$

6 $y=ax^2+bx+c$ のグラフ

$y=a\left(x+\dfrac{b}{2a}\right)^2-\dfrac{b^2-4ac}{4a}$　と変形できるから

頂点は　点 $\left(-\dfrac{b}{2a},\ -\dfrac{b^2-4ac}{4a}\right)$

軸は　直線 $x=-\dfrac{b}{2a}$

7 2 次関数の最大・最小

$y=a(x-p)^2+q$ において

$a>0$　$x=p$ で最小値 q をとり，最大値はない。

$a<0$　$x=p$ で最大値 q をとり，最小値はない。

8 2 次関数の決定

① 放物線の頂点や軸が与えられている

$\longrightarrow$ $y=a(x-p)^2+q$ とおく。

② グラフが通る 3 点が与えられている

$\longrightarrow$ $y=ax^2+bc+c$ とおく。

9 2 次関数のグラフと 2 次方程式・2 次不等式

(1) 2 次方程式 $ax^2+bx+c=0$ の解の公式 $x=\dfrac{-b\pm\sqrt{b^2-4ac}}{2a}$

(2) 判別式 $D=b^2-4ac$ とおくと

$D>0 \iff$ 異なる 2 つの実数解

$D=0 \iff$ ただ 1 つの実数解（重解）

$D<0 \iff$ 実数解はない

(3) 2 次関数 $y=ax^2+bx+c$ のグラフと x 軸の位置関係は $D=b^2-4ac$ の符号によって定まる。

$D=b^2-4ac$	$D>0$	$D=0$	$D<0$
$y=ax^2+bx+c$ のグラフと x 軸の位置関係	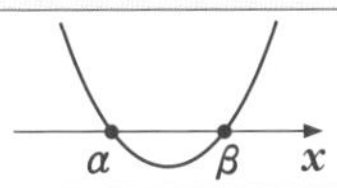	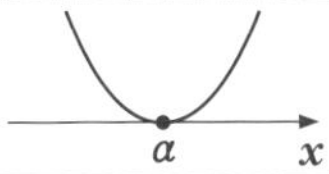	
$ax^2+bx+c=0$ の解	$x=\alpha,\ \beta$	$x=\alpha$	ない
$ax^2+bx+c>0$ の解	$x<\alpha,\ \beta<x$	α 以外のすべての実数	すべての実数
$ax^2+bx+c\geqq0$ の解	$x\leqq\alpha,\ \beta\leqq x$	すべての実数	すべての実数
$ax^2+bx+c<0$ の解	$\alpha<x<\beta$	ない	ない
$ax^2+bx+c\leqq0$ の解	$\alpha\leqq x\leqq\beta$	$x=\alpha$	ない

図形と計量

1 正弦・余弦・正接

$\sin A=\dfrac{a}{c}$，$\cos A=\dfrac{b}{c}$，$\tan A=\dfrac{a}{b}$

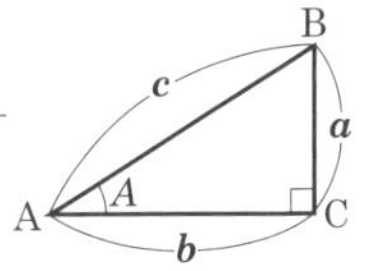

2 $90^\circ-\theta$ の三角比

$\sin(90^\circ-\theta)=\cos\theta$，$\cos(90^\circ-\theta)=\sin\theta$

$\tan(90^\circ-\theta)=\dfrac{1}{\tan\theta}$

3 三角比の符号

θ	0°	鋭角	90°	鈍角	180°
$\sin\theta$	0	+	1	+	0
$\cos\theta$	1	+	0	−	−1
$\tan\theta$	0	+	なし	−	0

4 $180^\circ-\theta$ の三角比

$\sin(180^\circ-\theta)=\sin\theta$，$\cos(180^\circ-\theta)=-\cos\theta$

$\tan(180^\circ-\theta)=-\tan\theta$

5 相互関係

$\sin^2\theta+\cos^2\theta=1$，$\tan\theta=\dfrac{\sin\theta}{\cos\theta}$，$1+\tan^2\theta=\dfrac{1}{\cos^2\theta}$

6 正弦定理（R は外接円の半径）

$\dfrac{a}{\sin A}=\dfrac{b}{\sin B}=\dfrac{c}{\sin C}=2R$

7 余弦定理

$a^2=b^2+c^2-2bc\cos A$，$\cos A=\dfrac{b^2+c^2-a^2}{2bc}$

$b^2=c^2+a^2-2ca\cos B$，$\cos B=\dfrac{c^2+a^2-b^2}{2ca}$

$c^2=a^2+b^2-2ab\cos C$，$\cos C=\dfrac{a^2+b^2-c^2}{2ab}$

8 三角形の面積

三角形の面積を S とすると

$S=\dfrac{1}{2}bc\sin A=\dfrac{1}{2}ca\sin B=\dfrac{1}{2}ab\sin C$

データの分析

1 平均値

$\bar{x}=\dfrac{1}{n}(x_1+x_2+\cdots\cdots+x_n)$

2 中央値と最頻値

中央値　変量を大きさの順に並べたときの中央の値

最頻値　度数が最も多い階級の階級値

3 四分位範囲と箱ひげ図

大きさの順に並べられたデータの中央値

$\longrightarrow$ 第 2 四分位数：Q_2

その前半のデータの中央値

$\longrightarrow$ 第 1 四分位数：Q_1

その後半のデータの中央値

$\longrightarrow$ 第 3 四分位数：Q_3

四分位範囲：Q_3-Q_1

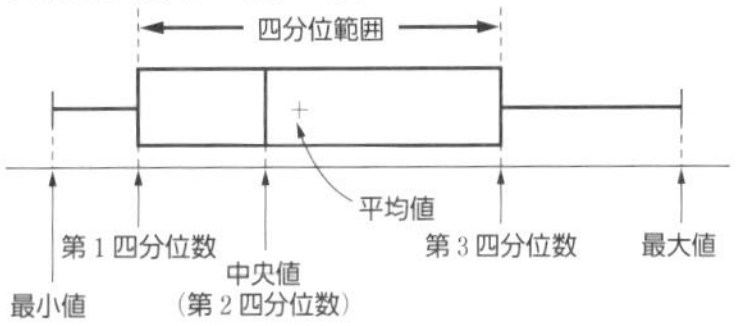

4 分散と標準偏差

変量 x が n 個の値 x_1，x_2，…，x_n をとるとき，平均値を $\bar{x}$ とすると，分散 s^2 と標準偏差 s は

$s^2=\dfrac{1}{n}\{(x_1-\bar{x})^2+(x_2-\bar{x})^2+\cdots\cdots+(x_n-\bar{x})^2\}$

$s=\sqrt{\dfrac{1}{n}\{(x_1-\bar{x})^2+(x_2-\bar{x})^2+\cdots\cdots+(x_n-\bar{x})^2\}}$

ステージノート数学Ⅰ+A

本書は，教科書「新編数学Ⅰ」「新編数学A」に完全準拠した問題集です。教科書といっしょに使うことによって，学習効果が高められるよう編修してあります。

本書の使い方

まとめと要項

項目ごとに，重要事項や要点をまとめました。

例

各項目の代表的な問題です。解き方をよく読み，空欄を自分で埋めてみましょう。また，教科書の応用例題レベルの問題には，TRYマークを付しています。レベルに応じて取り組んでください。

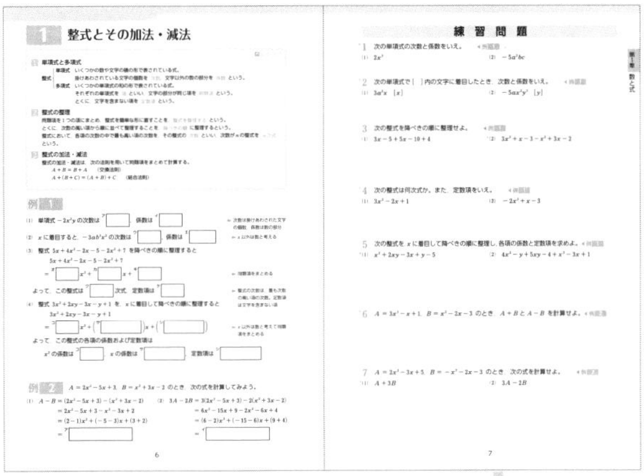

1 整式とその加法・減法

練 習 問 題

練習問題

教科書で扱われている例題と同レベルの問題です。解き方がわからないときは例ナビで示した例を参考にしてみましょう。＊印の問題を解くことで，一通り基本的な問題の学習が可能です。

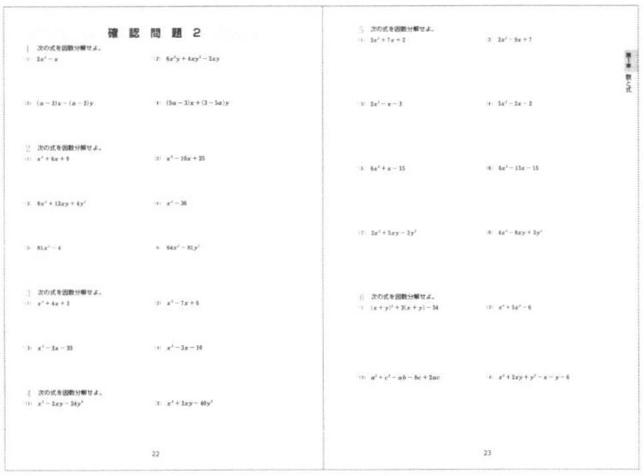

確 認 問 題 2

確認問題

練習問題の反復問題です。練習問題の内容を理解できたか確認しましょう。

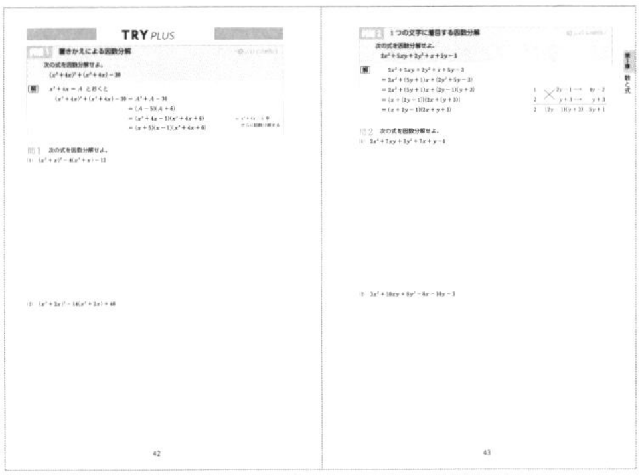

TRY PLUS

TRY PLUS

各章の最後にある難易度の高い問題です。教科書の応用例題レベルの中でも，特に応用力を必要とする問題を扱いました。例題で解法を確認してから，取り組んでみてください。

目次　数学Ⅰ

問題数

例(TRY) …… 109(9)
練習問題(TRY) …… 149(10)
確認問題 …… 65
TRY PLUS …… 6

数学A

問題数

例(TRY) …… 106(9)
練習問題(TRY) …… 127(11)
確認問題 …… 65
TRY PLUS …… 4

正の数・負の数の計算 / 文字式

1 正の数・負の数の計算 四則の混じった計算は，次の順序に従う。
(　　)の中 → 累乗 → 乗法・除法 → 加法・減法

2 文字式 式の値を求めるとき，負の数を代入するときは（　　）をつける。

例 1　次の計算をしてみよう。

(1) $6-(-5)=6+5=$ ア□　　← $\bigcirc-(-\triangle)=\bigcirc+\triangle$

(2) $(-2)\times(-3)\times(-5)=-(2\times3\times5)=$ イ□　　← 負の数が奇数個の積なら −

(3) $(-2)^3=(-2)\times(-2)\times(-2)=-(2\times2\times2)=$ ウ□　　← $a^3=a\times a\times a$ (3 個)

(4) $3\div\frac{2}{3}=3\times\frac{3}{2}=$ エ□　　← $\bigcirc\div\frac{\triangle}{\square}=\bigcirc\times\frac{\square}{\triangle}$

(5) $(-2)\times3^2-(-2)^3\div4=(-2)\times9-(-8)\div4$　　← 累乗を先に計算

$=(-18)-(-2)=(-18)+2=$ オ□

例 2　$a\times a\times3\div b$ を×，÷を使わずに表してみよう。

$a\times a\times3\div b=a^2\times3\div b=3a^2\div b=$ ア□　　← × は省略，同じ文字の積は累乗，数は文字の前に

例 3　次の式の値を求めてみよう。

(1) $a=-2$，$b=-3$ のとき，$3a^2-2b$ は　　← 負の数は（ ）をつけて代入する

$3a^2-2b=3\times(-2)^2-2\times(-3)=3\times4-2\times(-3)=12-(-6)$

$=$ ア□

(2) $a=-\frac{2}{3}$，$b=\frac{1}{2}$ のとき，$\frac{b}{a}$ は

$\frac{b}{a}=b\div a=\frac{1}{2}\div\left(-\frac{2}{3}\right)=-\left(\frac{1}{2}\times\frac{3}{2}\right)=$ イ□　　← $\frac{\bigcirc}{\triangle}=\bigcirc\div\triangle$

例 4　次の計算をしてみよう。

(1) $2(x-1)-3(2x-4)=2x-2-6x+12=$ ア□　　← 同類項を整理

(2) $\frac{3x-2}{5}-\frac{x+1}{2}=\frac{2(3x-2)}{10}-\frac{5(x+1)}{10}=\frac{2(3x-2)-5(x+1)}{10}$　　← 通分して分母を 10 に

$=\frac{6x-4-5x-5}{10}=$ イ□

(3) $6a^2b\div(-3ab)=-\left(6a^2b\times\frac{1}{3ab}\right)=$ ウ□

練習問題

*1 次の計算をせよ。 ◀例 1

(1) $4-(-3)$　(2) $(-5)+(-2)$　(3) $(-2)\times(-3)\times(-6)$

(4) $(-3)^4$　(5) $\dfrac{8}{3}\div(-2)$　(6) $-3^2\times2-24\div(-2)^3$

*2 次の式を×，÷を使わずに表せ。 ◀例 2

(1) $a\times a\times5\times b$　(2) $a\div3\times2$

3 次の式の値を求めよ。 ◀例 3

*(1) $a=-1$，$b=2$ のとき，$2a^3-3ab^2$　(2) $a=-\dfrac{1}{2}$，$b=\dfrac{2}{3}$ のとき，$\dfrac{b}{a}$

4 次の計算をせよ。 ◀例 4 (1) (2)

*(1) $3(4x+5)-2(6-x)$　*(2) $\dfrac{x-1}{2}+\dfrac{4x+5}{3}$　(3) $\dfrac{3x+1}{4}-\dfrac{x-1}{2}$

5 次の計算をせよ。 ◀例 4 (3)

*(1) $6a^2\times(-2a)^3$　(2) $9a^3b^2\div(-3ab)$

1 整式とその加法・減法

教 p.4〜p.7

1 単項式と多項式

整式
- 単項式　いくつかの数や文字の積の形で表されている式。
  掛けあわされている文字の個数を 次数，文字以外の数の部分を 係数 という。
- 多項式　いくつかの単項式の和の形で表されている式。
  それぞれの単項式を 項 といい，文字の部分が同じ項を 同類項 という。
  とくに，文字を含まない項を 定数項 という。

2 整式の整理

同類項を1つの項にまとめ，整式を簡単な形に直すことを，整式を整理する という。
とくに，次数の高い項から順に並べて整理することを，降べきの順 に整理するという。
整式において，各項の次数の中で最も高い項の次数を，その整式の 次数 といい，次数が n の整式を n 次式 という。

3 整式の加法・減法

整式の加法・減法は，次の法則を用いて同類項をまとめて計算する。

$A+B=B+A$　（交換法則）

$A+(B+C)=(A+B)+C$　（結合法則）

例 1

(1) 単項式 $-2x^3y$ の次数は ア［　　］，係数は イ［　　］

← 次数は掛けあわされた文字の個数，係数は数の部分

(2) x に着目すると，$-3ab^3x^2$ の次数は ウ［　　］，係数は エ［　　］

← x 以外は数と考える

(3) 整式 $5x+4x^2-2x-5-2x^2+7$ を降べきの順に整理すると

$5x+4x^2-2x-5-2x^2+7$

$=$ オ［　　］x^2+ カ［　　］$x+$ キ［　　］

← 同類項をまとめる

よって，この整式は ク［　　］次式，定数項は ケ［　　］

← 整式の次数は，最も次数の高い項の次数。定数項は文字を含まない項

(4) 整式 $3x^2+2xy-3x-y+1$ を，x に着目して降べきの順に整理すると

$3x^2+2xy-3x-y+1$

$=$ コ［　　］$x^2+($サ［　　］$)x+($シ［　　］$)$

← x 以外は数と考えて同類項をまとめる

よって，この整式の各項の係数および定数項は

x^2 の係数は コ［　　］，x の係数は サ［　　］，定数項は シ［　　］

例 2

$A=2x^2-5x+3$，$B=x^2+3x-2$ のとき，次の式を計算してみよう。

(1) $A-B=(2x^2-5x+3)-(x^2+3x-2)$

$=2x^2-5x+3-x^2-3x+2$

$=(2-1)x^2+(-5-3)x+(3+2)$

$=$ ア［　　］

(2) $3A-2B=3(2x^2-5x+3)-2(x^2+3x-2)$

$=6x^2-15x+9-2x^2-6x+4$

$=(6-2)x^2+(-15-6)x+(9+4)$

$=$ イ［　　］

練 習 問 題

*1 次の単項式の次数と係数をいえ。 ◀例 1 (1)

(1) $2x^3$　　(2) $-5a^2bc$

*2 次の単項式で［　］内の文字に着目したとき，次数と係数をいえ。 ◀例 1 (2)

(1) $3a^2x$　[x]　　(2) $-5ax^2y^3$　[y]

3 次の整式を降べきの順に整理せよ。 ◀例 1 (3)

(1) $3x-5+5x-10+4$　　*(2) $3x^2+x-3-x^2+3x-2$

*4 次の整式は何次式か。また，定数項をいえ。 ◀例 1 (3)

(1) $3x^2-2x+1$　　(2) $-2x^3+x-3$

5 次の整式を, x に着目して降べきの順に整理し, 各項の係数と定数項を求めよ。 ◀例 1 (4)

*(1) $x^2+2xy-3x+y-5$　　(2) $4x^2-y+5xy-4+x^2-3x+1$

*6 $A=3x^2-x+1$, $B=x^2-2x-3$ のとき，$A+B$ と $A-B$ を計算せよ。 ◀例 2 (1)

7 $A=2x^2-3x+5$, $B=-x^2-2x-3$ のとき，次の式を計算せよ。 ◀例 2 (2)

*(1) $A+3B$　　(2) $3A-2B$

2 整式の乗法 (1)

⇨教 p.8〜p.9

1 指数法則

[1] $a^m \times a^n = a^{m+n}$　[2] $(a^m)^n = a^{mn}$　[3] $(ab)^n = a^n b^n$　ただし，m，n は正の整数である。

2 整式の乗法

分配法則　$A(B+C) = AB+AC$，$(A+B)C = AC+BC$

例 3　次の式の計算をしてみよう。

(1) $a^3 \times a^5 = a^{3+5} =$ ア☐　← 指数法則 $a^m \times a^n = a^{m+n}$

(2) $(a^4)^5 = a^{4\times 5} =$ イ☐　← 指数法則 $(a^m)^n = a^{mn}$

(3) $(a^3b)^2 = (a^3)^2b^2 =$ ウ☐　← 指数法則 $(ab)^n = a^nb^n$

例 4　次の式の計算をしてみよう。

(1) $2x^3 \times 3x = 2 \times 3 \times x^3 \times x = 6 \times x^{3+1} =$ ア☐　← 数の部分と文字の部分をそれぞれ計算

(2) $(-2xy^2)^3 = (-2)^3 \times x^3 \times (y^2)^3 =$ イ☐　← 指数法則 $(ab)^n = a^nb^n$

例 5　次の式を展開してみよう。

(1) $2x^3(x-3) = 2x^3 \times x - 2x^3 \times 3 =$ ア☐　← 分配法則 $A(B+C) = AB+AC$

(2) $(2x-3)(3x^2+x-2)$

$= 2x(3x^2+x-2) - 3(3x^2+x-2)$　← 分配法則 $A(B+C) = AB+AC$

$= 6x^3 + 2x^2 - 4x - 9x^2 - 3x + 6$

$=$ イ☐　← 同類項をまとめて整理する

練 習 問 題

*8 次の式の計算をせよ。　◀例 3

(1) $a^2 \times a^5$　(2) $(a^3)^4$

(3) $(x^4)^2$　(4) $(3a^4)^2$

9 次の式の計算をせよ。 ◀例 4

*(1) $2x^2 \times 3x^4$

(2) $xy^2 \times (-3x^4)$

(3) $(a^2b^3)^4$

*(4) $(-4x^3y^4)^2$

10 次の式を展開せよ。 ◀例 5 (1)

(1) $x(3x-2)$

*(2) $(2x^2-3x-4) \times 2x$

(3) $-3x(x^2+x-5)$

*(4) $(-2x^2+x-5) \times (-3x^2)$

11 次の式を展開せよ。 ◀例 5 (2)

*(1) $(x+2)(4x^2-3)$

(2) $(3x-2)(2x^2-1)$

*(3) $(3x^2-2)(x+5)$

(4) $(1-2x^2)(x-3)$

*(5) $(2x-5)(3x^2-x+2)$

(6) $(x^2+3x-3)(2x+1)$

3 整式の乗法 (2)

⇨教 p.10〜p.11

1 乗法公式

[1] $(a+b)^2=a^2+2ab+b^2$,　$(a-b)^2=a^2-2ab+b^2$

[2] $(a+b)(a-b)=a^2-b^2$

[3] $(x+a)(x+b)=x^2+(a+b)x+ab$

[4] $(ax+b)(cx+d)=acx^2+(ad+bc)x+bd$

例 6　次の式を展開してみよう。

(1) $(3x+5)^2=(3x)^2+2\times 3x\times 5+5^2$

$=$ ア［　　　］

← 乗法公式 $(a+b)^2=a^2+2ab+b^2$　$a=3x$, $b=5$

(2) $(2x-y)^2=(2x)^2-2\times 2x\times y+y^2$

$=$ イ［　　　］

← 乗法公式 $(a-b)^2=a^2-2ab+b^2$　$a=2x$, $b=y$

(3) $(3x+2y)(3x-2y)=(3x)^2-(2y)^2$

$=$ ウ［　　　］

← 乗法公式 $(a+b)(a-b)=a^2-b^2$　$a=3x$, $b=2y$

(4) $(x+2)(x-5)=x^2+\{2+(-5)\}x+2\times(-5)$

$=$ エ［　　　］

← 乗法公式 $(x+a)(x+b)=x^2+(a+b)x+ab$　$a=2$, $b=-5$

例 7　次の式を展開してみよう。

(1) $(x-3)(2x+5)=(1\times 2)x^2+\{1\times 5+(-3)\times 2\}x+(-3)\times 5$

$=$ ア［　　　］

← 乗法公式 $(ax+b)(cx+d)=acx^2+(ad+bc)x+bd$　$a=1$, $b=-3$, $c=2$, $d=5$

(2) $(5x-2y)(3x+y)=(5\times 3)x^2+\{5\times y+(-2y)\times 3\}x+(-2y)\times y$

$=$ イ［　　　］

← 乗法公式 $(ax+b)(cx+d)=acx^2+(ad+bc)x+bd$　$a=5$, $b=-2y$, $c=3$, $d=y$

練 習 問 題

12 次の式を展開せよ。　◀例 6 (1) (2)

*(1) $(x+2)^2$　　(2) $(4x-3)^2$

*(3) $(3x-2y)^2$　　(4) $(x+5y)^2$

13 次の式を展開せよ。 ◀例 6 (3)

*(1) $(2x+3)(2x-3)$

(2) $(3x+4)(3x-4)$

*(3) $(x+3y)(x-3y)$

(4) $(5x+6y)(5x-6y)$

***14** 次の式を展開せよ。 ◀例 6 (1)

(1) $(x+3)(x+2)$

(2) $(x+10)(x-5)$

(3) $(x-3y)(x+y)$

(4) $(x-y)(x-6y)$

15 次の式を展開せよ。 ◀例 7

*(1) $(3x+1)(x+2)$

(2) $(2x+1)(5x-3)$

*(3) $(4x-3)(3x-2)$

(4) $(5x-1)(3x+2)$

*(5) $(4x+y)(3x-2y)$

(6) $(5x-2y)(2x-y)$

4 整式の乗法 (3)

⇨教 p.12〜p.13

1 展開の工夫

複雑な形の整式の乗法は，次のようにしてから乗法公式を利用するとよい。

(1) 式の一部をひとまとめ にして，別の文字で置きかえる。

(2) 計算の順序を工夫 する。

例 8 次の式を展開してみよう。

(1) $(a+2b-c)^2$

$a+2b=A$ とおくと

$(a+2b-c)^2=(A-c)^2$ ← 乗法公式 $(a-b)^2=a^2-2ab+b^2$

$=A^2-2Ac+c^2$ ← A を $a+2b$ にもどす

$=(a+2b)^2-2(a+2b)c+c^2$

$=a^2+4ab+4b^2-2ac-4bc+c^2$

$=$ ア［　　　］ ← 整理する

(2) $(x+2y+2)(x+2y-3)$

$x+2y=A$ とおくと

$(x+2y+2)(x+2y-3)=(A+2)(A-3)$ ← 乗法公式 $(x+a)(x+b)=x^2+(a+b)x+ab$

$=A^2-A-6$ ← A を $x+2y$ にもどす

$=(x+2y)^2-(x+2y)-6$

$=$ イ［　　　］

TRY 例 9 次の式を展開してみよう。

(1) $(9x^2+1)(3x+1)(3x-1)=(9x^2+1)\{(3x+1)(3x-1)\}$ ← 計算の順序を工夫する

$=(9x^2+1)(9x^2-1)$ ← 乗法公式 $(a+b)(a-b)=a^2-b^2$

$=(9x^2)^2-1^2$

$=$ ア［　　　］

(2) $(2x+y)^2(2x-y)^2=\{(2x+y)(2x-y)\}^2$ ← 指数法則より $A^2B^2=(AB)^2$，計算の順序を工夫する

$=\{(2x)^2-y^2\}^2$ ← 乗法公式 $(a+b)(a-b)=a^2-b^2$

$=(4x^2-y^2)^2$ ← 乗法公式 $(a-b)^2=a^2-2ab+b^2$

$=(4x^2)^2-2\times4x^2\times y^2+(y^2)^2$

$=$ イ［　　　］

練習問題

16 次の式を展開せよ。 ◀例 8

*(1) $(a-b-c)^2$

(2) $(a+2b+1)^2$

*(3) $(x+3y+2)(x+3y-2)$

(4) $(3x+y-3)(3x+y+5)$

TRY
17 次の式を展開せよ。 ◀例 9 (1)

*(1) $(4x^2+1)(2x+1)(2x-1)$

(2) $(x^2+16y^2)(x+4y)(x-4y)$

TRY
18 次の式を展開せよ。 ◀例 9 (2)

(1) $(x+3)^2(x-3)^2$

*(2) $(3x+2y)^2(3x-2y)^2$

確認問題 1

1 次の整式を降べきの順に整理せよ。

*(1) $-2x+4+5x-7+3$

(2) $-x^2-2x-3x^2+5+2x^2+4x-7$

2 次の整式 A, B について，$A+B$ と $A-B$ を計算せよ。

*(1) $A=x^2-3x+5 \qquad B=x^2+4x+6$

(2) $A=x^2+7x-4 \qquad B=-2x^2+x-1$

3 $A=-2x^2-3x+4$, $B=x^2+2x-4$ のとき，次の式を計算せよ。

*(1) $A+2B$

(2) $2A-B$

4 次の式の計算をせよ。

*(1) $a^3\times a^6$

*(2) $(a^2)^5$

*(3) $(2a)^4$

(4) $4x^2\times 3x^3$

*(5) $(-3x)^2\times(x^3)^4$

(6) $xy^2\times 2x^3y^4$

*(7) $5x^2y\times(-xy)^3$

(8) $(-x^3)^2\times(-2x)^3$

*5 次の式を展開せよ。

(1) $-2x(x^2+4x+5)$

(2) $(x+2)(x^2-2x+4)$

*6 次の式を展開せよ。

(1) $(x+6)^2$

(2) $(5x+2y)(5x-2y)$

7 次の式を展開せよ。

*(1) $(x-1)(x+4)$

(2) $(x+7)(x-4)$

*(3) $(3x+2)(x+4)$

(4) $(2x-5)(5x-3)$

*(5) $(4x-3)(3x+5)$

(6) $(7x-3y)(2x-3y)$

8 次の式を展開せよ。

*(1) $(a+b-2c)^2$

*(2) $(3x-2y-1)(3x-2y+5)$

(3) $(9x^2+4y^2)(3x+2y)(3x-2y)$

(4) $(x+3y)^2(x-3y)^2$

5 因数分解 (1)

⇨教 p.14〜p.16

1 因数分解

共通因数のくくり出し　$AB+AC=A(B+C)$

2 2次式の因数分解 (1)

[1]　$a^2+2ab+b^2=(a+b)^2$,　$a^2-2ab+b^2=(a-b)^2$

[2]　$a^2-b^2=(a+b)(a-b)$

例 10　次の式を因数分解してみよう。

(1)　$x^2-7x=x\times x-x\times 7=$ ア［　　］　　⬅ 共通因数 x でくくる

(2)　$3a^2b-2ab^2+5ab=ab\times 3a-ab\times 2b+ab\times 5$　　⬅ 共通因数 ab でくくる

$=$ イ［　　］

(3)　$x(a-1)+3(1-a)=x(a-1)-3(a-1)$　　⬅ $(a-1)=A$ とおくと $xA-3A$ $=(x-3)A$

$=$ ウ［　　］

例 11　次の式を因数分解してみよう。

(1)　$x^2-12x+36=x^2-2\times 6\times x+6^2=$ ア［　　］　　⬅ $a^2-2ab+b^2=(a-b)^2$　$a=x$, $b=6$

(2)　$9x^2+6xy+y^2=(3x)^2+2\times 3x\times y+y^2=$ イ［　　］　　⬅ $a^2+2ab+b^2=(a+b)^2$　$a=3x$, $b=y$

(3)　$25x^2-49=(5x)^2-7^2=$ ウ［　　］　　⬅ $a^2-b^2=(a+b)(a-b)$　$a=5x$, $b=7$

練　習　問　題

19　次の式を因数分解せよ。　◀ 例 10 (1)

*(1)　x^2+3x　　*(2)　$4xy^2-xy$　　(3)　$4a^3b^2-6ab^3$

20　次の式を因数分解せよ。　◀ 例 10 (2)

*(1)　$2x^2y-3xy^2+4xy$　　(2)　$ab^2-4ab-12b$　　*(3)　$9x^2+6xy-9x$

21 次の式を因数分解せよ。 ◀例 10 (3)

*(1) $(a+2)x+(a+2)y$

(2) $x(a-3)-2(a-3)$

*(3) $(3a-2)x+(2-3a)y$

(4) $x(5y-2)+7(2-5y)$

22 次の式を因数分解せよ。 ◀例 11 (1) (2)

(1) x^2+2x+1

*(2) x^2-6x+9

*(3) $x^2-8xy+16y^2$

(4) $4x^2+4xy+y^2$

23 次の式を因数分解せよ。 ◀例 11 (3)

*(1) x^2-81

(2) $9x^2-16$

*(3) $49x^2-4y^2$

(4) $64x^2-25y^2$

6 因数分解 (2)

⇨教 p.17~p.19

1 2次式の因数分解 (2)

[3] $x^2+(a+b)x+ab=(x+a)(x+b)$

[4] $acx^2+(ad+bc)x+bd=(ax+b)(cx+d)$

$$\begin{array}{ccccc} a & \diagdown\!\!\!\!\diagup & b & \longrightarrow & bc \\ c & & d & \longrightarrow & ad \\ \hline ac & & bd & & ad+bc \end{array}$$

例 12 次の式を因数分解してみよう。

(1) $x^2-x-20=x^2+(4-5)x+4\times(-5)$

$=$ ア [　　　　]

← $x^2+(a+b)x+ab=(x+a)(x+b)$
$a+b=-1$, $ab=-20$

(2) $x^2-5xy+4y^2=x^2+(-y-4y)x+(-y)\times(-4y)$

$=$ イ [　　　　]

← $x^2+(a+b)x+ab=(x+a)(x+b)$
$a+b=-5y$, $ab=4y^2$

例 13 次の式を因数分解してみよう。

(1) $2x^2-7x+5$

$$\begin{array}{ccccc} 1 & \diagdown\!\!\!\!\diagup & -1 & \longrightarrow & -2 \\ 2 & & -5 & \longrightarrow & -5 \\ \hline 2 & & 5 & & -7 \end{array}$$

$2x^2-7x+5=$ ア [　　　　]

← $acx^2+(ad+bc)x+bd=(ax+b)(cx+d)$
$ac=2$, $bd=5$, $ad+bc=-7$
を満たす整数 a, b, c, d を見つける

(2) $3x^2-2xy-y^2$

$$\begin{array}{ccccc} 1 & \diagdown\!\!\!\!\diagup & -y & \longrightarrow & -3y \\ 3 & & y & \longrightarrow & y \\ \hline 3 & & -y^2 & & -2y \end{array}$$

$3x^2-2xy-y^2=$ イ [　　　　]

練 習 問 題

24 次の式を因数分解せよ。 ◀例 12 (1)

*(1) x^2+7x+6　　*(2) x^2-6x+8　　(3) $x^2+4x-12$

(4) $x^2-11x+24$　　*(5) x^2-3x-4　　(6) $x^2-8x+15$

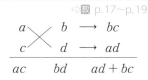

25 次の式を因数分解せよ。 ◀例 12 (2)

*(1) $x^2+6xy+8y^2$

(2) $x^2+3xy-28y^2$

26 次の式を因数分解せよ。 ◀例 13 (1)

*(1) $3x^2+4x+1$

(2) $2x^2-11x+5$

*(3) $3x^2-10x+3$

(4) $5x^2+7x-6$

*(5) $6x^2+x-1$

(6) $4x^2-4x-15$

27 次の式を因数分解せよ。 ◀例 13 (2)

(1) $5x^2+6xy+y^2$

*(2) $2x^2-7xy+6y^2$

7 因数分解 (3)

⇨教 p.20〜p.22

1 因数分解の工夫

複雑な式の因数分解では，次のようにしてから因数分解の公式を利用するとよい。

(1) 式の一部をひとまとめ にして，別の文字に置きかえる。

(2) いくつかの文字を含んだ整式を因数分解するときは，最も次数の低い文字に着目 して整理する。

例 14

$(x+y)^2-3(x+y)-4$ を因数分解してみよう。

$x+y=A$ とおくと

$$(x+y)^2-3(x+y)-4=A^2-3A-4$$

← $x^2+(a+b)x+ab=(x+a)(x+b)$

$$=(A+1)(A-4)$$

← A を $x+y$ にもどす

= ア［　　　　　］

TRY

例 15

x^4-7x^2-18 を因数分解してみよう。

$x^2=A$ とおくと

← $x^4=(x^2)^2=A^2$

$$x^4-7x^2-18=A^2-7A-18$$

← $x^2+(a+b)x+ab=(x+a)(x+b)$

$$=(A+2)(A-9)$$

← A を x^2 にもどす

$$=(x^2+2)(x^2-9)$$

← x^2-9 をさらに因数分解する

= ア［　　　　　］

例 16

$a^2+ac-2ab+b^2-bc$ を因数分解してみよう。

← a は 2 次式，b は 2 次式，c は 1 次式

最も次数の低い文字 c について整理すると

$$a^2+ac-2ab+b^2-bc=(a-b)c+(a^2-2ab+b^2)$$

← c について降べきの順に整理

$$=(a-b)c+(a-b)^2$$

$$=(a-b)\{c+(a-b)\}$$

← $a-b=A$ として，$Ac+A^2$ と考える

← $Ac+A^2=A(c+A)$

= ア［　　　　　］

TRY

例 17

$x^2+3xy+2y^2+x+3y-2$ を因数分解してみよう。

x に着目して降べきの順に整理すると

← x，y ともに 2 次式，次数が同じ

$$x^2+3xy+2y^2+x+3y-2$$

$$=x^2+(3y+1)x+(2y^2+3y-2)$$

$$=x^2+(3y+1)x+(y+2)(2y-1)$$

$$=\{x+(y+2)\}\{x+(2y-1)\}$$

= ア［　　　　　］

1	╲╱	$y+2$ ⟶	$y+2$
1	╱╲	$2y-1$ ⟶	$2y-1$
1		$(y+2)(2y-1)$	$3y+1$

← $2y^2+3y-2$
$=(y+2)(2y-1)$

練 習 問 題

28 次の式を因数分解せよ。 ◀例 14

*(1) $(x-y)^2+2(x-y)-15$

(2) $(x+2y)^2-3(x+2y)$

TRY
***29** 次の式を因数分解せよ。 ◀例 15

(1) x^4-5x^2+4

(2) x^4-16

30 次の式を因数分解せよ。 ◀例 16

*(1) $2a+2b+ab+b^2$

(2) $a^2-3b+ab-3a$

TRY
***31** 次の式を因数分解せよ。 ◀例 17

(1) $x^2+2xy+y^2+x+y-12$

(2) $x^2+4xy+3y^2-x-7y-6$

確認問題 2

1 次の式を因数分解せよ。

*(1) $2x^2 - x$

*(2) $6x^2y + 4xy^2 - 2xy$

*(3) $(a-2)x - (a-2)y$

(4) $(5a-3)x + (3-5a)y$

2 次の式を因数分解せよ。

*(1) $x^2 + 6x + 9$

(2) $x^2 - 10x + 25$

*(3) $9x^2 + 12xy + 4y^2$

(4) $x^2 - 36$

*(5) $81x^2 - 4$

(6) $64x^2 - 81y^2$

3 次の式を因数分解せよ。

*(1) $x^2 + 4x + 3$

(2) $x^2 - 7x + 6$

*(3) $x^2 - 2x - 35$

(4) $x^2 - 3x - 10$

4 次の式を因数分解せよ。

*(1) $x^2 - 2xy - 24y^2$

(2) $x^2 + 3xy - 40y^2$

5 次の式を因数分解せよ。

*(1) $3x^2+7x+2$

(2) $2x^2-9x+7$

*(3) $2x^2-x-3$

(4) $5x^2-3x-2$

*(5) $6x^2+x-15$

(6) $6x^2-13x-15$

*(7) $2x^2+5xy-3y^2$

(8) $4x^2-8xy+3y^2$

6 次の式を因数分解せよ。

*(1) $(x+y)^2+3(x+y)-54$

(2) x^4+5x^2-6

*(3) $a^2+c^2-ab-bc+2ac$

(4) $x^2+2xy+y^2-x-y-6$

8 実数

⇨教 p.26〜p.28

1 実数の分類

有理数　分数の形で表される数で，整数や，有限小数，循環小数で表される。

注　循環小数　ある位以下では数字の同じ並びがくり返される無限小数

無理数　分数の形で表すことができない数

実数　有理数と無理数をあわせた数

実数の分類

- 実数
  - 有理数
    - 整数
      - 正の整数（自然数）
      - 0
      - 負の整数
    - 有限小数
    - 循環小数
  - 無理数（循環しない無限小数）

（循環小数と無理数（循環しない無限小数）：無限小数）

2 数直線と絶対値

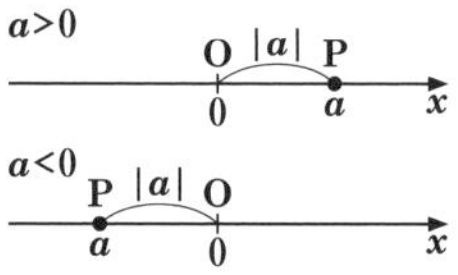

数直線　直線上の点と実数を対応させた直線

絶対値　数直線上で，実数 a に対応する点Pと原点Oとの距離 OP。$|a|$ と表す。

$a \geqq 0$ のとき　$|a|=a$　　$a<0$ のとき　$|a|=-a$

例 18　次の分数を小数で表してみよう。

(1)　$\dfrac{13}{4}=13\div 4=$ ア［　　］

(2)　$\dfrac{7}{11}=7\div 11=0.636363\cdots\cdots=$ イ［　　］

← 循環小数の記号・を用いて表す

例 19　$-\sqrt{2}$，-1，0，$\dfrac{3}{5}$，3.12，$\pi+1$，7　の中から，自然数，整数，有理数，無理数をそれぞれ選んでみよう。

自然数は　ア［　　］

整数は　-1，イ［　　］，ウ［　　］

有理数は　-1，エ［　　］，オ［　　］，3.12，カ［　　］

無理数は　キ［　　］，ク［　　］

例 20　次の値を，絶対値記号を用いないで表してみよう。

(1)　$|-3|=-(-3)=$ ア［　　］　　(2)　$|3-5|=|-2|=$ イ［　　］

← $a<0$ のとき $|a|=-a$

(3)　$\sqrt{3}-2<0$ であるから　$|\sqrt{3}-2|=-(\sqrt{3}-2)=$ ウ［　　］

練 習 問 題

32 次の分数を小数で表せ。 ◀例 18 (1)

*(1) $\frac{23}{5}$　　(2) $\frac{17}{4}$

33 次の分数を循環小数の記号・を用いて表せ。 ◀例 18 (2)

*(1) $\frac{4}{9}$　　(2) $\frac{19}{11}$

***34** 次の数の中から，①自然数，②整数，③有理数，④無理数　をそれぞれ選べ。 ◀例 19

$-3,\ -\frac{1}{4},\ 0,\ 0.\dot{5},\ \sqrt{3},\ 2.13,\ \pi,\ \frac{22}{3},\ 5$

①自然数

②整数

③有理数

④無理数

35 次の値を，絶対値記号を用いないで表せ。 ◀例 20 (1)

*(1) $|8|$　　*(2) $|-6|$　　(3) $\left|\frac{1}{2}\right|$　　(4) $\left|-\frac{3}{5}\right|$

***36** 次の値を，絶対値記号を用いないで表せ。 ◀例 20 (2)(3)

(1) $|2-8|$　　(2) $|2-\sqrt{6}|$

9 根号を含む式の計算 (1)

⇨教 p.29〜p.30

1 平方根

2 乗すると a になる数を a の 平方根 という。$a>0$ のとき，a の平方根は $\pm\sqrt{a}$

$a \geqq 0$ のとき $\sqrt{a^2}=a$,　　$a<0$ のとき $\sqrt{a^2}=-a$

2 根号を含む式の計算 (1)

$a>0$, $b>0$ のとき　[1] $\sqrt{a}\sqrt{b}=\sqrt{ab}$　[2] $\dfrac{\sqrt{a}}{\sqrt{b}}=\sqrt{\dfrac{a}{b}}$

$a>0$, $k>0$ のとき　$\sqrt{k^2a}=k\sqrt{a}$

例 21　次の値を求めてみよう。

(1) 7 の平方根は $\sqrt{7}$ と ア[　　]

(2) $\sqrt{100}=\sqrt{10^2}=$ イ[　　]

(3) $\sqrt{(-7)^2}=$ ウ[　　]

← $a>0$ のとき a の平方根は $\pm\sqrt{a}$

← $a \geqq 0$ のとき $\sqrt{a^2}=a$　$a<0$ のとき $\sqrt{a^2}=-a$

← $\sqrt{(-7)^2}=\sqrt{49}$

例 22　次の式を計算してみよう。

(1) $\sqrt{5}\times\sqrt{7}=\sqrt{5\times 7}=$ ア[　　]

(2) $\sqrt{21}\div\sqrt{7}=\sqrt{\dfrac{21}{7}}=$ イ[　　]

(3) $\sqrt{32}=\sqrt{4^2\times 2}=$ ウ[　　]

(4) $\sqrt{5}\times\sqrt{10}=\sqrt{5\times 10}$

$=\sqrt{5\times 5\times 2}=\sqrt{5^2\times 2}=$ エ[　　]

← $\sqrt{a}\sqrt{b}=\sqrt{ab}$

← $\sqrt{a}\div\sqrt{b}=\dfrac{\sqrt{a}}{\sqrt{b}}=\sqrt{\dfrac{a}{b}}$

← $a>0$, $k>0$ のとき $\sqrt{k^2a}=k\sqrt{a}$

練 習 問 題

37 次の値を求めよ。　◀例 21

*(1) 25 の平方根　　(2) 10 の平方根　　(3) 1 の平方根

*(4) $\sqrt{36}$　　*(5) $-\sqrt{9}$　　*(6) $\sqrt{(-3)^2}$

38 次の式を計算せよ。 ◀例 22 (1) (2)

*(1) $\sqrt{2}\times\sqrt{7}$

(2) $\sqrt{5}\times\sqrt{2}$

*(3) $\dfrac{\sqrt{10}}{\sqrt{5}}$

(4) $\dfrac{\sqrt{30}}{\sqrt{6}}$

39 次の式を $k\sqrt{a}$ の形に表せ。 ◀例 22 (3)

*(1) $\sqrt{8}$

*(2) $\sqrt{48}$

(3) $\sqrt{75}$

(4) $\sqrt{98}$

40 次の式を計算せよ。 ◀例 22 (1)

*(1) $\sqrt{2}\times\sqrt{6}$

*(2) $\sqrt{5}\times\sqrt{30}$

(3) $\sqrt{7}\times\sqrt{21}$

(4) $\sqrt{6}\times\sqrt{12}$

10 根号を含む式の計算 (2)

1 根号を含む式の計算 (2)
⇨教 p.31
根号を含む式の展開は，文字式と同様に乗法公式などを利用して計算する。

例 23 次の式を簡単にしてみよう。

(1) $3\sqrt{3}-7\sqrt{3}+2\sqrt{3}=(3-7+2)\sqrt{3}=$ ア［　　］

← $\sqrt{3}$ を文字のように扱う

(2) $(4\sqrt{2}+\sqrt{3})-(2\sqrt{3}-3\sqrt{2})$

$=4\sqrt{2}+\sqrt{3}-2\sqrt{3}+3\sqrt{2}$

$=(4+3)\sqrt{2}+(1-2)\sqrt{3}=$ イ［　　］

← $\sqrt{3}$，$\sqrt{2}$ の項を別々にまとめる

(3) $\sqrt{32}-3\sqrt{18}+6\sqrt{2}$

← $\sqrt{k^2a}=k\sqrt{a}$

$=\sqrt{4^2\times2}-3\sqrt{3^2\times2}+6\sqrt{2}$

$=4\sqrt{2}-3\times3\sqrt{2}+6\sqrt{2}$

$=4\sqrt{2}-9\sqrt{2}+6\sqrt{2}$

$=(4-9+6)\sqrt{2}=$ ウ［　　］

例 24 次の式を簡単にしてみよう。

(1) $(2\sqrt{7}-3\sqrt{5})(\sqrt{7}+\sqrt{5})$

← $(a+b)(c+d)=ac+ad+bc+bd$

$=2\sqrt{7}\times\sqrt{7}+2\sqrt{7}\times\sqrt{5}-3\sqrt{5}\times\sqrt{7}-3\sqrt{5}\times\sqrt{5}$

$=2\times7+2\sqrt{35}-3\sqrt{35}-3\times5$

$=14+(2-3)\sqrt{35}-15=$ ア［　　］

(2) $(\sqrt{2}+\sqrt{5})^2$

$=(\sqrt{2})^2+2\times\sqrt{2}\times\sqrt{5}+(\sqrt{5})^2$

← 乗法公式 $(a+b)^2=a^2+2ab+b^2$

$=2+2\sqrt{10}+5=$ イ［　　］

練　習　問　題

*41 次の式を簡単にせよ。 ◀例23 (1)

(1) $3\sqrt{3}-\sqrt{3}$

(2) $\sqrt{2}-2\sqrt{2}+5\sqrt{2}$

*42 次の式を簡単にせよ。 ◀例23 (2)

(1) $(3\sqrt{2}-3\sqrt{3})+(2\sqrt{3}+\sqrt{2})$

(2) $(2\sqrt{3}+\sqrt{5})-(4\sqrt{3}-3\sqrt{5})$

43 次の式を簡単にせよ。 ◀例23 (3)

(1) $\sqrt{18}-\sqrt{32}$

*(2) $2\sqrt{12}+\sqrt{27}-\sqrt{75}$

*(3) $\sqrt{7}-\sqrt{45}+3\sqrt{28}+\sqrt{20}$

(4) $\sqrt{20}-\sqrt{8}-\sqrt{5}+\sqrt{32}$

44 次の式を簡単にせよ。 ◀例24 (1)

*(1) $(3\sqrt{3}-5\sqrt{2})(\sqrt{3}+2\sqrt{2})$

(2) $(2\sqrt{2}-\sqrt{5})(3\sqrt{2}+2\sqrt{5})$

45 次の式を簡単にせよ。 ◀例24 (2)

*(1) $(\sqrt{3}+\sqrt{7})^2$

(2) $(\sqrt{3}+2)^2$

*(3) $(\sqrt{10}+\sqrt{3})(\sqrt{10}-\sqrt{3})$

(4) $(\sqrt{7}+2)(\sqrt{7}-2)$

11 分母の有理化

⇨教 p.32~p.33

1 分母の有理化

分母に根号を含む式を，分母に根号を含まない形に変形することを分母の有理化という。

[1] $\dfrac{1}{\sqrt{a}}=\dfrac{\sqrt{a}}{\sqrt{a}\times\sqrt{a}}=\dfrac{\sqrt{a}}{a}$

[2] $\dfrac{1}{\sqrt{a}+\sqrt{b}}=\dfrac{\sqrt{a}-\sqrt{b}}{(\sqrt{a}+\sqrt{b})(\sqrt{a}-\sqrt{b})}=\dfrac{\sqrt{a}-\sqrt{b}}{a-b}$

$\dfrac{1}{\sqrt{a}-\sqrt{b}}=\dfrac{\sqrt{a}+\sqrt{b}}{(\sqrt{a}-\sqrt{b})(\sqrt{a}+\sqrt{b})}=\dfrac{\sqrt{a}+\sqrt{b}}{a-b}$

例 25 次の式の分母を有理化してみよう。

(1) $\dfrac{1}{\sqrt{7}}=\dfrac{\sqrt{7}}{\sqrt{7}\times\sqrt{7}}=$ ア［　　］

← 分母・分子に $\sqrt{7}$ を掛ける

(2) $\dfrac{4}{3\sqrt{2}}=\dfrac{4\times\sqrt{2}}{3\sqrt{2}\times\sqrt{2}}$

$=\dfrac{4\sqrt{2}}{3\times 2}$

$=$ イ［　　］

← 分母・分子に $\sqrt{2}$ を掛ける

(3) $\dfrac{1}{\sqrt{7}+\sqrt{5}}=\dfrac{\sqrt{7}-\sqrt{5}}{(\sqrt{7}+\sqrt{5})(\sqrt{7}-\sqrt{5})}$

$=\dfrac{\sqrt{7}-\sqrt{5}}{(\sqrt{7})^2-(\sqrt{5})^2}$

$=$ ウ［　　］

← 分母・分子に $\sqrt{7}-\sqrt{5}$ を掛ける

(4) $\dfrac{\sqrt{6}+\sqrt{3}}{\sqrt{6}-\sqrt{3}}=\dfrac{(\sqrt{6}+\sqrt{3})^2}{(\sqrt{6}-\sqrt{3})(\sqrt{6}+\sqrt{3})}$

$=\dfrac{6+2\sqrt{18}+3}{(\sqrt{6})^2-(\sqrt{3})^2}$

$=\dfrac{9+6\sqrt{2}}{6-3}$

$=\dfrac{3(3+2\sqrt{2})}{3}$

$=$ エ［　　］

← 分母・分子に $\sqrt{6}+\sqrt{3}$ を掛ける

練習問題

46 次の式の分母を有理化せよ。 ◀例 25 (1) (2)

*(1) $\dfrac{\sqrt{2}}{\sqrt{5}}$　　(2) $\dfrac{\sqrt{3}}{\sqrt{7}}$

*(3) $\dfrac{8}{\sqrt{2}}$　　(4) $\dfrac{3}{2\sqrt{7}}$

47 次の式の分母を有理化せよ。 ◀例 25 (3) (4)

*(1) $\dfrac{1}{\sqrt{5}-\sqrt{3}}$　　*(2) $\dfrac{2}{\sqrt{3}+1}$

*(3) $\dfrac{4}{\sqrt{7}+\sqrt{3}}$　　(4) $\dfrac{5}{2+\sqrt{3}}$

(5) $\dfrac{5-\sqrt{7}}{5+\sqrt{7}}$　　(6) $\dfrac{\sqrt{5}+\sqrt{3}}{\sqrt{5}-\sqrt{3}}$

確認問題 3

*1 次の分数を循環小数の記号・を用いて表せ。

(1) $\dfrac{10}{3}$　　(2) $\dfrac{13}{33}$

*2 次の値を求めよ。

(1) $|-5|$　　(2) $|5-7|$

(3) 5の平方根　　(4) $\sqrt{(-10)^2}$

*3 次の式を計算せよ。

(1) $\sqrt{7}\times\sqrt{6}$　　(2) $\dfrac{\sqrt{21}}{\sqrt{3}}$

(3) $\sqrt{28}$　　(4) $\sqrt{5}\times\sqrt{35}$

4 次の式を簡単にせよ。

*(1) $4\sqrt{3}+2\sqrt{3}-3\sqrt{3}$　　*(2) $(2\sqrt{5}-3\sqrt{2})+(\sqrt{5}+4\sqrt{2})$

(3) $\sqrt{32}-2\sqrt{18}+\sqrt{8}$　　(4) $(\sqrt{45}-\sqrt{12})-(\sqrt{5}-2\sqrt{27})$

5 次の式を簡単にせよ。

*(1) $(2\sqrt{3}-\sqrt{2})(\sqrt{3}+4\sqrt{2})$

*(2) $(\sqrt{2}-3)^2$

*(3) $(\sqrt{6}+\sqrt{2})(\sqrt{6}-\sqrt{2})$

(4) $(\sqrt{3}+\sqrt{7})(\sqrt{3}-\sqrt{7})$

6 次の式の分母を有理化せよ。

*(1) $\dfrac{3}{\sqrt{6}}$

(2) $\dfrac{9}{\sqrt{3}}$

(3) $\dfrac{1}{2\sqrt{3}}$

*(4) $\dfrac{\sqrt{3}}{\sqrt{8}}$

*(5) $\dfrac{1}{\sqrt{7}-\sqrt{3}}$

*(6) $\dfrac{2}{3-\sqrt{7}}$

(7) $\dfrac{\sqrt{3}}{2+\sqrt{5}}$

(8) $\dfrac{\sqrt{5}+\sqrt{2}}{\sqrt{5}-\sqrt{2}}$

12 不等号と不等式 / 不等式の性質

⇨教 p.36〜p.39

1 不等号の意味

$x < a$　xはaより小さい（xはa未満）

$x \leqq a$　xはa以下

$x > a$　xはaより大きい

$x \geqq a$　xはa以上

2 不等式の性質

不等号を含む式を 不等式 といい，$a < b$ のとき，次の性質が成り立つ。

[1]　$a+c < b+c$，$a-c < b-c$

[2]　$c > 0$ ならば　$ac < bc$，$\dfrac{a}{c} < \dfrac{b}{c}$

[3]　$c < 0$ ならば　$ac > bc$，$\dfrac{a}{c} > \dfrac{b}{c}$　（不等号の向きが変わる。）

例 26　次の数量の大小関係を，不等号を用いて表してみよう。

(1)　xは3より大きい　　x ア[　　] 3

← xは3を含まない

(2)　xは3以上5未満　　3 イ[　　] x ウ[　　] 5

← xは3を含み，xは5を含まない

例 27　次の数量の大小関係を不等式で表してみよう。

(1)　ある数xを-3倍して4を加えた数は，2以下である。

$-3x+4$ ア[　　] 2

(2)　1個30 gの品物x個を100 gの箱に入れると，全体の重さは520 g以上になる。

$30x+100$ イ[　　] 520

← 520 g以上は，520 gを含む

例 28　$a < b$ のとき，次の2つの数の大小関係を不等号を用いて表してみよう。

(1)　$a+7$ ア[　　] $b+7$

← $a+c < b+c$

(2)　$7a$ イ[　　] $7b$

← $c > 0$ ならば $ac < bc$

(3)　$-\dfrac{a}{7}$ ウ[　　] $-\dfrac{b}{7}$

← $c < 0$ ならば $\dfrac{a}{c} > \dfrac{b}{c}$

練　習　問　題

*48　次の数量の大小関係を，不等号を用いて表せ。　◀例 26

(1)　x は -2 より小さい　　(2)　x は -1 以上 5 以下

*49　次の数量の大小関係を不等式で表せ。　◀例 27

(1)　ある数 x を 2 倍して 3 を引いた数は，6 より大きい。

(2)　ある数 x を -5 倍して 2 を引いた数は，-1 より大きくかつ 5 以下である。

(3)　1 個 80 円の消しゴムを x 個と，1 冊 150 円のノートを 2 冊買ったときの合計金額は，1500 円未満であった。

50　$a<b$ のとき，次の 2 つの数の大小関係を不等号を用いて表せ。　◀例 28

*(1)　$a+5$ ☐ $b+5$　　(2)　$a-5$ ☐ $b-5$

*(3)　$5a$ ☐ $5b$　　*(4)　$-5a$ ☐ $-5b$

*(5)　$\frac{a}{5}$ ☐ $\frac{b}{5}$　　(6)　$-\frac{a}{5}$ ☐ $-\frac{b}{5}$

13 1次不等式 (1)

⇨教 p.40〜p.42

1 1次不等式

x の値の範囲と数直線

(1) $x \geqq a$

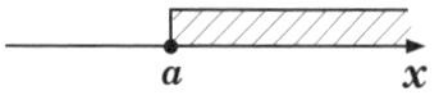

(2) $x \leqq a$

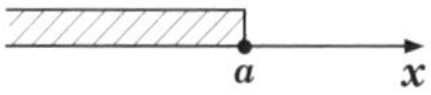

(3) $x > a$

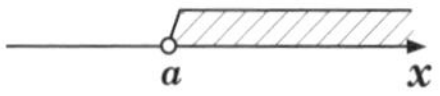

(4) $x < a$

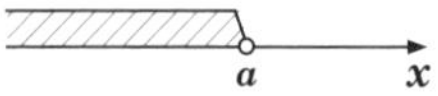

2 1次不等式の解き方

① かっこがあれば，展開してかっこをはずす。
② 係数に分数があれば，両辺に適当な数を掛けて分母をはらい，係数を整数にする。
③ 文字の項を左辺に，数の項を右辺に移項して $ax > b$，$ax \geqq b$，$ax < b$，$ax \leqq b$ の形に整理する。
④ ③の式の両辺を a で割る。a が 負の数 のときは 不等号の向きが変わる。

例 29 次の不等式で表された x の値の範囲を，数直線上に図示してみよう。

(1) $x \leqq 4$ ア

(2) $x > 4$ イ

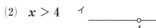

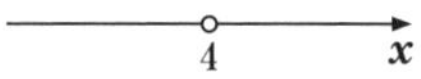

例 30 次の1次不等式を解いてみよう。

(1) $-2x+3<9$

移項すると $-2x<9-3$ ← 移項すると符号が変わる

整理すると $-2x<6$

両辺を -2 で割って $x>$ ア［　　］ ← 負の数で割ると不等号の向きが変わる

(2) $4x-5>2x-1$

移項すると $4x-2x>-1+5$ ← 移項すると符号が変わる

整理すると $2x>4$

両辺を2で割って $x>$ イ［　　］

(3) $2(3-x) \leqq x+3$ ← (　)をはずす

かっこをはずすと $6-2x \leqq x+3$

移項すると $-2x-x \leqq 3-6$ ← 移項すると符号が変わる

整理すると $-3x \leqq -3$

両辺を -3 で割って $x \geqq$ ウ［　　］ ← 負の数で割ると不等号の向きが変わる

(4) $\frac{3}{4}x-1<-\frac{1}{2}x-3$

両辺に4を掛けると $4\left(\frac{3}{4}x-1\right)<4\left(-\frac{1}{2}x-3\right)$ ← 分母4と2の最小公倍数4を掛ける

$3x-4<-2x-12$

移項して整理すると $5x<-8$ ← 移項すると符号が変わる

両辺を5で割って $x<$ エ［　　］

練習問題

***51** 次の不等式で表された x の値の範囲を，数直線上に図示せよ。 ◀例 29

(1) $x \geqq -2$

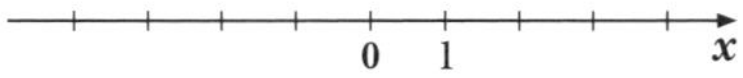

(2) $x < -2$

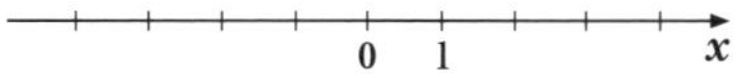

52 次の1次不等式を解け。 ◀例 30 (1)

*(1) $x-1>2$　(2) $x+5<12$　(3) $2x-1 \geqq 3$　*(4) $2-3x \leqq 5$

53 次の1次不等式を解け。 ◀例 30 (2) (3)

*(1) $7-4x>3-2x$　(2) $7x+1 \leqq 2x-4$

*(3) $2x+3<4x+7$　(4) $3x+5 \geqq 6x-4$

*(5) $5x-9 \geqq 3(x-1)$　(6) $3(1-x)<3x+7$

54 次の1次不等式を解け。 ◀例 30 (1)

*(1) $x-1<2-\dfrac{3}{2}x$　(2) $x+\dfrac{2}{3} \leqq 1-2x$

*(3) $\dfrac{1}{2}x+\dfrac{1}{3}<\dfrac{3}{4}x-\dfrac{5}{6}$　(4) $\dfrac{1}{3}x+\dfrac{7}{6} \geqq \dfrac{1}{2}x+\dfrac{1}{3}$

14 1次不等式 (2)

⇨教 p.43〜p.45

1 連立不等式

・連立不等式 $\begin{cases} A > 0 \\ B > 0 \end{cases}$ の解は，2つの不等式 $A > 0$，$B > 0$ の解を 同時に満たす範囲。

・不等式 $A < B < C$ は，連立不等式 $\begin{cases} A < B \\ B < C \end{cases}$ として解く。

1次不等式の文章題

① 求める数量を x とおき，x の満たす条件を調べる。
② 問題の示す大小関係を，不等式で表す。
③ ②の不等式を解き，①の条件にあてはまるものから問題に適するものを選ぶ。

例 31

連立不等式 $\begin{cases} x-1 < 4x+2 \\ 3x-1 \geqq 2x+1 \end{cases}$ を解いてみよう。

← 2つの不等式をそれぞれ解く

$x-1 < 4x+2$ を解くと，$-3x < 3$ より $x > -1$ ……①
$3x-1 \geqq 2x+1$ を解くと，$x \geqq 2$ ……②

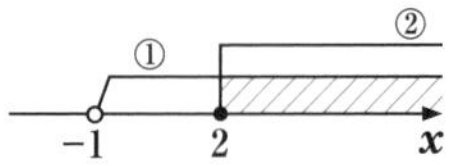

①，②より，連立不等式の解は ア［　　　　］

← ①，②の共通範囲を求める

例 32

不等式 $-7 \leqq 3x-4 \leqq 8-x$ を解いてみよう。

この不等式は，$\begin{cases} -7 \leqq 3x-4 \\ 3x-4 \leqq 8-x \end{cases}$ と表される。

← 2つの不等式をそれぞれ解く

$-7 \leqq 3x-4$ を解くと，$-3x \leqq 3$ より $x \geqq -1$ ……①
$3x-4 \leqq 8-x$ を解くと，$4x \leqq 12$ より $x \leqq 3$ ……②

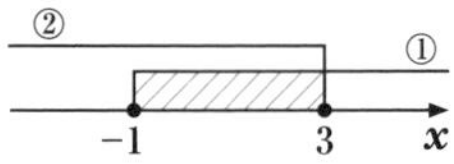

①，②より，不等式の解は ア［　　　　］

← ①，②の共通範囲を求める

TRY
例 33

1個200円のりんごと1個80円のりんごをあわせて10個買い，合計金額が1600円以下になるようにしたい。200円のりんごをなるべく多く買うには，それぞれ何個ずつ買えばよいか求めてみよう。

200円のりんごを x 個買うとすると，80円のりんごは $(10-x)$ 個であるから　$0 \leqq x \leqq 10$ ……①

このとき，合計金額について次の不等式が成り立つ。

$200x + 80(10-x) \leqq 1600$

← 200円のりんご x 個，80円のりんご $(10-x)$ 個

$200x + 800 - 80x \leqq 1600$

$120x \leqq 800$ より

$x \leqq \dfrac{20}{3}$ ……②

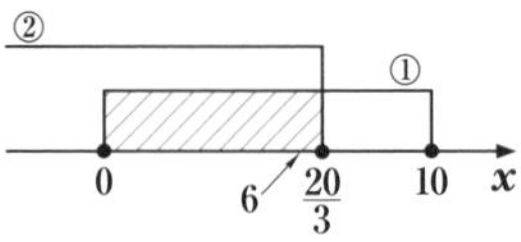

①，②より　$0 \leqq x \leqq \dfrac{20}{3}$

← $\dfrac{20}{3} = 6.666\cdots\cdots$

この範囲における最大の整数は6であるから，200円のりんごを ア［　　］個，80円のりんごを イ［　　］個，買えばよい。

練　習　問　題

55　次の連立不等式を解け。　◀例 31

*(1) $\begin{cases} 4x-3<2x+9 \\ 3x>x+2 \end{cases}$

(2) $\begin{cases} 27 \geqq 2x+13 \\ 9 \leqq 1+4x \end{cases}$

*(3) $\begin{cases} 3x+1<5(x-1) \\ 2(x-1)<5x+4 \end{cases}$

(4) $\begin{cases} 2x-5(x+1) \geqq 1 \\ x-5>3x+7 \end{cases}$

56　次の不等式を解け。　◀例 32

*(1) $-2 \leqq 4x+2 \leqq 10$

(2) $0<3x+6<11-2x$

TRY
57　1 個 130 円のみかんと 1 個 90 円のみかんをあわせて 15 個買い，合計金額が 1800 円以下になるようにしたい。130 円のみかんをなるべく多く買うには，それぞれ何個ずつ買えばよいか。　◀例 33

確 認 問 題 4

*1　次の数量の大小関係を不等式で表せ。
x を 3 倍して 4 を加えた数は，30 より大きい

*2　$a < b$ のとき，次の 2 つの数の大小関係を不等号を用いて表せ。

(1)　$a+4$ □ $b+4$　　(2)　$a-4$ □ $b-4$　　(3)　$-\frac{a}{4}$ □ $-\frac{b}{4}$

*3　次の 1 次不等式を解け。

(1)　$x+5 \leqq -4x$　　(2)　$2x+4 \geqq 0$　　(3)　$5x+3 < 7x-1$

(4)　$5(1-x) > 3x-7$　　(5)　$\frac{1}{4}x+\frac{1}{2} \leqq \frac{3}{4}x-\frac{5}{2}$

4　次の連立不等式を解け。

*(1)　$\begin{cases} 2x-3 < 3 \\ 3x+6 > 7x-10 \end{cases}$　　(2)　$\begin{cases} 3(x+2) \geqq 5x \\ 3x+5 > x-1 \end{cases}$

5　次の不等式を解け。

*(1)　$-8 \leqq 1-3x \leqq 4$　　(2)　$0 < 2x-6 < 9-x$

6　1 冊 200 円のノートと 1 冊 160 円のノートをあわせて 20 冊買い，合計金額が 3700 円以下になるようにしたい。200 円のノートをなるべく多く買うには，それぞれ何冊ずつ買えばよいか。

発展 二重根号

⇨教 p.35

1 二重根号

$a>0,\ b>0$ のとき　$\sqrt{(a+b)+2\sqrt{ab}}=\sqrt{(\sqrt{a}+\sqrt{b})^2}=\sqrt{a}+\sqrt{b}$

$a>b>0$ のとき　$\sqrt{(a+b)-2\sqrt{ab}}=\sqrt{(\sqrt{a}-\sqrt{b})^2}=\sqrt{a}-\sqrt{b}$

例　次の式の二重根号をはずしてみよう。

(1) $\sqrt{5-2\sqrt{6}}=\sqrt{(3+2)-2\sqrt{3\times 2}}$　← たして 5，掛けて 6 になる 2 数をさがす

$=\sqrt{(\sqrt{3}-\sqrt{2})^2}=$ ア［　　］　← $a>b>0$ のとき $\sqrt{(\sqrt{a}-\sqrt{b})^2}=\sqrt{a}-\sqrt{b}$

(2) $\sqrt{6+\sqrt{32}}=\sqrt{6+2\sqrt{8}}$　← $\sqrt{(a+b)+2\sqrt{ab}}$ の形にする。$\sqrt{32}=2\sqrt{8}$

$=\sqrt{(4+2)+2\sqrt{4\times 2}}$　← たして 6，掛けて 8 になる 2 数をさがす

$=\sqrt{(\sqrt{4}+\sqrt{2})^2}$　← $\sqrt{4}=2$

$=\sqrt{(2+\sqrt{2})^2}=$ イ［　　］　← $a>0,\ b>0$ のとき $\sqrt{(\sqrt{a}+\sqrt{b})^2}=\sqrt{a}+\sqrt{b}$

練 習 問 題

■ 次の式の二重根号をはずせ。　◀ 例

*(1) $\sqrt{7+2\sqrt{12}}$

(2) $\sqrt{10-2\sqrt{21}}$

*(3) $\sqrt{6-\sqrt{20}}$

(4) $\sqrt{8+\sqrt{48}}$

*(5) $\sqrt{11+4\sqrt{7}}$

(6) $\sqrt{15-6\sqrt{6}}$

TRY *PLUS*

例題 1　置きかえによる因数分解

⇨教 p.21 応用例題 3

次の式を因数分解せよ。

$(x^2+4x)^2+(x^2+4x)-30$

解　$x^2+4x=A$ とおくと

$$
\begin{aligned}
(x^2+4x)^2+(x^2+4x)-30 &= A^2+A-30\\
&= (A-5)(A+6)\\
&= (x^2+4x-5)(x^2+4x+6)\\
&= (x+5)(x-1)(x^2+4x+6)
\end{aligned}
$$

⇐ x^2+4x-5 を，さらに因数分解する

問 1　次の式を因数分解せよ。

(1)　$(x^2+x)^2-4(x^2+x)-12$

(2)　$(x^2+2x)^2-14(x^2+2x)+48$

例題 2　1つの文字に着目する因数分解

⇨教 p.22 応用例題 4

次の式を因数分解せよ。

$2x^2+5xy+2y^2+x+5y-3$

解

$$\begin{aligned}&2x^2+5xy+2y^2+x+5y-3\\ &=2x^2+(5y+1)x+(2y^2+5y-3)\\ &=2x^2+(5y+1)x+(2y-1)(y+3)\\ &=\{x+(2y-1)\}\{2x+(y+3)\}\\ &=(x+2y-1)(2x+y+3)\end{aligned}$$

1	$2y-1$ ⟶	$4y-2$
2	$y+3$ ⟶	$y+3$
2	$(2y-1)(y+3)$	$5y+1$

問 2　次の式を因数分解せよ。

(1)　$2x^2+7xy+3y^2+7x+y-4$

(2)　$3x^2+10xy+8y^2-8x-10y-3$

15 集合

⇨教 p.52〜p.57

1 集合

集合　ある特定の性質をもつもの全体の集まり

要素　集合を構成している個々のもの

$a \in A$　a は集合 A に属する（a が集合 A の要素である）

$b \notin A$　b は集合 A に属さない（b が集合 A の要素でない）

2 集合の表し方

① { } の中に，要素を書き並べる。　② { } の中に，要素の満たす条件を書く。

3 部分集合

$A \subset B$　A は B の 部分集合（A のすべての要素が B の要素になっている）

$A = B$　A と B は 等しい（A と B の要素がすべて一致している）

空集合 $\varnothing$　要素を 1 つももたない集合

4 共通部分と和集合/補集合/ド・モルガンの法則

共通部分 $A \cap B$　A，B のどちらにも属する要素全体からなる集合

和集合 $A \cup B$　A，B の少なくとも一方に属する要素全体からなる集合

補集合 $\overline{A}$　全体集合 U の中で，集合 A に属さない要素全体からなる集合

ド・モルガンの法則　[1]　$\overline{A \cup B} = \overline{A} \cap \overline{B}$　[2]　$\overline{A \cap B} = \overline{A} \cup \overline{B}$

例 34

次の集合を，要素を書き並べる方法で表してみよう。

(1)　$A = \{x \mid x$ は 18 の正の約数$\}$　　$A = \{$ ア ＿＿＿ $\}$

(2)　$B = \{x \mid -2 \leqq x \leqq 3$，$x$ は整数$\}$　　$B = \{$ イ ＿＿＿ $\}$

例 35

$A = \{1, 2, 3, 6, 12\}$，$B = \{1, 3, 12\}$ のとき，次の □ に，$\supset$，$\subset$ のうち適する記号を入れてみよう。

A ア □ B

例 36

$A = \{2, 4, 6, 8, 10\}$，$B = \{1, 2, 3, 4, 5\}$，$C = \{7, 9\}$ のとき，

$A \cap B = \{$ ア ＿＿＿ $\}$

$A \cup B = \{$ イ ＿＿＿ $\}$

$A \cap C = \varnothing$

← A，B どちらにも属する要素全体からなる集合

← A，B の少なくとも一方に属する要素全体からなる集合

例 37

$U = \{1, 2, 3, 4, 5, 6\}$ を全体集合とするとき，その部分集合 $A = \{1, 2, 3\}$，$B = \{3, 6\}$ について，次の集合を求めてみよう。

(1)　$\overline{A} = \{$ ア ＿＿＿ $\}$　　(2)　$\overline{B} = \{$ イ ＿＿＿ $\}$

(3)　$A \cup B = \{1, 2, 3, 6\}$ であるから　$\overline{A \cup B} = \{$ ウ ＿＿＿ $\}$

(4)　$A \cap B = \{3\}$ であるから　$\overline{A \cap B} = \{$ エ ＿＿＿ $\}$

(5)　$\overline{A} \cap B = \{$ オ ＿＿＿ $\}$　　(6)　$A \cup \overline{B} = \{$ カ ＿＿＿ $\}$

← $\overline{A}$ は，A に属さない要素全体からなる集合

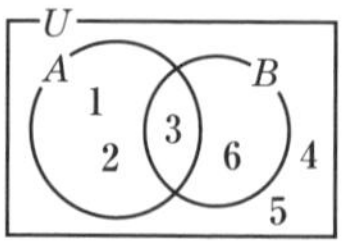

練　習　問　題

58 次の集合を，要素を書き並べる方法で表せ。　◀例 34

*(1)　$A=\{x \mid x$ は 12 の正の約数$\}$　　(2)　$B=\{x \mid -3 \leqq x \leqq 1,\ x$ は整数$\}$

59 $A=\{1,\ 3,\ 5,\ 7,\ 9\}$，$B=\{1,\ 5,\ 9\}$ のとき，次の□に，⊃，⊂ のうち適する記号を入れよ。　◀例 35

A □ B

60 $A=\{1,\ 3,\ 5,\ 7\}$，$B=\{2,\ 3,\ 5,\ 7\}$，$C=\{2,\ 4\}$ のとき，次の集合を求めよ。　◀例 36

*(1)　$A \cap B$　　(2)　$A \cup B$　　(3)　$A \cap C$

***61** $U=\{1,\ 2,\ 3,\ 4,\ 5,\ 6,\ 7,\ 8,\ 9,\ 10\}$ を全体集合とするとき，その部分集合 $A=\{1,\ 2,\ 3,\ 4,\ 5,\ 6\}$，$B=\{5,\ 6,\ 7,\ 8\}$ について，次の集合を求めよ。　◀例 37

(1)　$\overline{A}$　　(2)　$\overline{B}$

(3)　$\overline{A \cap B}$　　(4)　$\overline{A \cup B}$

(5)　$\overline{A} \cup B$　　(6)　$A \cap \overline{B}$

16 命題と条件

⇨教 p.58〜p.63

1 命題

命題　正しい（真）か，正しくない（偽）かが定まる文や式

2 条件と集合

条件　変数の値が決まって，はじめて真偽が定まる文や式

2 つの条件 p，q を満たすもの全体の集合をそれぞれ P，Q とするとき，

命題「$p \Longrightarrow q$」が真 であることと，$P \subset Q$ が成り立つことは同じことである。

3 必要条件と十分条件

2 つの条件 p，q について，命題「$p \Longrightarrow q$」が真であるとき，

p は q であるための 十分条件 であるといい，

q は p であるための 必要条件 であるという。

命題「$p \Longrightarrow q$」と「$q \Longrightarrow p$」がともに真であるとき，

p は q であるための 必要十分条件 であるという。

このとき，p と q は 同値 であるといい，$p \Longleftrightarrow q$ と表す。

4 否定/ド・モルガンの法則

否定　条件 p に対し，「p でない」という条件を p の 否定 といい，$\overline{p}$ で表す。

ド・モルガンの法則　[1] $\overline{p \text{ かつ } q} \Longleftrightarrow \overline{p}$ または $\overline{q}$　　[2] $\overline{p \text{ または } q} \Longleftrightarrow \overline{p}$ かつ $\overline{q}$

例 38　条件 p，q が $p: 0 \leqq x \leqq 2$，$q: -1 \leqq x \leqq 4$ のとき，命題「$p \Longrightarrow q$」の真偽を調べてみよう。ただし，x は実数とする。

← 命題が正しいとき真
命題が正しくないとき偽

条件 p，q を満たす x の集合をそれぞれ P，Q とする。このとき，右の図から $P \subset Q$ が成り立つ。

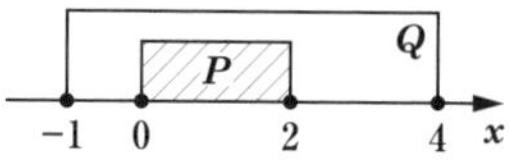

よって，命題「$p \Longrightarrow q$」は ア［　　　］ である。

例 39　次の［　］に，必要条件，十分条件，必要十分条件のうち最も適するものを入れてみよう。ただし，x は実数とする。

命題 「$x = 2 \Longrightarrow x^2 = 4$」は真である。

命題「$x^2 = 4 \Longrightarrow x = 2$」 は偽である。

よって，$x = 2$ は $x^2 = 4$ であるための ア［　　　］ である。

また，$x^2 = 4$ は $x = 2$ であるための イ［　　　］ である。

← 「$p \Longrightarrow q$」が真
（p：十分条件，q：必要条件）

例 40　次の条件の否定を考えてみよう。ただし，n は自然数，x，y は実数とする。

(1)　条件「n は奇数である」の否定は，「n は奇数でない」，すなわち

「n は ア［　　　］ である」

← 自然数は奇数または偶数のどちらか

(2)　条件「$x = 1$ かつ $y = 1$」の否定は，「イ［　　　］ または ウ［　　　］」　← ド・モルガンの法則

(3)　条件「$x \geqq 0$ または $y \leqq 0$」の否定は，「エ［　　　］ かつ オ［　　　］」　← ド・モルガンの法則

練習問題

62 次の条件 p, q について，命題「$p \Longrightarrow q$」の真偽を調べよ。また，偽の場合は反例をあげよ。ただし，x は実数，n は自然数とする。 ◀例 38

*(1) $p : -2 \leqq x \leqq 1$,　$q : x \geqq -3$

(2) $p : x^2 \geqq 4$,　$q : x \geqq 2$

(3) p：n は 2 の倍数　q：n は 4 の倍数

*(4) p：n は 6 の約数　q：n は 12 の約数

***63** 次の □ に，必要条件，十分条件，必要十分条件のうち最も適するものを入れよ。ただし，x は実数とする。 ◀例 39

(1) $x = 1$ は，$x^2 = 1$ であるための □ である。

(2) 「四角形 ABCD は長方形」は，「四角形 ABCD は正方形」であるための □ である。

(3) $(x-3)^2 = 0$ は，$x = 3$ であるための □ である。

***64** 次の条件の否定をいえ。ただし，x, y は実数とする。 ◀例 40

(1) $x = 5$

(2) $x \geqq 1$ かつ $y > 0$

(3) $-3 < x < 2$

(4) $x \leqq 2$ または $x > 5$

17 逆・裏・対偶

⇨教 p.64〜p.66

1 逆・裏・対偶

命題「$p \Longrightarrow q$」に対して，

「$q \Longrightarrow p$」を 逆

「$\overline{p} \Longrightarrow \overline{q}$」を 裏

「$\overline{q} \Longrightarrow \overline{p}$」を 対偶

という。

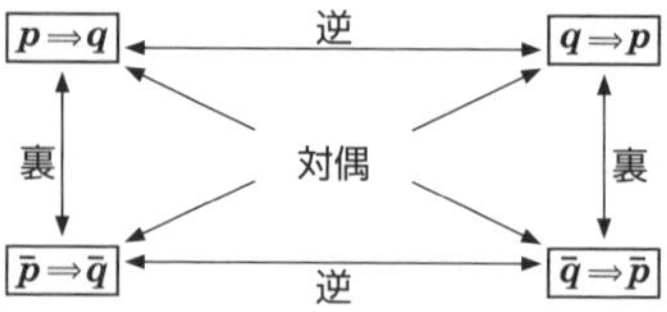

2 対偶を利用する証明

ある命題が真であっても，その逆や裏は真であるとは限らないが，もとの命題とその対偶の真偽は一致する。
すなわち，命題「$p \Longrightarrow q$」と，その対偶「$\overline{q} \Longrightarrow \overline{p}$」の真偽は一致する。

3 背理法

「与えられた命題が成り立たないと仮定して，その仮定のもとで矛盾が生じれば，もとの命題は真である」と結論する証明方法。

例 41

x を実数とするとき，命題「$x > 2 \Longrightarrow x > 1$」は真である。

この命題に対して，逆，裏，対偶の真偽を調べてみよう。

逆　:「$x > 1 \Longrightarrow x > 2$」……　偽

裏　:「$x \leqq 2 \Longrightarrow x \leqq 1$」…… ア［　　］

対偶 :「$x \leqq 1 \Longrightarrow x \leqq 2$」…… イ［　　］

← 命題「$p \Longrightarrow q$」に対して「$q \Longrightarrow p$」を逆「$\overline{p} \Longrightarrow \overline{q}$」を裏「$\overline{q} \Longrightarrow \overline{p}$」を対偶という

例 42

n を整数とするとき，命題「n^2+1 が偶数ならば n は奇数である」を，対偶を利用して証明してみよう。

証明　この命題の対偶「n が偶数ならば n^2+1 は奇数である」を証明する。

← 対偶が真であることを証明する

n が偶数であるとき，ある整数 k を用いて $n = 2k$ と表される。

よって　$n^2+1 = (2k)^2+1 = 4k^2+1 = 2 \cdot 2k^2+1$

ここで，$2k^2$ は整数であるから，n^2+1 は ア［　　］である。

← 奇数は $2 \times (\text{整数})+1$ の形

したがって，対偶が真であるから，もとの命題も真である。 終

例 43

$\sqrt{3}$ が無理数であることを用いて，$1+2\sqrt{3}$ が無理数であることを証明してみよう。

証明　$1+2\sqrt{3}$ が無理数でない，すなわち $1+2\sqrt{3}$ は有理数であると仮定する。

← 与えられた命題が成り立たないと仮定する

そこで，r を有理数として，$1+2\sqrt{3} = r$ とおくと

$$\sqrt{3} = \frac{r-1}{2} \quad \cdots\cdots①$$

r は有理数であるから，$\dfrac{r-1}{2}$ は有理数であり，等式①は $\sqrt{3}$ が

ア［　　］であることに矛盾する。

← $\sqrt{3}$ が有理数かつ無理数であるという矛盾

よって，$1+2\sqrt{3}$ は無理数である。 終

練　習　問　題

65　x を実数とするとき，命題「$x > 2 \Longrightarrow x > 3$」の真偽を調べよ。また，逆，裏，対偶を述べ，それらの真偽も調べよ。　◀例 41

66　n を整数とするとき，命題「n^2 が 3 の倍数ならば n は 3 の倍数である」を，対偶を利用して証明せよ。　◀例 42

67　$\sqrt{2}$ が無理数であることを用いて，$3+2\sqrt{2}$ が無理数であることを証明せよ。

◀例 43

確　認　問　題　5

1　次の集合を，要素を書き並べる方法で表せ。

(1)　$A=\{x\mid x$ は 16 の正の約数$\}$

*(2)　$B=\{x\mid x$ は 20 以下の素数$\}$

2　集合 $\{2,\ 4,\ 6\}$ の部分集合をすべて書き表せ。

3　$A=\{1,\ 3,\ 5,\ 7,\ 9\}$，$B=\{2,\ 3,\ 5,\ 7\}$，$C=\{4,\ 6,\ 8\}$ のとき，次の集合を求めよ。

*(1)　$A\cap B$

(2)　$A\cup B$

(3)　$B\cap C$

4　$U=\{1,\ 2,\ 3,\ 4,\ 5,\ 6,\ 7,\ 8,\ 9,\ 10\}$ を全体集合とするとき，その部分集合
$A=\{1,\ 3,\ 5,\ 7,\ 9\}$，$B=\{1,\ 2,\ 3,\ 6\}$ について，次の集合を求めよ。

*(1)　$\overline{A}$

(2)　$\overline{B}$

*(3)　$\overline{A}\cap\overline{B}$

(4)　$\overline{A\cup B}$

5　条件 p，q が p：$-5\leqq x\leqq 5$，q：$x\geqq 2$ のとき，命題「$p\Longrightarrow q$」の真偽を答えよ。また，偽の場合は反例をあげよ。ただし，x は実数とする。

6 次の[　　]に，必要条件，十分条件，必要十分条件のうち最も適するものを入れよ。ただし，x，y は実数とする。

(1) $x < 3$ は，$x < 2$ であるための[　　　　]である。

(2) $\triangle ABC \equiv \triangle DEF$ は，$\triangle ABC \backsim \triangle DEF$ であるための[　　　　]である。

(3) $x^2 + y^2 = 0$ は，$x = y = 0$ であるための[　　　　]である。

***7** 次の条件の否定をいえ。ただし，x は実数とする。

(1) $x < -2$

(2) $x < -2$ かつ $x < 1$

8 n を整数とするとき，命題「$n^2 + 1$ が奇数ならば n は偶数である」を，対偶を利用して証明せよ。

9 $\sqrt{3}$ が無理数であることを用いて，$4 - 2\sqrt{3}$ が無理数であることを証明せよ。

第2章 集合と論証

検印

18 関数とグラフ

⇨教 p.72〜p.75

1 関数

xの値を決めるとそれに対応してyの値がただ1つ定まるとき，yはxの 関数 であるという。

yがxの関数であることを，$y=f(x)$，$y=g(x)$ などと表す。

関数の値　関数 $y=f(x)$ において，$x=a$ のときの値を $f(a)$ と表し，$x=a$ のときの関数 $f(x)$ の値という。

2 関数 $y=f(x)$ の定義域・値域

定義域　変数xのとり得る値の範囲

値　域　定義域のxの値に対応する変数yのとり得る値の範囲

最大値　関数の値域におけるyの最大の値

最小値　関数の値域におけるyの最小の値

3 1次関数のグラフ

1次関数 $y=ax+b$（ただし，$a\neq 0$）のグラフは，傾き a，切片 b の直線。

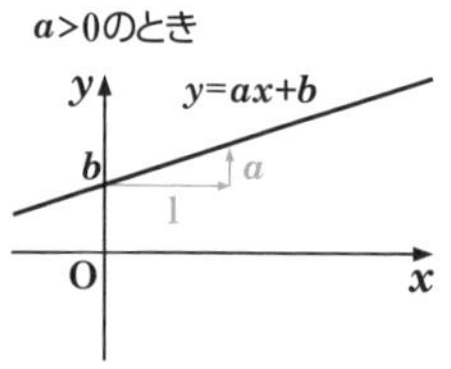

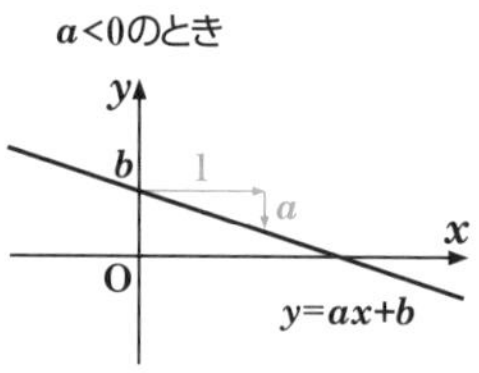

例 44　半径 x cm の円の周の長さを y cm とすると，yはxの関数であり，円周率をπとして，yをxの式で表すと

$y=$ ア[　　] となる。

⬅ 円の周の長さは
直径$\times\pi=2\pi\times$半径

例 45　関数 $f(x)=x^2-4x+3$ において，$f(-1)$ の値は

$f(-1)=(-1)^2-4\times(-1)+3=1+4+3=$ ア[　　]

例 46　関数 $y=2x+4$（$-1\leqq x\leqq 2$）の値域を求めてみよう。
また，最大値，最小値を求めてみよう。

この関数のグラフは，$y=2x+4$ のグラフのうち，$-1\leqq x\leqq 2$ に対応する部分である。

$x=-1$ のとき　$y=2\times(-1)+4=$ ア[　　]

$x=2$ のとき　$y=2\times2+4=$ イ[　　]

よって，この関数のグラフは，右の図の実線部分であり，その値域は

ア[　　] $\leqq y\leqq$ イ[　　]

また，yは $x=$ ウ[　　] のとき　最大値 エ[　　] をとり，

$x=$ オ[　　] のとき　最小値 カ[　　] をとる。

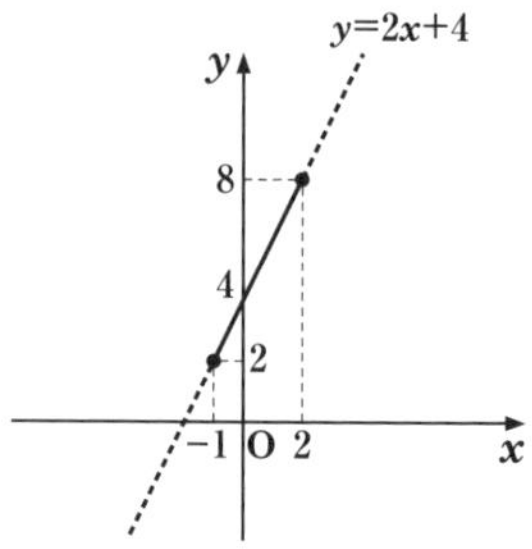

練 習 問 題

68 次の各場合について，y を x の式で表せ。 ◀例 44

*(1) 1 辺の長さが x cm の正三角形の周の長さを y cm とする。

(2) 1 本 50 円の鉛筆を x 本と，500 円の筆箱を買ったときの代金の合計を y 円とする。

69 関数 $f(x)=2x^2-5x+3$ において，次の値を求めよ。 ◀例 45

*(1) $f(3)$　　*(2) $f(-2)$

(3) $f(0)$　　(4) $f(a)$

70 次の 1 次関数のグラフをかけ。 ◀例 46

*(1) $y=2x+3$

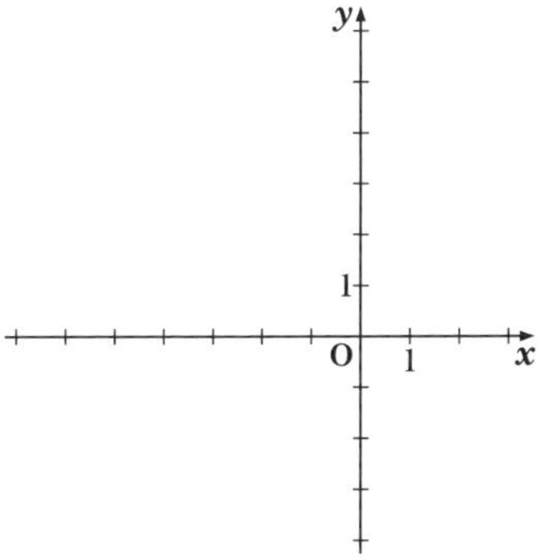

(2) $y=-3x-2$

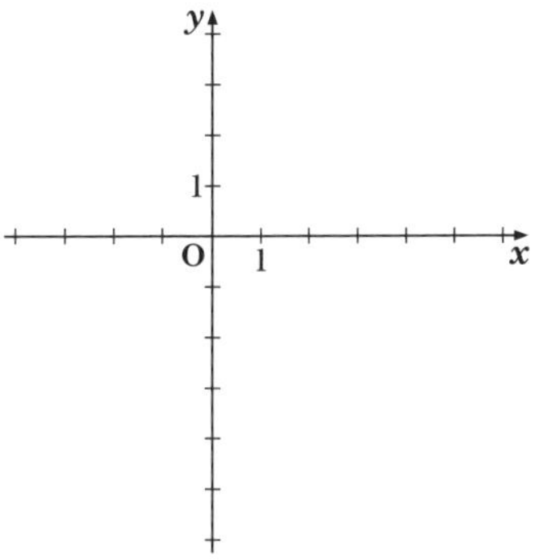

***71** 関数 $y=2x-3\ (-1\leqq x\leqq 3)$ について，次の問いに答えよ。 ◀例 46

(1) グラフをかけ。

(2) 値域を求めよ。

(3) 最大値，最小値を求めよ。

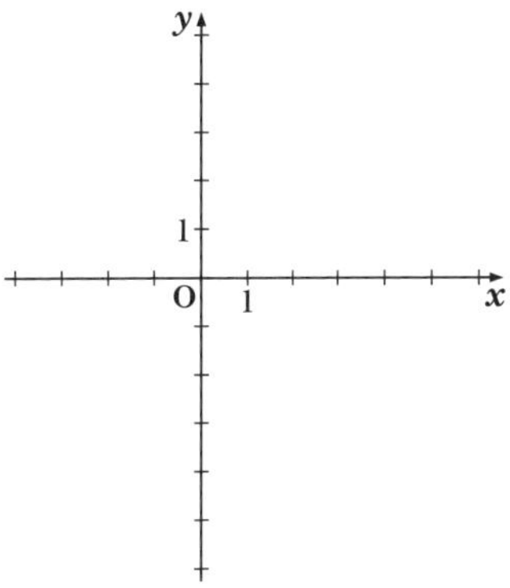

19 2次関数のグラフ (1)

⇨教 p.76〜p.79

1 $y=ax^2$ のグラフ

軸が y 軸，頂点が 原点 $(0,\ 0)$ の放物線

$a>0$のとき 下に凸

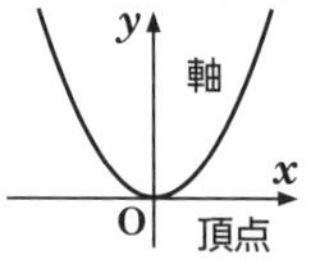

$a<0$のとき 上に凸

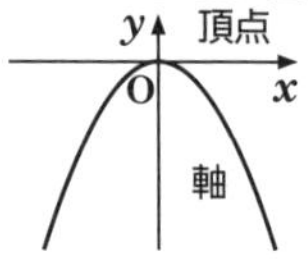

2 $y=ax^2+q$ のグラフ

$y=ax^2$ のグラフを y 軸方向に q だけ平行移動 した放物線

軸は y 軸，頂点は 点 $(0,\ q)$

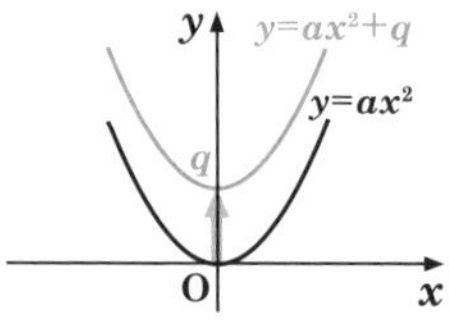

例 47 $y=3x^2$ のグラフは，

軸が ア[ ]，頂点が 原点 $(0,\ 0)$

の放物線で，右の図のようになる。

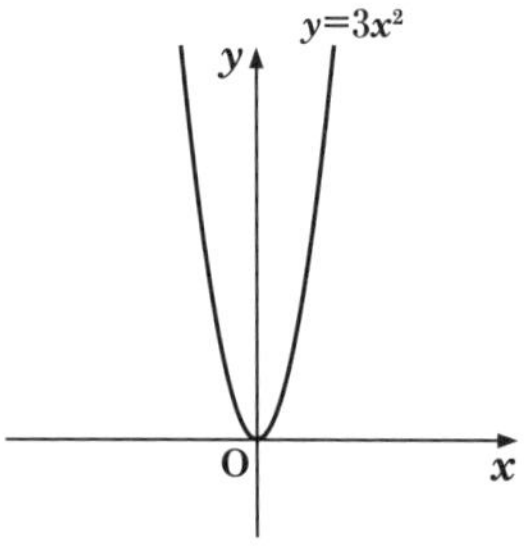

⬅ $y=ax^2$ のグラフの頂点は 原点

例 48 $y=-3x^2+5$ のグラフは，

$y=-3x^2$ のグラフを

y 軸方向に ア[ ]

だけ平行移動した放物線である。

よって，この関数のグラフは，右の図のようになる。

また，この放物線の

軸は y 軸

頂点は 点 $(0,$ イ[ ]$)$

である。

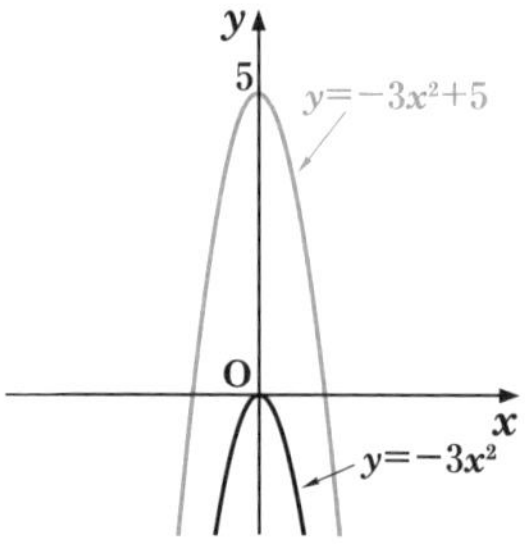

⬅ $y=ax^2+q$ のグラフの軸は y 軸
頂点は 点 $(0,\ q)$

練習問題

72 次の2次関数のグラフをかけ。 ◀例 47

*(1) $y=2x^2$

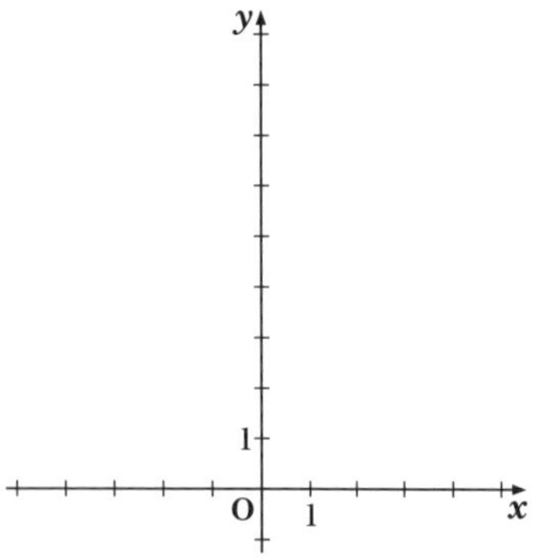

(2) $y=\frac{1}{2}x^2$

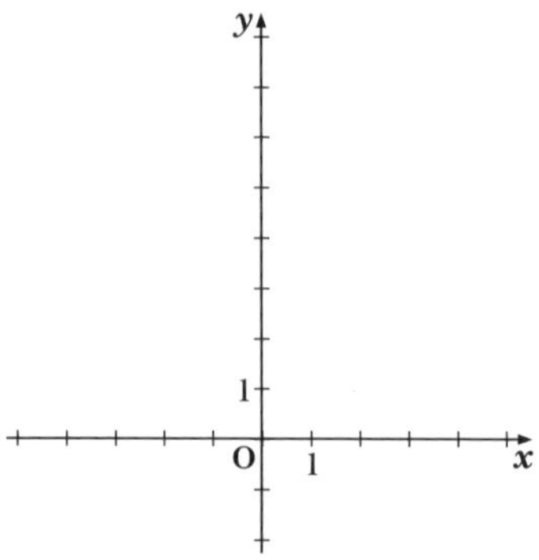

73 次の 2 次関数のグラフをかけ。 ◀例 47

*(1) $y=-x^2$

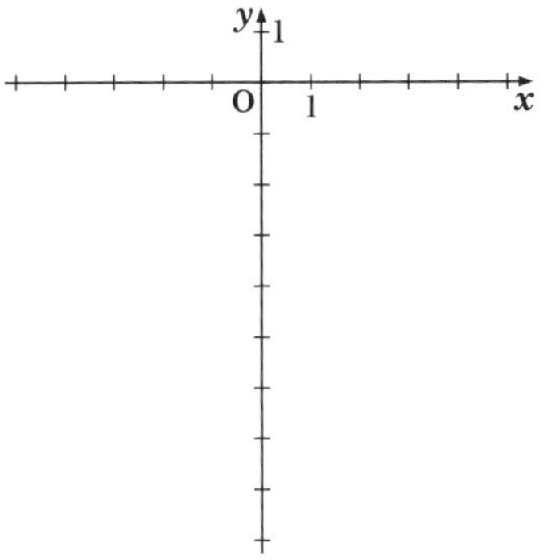

(2) $y=-\frac{1}{2}x^2$

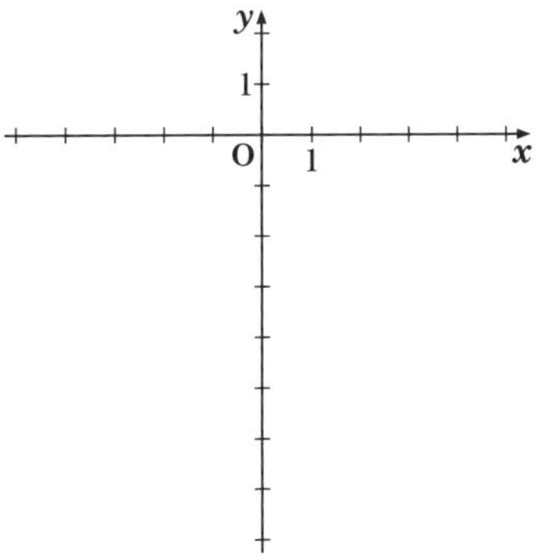

74 次の 2 次関数のグラフをかけ。また，その軸と頂点を求めよ。 ◀例 48

*(1) $y=x^2+3$

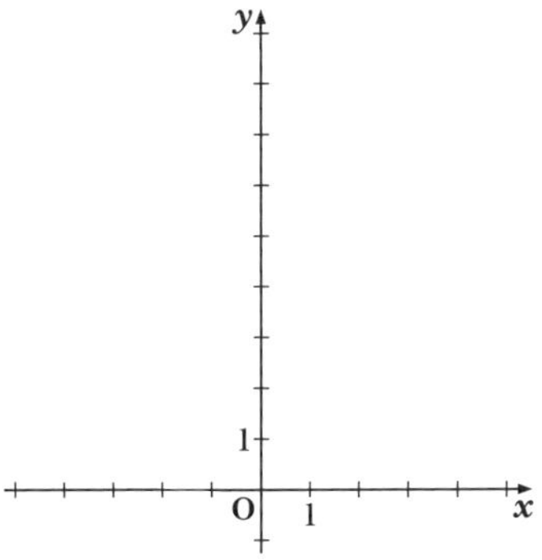

軸 ______________，頂点 ______________

(2) $y=2x^2-1$

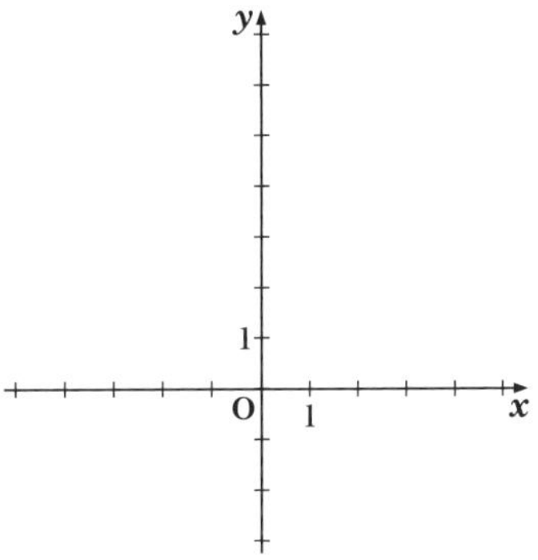

軸 ______________，頂点 ______________

*(3) $y=-x^2-2$

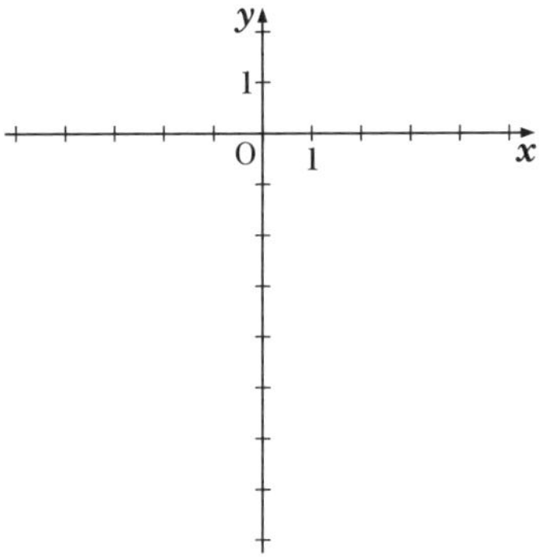

軸 ______________，頂点 ______________

(4) $y=-2x^2+1$

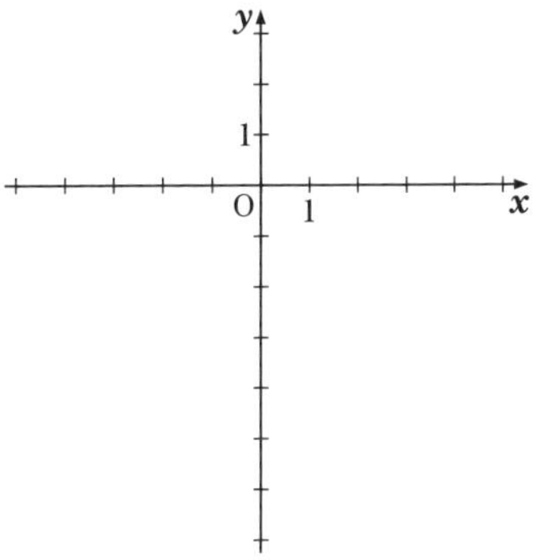

軸 ______________，頂点 ______________

20 2次関数のグラフ (2)

⇨教 p.80〜p.83

1 $y = a(x-p)^2$ のグラフ

$y = ax^2$ のグラフを x 軸方向に p だけ平行移動 した放物線

軸は 直線 $x = p$，頂点は 点 $(p,\ 0)$

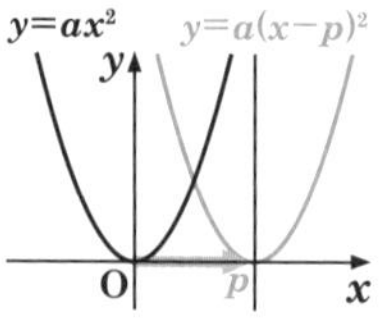

2 $y = a(x-p)^2 + q$ のグラフ

$y = ax^2$ のグラフを x 軸方向に p，y 軸方向に q だけ平行移動 した放物線

軸は 直線 $x = p$，頂点は 点 $(p,\ q)$

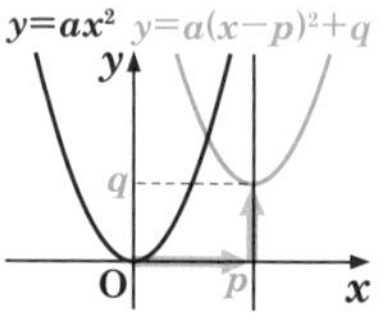

例 49

$y = 2(x-3)^2$ のグラフは，

$y = 2x^2$ のグラフを

x 軸方向に ア［　　］

だけ平行移動した放物線である。

よって，この関数のグラフは右の図のようになる。

また，この放物線の

軸は 直線 $x =$ イ［　　］

頂点は 点 ウ［　　　］

である。

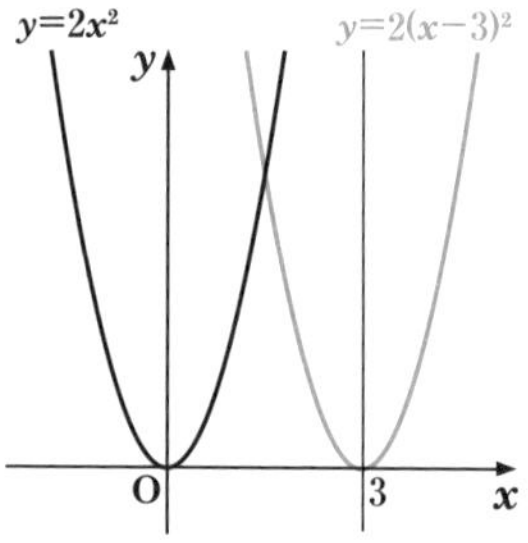

⬅ $y = a(x-p)^2$ のグラフの軸は 直線 $x = p$
頂点は 点 $(p,\ 0)$

例 50

$y = (x-2)^2 - 1$ のグラフは，

$y = x^2$ のグラフを

x 軸方向に ア［　　］

y 軸方向に イ［　　］

だけ平行移動した放物線である。

よって，この関数のグラフは右の図のようになる。

また，この放物線の

軸は 直線 $x =$ ウ［　　］

頂点は 点 エ［　　　］

である。

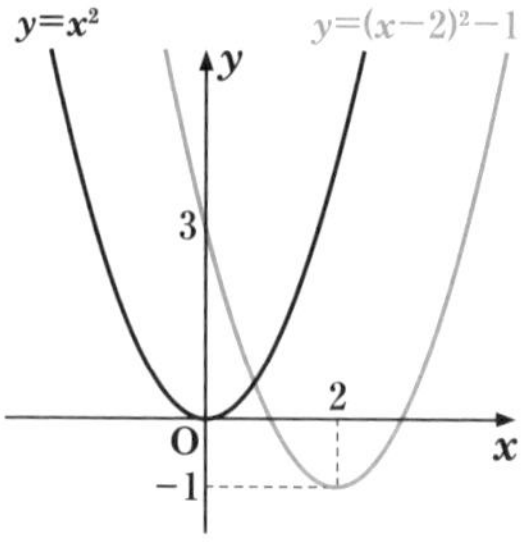

⬅ $y = a(x-p)^2 + q$ のグラフの軸は 直線 $x = p$
頂点は 点 $(p,\ q)$

練 習 問 題

*75 次の 2 次関数のグラフをかけ。また，その軸と頂点を求めよ。 ◀例 49

(1) $y=(x-1)^2$

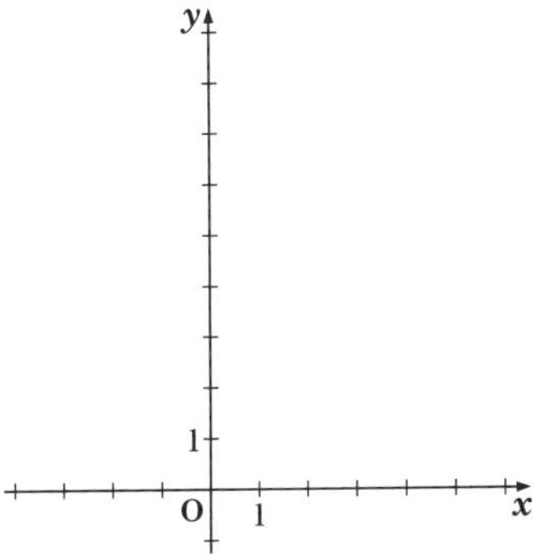

軸 ＿＿＿＿＿＿＿，頂点 ＿＿＿＿＿＿＿

(2) $y=-(x+2)^2$

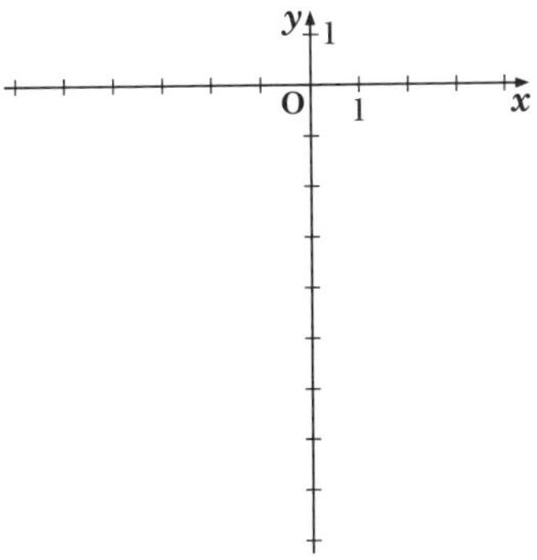

軸 ＿＿＿＿＿＿＿，頂点 ＿＿＿＿＿＿＿

76 次の 2 次関数のグラフをかけ。また，その軸と頂点を求めよ。 ◀例 50

*(1) $y=(x-2)^2-3$

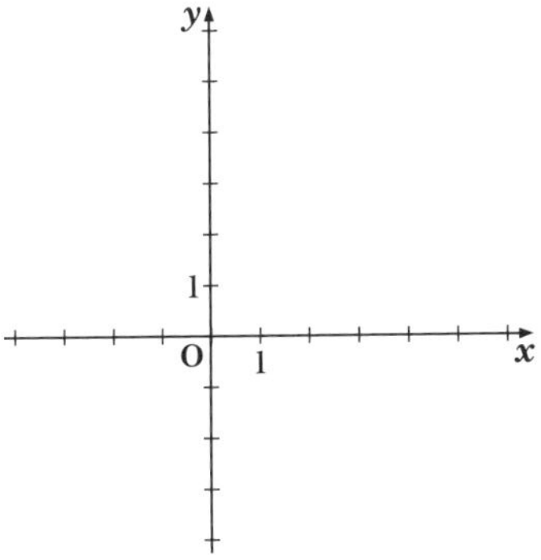

軸 ＿＿＿＿＿＿＿，頂点 ＿＿＿＿＿＿＿

(2) $y=-(x-3)^2+4$

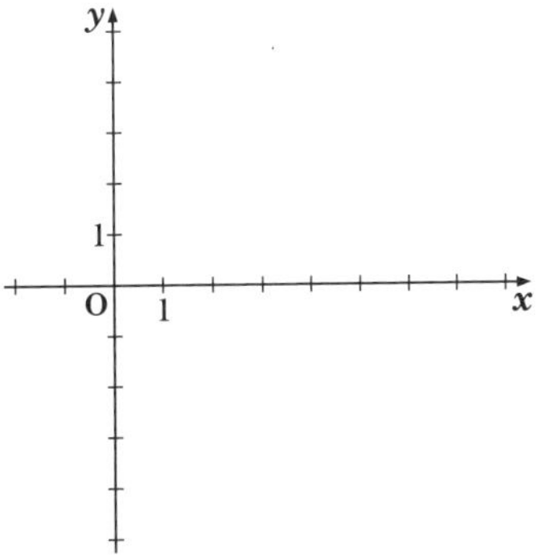

軸 ＿＿＿＿＿＿＿，頂点 ＿＿＿＿＿＿＿

(3) $y=2(x+2)^2-4$

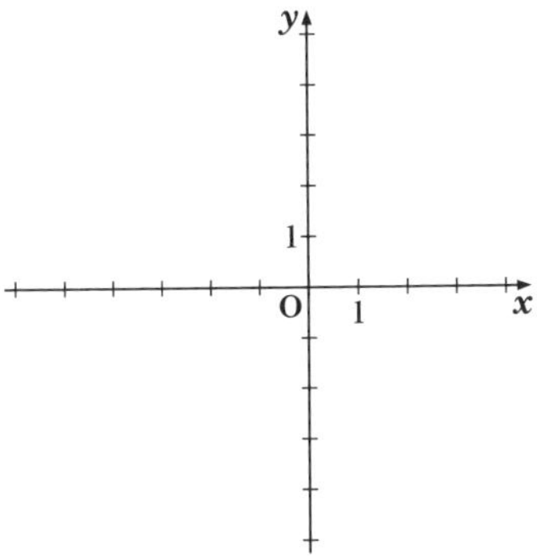

軸 ＿＿＿＿＿＿＿，頂点 ＿＿＿＿＿＿＿

*(4) $y=-2(x+1)^2-2$

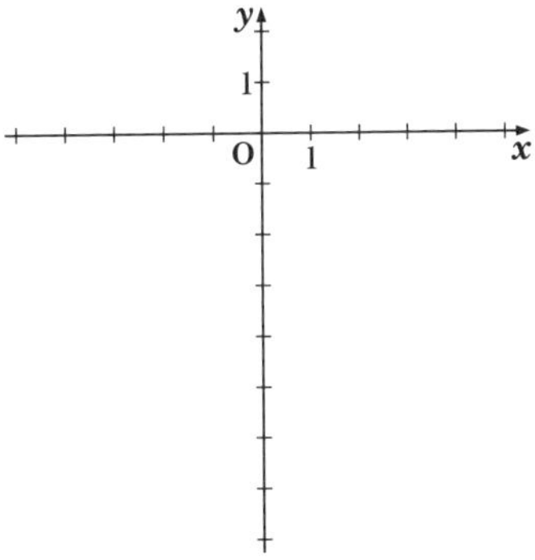

軸 ＿＿＿＿＿＿＿，頂点 ＿＿＿＿＿＿＿

21 2次関数のグラフ (3)

⇨教 p.84～p.85

1 $y=ax^2+bx+c$ の変形

$x^2-2px=(x-p)^2-p^2$,　　$x^2+2px=(x+p)^2-p^2$

を用いて変形する。

例 51 次の2次関数を $y=a(x-p)^2+q$ の形に変形してみよう。

(1) $y=x^2-6x+1$

$=(x^2-6x)+1$ ⇦ $(x^2-2px)=(x-p)^2-p^2$

$=(x-3)^2-3^2+1$

$=$ ア［　　　　］

(2) $y=2x^2+4x-5$

$=2(x^2+2x)-5$ ⇦ $(x^2+2px)=(x+p)^2-p^2$

$=2\{(x+1)^2-1^2\}-5$

$=2(x+1)^2-2\times1^2-5$

$=$ イ［　　　　］

練 習 問 題

*77 次の2次関数を $y=(x-p)^2+q$ の形に変形せよ。 ◀例51 (1)

(1) $y=x^2-2x$

(2) $y=x^2+4x$

78 次の2次関数を $y=(x-p)^2+q$ の形に変形せよ。 ◀例51 (1)

*(1) $y=x^2-8x+9$

(2) $y=x^2+6x-2$

(3) $y=x^2+10x-5$

(4) $y=x^2-4x-4$

79 次の 2 次関数を $y=a(x-p)^2+q$ の形に変形せよ。 ◀例 51 (2)

*(1) $y=2x^2+12x$

(2) $y=4x^2-8x$

*(3) $y=3x^2-12x-4$

(4) $y=2x^2+4x+5$

(5) $y=4x^2+8x+1$

(6) $y=2x^2-8x+7$

80 次の 2 次関数を $y=a(x-p)^2+q$ の形に変形せよ。 ◀例 51 (2)

*(1) $y=-x^2-4x-4$

*(2) $y=-2x^2+4x+3$

(3) $y=-3x^2-12x+12$

(4) $y=-4x^2+8x-3$

22　2次関数のグラフ (4)

⇨教 p.86

1　$y=ax^2+bx+c$ のグラフ

$y=ax^2+bx+c$ を $y=a(x-p)^2+q$ の形に変形してグラフをかく。

例 52　次の2次関数のグラフの軸と頂点を求め，そのグラフをかいてみよう。

(1)　$y=x^2+2x-1$

$=(x^2+2x)-1$　　⬅ $x^2+2px=(x+p)^2-p^2$

$=(x+1)^2-1^2-1$

$=$ ア［　　　　］

軸は 直線 イ［　　　　］

頂点は 点 ウ［　　　　］

$x=0$ のとき $y=-1$ であるから，

グラフと y 軸との交点は点 エ［　　　　］

よって，グラフは下の図のようになる。

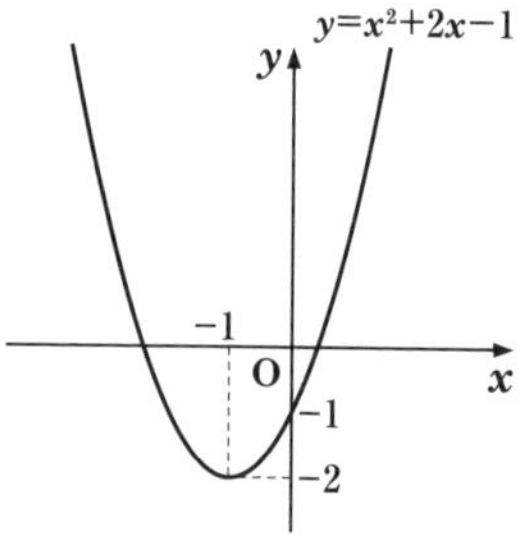

(2)　$y=-2x^2+4x+1$

$=-2(x^2-2x)+1$

$=-2\{(x-1)^2-1^2\}+1$

$=-2(x-1)^2+2\times1^2+1$

$=$ オ［　　　　］

軸は 直線 カ［　　　　］

頂点は 点 キ［　　　　］

$x=0$ のとき $y=1$ であるから，

グラフと y 軸との交点は ク［　　　　］

よって，グラフは下の図のようになる。

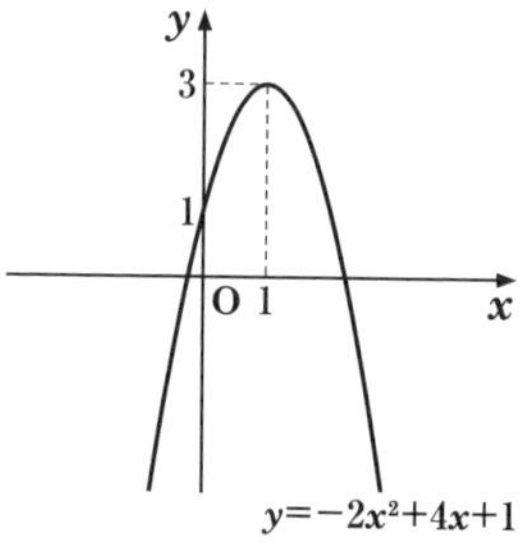

練　習　問　題

81　次の2次関数のグラフの軸と頂点を求め，そのグラフをかけ。　◀例 52 (1)

*(1)　$y=x^2-2x$

軸 ＿＿＿＿＿＿＿，頂点 ＿＿＿＿＿＿＿

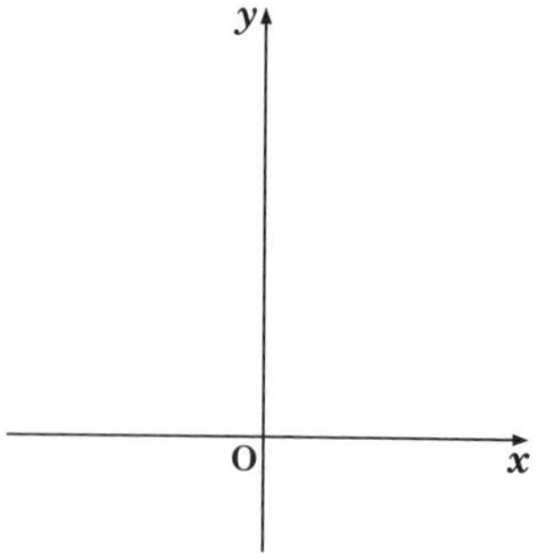

(2)　$y=x^2+4x$

軸 ＿＿＿＿＿＿＿，頂点 ＿＿＿＿＿＿＿

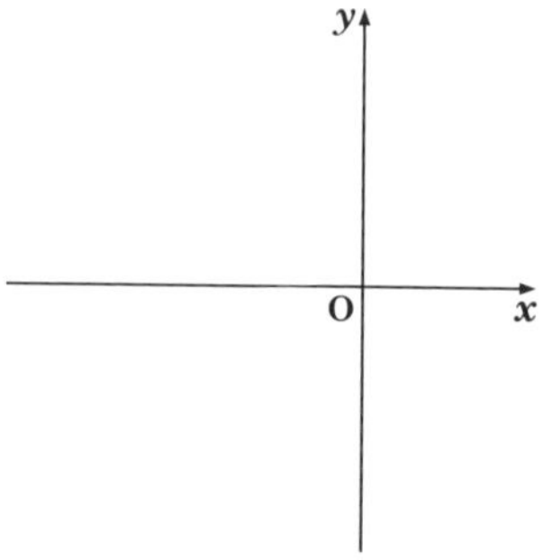

82 次の 2 次関数のグラフの軸と頂点を求め，そのグラフをかけ。 ◀例 52 (1)

*(1) $y=x^2+6x+7$

軸 ＿＿＿＿＿＿＿，頂点 ＿＿＿＿＿＿＿

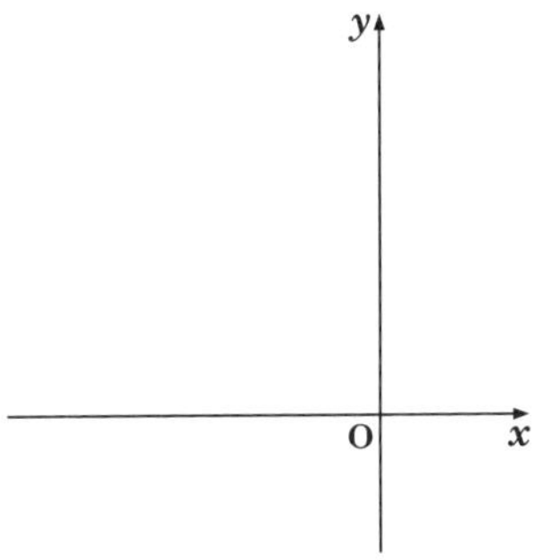

(2) $y=x^2-8x+13$

軸 ＿＿＿＿＿＿＿，頂点 ＿＿＿＿＿＿＿

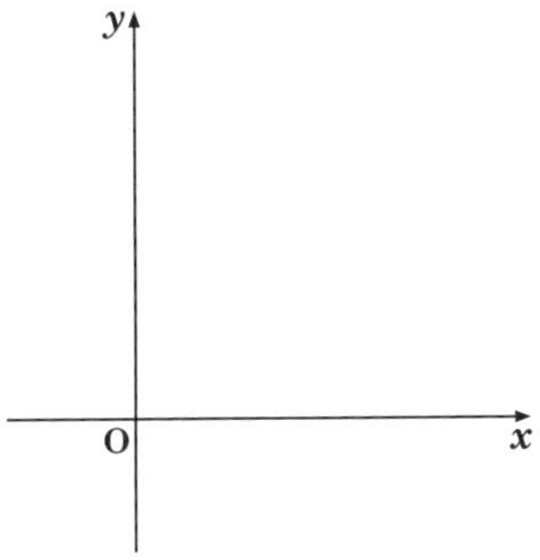

83 次の 2 次関数のグラフの軸と頂点を求め，そのグラフをかけ。 ◀例 52 (2)

*(1) $y=2x^2-8x+3$

軸 ＿＿＿＿＿＿＿，頂点 ＿＿＿＿＿＿＿

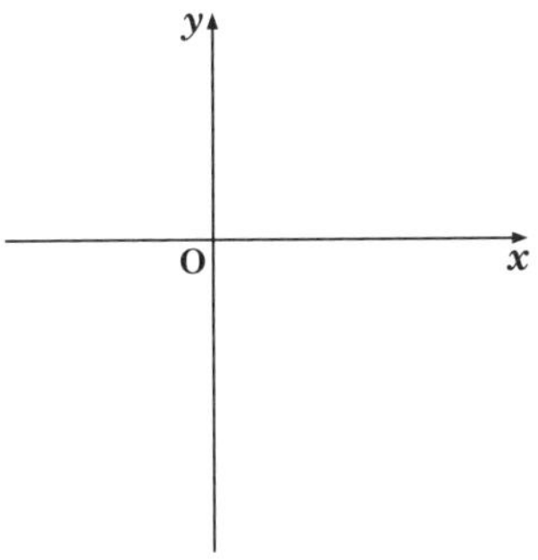

(2) $y=3x^2+6x+5$

軸 ＿＿＿＿＿＿＿，頂点 ＿＿＿＿＿＿＿

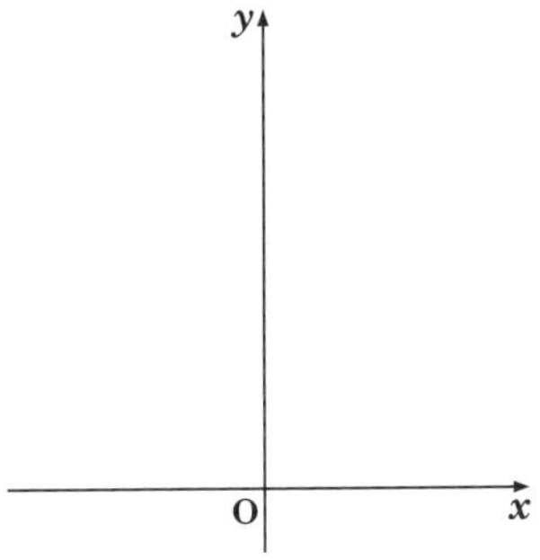

*(3) $y=-2x^2-4x+3$

軸 ＿＿＿＿＿＿＿，頂点 ＿＿＿＿＿＿＿

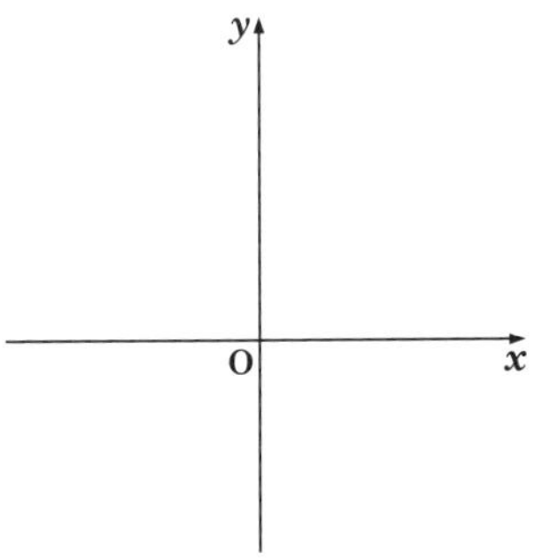

(4) $y=-x^2+6x-4$

軸 ＿＿＿＿＿＿＿，頂点 ＿＿＿＿＿＿＿

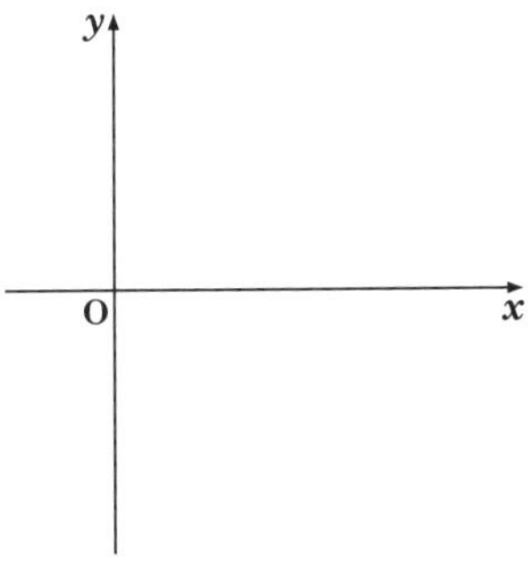

確　認　問　題　6

1　次の 2 次関数のグラフをかけ。

(1)　$y = 3x^2$

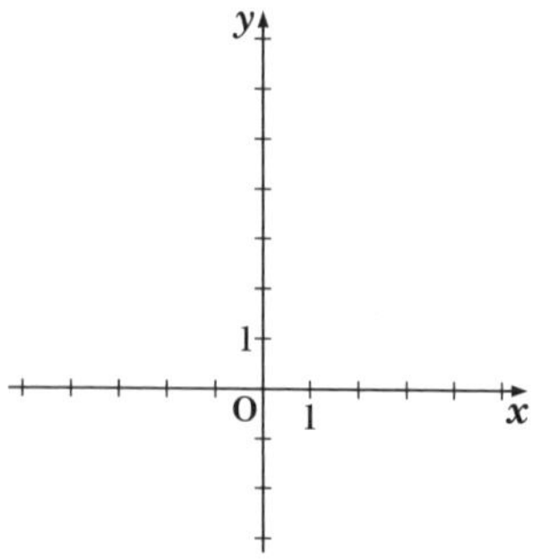

*(2)　$y = -2x^2$

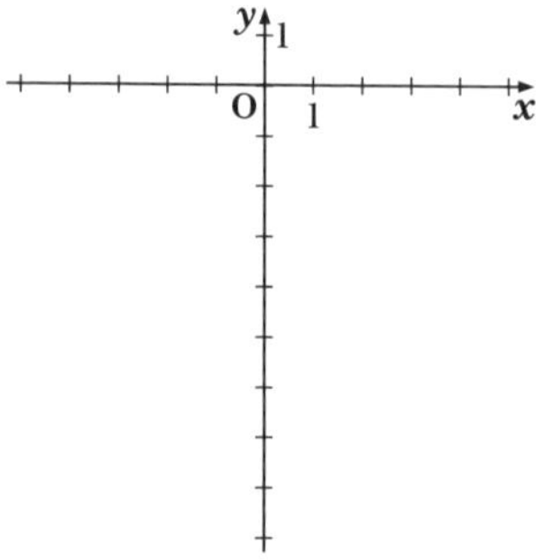

2　次の 2 次関数のグラフをかけ。また，その軸と頂点を求めよ。

*(1)　$y = 2x^2 + 1$

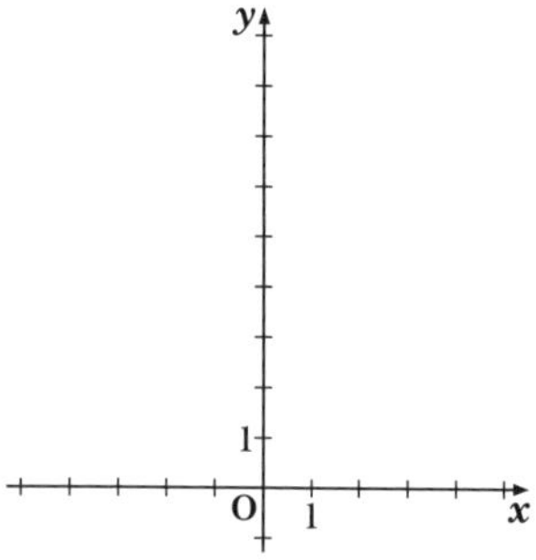

軸 ＿＿＿＿＿＿＿＿，頂点 ＿＿＿＿＿＿＿＿

*(2)　$y = -(x-1)^2$

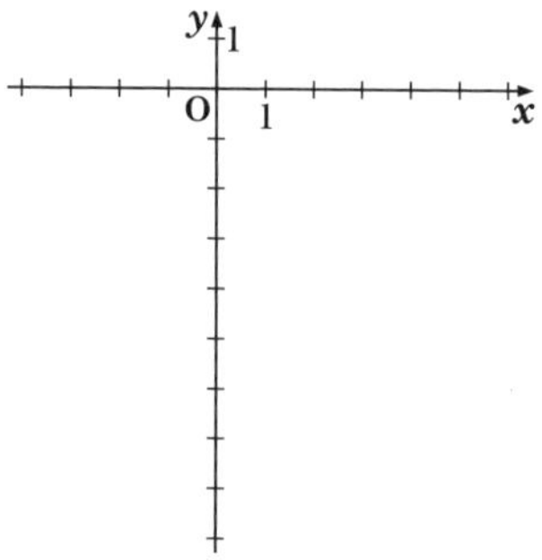

軸 ＿＿＿＿＿＿＿＿，頂点 ＿＿＿＿＿＿＿＿

*(3)　$y = (x+2)^2 + 3$

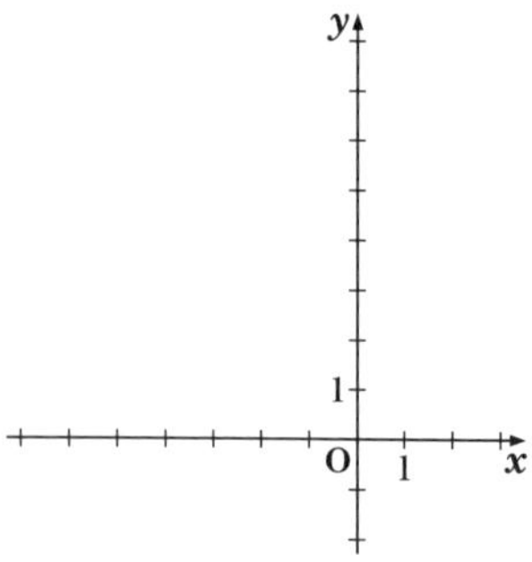

軸 ＿＿＿＿＿＿＿＿，頂点 ＿＿＿＿＿＿＿＿

(4)　$y = -2(x-1)^2 + 1$

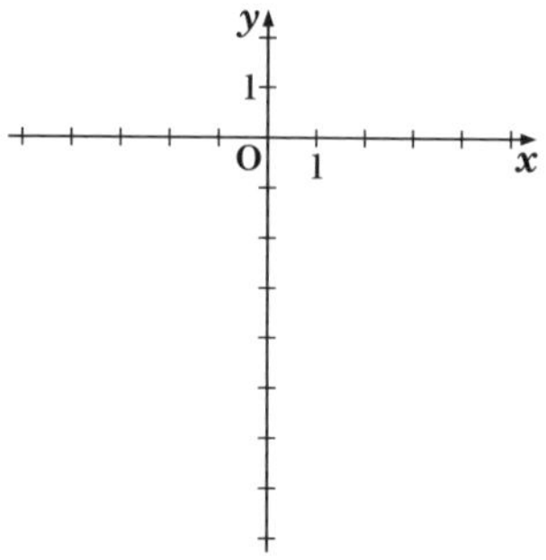

軸 ＿＿＿＿＿＿＿＿，頂点 ＿＿＿＿＿＿＿＿

3 次の 2 次関数のグラフの軸と頂点を求め，そのグラフをかけ。

*(1) $y = x^2 + 6x$

軸 ＿＿＿＿＿＿＿＿， 頂点 ＿＿＿＿＿＿＿＿

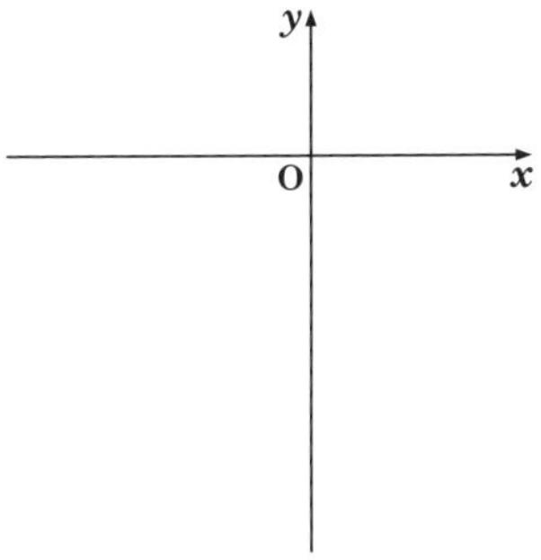

*(2) $y = x^2 - 4x + 5$

軸 ＿＿＿＿＿＿＿＿， 頂点 ＿＿＿＿＿＿＿＿

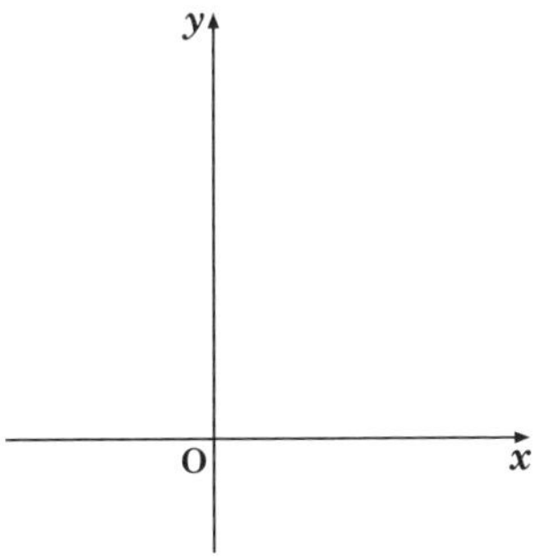

(3) $y = 2x^2 + 8x$

軸 ＿＿＿＿＿＿＿＿， 頂点 ＿＿＿＿＿＿＿＿

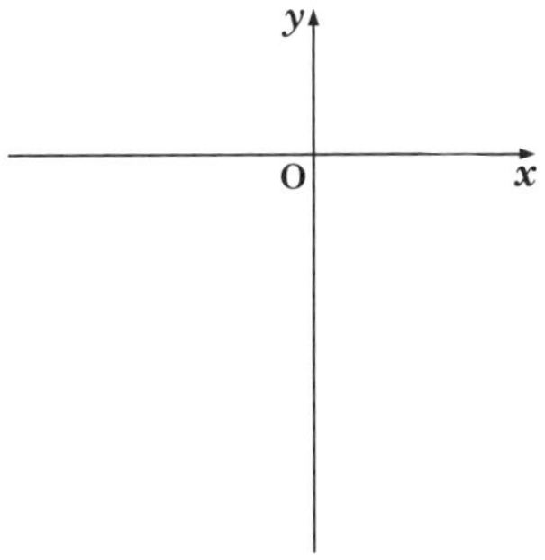

*(4) $y = 3x^2 - 6x - 1$

軸 ＿＿＿＿＿＿＿＿， 頂点 ＿＿＿＿＿＿＿＿

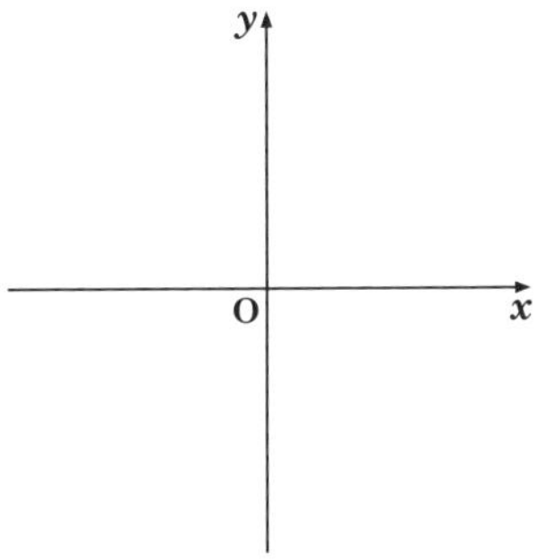

*(5) $y = -x^2 - 2x + 2$

軸 ＿＿＿＿＿＿＿＿， 頂点 ＿＿＿＿＿＿＿＿

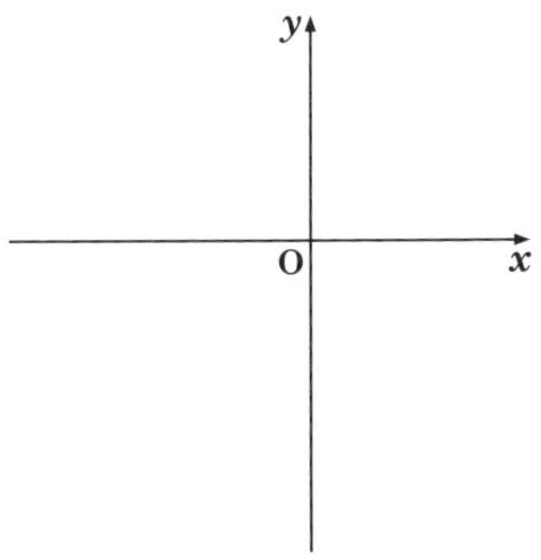

(6) $y = -2x^2 + 4x + 6$

軸 ＿＿＿＿＿＿＿＿， 頂点 ＿＿＿＿＿＿＿＿

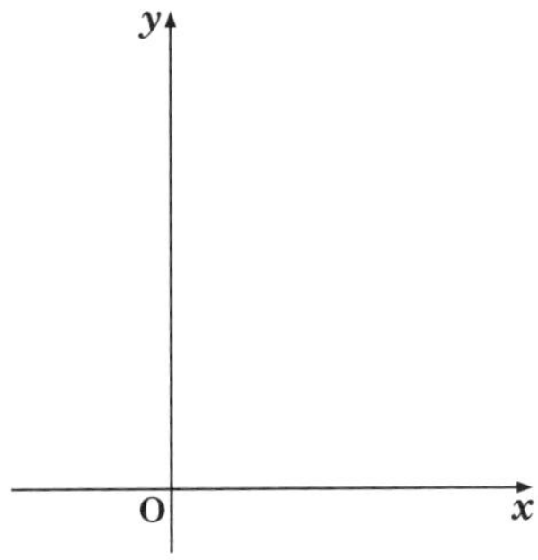

23 2次関数の最大・最小 (1)

⇨教 p.90〜p.91

1 2次関数の最大・最小

(1) 2次関数 $y = a(x-p)^2 + q$ の最大・最小

$a > 0$ のとき　$x = p$ で 最小値 q をとる。最大値はない。

$a < 0$ のとき　$x = p$ で 最大値 q をとる。最小値はない。

(2) 2次関数 $y = ax^2 + bx + c$ の最大・最小

$y = a(x-p)^2 + q$ の形に変形して求める。

$a > 0$

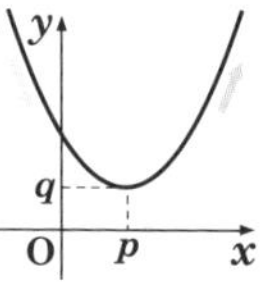

頂点で y の値は最小

$a < 0$
頂点で y の値は最大

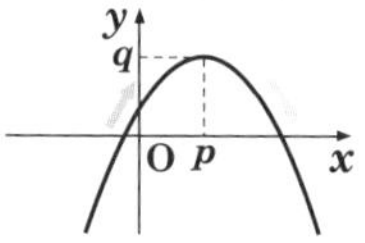

例 53 2次関数 $y = 2(x-3)^2 + 2$

において，y は

$x =$ ア［　　］ のとき　最小値 イ［　　］

をとる。

最大値はない。

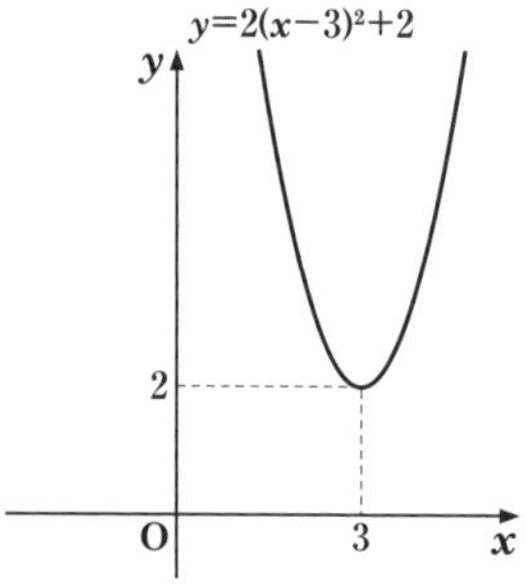

⬅ $y = a(x-p)^2 + q$ は
$a > 0$ のとき $x = p$ で
最小値 q をとる

例 54 $y = -3x^2 - 12x - 5$ を変形すると

$$\begin{aligned} y &= -3x^2 - 12x - 5 \\ &= -3(x^2 + 4x) - 5 \\ &= -3\{(x+2)^2 - 2^2\} - 5 \\ &= -3(x+2)^2 + 7 \end{aligned}$$

よって，y は

$x =$ ア［　　］ のとき　最大値 イ［　　］

をとる。

最小値はない。

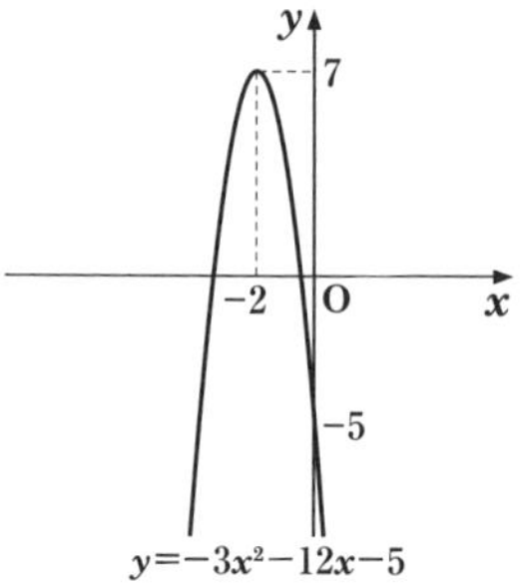

⬅ $y = a(x-p)^2 + q$ は
$a < 0$ のとき $x = p$ で
最大値 q をとる

練　習　問　題

84 次の2次関数に最大値，最小値があれば，それを求めよ。 ◀例 53

*(1) $y = 2(x-1)^2 - 4$

(2) $y = 3(x+1)^2 - 6$

*(3) $y = -(x+4)^2 - 2$

(4) $y = -2(x-3)^2 + 5$

85 次の 2 次関数に最大値，最小値があれば，それを求めよ。 ◀例 54

(1) $y=x^2+2x$

*(2) $y=x^2-4x+1$

(3) $y=2x^2+12x+7$

*(4) $y=-2x^2+4x$

(5) $y=-x^2-8x+4$

(6) $y=-3x^2+6x-5$

24 2次関数の最大・最小 (2)

⇨教 p.92〜p.94

1 定義域に制限がある2次関数の最大・最小

グラフをかいて,

{定義域の両端の点における y の値
頂点における y の値

に注目する。

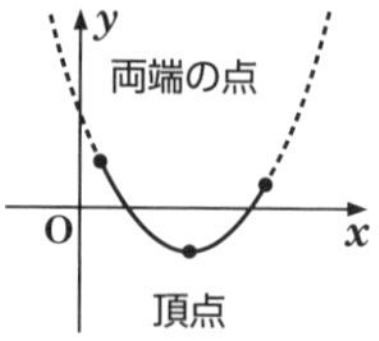

例 55 2次関数 $y=x^2+2x-3\ (-2 \leqq x \leqq 2)$ の最大値，最小値を求めてみよう。

$y=x^2+2x-3$

$=(x+1)^2-1^2-3$　⬅ $x^2+2px=(x+p)^2-p^2$

$=(x+1)^2-4$

$x=-2$ のとき　$y=-3$

$x=2$ のとき　$y=5$

であるから，この関数のグラフは，右の図の実線部分である。

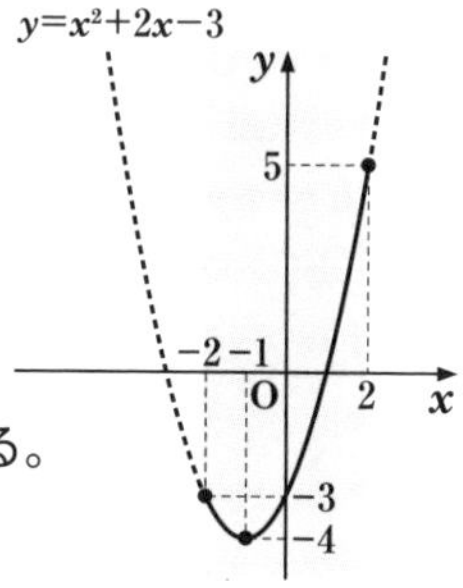

よって，y は

$x=$ ア[　　] のとき　最大値 イ[　　] をとり，

$x=$ ウ[　　] のとき　最小値 エ[　　] をとる。

⬅ 定義域 $-2 \leqq x \leqq 2$ の両端の点と頂点に注目する

TRY
例 56 隣り合う2辺の長さの和が4 cm である長方形の面積を y cm^2 とするとき，y の最大値を求めてみよう。

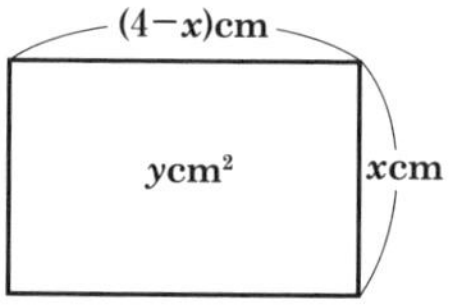

長方形の縦の長さを x cm とおくと，横の長さは $(4-x)$ cm である。

$x>0$ かつ $4-x>0$ であるから

$0<x<4$

このとき，長方形の面積は

$y=x(4-x)$

よって

$y=-x^2+4x$

$=-(x-2)^2+4$

ゆえに，$0<x<4$ におけるこの関数のグラフは，右の図の実線部分である。

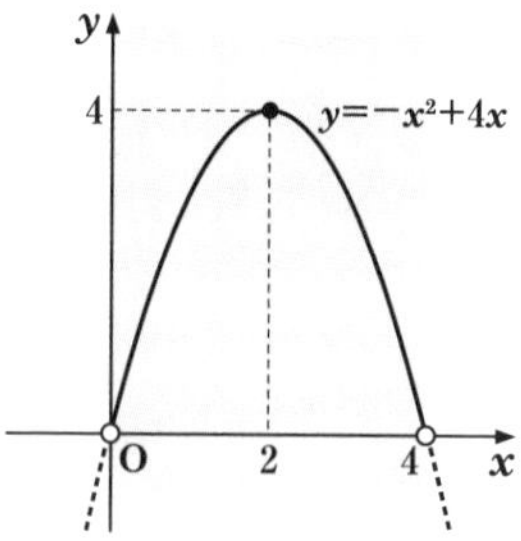

したがって，y は

$x=$ ア[　　] のとき　最大値 イ[　　] をとる。

練　習　問　題

86　次の 2 次関数の最大値，最小値を求めよ。　◀例 55

*(1)　$y=2x^2$　$(-2 \leqq x \leqq 1)$　　(2)　$y=-(x-2)^2+1$　$(-1 \leqq x \leqq 1)$

87　次の 2 次関数の最大値，最小値を求めよ。　◀例 55

*(1)　$y=x^2+4x+1$　$(-1 \leqq x \leqq 1)$　　(2)　$y=-2x^2+4x-1$　$(0 \leqq x \leqq 3)$

TRY

***88**　長さ 24 m の縄で，長方形の囲いをつくりたい。囲いの面積を y m^2 とするとき，y の最大値を求めよ。　◀例 56

25 2次関数の決定 (1)

⇨教 p.96〜p.97

1 グラフの頂点が与えられたとき
求める2次関数を $y=a(x-p)^2+q$ と表して，条件から a を求める。

2 グラフの軸が与えられたとき
求める2次関数を $y=a(x-p)^2+q$ と表して，条件から a，q を求める。

例 57 頂点が点 $(3,\ 1)$ で，点 $(1,\ -3)$ を通る放物線をグラフとする2次関数を求めてみよう。

頂点が点 $(3,\ 1)$ であるから，求める2次関数は

$$y=a(x-3)^2+1$$

と表される。

← $y=a(x-p)^2+q$ において $p=3$，$q=1$

グラフが点 $(1,\ -3)$ を通ることから

$$-3=a(1-3)^2+1$$

← $y=a(x-3)^2+1$ に $x=1$，$y=-3$ を代入

より　$-3=4a+1$

よって　$a=$ ア［　　］

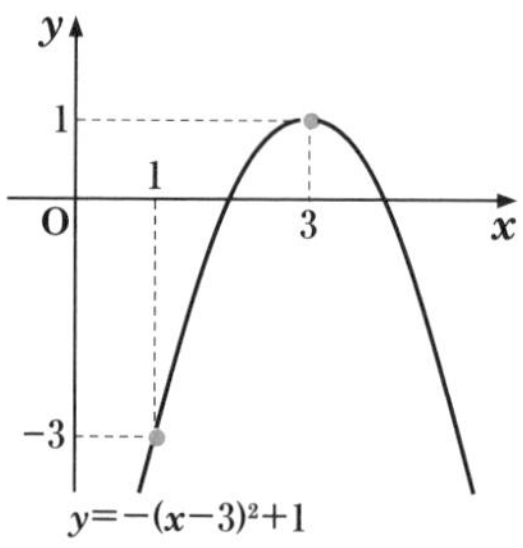

したがって，求める2次関数は

$$y=-(x-3)^2+1$$

例 58 軸が直線 $x=2$ で，2点 $(0,\ 7)$，$(3,\ -2)$ を通る放物線をグラフとする2次関数を求めてみよう。

軸が直線 $x=2$ であるから，求める2次関数は

$$y=a(x-2)^2+q$$

と表される。

← $y=a(x-p)^2+q$ において $p=2$

グラフが点 $(0,\ 7)$ を通ることから

$$7=a(0-2)^2+q \quad \cdots\cdots ①$$

← $y=a(x-2)^2+q$ に $x=0$，$y=7$ を代入

グラフが点 $(3,\ -2)$ を通ることから

$$-2=a(3-2)^2+q \quad \cdots\cdots ②$$

← $y=a(x-2)^2+q$ に $x=3$，$y=-2$ を代入

①，②より

$$\begin{cases} 4a+q=7 \\ a+q=-2 \end{cases}$$

これを解いて　$a=$ ア［　　］，$q=$ イ［　　］

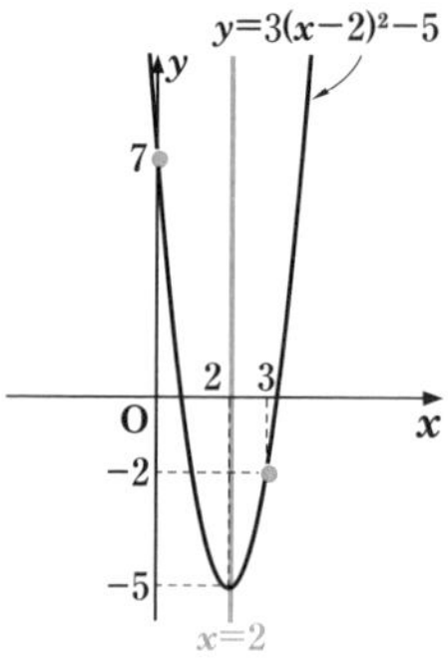

よって，求める2次関数は

$$y=3(x-2)^2-5$$

練　習　問　題

89　次の条件を満たす放物線をグラフとする 2 次関数を求めよ。　◀例 57

*(1)　頂点が点 $(-3,\ 5)$ で，点 $(-2,\ 3)$ を通る

(2)　頂点が点 $(2,\ -4)$ で，原点を通る

90　次の条件を満たす放物線をグラフとする 2 次関数を求めよ。　◀例 58

*(1)　軸が直線 $x=3$ で，2 点 $(1,\ -2)$，$(4,\ -8)$ を通る

(2)　軸が直線 $x=-1$ で，2 点 $(0,\ 1)$，$(2,\ 17)$ を通る

26 2次関数の決定 (2)

⇨教 p.98

1 グラフの通る3点が与えられたとき

求める2次関数を $y=ax^2+bx+c$ と表して，条件から a，b，c を求める。

例 59 3点 $(0,\ -1)$，$(1,\ -2)$，$(2,\ 1)$ を通る放物線をグラフとする2次関数を求めてみよう。

求める2次関数を

$$y=ax^2+bx+c$$

とおく。

グラフが3点 $(0,\ -1)$，$(1,\ -2)$，$(2,\ 1)$ を通ることから

$$\begin{cases} -1=c & \cdots\cdots① \\ -2=a+b+c & \cdots\cdots② \\ 1=4a+2b+c & \cdots\cdots③ \end{cases}$$

← $y=ax^2+bx+c$ に3点の座標をそれぞれ代入する

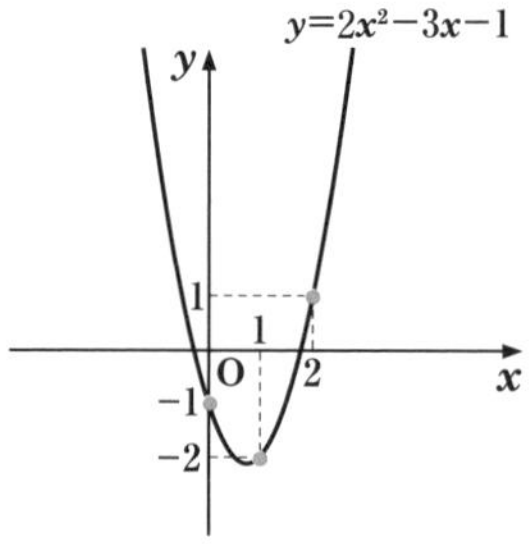

①より　$c=-1$

これを②，③に代入して整理すると

$$\begin{cases} a+b=-1 \\ 2a+b=1 \end{cases}$$

これを解いて

$$a=2,\ b=-3$$

よって，求める2次関数は

$y=$ ア［　　　　　　］

練 習 問 題

*91 3点 $(0,\ -1)$，$(1,\ 2)$，$(2,\ 7)$ を通る放物線をグラフとする2次関数を求めよ。

◀ 例 59

確 認 問 題 7

1 次の 2 次関数に最大値，最小値があれば，それを求めよ。

(1) $y=-(x+2)^2+3$

*(2) $y=x^2-6x+5$

2 次の 2 次関数の最大値，最小値を求めよ。

(1) $y=3x^2 \quad (-3 \leqq x \leqq -1)$

*(2) $y=-x^2+4x+3 \quad (-1 \leqq x \leqq 4)$

*__3__ 次の条件を満たす放物線をグラフとする 2 次関数を求めよ。

(1) 頂点が点 $(-1,\ -2)$ で，点 $(-3,\ 10)$ を通る

(2) 軸が直線 $x=-2$ で，2 点 $(1,\ -2)$，$(-4,\ 3)$ を通る

27 2次方程式

⇨教 p.101〜p.102

1 2次方程式 $ax^2+bx+c=0$ の解き方

① 左辺を因数分解して解く。

② 左辺が簡単に因数分解できないときは，次の 解の公式 を用いて解く。

$b^2-4ac \geqq 0$ のとき　$x=\dfrac{-b\pm\sqrt{b^2-4ac}}{2a}$

例 60　2次方程式 $x^2-7x+12=0$ を解いてみよう。

左辺を因数分解すると

$(x-3)(x-4)=0$

← $x^2-(\alpha+\beta)x+\alpha\beta=(x-\alpha)(x-\beta)$

よって　$x-3=0$　または　$x-4=0$

← $(x-\alpha)(x-\beta)=0$ のとき $x-\alpha=0$ または $x-\beta=0$

したがって　$x=$ ア□，イ□

例 61　2次方程式 $3x^2-2x-4=0$ を解いてみよう。

解の公式より

$x=\dfrac{-(-2)\pm\sqrt{(-2)^2-4\times3\times(-4)}}{2\times3}$

$=$ ア□

← $ax^2+bx+c=0$ で $a=3$，$b=-2$，$c=-4$ として，解の公式に代入する

練 習 問 題

***92** 次の2次方程式を解け。　◀例 60

(1) $(x+1)(x-2)=0$

(2) $(2x+1)(3x-2)=0$

(3) $x^2+2x-8=0$

(4) $x^2-25=0$

93 次の 2 次方程式を解け。 ◀例 61

*(1) $x^2+3x-2=0$

(2) $2x^2+8x+1=0$

(3) $x^2-5x+3=0$

*(4) $3x^2-5x-1=0$

*(5) $x^2+6x-8=0$

(6) $3x^2+8x+2=0$

28 2次方程式の実数解の個数

⇨教 p.103~p.105

1 2次方程式の実数解の個数

2次方程式 $ax^2+bx+c=0$ の判別式を $D=b^2-4ac$ とすると

$D>0$ のとき　異なる2つの実数解をもつ　←実数解2個

$D=0$ のとき　ただ1つの実数解（重解）をもつ　←実数解1個

$D<0$ のとき　実数解をもたない　←実数解0個

例 62　2次方程式 $x^2+4x+2=0$ の実数解の個数を求めてみよう。

2次方程式 $x^2+4x+2=0$ の判別式を D とすると

$D=4^2-4\times1\times2$

$=16-8=8$

より　$D>0$

よって，実数解の個数は ア[　　] 個である。

例 63　(1)　2次方程式 $3x^2+6x+m+1=0$ が異なる2つの実数解をもつような定数 m の範囲を求めてみよう。

2次方程式 $3x^2+6x+m+1=0$ の判別式を D とすると

$D=6^2-4\times3\times(m+1)=$ ア[　　]

この2次方程式が異なる2つの実数解をもつためには，$D>0$ であればよい。

よって，ア[　　] >0 より　$m<$ イ[　　]

(2)　2次方程式 $2x^2+2mx+m+4=0$ が重解をもつような定数 m の値を求めてみよう。また，そのときの重解を求めてみよう。

2次方程式 $2x^2+2mx+m+4=0$ の判別式を D とすると

$D=(2m)^2-4\times2\times(m+4)=$ ウ[　　]

この2次方程式が重解をもつためには，$D=0$ であればよい。

よって，ウ[　　] $=0$ より　$m=$ エ[　　]，$-$ オ[　　]

$m=$ エ[　　] のとき，2次方程式は $2x^2+8x+8=0$

となり，$(x+2)^2=0$ より　重解は　$x=$ カ[　　]

$m=-$ オ[　　] のとき，2次方程式は $2x^2-4x+2=0$

となり，$(x-1)^2=0$ より　重解は　$x=$ キ[　　]

練 習 問 題

94 次の 2 次方程式の実数解の個数を求めよ。 ◀例 62

*(1) $x^2-2x-4=0$

(2) $4x^2-12x+9=0$

*(3) $3x^2+3x+2=0$

(4) $2x^2-5x+2=0$

***95** 2 次方程式 $2x^2+8x+m=0$ が異なる 2 つの実数解をもつような定数 m の値の範囲を求めよ。 ◀例 63 (1)

96 2 次方程式 $x^2+2mx+m+20=0$ が重解をもつような定数 m の値を求めよ。また，そのときの重解を求めよ。 ◀例 63 (2)

29　2 次関数のグラフと x 軸の位置関係

⇨教 p.106〜p.109

1　2 次関数のグラフと x 軸の共有点

2 次関数 $y = ax^2 + bx + c$ のグラフと x 軸の共有点の x 座標は，
2 次方程式 $ax^2 + bx + c = 0$ の実数解である。

2　2 次関数のグラフと x 軸の位置関係

$D = b^2 - 4ac$ の符号	$D > 0$	$D = 0$	$D < 0$
グラフと x 軸の共有点の個数	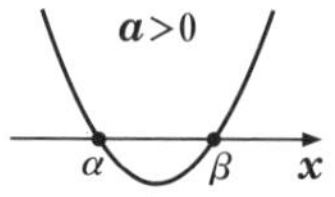 2個	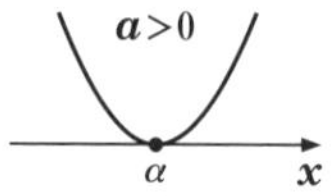 1個	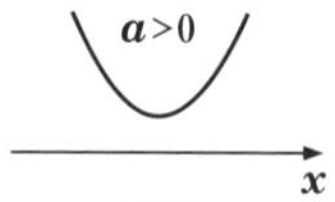 0個
x 軸との位置関係	異なる 2 点で交わる	接する	共有点をもたない
$ax^2 + bx + c = 0$	異なる 2 つの実数解 α，β	重解 α	実数解はない

例 64　2 次関数 $y = x^2 + x - 12$ のグラフと x 軸の共有点の x 座標を求めてみよう。

2 次方程式 $x^2 + x - 12 = 0$ を解くと

$(x+4)(x-3) = 0$ より　$x = -$ ア□，イ□

よって，共有点の x 座標は $-$ ア□，イ□

例 65　次の 2 次関数のグラフと x 軸の共有点の個数を求めてみよう。

(1)　$y = x^2 - 4x + 2$

2 次関数 $y = x^2 - 4x + 2$ について，2 次方程式 $x^2 - 4x + 2 = 0$ の判別式を D とすると

$D = (-4)^2 - 4 \times 1 \times 2 = 8 > 0$

よって，グラフと x 軸の共有点の個数は ア□ 個

(2)　$y = 4x^2 - 4x + 1$

2 次関数 $y = 4x^2 - 4x + 1$ について，2 次方程式 $4x^2 - 4x + 1 = 0$ の判別式を D とすると

$D = (-4)^2 - 4 \times 4 \times 1 = 0$

よって，グラフと x 軸の共有点の個数は イ□ 個

例 66　2 次関数 $y = 3x^2 - 2x + m$ のグラフと x 軸の共有点の個数が 2 個であるとき，定数 m の値の範囲を求めてみよう。

2 次方程式 $3x^2 - 2x + m = 0$ の判別式を D とすると

$D = (-2)^2 - 4 \times 3 \times m =$ ア□

グラフと x 軸の共有点の個数が 2 個であるためには，$D > 0$ であればよい。

よって，ア□ > 0 より　$m <$ イ□

練習問題

97 次の 2 次関数のグラフと x 軸の共有点の x 座標を求めよ。 ◀例 64

*(1) $y=x^2+5x+6$

(2) $y=x^2-4x+4$

98 次の 2 次関数のグラフと x 軸の共有点の x 座標を求めよ。 ◀例 64

*(1) $y=x^2+5x+3$

(2) $y=3x^2+6x-1$

99 次の 2 次関数のグラフと x 軸の共有点の個数を求めよ。 ◀例 65

*(1) $y=x^2-4x+2$

(2) $y=-3x^2+5x-1$

(3) $y=x^2-2x+1$

*(4) $y=3x^2+3x+1$

***100** 2 次関数 $y=2x^2-3x+m$ のグラフと x 軸の共有点の個数が 2 個であるとき，定数 m の値の範囲を求めよ。 ◀例 66

30 2次関数のグラフと2次不等式 (1)

⇨教 p.111～p.115

1 1次関数のグラフと1次不等式

$ax+b>0$ の解　$y=ax+b$ のグラフが x 軸の 上側 にある部分の x の値の範囲

$ax+b<0$ の解　$y=ax+b$ のグラフが x 軸の 下側 にある部分の x の値の範囲

2 2次不等式の解

(1)　$a>0$ として，$ax^2+bx+c=0$ が異なる2つの実数解 α，β $(\alpha<\beta)$ をもつとき

$ax^2+bx+c>0$ の解　　$x<\alpha$，$\beta<x$

$ax^2+bx+c<0$ の解　　$\alpha<x<\beta$

(2)　$\alpha<\beta$ ならば　$(x-\alpha)(x-\beta)>0 \iff x<\alpha$，$\beta<x$

$(x-\alpha)(x-\beta)<0 \iff \alpha<x<\beta$

注　$a<0$ の場合は 両辺に -1 を掛けて，x^2 の係数を正にして考える。

例 67　1次関数のグラフを用いて，1次不等式 $3x+6<0$ を解いてみよう。

1次方程式 $3x+6=0$ の解は　$x=-2$

よって，$3x+6<0$ の解は，右の図より

$x<$ ア□

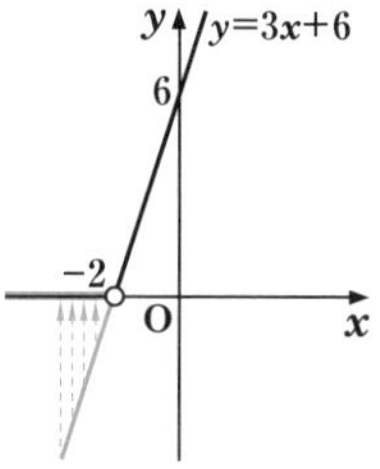

← $y=3x+6$ と x 軸の共有点の x 座標は，$3x+6=0$ の解

例 68　2次不等式 $x^2-6x+8\leqq 0$ を解いてみよう。

2次方程式 $x^2-6x+8=0$ を解くと

$(x-2)(x-4)=0$ より　$x=2,\ 4$

よって，$x^2-6x+8\leqq 0$ の解は

ア□ $\leqq x\leqq$ イ□

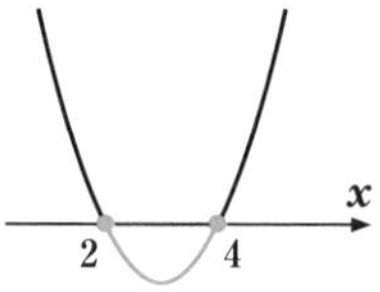

例 69　2次不等式 $x^2+4x-3>0$ を解いてみよう。

2次方程式 $x^2+4x-3=0$ を解くと，解の公式より

$$x=\frac{-4\pm\sqrt{4^2-4\times1\times(-3)}}{2\times1}=-2\pm\sqrt{7}$$

よって，$x^2+4x-3>0$ の解は

$x<$ ア□，イ□ $<x$

← $ax^2+bx+c=0$ の解の公式

$$x=\frac{-b\pm\sqrt{b^2-4ac}}{2a}$$

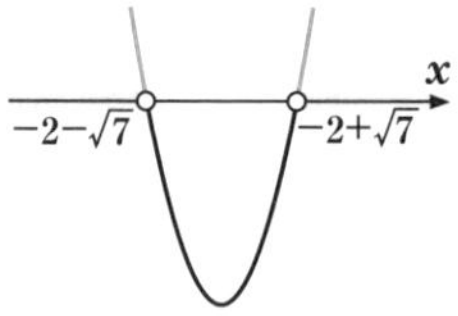

例 70　2次不等式 $-x^2+6x-2>0$ を解いてみよう。

両辺に -1 を掛けると　　$x^2-6x+2<0$

2次方程式 $x^2-6x+2=0$ を解くと，解の公式より

$$x=\frac{-(-6)\pm\sqrt{(-6)^2-4\times1\times2}}{2\times1}=3\pm\sqrt{7}$$

よって，$-x^2+6x-2>0$ の解は ア□ $<x<$ イ□

← 両辺に -1 を掛けると，不等号の向きが変わる

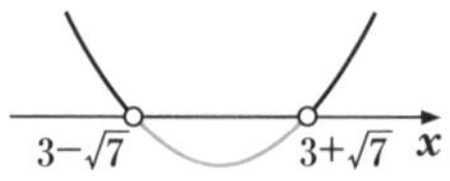

練　習　問　題

101　1 次関数のグラフを用いて，次の 1 次不等式を解け。　◀例 67

*(1)　$2x+6>0$

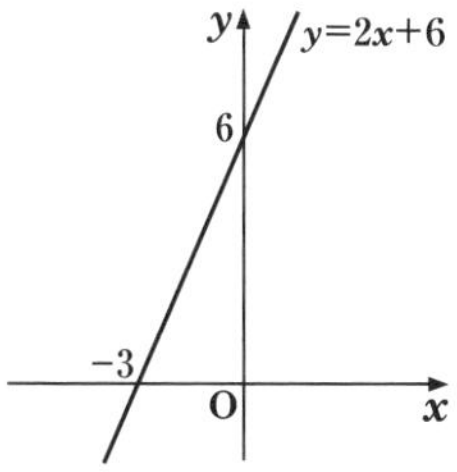

(2)　$3x-3<0$

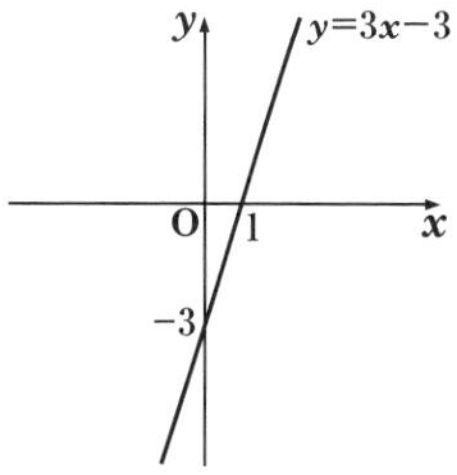

102　次の 2 次不等式を解け。　◀例 68

*(1)　$(x-3)(x-5)<0$

(2)　$(x-1)(x+2)\leqq 0$

*(3)　$x^2-7x+10\geqq 0$

(4)　$x^2-3x-10\geqq 0$

(5)　$x^2-9>0$

(6)　$x^2+x<0$

103　次の 2 次不等式を解け。　◀例 69

*(1)　$x^2+3x+1\geqq 0$

(2)　$3x^2-2x-4<0$

104　次の 2 次不等式を解け。　◀例 70

*(1)　$-x^2-2x+8<0$

(2)　$-x^2+4x-1\geqq 0$

第3章 2次関数

31 2次関数のグラフと2次不等式 (2)

⇨教 p.116〜p.118

1 2次不等式の解のまとめ

$a > 0$ の場合

$D = b^2 - 4ac$ の符号	$D > 0$	$D = 0$	$D < 0$
$y = ax^2 + bx + c$ のグラフと x 軸の位置関係	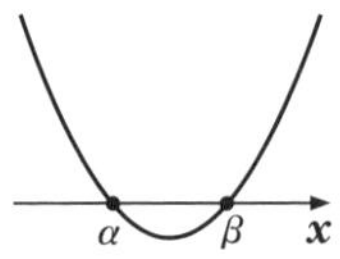	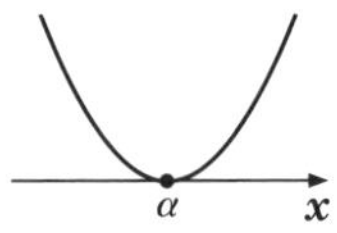	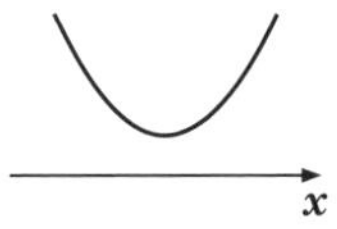
$ax^2 + bx + c = 0$ の実数解	$x = \alpha,\ \beta$	$x = \alpha$	ない
$ax^2 + bx + c > 0$ の解	$x < \alpha,\ \beta < x$	α 以外のすべての実数	すべての実数
$ax^2 + bx + c \geqq 0$ の解	$x \leqq \alpha,\ \beta \leqq x$	すべての実数	すべての実数
$ax^2 + bx + c < 0$ の解	$\alpha < x < \beta$	ない	ない
$ax^2 + bx + c \leqq 0$ の解	$\alpha \leqq x \leqq \beta$	$x = \alpha$	ない

例 71 2次不等式 $x^2 - 2x + 1 > 0$ を解いてみよう。

2次方程式 $x^2 - 2x + 1 = 0$ を解くと

$(x-1)^2 = 0$ より $x = 1$

よって，$x^2 - 2x + 1 > 0$ の解は

ア［　　　］以外のすべての実数

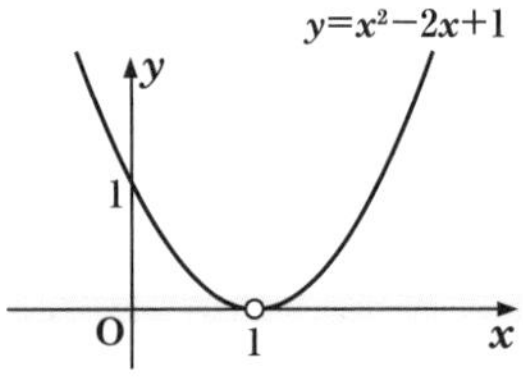

例 72 2次不等式 $x^2 + 2x + 3 \leqq 0$ を解いてみよう。

2次方程式 $x^2 + 2x + 3 = 0$ の判別式を D とすると

$D = 2^2 - 4 \times 1 \times 3$

$= -8 < 0$

より，この2次方程式は実数解をもたない。

よって，$x^2 + 2x + 3 \leqq 0$ の解は ア［　　　］

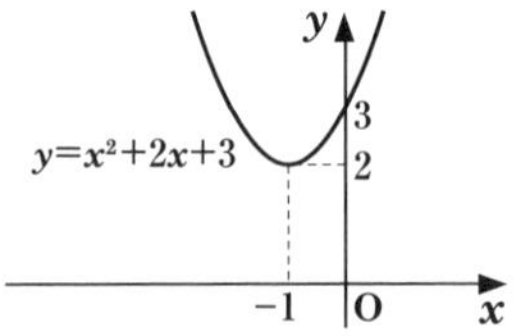

⇐ $D = b^2 - 4ac < 0$ より，グラフは x 軸と共有点をもたない

練 習 問 題

105 次の 2 次不等式を解け。 ◀例 71

*(1) $(x-2)^2 > 0$

*(2) $(2x+3)^2 \leqq 0$

(3) $x^2+4x+4 < 0$

(4) $9x^2+6x+1 \geqq 0$

106 次の 2 次不等式を解け。 ◀例 72

(1) $x^2+4x+5 > 0$

*(2) $x^2-5x+7 < 0$

(3) $x^2-3x+4 \geqq 0$

*(4) $2x^2-3x+2 \leqq 0$

確　認　問　題　8

1　次の 2 次方程式を解け。

(1)　$x^2+3x-10=0$

*(2)　$2x^2-7x+6=0$

(3)　$2x^2-5x-2=0$

(4)　$3x^2+2x-2=0$

2　次の 2 次関数のグラフと x 軸の共有点の個数を求めよ。

*(1)　$y=2x^2-7x+6$

(2)　$y=16x^2-8x+1$

(3)　$y=x^2+3x$

*(4)　$y=-x^2+4x-6$

3　2 次方程式 $x^2+(m+1)x+2m-1=0$ が重解をもつような，定数 m の値を求めよ。また，そのときの重解を求めよ。

4 2次関数 $y = x^2 - 4x + m$ のグラフと x 軸の共有点がないとき，定数 m の値の範囲を求めよ。

5 次の2次不等式を解け。

(1) $x^2 - 3x - 40 > 0$

*(2) $-2x^2 + x + 3 \geqq 0$

*(3) $x^2 + 5x + 3 \leqq 0$

(4) $3x^2 + 2x - 2 > 0$

(5) $-5x^2 + 3x < 0$

(6) $9x^2 - 6x + 1 \leqq 0$

TRY PLUS

例題 3　2次関数のグラフの平行移動

⇨教 p.87 応用例題 1

2次関数 $y=x^2+4x+3$ のグラフをどのように平行移動すれば，$y=x^2-2x+2$ のグラフに重なるか。

解　$y=x^2+4x+3$ を変形すると　$y=(x+2)^2-1$　……①

$y=x^2-2x+2$ を変形すると　$y=(x-1)^2+1$　……②

よって，①，②のグラフは，ともに $y=x^2$ のグラフを平行移動した放物線であり，頂点はそれぞれ

点 $(-2,\ -1)$，点 $(1,\ 1)$

したがって，$y=x^2+4x+3$ のグラフを

x 軸方向に 3，y 軸方向に 2

だけ平行移動すれば，$y=x^2-2x+2$ のグラフに重なる。

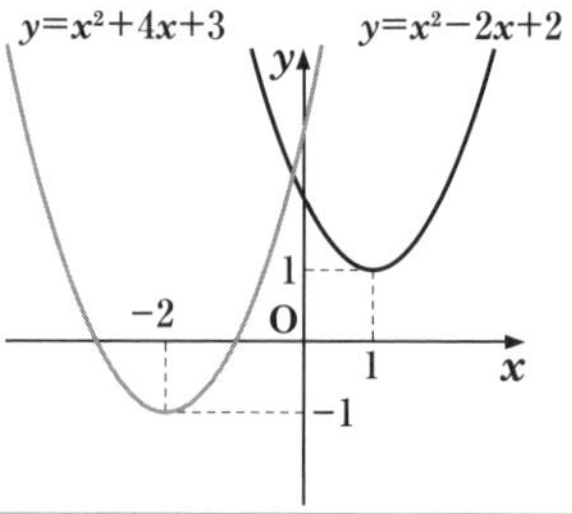

問3　2次関数 $y=-x^2-2x+3$ のグラフをどのように平行移動すれば，$y=-x^2-6x+1$ のグラフに重なるか。

例題 4　連立不等式

⇨教 p.119 応用例題 1

連立不等式 $\begin{cases} x^2+4x+3 \geqq 0 \\ x^2+4x-5 \leqq 0 \end{cases}$ を解け。

解　$x^2+4x+3 \geqq 0$ を解くと

$(x+3)(x+1) \geqq 0$ より

$x \leqq -3,\ -1 \leqq x$ ……①

$x^2+4x-5 \leqq 0$ を解くと

$(x+5)(x-1) \leqq 0$ より

$-5 \leqq x \leqq 1$ ……②

①，②より，連立不等式の解は

$-5 \leqq x \leqq -3,\ -1 \leqq x \leqq 1$

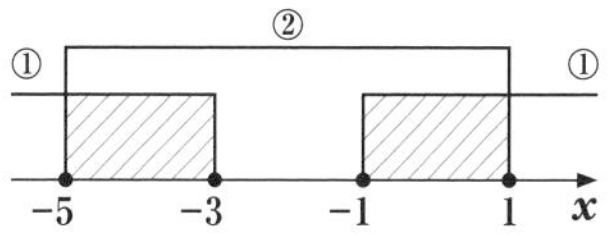

問 4　次の連立不等式を解け。

(1) $\begin{cases} 2x+1 > 0 \\ x^2-4 < 0 \end{cases}$

(2) $\begin{cases} x^2-3x < 0 \\ x^2-6x+8 \geqq 0 \end{cases}$

32 三角比 (1)

⇨教 p.126〜p.129

1 サイン・コサイン・タンジェント

∠C が直角の直角三角形 ABC において

$$\sin A=\frac{a}{c},\ \cos A=\frac{b}{c},\ \tan A=\frac{a}{b}$$

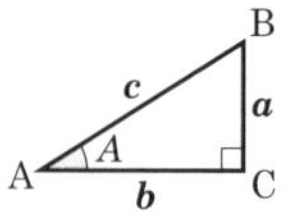

2 30°, 45°, 60° の三角比

A	30°	45°	60°
$\sin A$	$\frac{1}{2}$	$\frac{1}{\sqrt{2}}$	$\frac{\sqrt{3}}{2}$
$\cos A$	$\frac{\sqrt{3}}{2}$	$\frac{1}{\sqrt{2}}$	$\frac{1}{2}$
$\tan A$	$\frac{1}{\sqrt{3}}$	1	$\sqrt{3}$

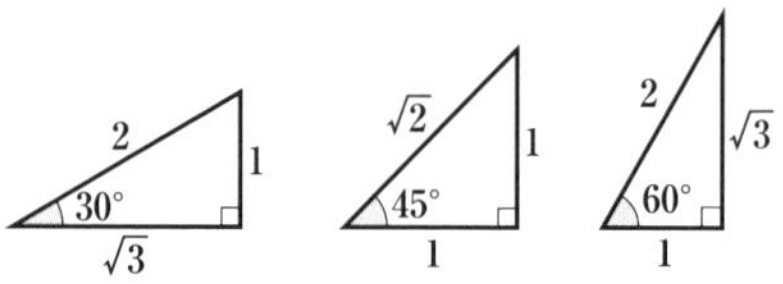

例 73 右の図の直角三角形 ABC において，$\sin A$, $\cos A$, $\tan A$ の値を求めてみよう。

$\sin A=\dfrac{\mathrm{BC}}{\mathrm{AB}}=$ ア □

$\cos A=\dfrac{\mathrm{AC}}{\mathrm{AB}}=$ イ □

$\tan A=\dfrac{\mathrm{BC}}{\mathrm{AC}}=$ ウ □

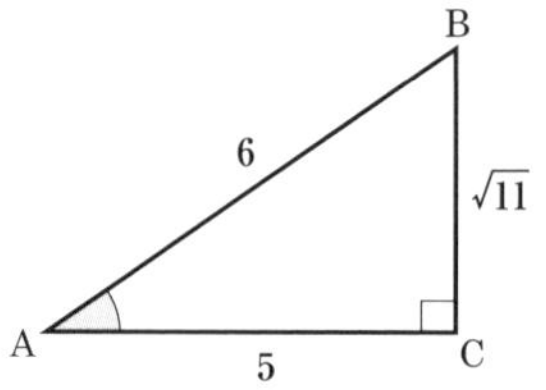

例 74 右の図の直角三角形 ABC において，$\sin A$, $\cos A$, $\tan A$ の値を求めてみよう。

三平方の定理より　$\mathrm{AC}^2+(\sqrt{21})^2=5^2$

よって　$\mathrm{AC}^2=25-21=4$

ここで，$\mathrm{AC}>0$ であるから　$\mathrm{AC}=2$

したがって

$\sin A=$ ア □，$\cos A=$ イ □，$\tan A=$ ウ □

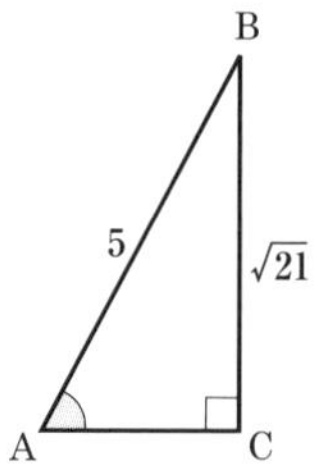

例 75 $\sin A=0.36$ を満たす A のおよその値を，右の三角比の表を用いて求めてみよう。

右の三角比の表から，　$\sin 21^\circ=0.3584$, $\sin 22^\circ=0.3746$ であるから，0.36 に最も近くなる A の値を求めると

$A\fallingdotseq$ ア □

A	$\sin A$	$\cos A$	$\tan A$
16°	0.2756	0.9613	0.2867
17°	0.2924	0.9563	0.3057
18°	0.3090	0.9511	0.3249
19°	0.3256	0.9455	0.3443
20°	0.3420	0.9397	0.3640
21°	0.3584	0.9336	0.3839
22°	0.3746	0.9272	0.4040
23°	0.3907	0.9205	0.4245

練習問題

107 次の直角三角形 ABC において，$\sin A$，$\cos A$，$\tan A$ の値を求めよ。 ◀例 73

*(1)
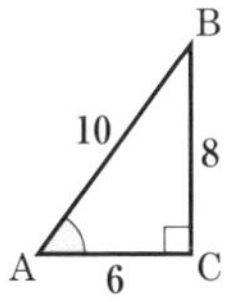

(2)
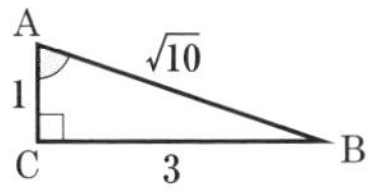

(3)
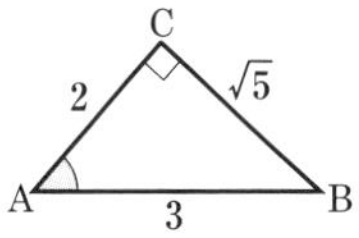

108 次の直角三角形 ABC において，$\sin A$，$\cos A$，$\tan A$ の値を求めよ。 ◀例 74

*(1)
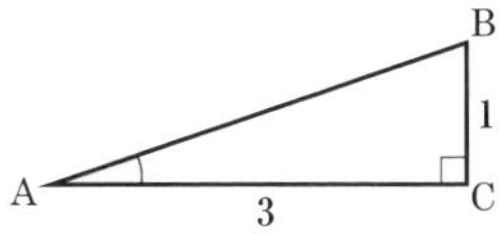

(2)
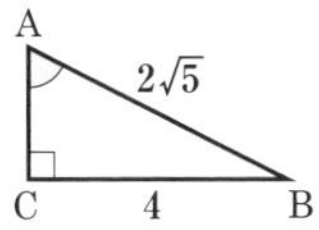

(3)
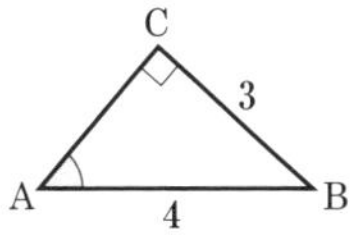

109 次の三角比の値を，255 ページの三角比の表を用いて求めよ。 ◀例 75

*(1) $\sin 39^\circ$　　(2) $\cos 26^\circ$　　*(3) $\tan 70^\circ$

110 次のそれぞれの式を満たす A のおよその値を，255 ページの三角比の表を用いて求めよ。

◀例 75

*(1) $\sin A = 0.6$　　(2) $\cos A = \dfrac{4}{5}$　　*(3) $\tan A = 5$

33 三角比 (2)

⇨教 p.130〜p.131

1 三角比の利用

∠C が直角の直角三角形 ABC において

$a = c\sin A$, $b = c\cos A$, $a = b\tan A$

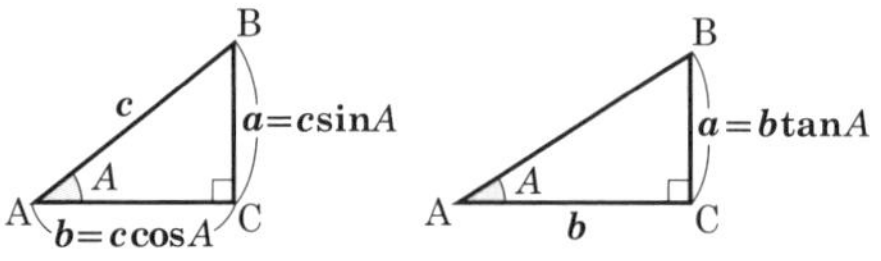

例 76

右の直角三角形 ABC において，x，y の値を求めてみよう。

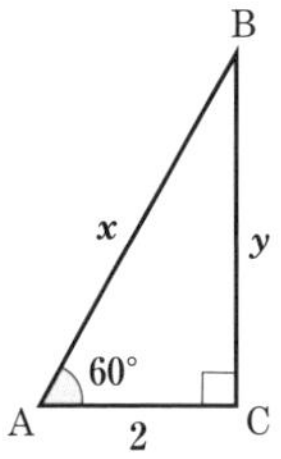

$2 = x\cos 60°$ より

$x = 2 \div \cos 60° = 2 \div \dfrac{1}{2} = 2 \times \dfrac{2}{1} =$ ア［　　］

また，$y = 2\tan 60° = 2 \times \sqrt{3} =$ イ［　　］

例 77

傾斜角が 8° の坂道を 500 m 進むと，垂直方向に何 m 登ったことになるか。また，水平方向に何 m 進んだことになるか。小数第 1 位を四捨五入して求めてみよう。ただし，$\sin 8° = 0.1392$，$\cos 8° = 0.9903$ とする。

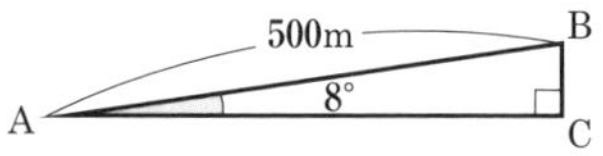

右の図において

$BC = 500\sin 8°$

$= 500 \times 0.1392 = 69.6 \fallingdotseq 70$

$AC = 500\cos 8°$

$= 500 \times 0.9903 = 495.15 \fallingdotseq 495$

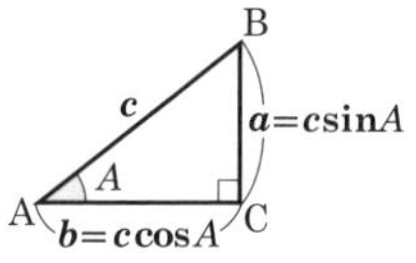

よって，垂直方向に ア［　　］m，水平方向に イ［　　］m

TRY
例 78

ある木の根元から水平に 5 m 離れた地点で木の先端を見上げたら，見上げる角が 7° であった。目の高さを 1.5 m とすると，木の高さは何 m か。小数第 2 位を四捨五入して求めてみよう。ただし，$\tan 7° = 0.1228$ とする。

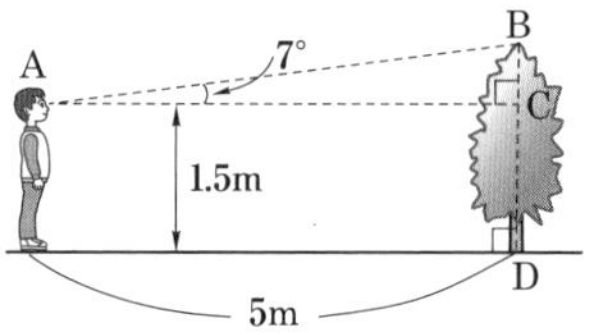

右の図において

$BC = 5\tan 7°$

$= 5 \times 0.1228 = 0.614 \fallingdotseq 0.6$

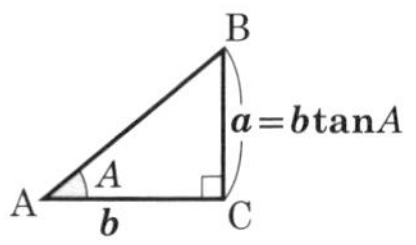

よって

$BD = BC + CD = 0.6 + 1.5 = 2.1$

したがって，木の高さは ア［　　］m

練 習 問 題

111 次の直角三角形 ABC において，x，y の値を求めよ。 ◀例 76

*(1)

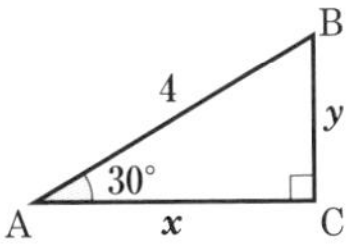

(2)

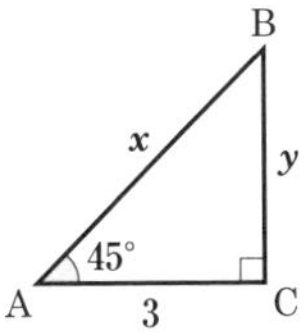

***112** 山のふもとの A 地点と山頂の B 地点を結ぶケーブルカーがある。2 地点 A，B 間の距離は 4000 m，傾斜角は 29° である。A 地点と B 地点の標高差 BC と水平距離 AC はそれぞれ何 m か。小数第 1 位を四捨五入して求めよ。ただし，$\sin 29^\circ = 0.4848$，$\cos 29^\circ = 0.8746$ とする。 ◀例 77

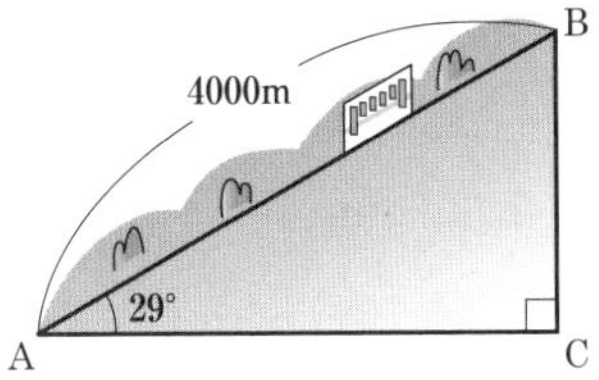

TRY
113 ある鉄塔の根元から水平に 20 m 離れた地点で，この鉄塔の先端を見上げたら，見上げる角が 25° であった。目の高さを 1.6 m とすると，鉄塔の高さは何 m か。小数第 2 位を四捨五入して求めよ。ただし，$\tan 25^\circ = 0.4663$ とする。

◀例 78

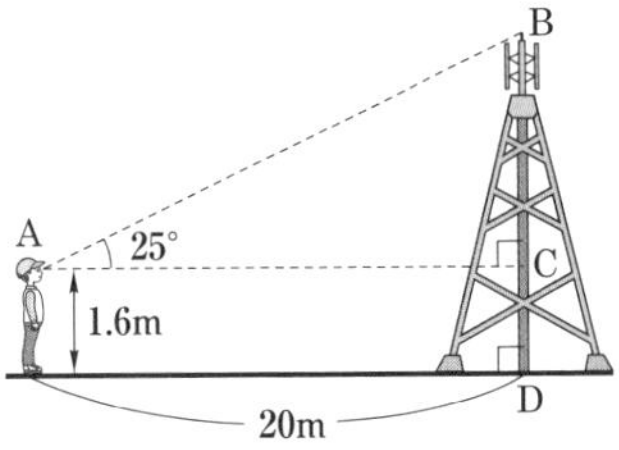

34 三角比の性質

⇨教 p.132~p.135

1 三角比の相互関係

$$\tan A=\frac{\sin A}{\cos A},\quad \sin^2 A+\cos^2 A=1,\quad 1+\tan^2 A=\frac{1}{\cos^2 A}$$

2 $90^\circ-A$ の三角比

$$\sin(90^\circ-A)=\cos A,\quad \cos(90^\circ-A)=\sin A,\quad \tan(90^\circ-A)=\frac{1}{\tan A}$$

例 79

$\sin A=\frac{1}{4}$ のとき，$\cos A$，$\tan A$ の値を求めてみよう。
ただし，$0^\circ<A<90^\circ$ とする。

← A は鋭角

$\sin A=\frac{1}{4}$ のとき，$\sin^2 A+\cos^2 A=1$ より

$$\cos^2 A=1-\sin^2 A=1-\left(\frac{1}{4}\right)^2=\frac{15}{16}$$

$0^\circ<A<90^\circ$ のとき，$\cos A>0$ であるから　$\cos A=\sqrt{\frac{15}{16}}=$ ア［　　］

← A が鋭角のとき
$\sin A>0$，$\cos A>0$
$\tan A>0$

また，$\tan A=\frac{\sin A}{\cos A}$ より

$\tan A=\frac{1}{4}\div$ ア［　　］ $=$ イ［　　］

TRY 例 80

$\tan A=2\sqrt{2}$ のとき，$\cos A$，$\sin A$ の値を求めてみよう。
ただし，$0^\circ<A<90^\circ$ とする。

$\tan A=2\sqrt{2}$ のとき，$1+\tan^2 A=\frac{1}{\cos^2 A}$ より

$$\frac{1}{\cos^2 A}=1+\tan^2 A=1+(2\sqrt{2})^2=9$$

よって　$\cos^2 A=\frac{1}{9}$

$0^\circ<A<90^\circ$ のとき，$\cos A>0$ であるから　$\cos A=\sqrt{\frac{1}{9}}=$ ア［　　］

また，$\tan A=\frac{\sin A}{\cos A}$ より

$\sin A=\tan A\times\cos A=2\sqrt{2}\times$ ア［　　］ $=$ イ［　　］

例 81

55° の三角比を 45° 以下の角の三角比で表してみよう。

$\sin 55^\circ=\sin(90^\circ-35^\circ)=$ ア［　　］

$\cos 55^\circ=\cos(90^\circ-35^\circ)=$ イ［　　］

$\tan 55^\circ=\tan(90^\circ-35^\circ)=$ ウ［　　］

← $90^\circ-A$ の公式を用いる

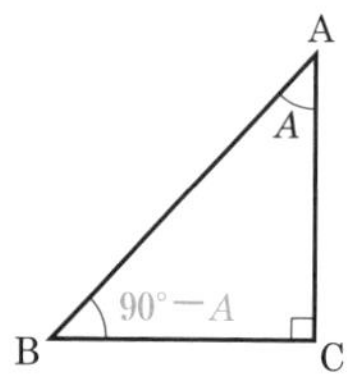

練 習 問 題

*114 $\sin A=\dfrac{\sqrt{5}}{3}$ のとき，$\cos A$，$\tan A$ の値を求めよ。ただし，$0^\circ<A<90^\circ$ とする。

◀例 79

115 $\cos A=\dfrac{4}{5}$ のとき，$\sin A$，$\tan A$ の値を求めよ。ただし，$0^\circ<A<90^\circ$ とする。

◀例 79

TRY
116 $\tan A=\sqrt{5}$ のとき，$\cos A$，$\sin A$ の値を求めよ。ただし，$0^\circ<A<90^\circ$ とする。

◀例 80

117 次の三角比を，45° 以下の角の三角比で表せ。 ◀例 81

*(1) $\sin 81^\circ$　(2) $\cos 74^\circ$　*(3) $\tan 65^\circ$

35 三角比の拡張 (1)

⇨教 p.136〜p.139

1 三角比の拡張

右の図で，$\angle AOP=\theta$，$OP=r$，$P(x,\ y)$ とすると

$$\sin\theta=\frac{y}{r},\quad \cos\theta=\frac{x}{r},\quad \tan\theta=\frac{y}{x}$$

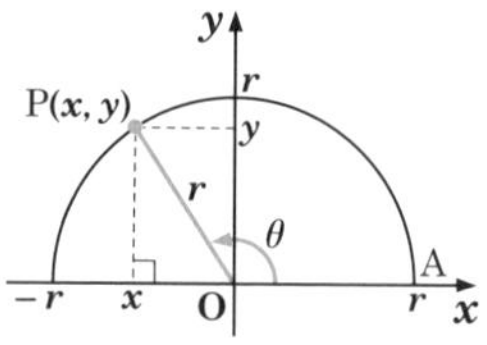

2 三角比の符号

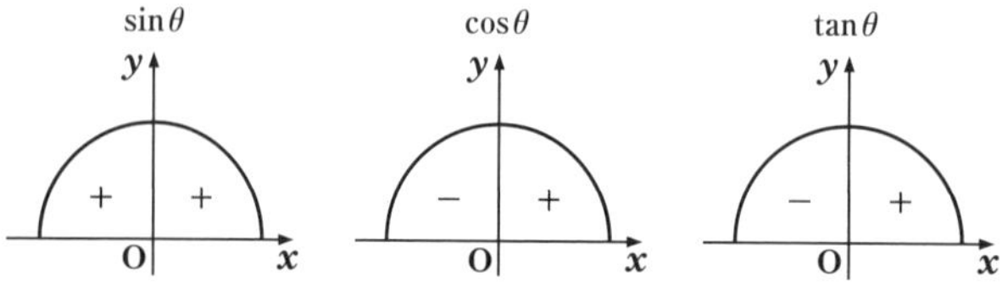

3 180° − θ の三角比

$\sin(180^\circ-\theta)=\sin\theta$，　$\cos(180^\circ-\theta)=-\cos\theta$，　$\tan(180^\circ-\theta)=-\tan\theta$

例 82

次の図において，$\sin\theta$，$\cos\theta$，$\tan\theta$ の値を求めてみよう。

点 P の座標が $(-4,\ 3)$ であるから

$\sin\theta=$ ア[　　　]　　← $\sin\theta=\dfrac{P\text{ の }y\text{ 座標}}{\text{半径}}$

$\cos\theta=$ イ[　　　]　　← $\cos\theta=\dfrac{P\text{ の }x\text{ 座標}}{\text{半径}}$

$\tan\theta=$ ウ[　　　]　　← $\tan\theta=\dfrac{P\text{ の }y\text{ 座標}}{P\text{ の }x\text{ 座標}}$

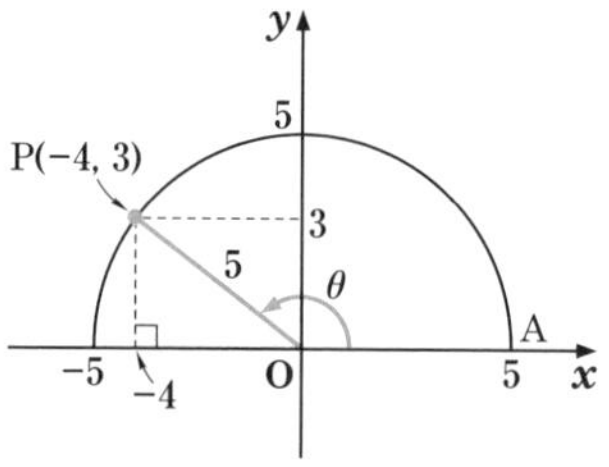

例 83

(1) 次の図を用いて，150° の三角比の値をそれぞれ求めてみよう。

$\sin150^\circ=$ ア[　　　]

$\cos150^\circ=$ イ[　　　]

$\tan150^\circ=$ ウ[　　　]

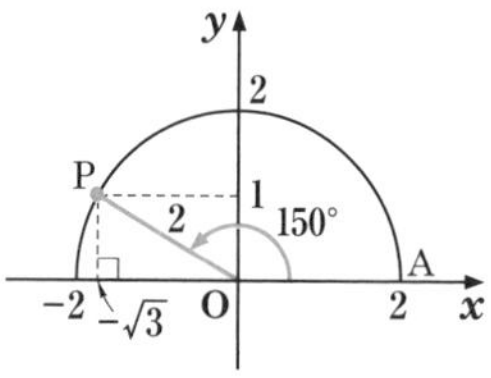

(2) 次の図を用いて，90° の三角比の値をそれぞれ求めてみよう。

$\sin90^\circ=$ エ[　　　]

$\cos90^\circ=$ オ[　　　]

$\tan90^\circ$ の値はない。

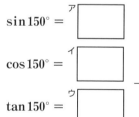

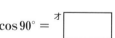

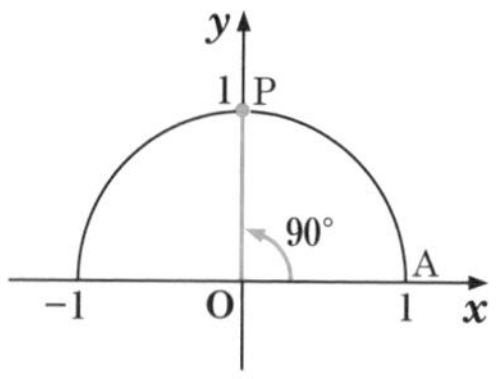

例 84

$\sin110^\circ$ の値を，鋭角の三角比で表してみよう。

$\sin110^\circ=\sin(180^\circ-70^\circ)=$ ア[　　　]　　← $180^\circ-\theta$ の公式を用いる

練習問題

118 次の図において，$\sin\theta$，$\cos\theta$，$\tan\theta$ の値を求めよ。 ◀例 82

*(1)

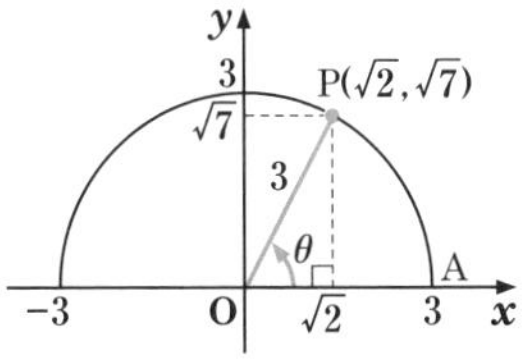

(2)

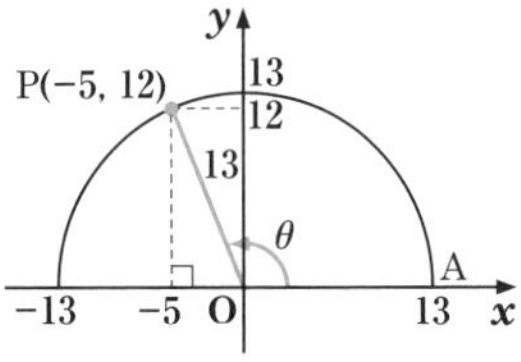

119 右の図を用いて，次の角の三角比の値をそれぞれ求めよ。 ◀例 83

*(1) 135°

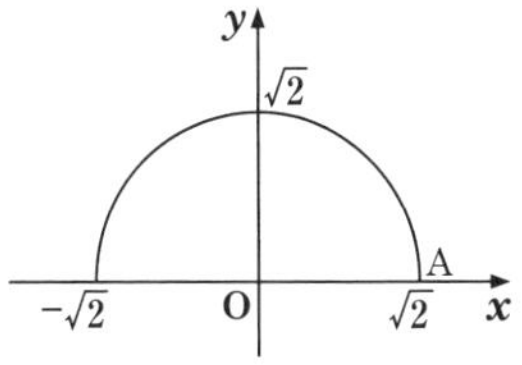

(2) 120°

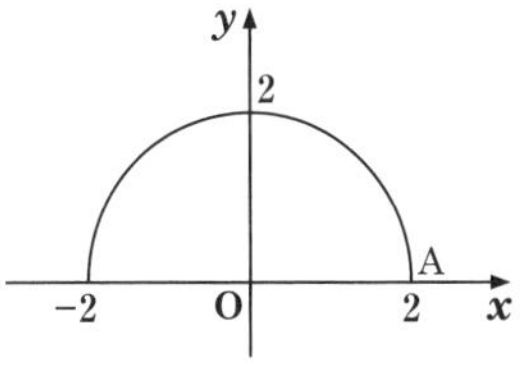

(3) 180°

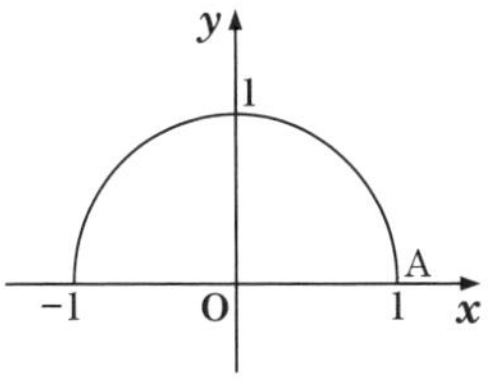

120 次の三角比を，鋭角の三角比で表せ。 ◀例 84

*(1) $\sin 130°$　　(2) $\cos 105°$　　*(3) $\tan 168°$

36 三角比の拡張 (2)

⇨教 p.140~p.141

1 三角比の値と角

$\sin\theta$, $\cos\theta$ の値から θ を求めるには，単位円上の点で，サインは y 座標，コサインは x 座標を考える。

例 85 $0^\circ \leqq \theta \leqq 180^\circ$ のとき，次の等式を満たす θ を求めてみよう。

(1) $\sin\theta = \dfrac{\sqrt{3}}{2}$

単位円の x 軸より上側の周上の点で，y 座標が $\dfrac{\sqrt{3}}{2}$ となるのは，右の図の 2 点 P，P′ である。

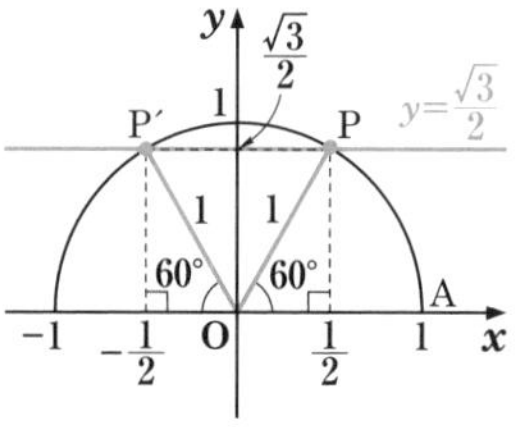

$\angle AOP = 60^\circ$

$\angle AOP' = 180^\circ - 60^\circ = 120^\circ$

であるから，求める θ は

$\theta =$ ア［　　］ と $\theta =$ イ［　　］

(2) $\cos\theta = -\dfrac{1}{2}$

単位円の x 軸より上側の周上の点で，x 座標が $-\dfrac{1}{2}$ となるのは，右の図の点Pである。

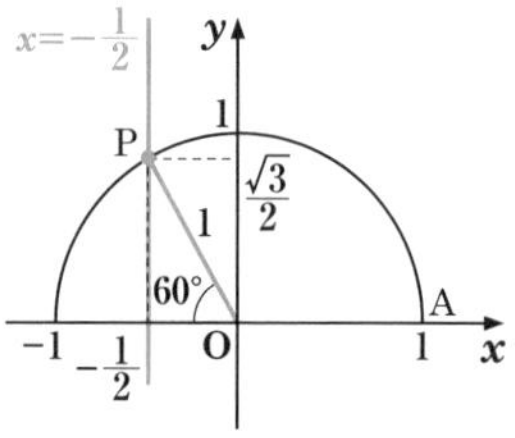

$\angle AOP = 180^\circ - 60^\circ = 120^\circ$

であるから，求める θ は

$\theta =$ ウ［　　］

TRY

例 86 $0^\circ \leqq \theta \leqq 180^\circ$ のとき，$\tan\theta = -\dfrac{1}{\sqrt{3}}$ を満たす θ を求めてみよう。

直線 $x=1$ 上に点 $Q\left(1,\ -\dfrac{1}{\sqrt{3}}\right)$ をとり，直線 OQ と単位円との交点 P を右の図のように定める。

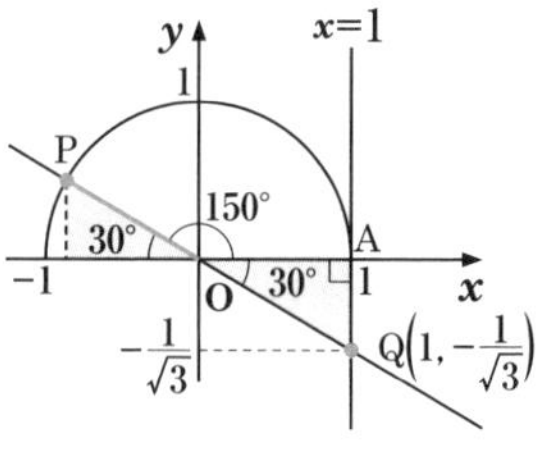

このとき，∠AOP の大きさが求める θ であるから

$\theta = 180^\circ - 30^\circ =$ ア［　　］

練　習　問　題

121　$0° \leqq \theta \leqq 180°$ のとき，次の等式を満たす θ を求めよ。　◀例 85

*(1)　$\sin\theta = \dfrac{1}{\sqrt{2}}$

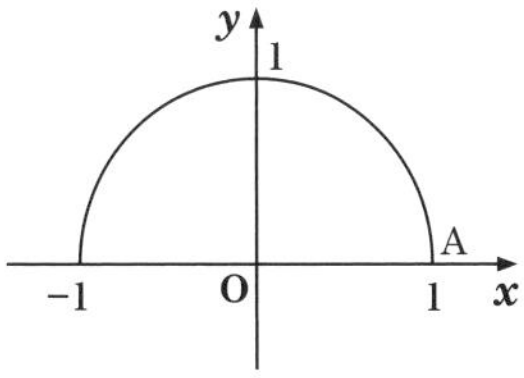

(2)　$\cos\theta = \dfrac{1}{2}$

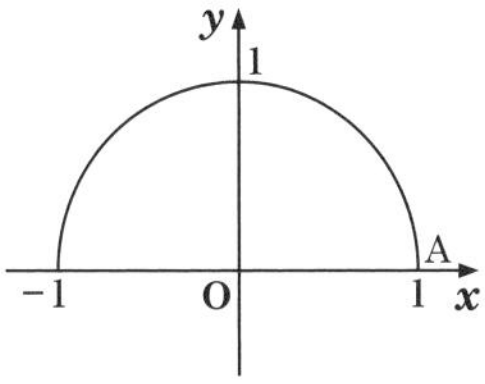

TRY
122　$0° \leqq \theta \leqq 180°$ のとき，$\tan\theta = \dfrac{1}{\sqrt{3}}$ を満たす θ を求めよ。　◀例 86

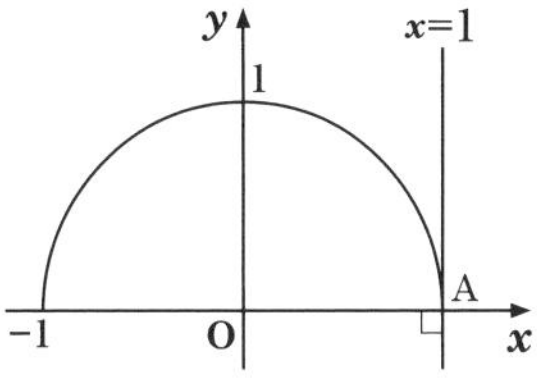

37 三角比の拡張 (3)

⇨教 p.141~p.142

1 三角比の相互関係

$$\tan\theta = \frac{\sin\theta}{\cos\theta},\quad \sin^2\theta + \cos^2\theta = 1,\quad 1 + \tan^2\theta = \frac{1}{\cos^2\theta}$$

例 87 $\sin\theta = \frac{2}{3}$ のとき，$\cos\theta$，$\tan\theta$ の値を求めてみよう。
ただし，$90^\circ < \theta < 180^\circ$ とする。

$\sin\theta = \frac{2}{3}$ のとき，$\sin^2\theta + \cos^2\theta = 1$ より

$$\cos^2\theta = 1 - \sin^2\theta = 1 - \left(\frac{2}{3}\right)^2 = \frac{5}{9}$$

$90^\circ < \theta < 180^\circ$ のとき，$\cos\theta < 0$ であるから

$$\cos\theta = -\sqrt{\frac{5}{9}} = {}^{ア}\boxed{}$$

← θ が鈍角のとき $\cos\theta < 0$

また，$\tan\theta = \frac{\sin\theta}{\cos\theta}$

$$= \frac{2}{3} \div \left({}^{ア}\boxed{}\right) = {}^{イ}\boxed{}$$

TRY 例 88 $\tan\theta = -\frac{1}{3}$ のとき，$\cos\theta$，$\sin\theta$ の値を求めてみよう。
ただし，$90^\circ < \theta < 180^\circ$ とする。

$\tan\theta = -\frac{1}{3}$ のとき，$1 + \tan^2\theta = \frac{1}{\cos^2\theta}$ より

$$\frac{1}{\cos^2\theta} = 1 + \left(-\frac{1}{3}\right)^2 = \frac{10}{9}$$

よって　$\cos^2\theta = \frac{9}{10}$

$90^\circ < \theta < 180^\circ$ のとき，$\cos\theta < 0$ であるから

$$\cos\theta = -\sqrt{\frac{9}{10}} = {}^{ア}\boxed{}$$

← θ が鈍角のとき $\cos\theta < 0$

また，$\tan\theta = \frac{\sin\theta}{\cos\theta}$ より　$\sin\theta = \tan\theta \times \cos\theta$

したがって　$\sin\theta = -\frac{1}{3} \times \left({}^{ア}\boxed{}\right) = {}^{イ}\boxed{}$

練 習 問 題

123 次の各場合について，他の三角比の値を求めよ。ただし，$90^\circ < \theta < 180^\circ$ とする。

◀ 例 87

*(1) $\sin\theta = \dfrac{1}{4}$

(2) $\cos\theta = -\dfrac{1}{3}$

(3) $\sin\theta = \dfrac{2}{\sqrt{5}}$

TRY
124 $\tan\theta = -\sqrt{2}$ のとき，$\cos\theta$，$\sin\theta$ の値を求めよ。ただし，$90^\circ < \theta < 180^\circ$ とする。 ◀ 例 88

検印

確認問題 9

1　次の直角三角形 ABC において，$\sin A$，$\cos A$，$\tan A$ の値を求めよ。

*(1)

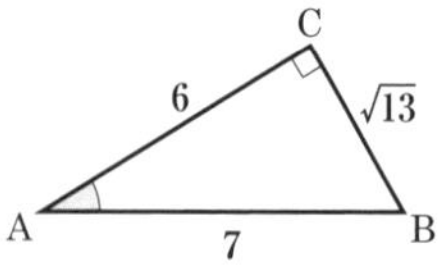

(2)

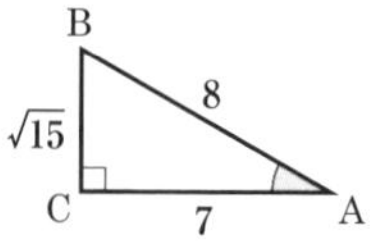

2　次の直角三角形 ABC において，x，y の値を求めよ。ただし，$\sin 12^\circ = 0.2079$，$\cos 12^\circ = 0.9781$ とする。

*(1)

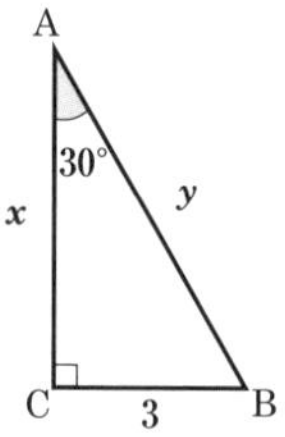

(2)

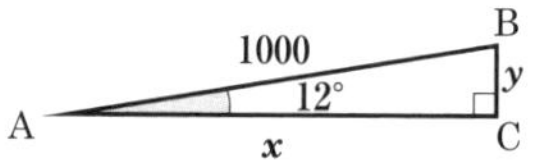

3　次の各場合について，他の三角比の値を求めよ。ただし，$0^\circ < A < 90^\circ$ とする。

*(1)　$\cos A = \dfrac{2}{3}$　　(2)　$\sin A = \dfrac{12}{13}$

4　次の三角比を，45° 以下の角の三角比で表せ。

*(1)　$\sin 74^\circ$　　(2)　$\cos 67^\circ$

*5 三角比の値について，次の表の空欄をうめよ。

θ	0°	30°	45°	60°	90°	120°	135°	150°	180°
$\sin\theta$									
$\cos\theta$									
$\tan\theta$					／				

6 次の三角比を，鋭角の三角比で表せ。

*(1) $\sin 140^\circ$　　(2) $\cos 165^\circ$

*7 $0^\circ \leqq \theta \leqq 180^\circ$ のとき，$\cos\theta = -\dfrac{\sqrt{3}}{2}$ を満たす θ を求めよ。

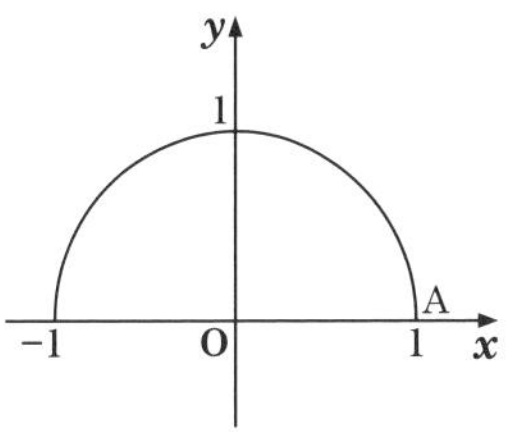

8 次の各場合について，他の三角比の値を求めよ。ただし，$90^\circ < \theta < 180^\circ$ とする。

*(1) $\sin\theta = \dfrac{1}{5}$　　(2) $\cos\theta = -\dfrac{1}{4}$

38 正弦定理

⇨教 p.144〜p.145

1 正弦定理

△ABC において，次の正弦定理が成り立つ。

$$\frac{a}{\sin A}=\frac{b}{\sin B}=\frac{c}{\sin C}=2R$$

ただし，R は △ABC の外接円の半径

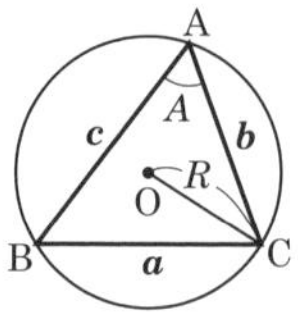

例 89 △ABC において，$a=7$，$A=30°$ のとき，外接円の半径 R を求めてみよう。

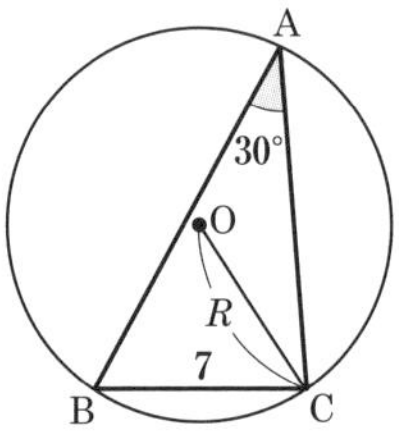

正弦定理より　$\dfrac{7}{\sin 30°}=2R$　　← $\dfrac{a}{\sin A}=2R$

ゆえに　$2R=\dfrac{7}{\sin 30°}$

よって　$R=\dfrac{7}{2\sin 30°}$

$=\dfrac{7}{2}\div\sin 30°$　　← $\sin 30°=\dfrac{1}{2}$

$=\dfrac{7}{2}\div\dfrac{1}{2}$

$=\dfrac{7}{2}\times\dfrac{2}{1}=$ ア□

例 90 △ABC において，$c=8$，$B=30°$，$C=45°$ のとき，b を求めてみよう。

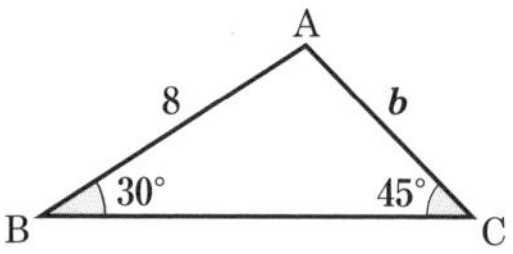

正弦定理より　$\dfrac{b}{\sin 30°}=\dfrac{8}{\sin 45°}$　　← $\dfrac{b}{\sin B}=\dfrac{c}{\sin C}$

両辺に $\sin 30°$ を掛けて

$b=\dfrac{8}{\sin 45°}\times\sin 30°$

$=8\div\sin 45°\times\sin 30°$　　← $\sin 45°=\dfrac{1}{\sqrt{2}}$　$\sin 30°=\dfrac{1}{2}$

$=8\div\dfrac{1}{\sqrt{2}}\times\dfrac{1}{2}$

$=8\times\dfrac{\sqrt{2}}{1}\times\dfrac{1}{2}=$ ア□

練 習 問 題

125 次のような △ABC において，外接円の半径 R を求めよ。 ◀例 89

*(1) $b=5$，$B=45^\circ$

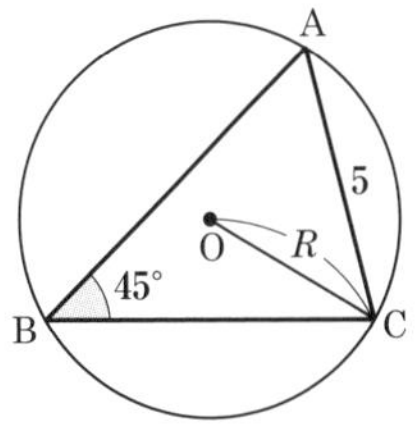

(2) $a=3$，$A=60^\circ$

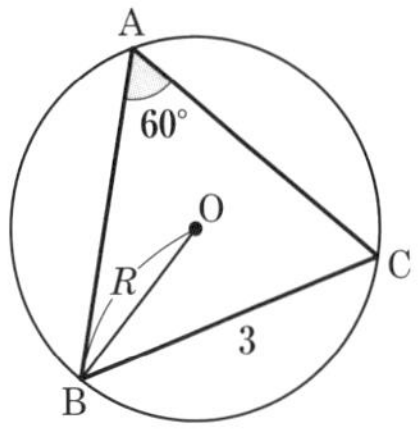

(3) $c=\sqrt{3}$，$C=150^\circ$

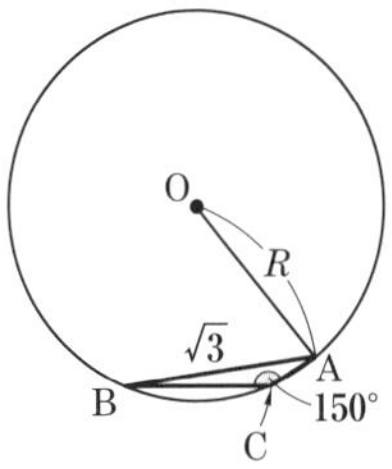

126 △ABC において，次の問いに答えよ。 ◀例 90

*(1) $a=12$，$A=30^\circ$，$B=45^\circ$ のとき，b を求めよ。

(2) $a=4$，$B=75^\circ$，$C=45^\circ$ のとき，c を求めよ。

第4章 図形と計量

39 余弦定理

⇨教 p.146〜p.147

1 余弦定理

△ABC において，次の余弦定理が成り立つ。

$a^2 = b^2 + c^2 - 2bc\cos A$

$b^2 = c^2 + a^2 - 2ca\cos B$

$c^2 = a^2 + b^2 - 2ab\cos C$

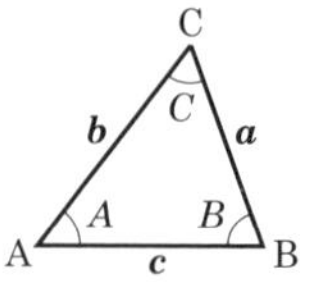

これらの式から，次の式も成り立つ。

$$\cos A = \frac{b^2 + c^2 - a^2}{2bc},\quad \cos B = \frac{c^2 + a^2 - b^2}{2ca},\quad \cos C = \frac{a^2 + b^2 - c^2}{2ab}$$

例 91

△ABC において，$b = 4$，$c = 6$，$A = 60^\circ$ のとき，a を求めてみよう。

余弦定理より

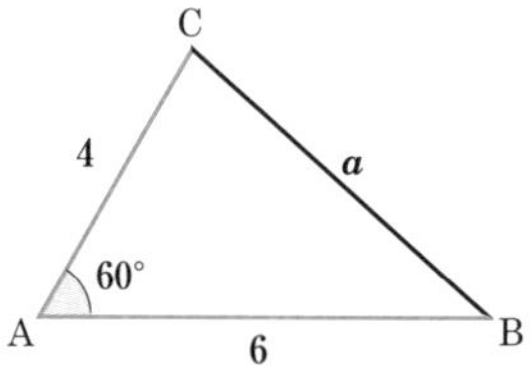

$$\begin{aligned} a^2 &= b^2 + c^2 - 2bc\cos A \\ &= 4^2 + 6^2 - 2 \times 4 \times 6 \times \cos 60^\circ \\ &= 16 + 36 - 48 \times \frac{1}{2} \\ &= 16 + 36 - 24 \\ &= 28 \end{aligned}$$

⬅ $\cos 60^\circ = \frac{1}{2}$

$a > 0$ より

$a = \sqrt{28} =$ ア □

例 92

△ABC において，$a = 7$，$b = 5$，$c = 3$ のとき，$\cos A$ の値と A を求めてみよう。

余弦定理より

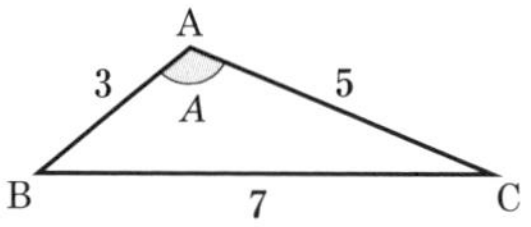

$$\begin{aligned} \cos A &= \frac{b^2 + c^2 - a^2}{2bc} \\ &= \frac{5^2 + 3^2 - 7^2}{2 \times 5 \times 3} \\ &= \frac{25 + 9 - 49}{2 \times 5 \times 3} \\ &= -\frac{15}{2 \times 5 \times 3} = \end{aligned}$$ ア □

よって，$0^\circ < A < 180^\circ$ より

$A =$ イ □

練 習 問 題

127 △ABC において，次の問いに答えよ。 ◀例 91

*(1) $c=\sqrt{3}$，$a=4$，$B=30°$ のとき，b を求めよ。

(2) $b=3$，$c=4$，$A=120°$ のとき，a を求めよ。

128 次のような △ABC において，次のものを求めよ。 ◀例 92

*(1) $a=\sqrt{7}$，$b=1$，$c=\sqrt{3}$ のとき，$\cos A$ の値と A を求めよ。

(2) $a=2\sqrt{3}$，$b=1$，$c=\sqrt{7}$ のとき，$\cos C$ の値と C を求めよ。

40 三角形の面積 / 空間図形の計量

⇨教 p.150〜p.151，p.154

1 三角形の面積

△ABC の面積 S は

$$S=\frac{1}{2}bc\sin A=\frac{1}{2}ca\sin B$$
$$=\frac{1}{2}ab\sin C$$

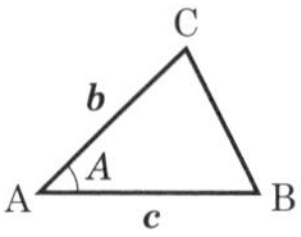

2 空間図形への応用

空間図形においても，正弦定理や余弦定理などを利用して，辺の長さや角の大きさを求めることができる。

例 93

$b=4$，$c=2\sqrt{3}$，$A=120^\circ$ のとき，△ABC の面積 S を求めてみよう。

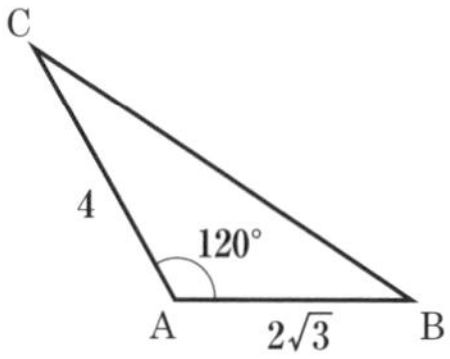

$$S=\frac{1}{2}bc\sin A$$

$$=\frac{1}{2}\times4\times2\sqrt{3}\times\sin120^\circ=\frac{1}{2}\times4\times2\sqrt{3}\times\frac{\sqrt{3}}{2}=\text{[ア]}$$

⇐ $\sin120^\circ=\frac{\sqrt{3}}{2}$

例 94

$a=11$，$b=9$，$c=4$ である △ABC について，次の問いに答えてみよう。

(1) $\cos A$ の値を求めてみよう。

⇐ $\sin A$ を求めるために，まず，$\cos A$ を求める

余弦定理より

$$\cos A=\frac{9^2+4^2-11^2}{2\times9\times4}=-\frac{24}{2\times9\times4}=\text{[ア]}$$

⇐ $\cos A=\frac{b^2+c^2-a^2}{2bc}$

(2) $\sin A$ の値を求めてみよう。

$$\sin^2A=1-\cos^2A=1-\left(\text{[ア]}\right)^2=\frac{8}{9}$$

⇐ $\sin^2A+\cos^2A=1$ から $\sin^2A=1-\cos^2A$

ここで，$\sin A>0$ であるから　$\sin A=\text{[イ]}$

(3) △ABC の面積 S を求めてみよう。

$$S=\frac{1}{2}bc\sin A=\frac{1}{2}\times9\times4\times\text{[イ]}=\text{[ウ]}$$

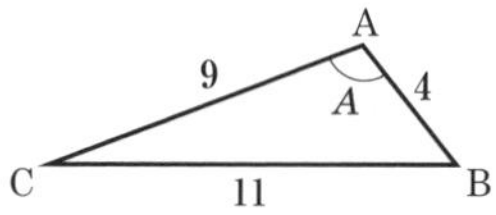

例 95

右の図のように，60 m 離れた 2 地点 A，B と塔の先端 C について，$\angle\mathrm{CAH}=30^\circ$，$\angle\mathrm{BAC}=75^\circ$，$\angle\mathrm{ABC}=45^\circ$ であった。このとき，塔の高さ CH を求めてみよう。

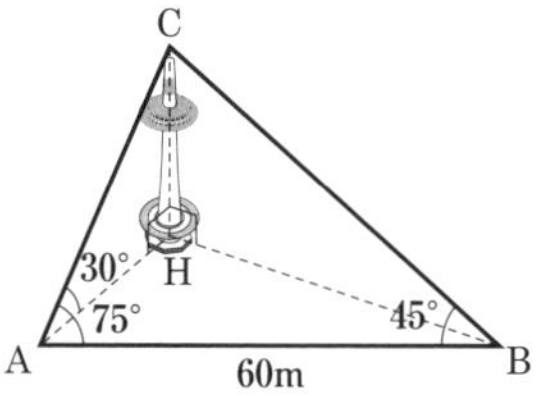

△ABC において，$\angle\mathrm{ACB}=180^\circ-(75^\circ+45^\circ)=60^\circ$

であるから，正弦定理より　$\frac{\mathrm{AC}}{\sin45^\circ}=\frac{60}{\sin60^\circ}$

よって　$\mathrm{AC}=\frac{60}{\sin60^\circ}\times\sin45^\circ=60\div\frac{\sqrt{3}}{2}\times\frac{1}{\sqrt{2}}=20\sqrt{6}$

したがって，△ACH において

$$\mathrm{CH}=\mathrm{AC}\sin30^\circ=20\sqrt{6}\times\frac{1}{2}=\text{[ア]}\ (\mathrm{m})$$

練 習 問 題

129 次の △ABC の面積 S を求めよ。 ◀例 93

*(1) $b=5$, $c=4$, $A=45^\circ$

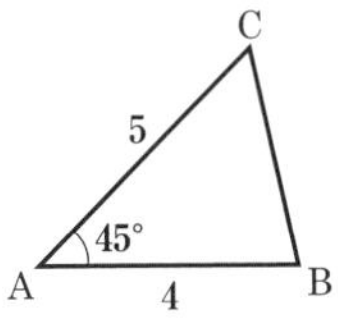

(2) $a=6$, $b=4$, $C=120^\circ$

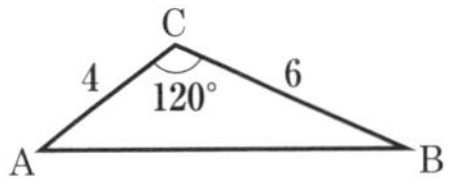

*__130__ △ABC において，$a=2$, $b=3$, $c=4$ のとき，次の問いに答えよ。 ◀例 94

(1) $\cos A$ の値を求めよ。

(2) $\sin A$ の値を求めよ。

(3) △ABC の面積 S を求めよ。

131 右の図のように，40 m 離れた 2 地点 A，B と塔の先端 C について，$\angle CBH=60^\circ$，$\angle BAC=60^\circ$，$\angle ABC=75^\circ$ であった。このとき，塔の高さ CH を求めよ。 ◀例 95

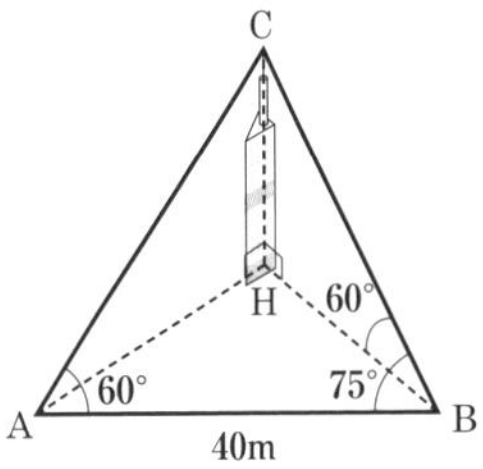

確認問題 10

1 次のような △ABC において，外接円の半径 R を求めよ。

*(1) $a=12$，$A=30^\circ$　　(2) $b=9$，$B=120^\circ$

2 △ABC において，次の問いに答えよ。

(1) $c=6$，$A=60^\circ$，$C=45^\circ$ のとき，a を求めよ。

(2) $b=3$，$c=3\sqrt{2}$，$A=135^\circ$ のとき，a を求めよ。

3 △ABC において，$a=5$，$b=6$，$c=4$ のとき，$\cos B$ と $\cos C$ の値を求めよ。

4 $b=6\sqrt{2}$, $c=5$, $A=135^\circ$ である △ABC の面積 S を求めよ。

*__5__ △ABC において, $a=6$, $b=7$, $c=3$ のとき, 次の問いに答えよ。

(1) $\cos C$ を求めよ。

(2) △ABC の面積 S を求めよ。

6 右の図のように,

$\angle \mathrm{CAH}=60^\circ$, $\angle \mathrm{HAB}=30^\circ$

$\angle \mathrm{AHB}=105^\circ$, $\mathrm{BH}=10\ \mathrm{m}$

のとき, 塔の高さ CH を求めよ。

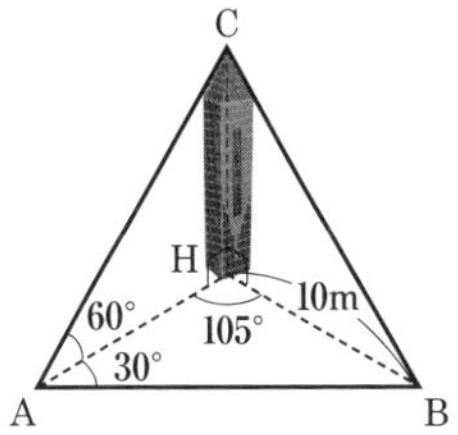

例題 5　正弦定理と余弦定理の応用

⇨教 p.148 応用例題 1

$\triangle$ABC において，$a=2$，$b=1+\sqrt{3}$，$C=60^\circ$ のとき，
残りの辺の長さと角の大きさを求めよ。

解　余弦定理より

$$c^2=2^2+(1+\sqrt{3})^2-2\times2\times(1+\sqrt{3})\times\cos60^\circ$$

$$=4+(1+2\sqrt{3}+3)-4(1+\sqrt{3})\times\frac{1}{2}=6$$

ここで，$c>0$ であるから　$c=\sqrt{6}$

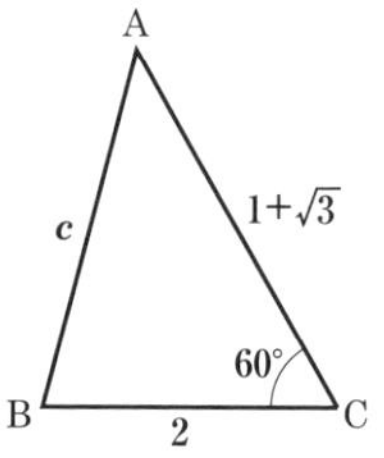

また，正弦定理より　$\dfrac{2}{\sin A}=\dfrac{\sqrt{6}}{\sin60^\circ}$

両辺に $\sin A\sin60^\circ$ を掛けて

$$2\sin60^\circ=\sqrt{6}\sin A$$

ゆえに　$\sin A=\dfrac{2}{\sqrt{6}}\sin60^\circ=\dfrac{2}{\sqrt{6}}\times\dfrac{\sqrt{3}}{2}=\dfrac{1}{\sqrt{2}}$

ここで，$C=60^\circ$ であるから，$A<120^\circ$ より

$$A=45^\circ$$

よって　$B=180^\circ-(45^\circ+60^\circ)=75^\circ$

したがって　$c=\sqrt{6}$，$A=45^\circ$，$B=75^\circ$

問5　$\triangle$ABC において，$b=\sqrt{3}$，$c=2\sqrt{3}$，$A=60^\circ$ のとき，残りの辺の長さと角の大きさを求めよ。

例題 6　三角形の内接円と面積

⇨教 p.152 応用例題 2

$A=45°$, $b=4\sqrt{2}$, $c=7$ である △ABC の面積を S, 内接円の半径を r として，次の問いに答えよ。

(1) a を求めよ。　　(2) S および r を求めよ。

解　(1) 余弦定理より

$$a^2=(4\sqrt{2})^2+7^2-2\times4\sqrt{2}\times7\times\cos45°$$
$$=32+49-56\sqrt{2}\times\frac{1}{\sqrt{2}}=25$$

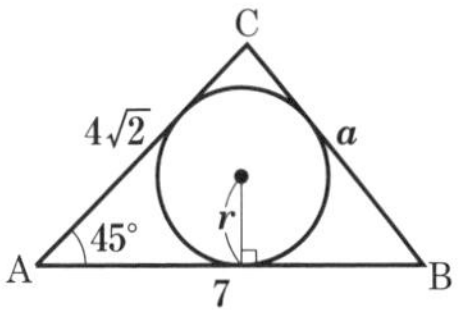

よって，$a>0$ より　$a=5$

(2) $S=\frac{1}{2}\times4\sqrt{2}\times7\times\sin45°=14\sqrt{2}\times\frac{1}{\sqrt{2}}=14$

ここで，$S=\frac{1}{2}r(a+b+c)$ であるから

$$14=\frac{1}{2}r(5+4\sqrt{2}+7)$$

よって　$14=2(3+\sqrt{2})r$ より

$$r=\frac{7}{3+\sqrt{2}}=\frac{7(3-\sqrt{2})}{(3+\sqrt{2})(3-\sqrt{2})}=\frac{7(3-\sqrt{2})}{7}=3-\sqrt{2}$$

問 6　$A=60°$, $b=8$, $c=3$ である △ABC の面積を S, 内接円の半径を r として，次の問いに答えよ。

(1) a を求めよ。　　(2) S および r を求めよ。

41 データの整理

⇨教 p.162〜p.163

1 度数分布表

度数分布表

- **階級**　データの値の範囲をいくつかに分けた各区間
- **階級の幅**　データの値の範囲をいくつかに分けた区間の幅
- **度数**　各階級に含まれる値の個数
- **階級値**　各階級の中央の値

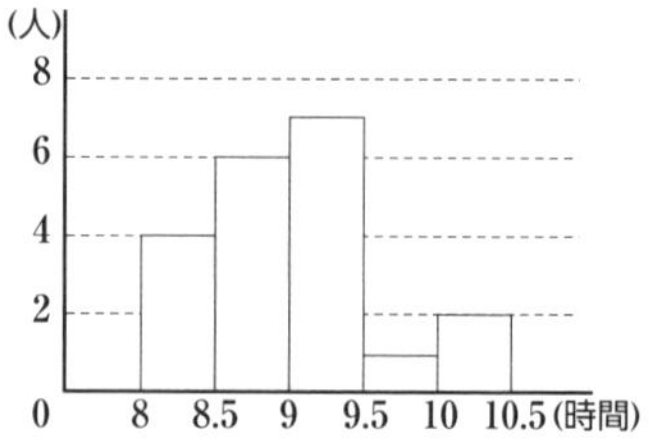

ヒストグラム　度数分布表の階級の幅を底辺，度数を高さとする長方形で表したグラフ

相対度数　$\dfrac{\text{度数}}{\text{度数の合計}}$

相対度数分布表　相対度数を記した表

例 96

右のデータは，30 人のクラスで行った英語のテストの結果である。

83	64	52	99	74	61	59	68	50	77
57	95	69	91	97	92	76	99	95	62
78	98	86	92	54	67	94	92	77	54

(点)

(1)　このデータをまとめた右の表を完成させてみよう。

階級 50 点以上 60 点未満の階級値は

$$\frac{50+60}{2}=\text{ア}\square\ (\text{点})$$

階級（点）以上〜未満	階級値（点）	度数（人）
50〜60	ア □	6
60〜70	65	6
70〜80	75	5
80〜90	85	2
90〜100	95	11
計		30

(2)　(1)の度数分布表から，階級 60 点以上 70 点未満の長方形をかき加えて，ヒストグラムを完成させてみよう。

イ

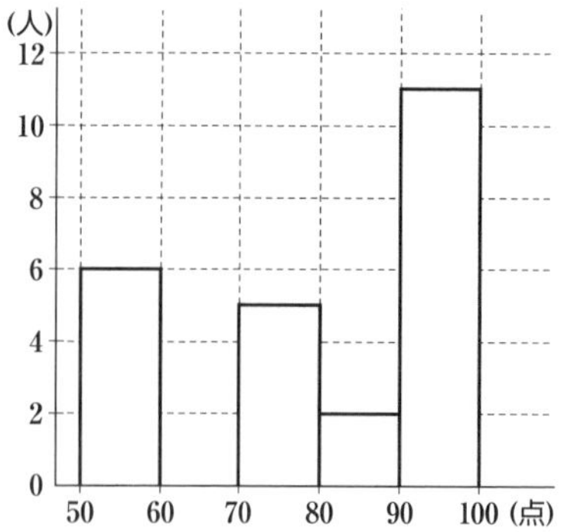

⇐ 度数が 6 であるから，60〜70 を底辺とし，高さが 6 の長方形をかく

例 97

右の度数分布表は，ある高校の生徒 50 人について，半年間に図書館を訪れた回数を調べた結果である。回数 4 の相対度数は，度数の 9 を合計の 50 で割った値であるから

$$9\div50=\text{ア}\square$$

なお，相対度数の合計は

$$0.04+0.06+\cdots\cdots+0.02=\text{イ}\square$$

回数	度数（人）	相対度数
2	2	0.04
3	3	0.06
4	9	ア □
5	21	0.42
6	8	0.16
7	3	0.06
8	1	0.02
9	2	0.04
10	1	0.02
計	50	イ □

練　習　問　題

*132　右のデータは，ある高校の 1 年生女子 20 人の上体起こしの記録である。　◀例 96

24	31	19	27	24	25	23	20	12	21
21	19	24	23	26	21	31	26	27	18

(回)

(1)　このデータの度数分布表を完成せよ。

階級 (回) 以上～未満	階級値 (回)	度数 (人)
12～16		
16～20		
20～24		
24～28		
28～32		
計		20

(2)　(1)の度数分布表からヒストグラムをかけ。

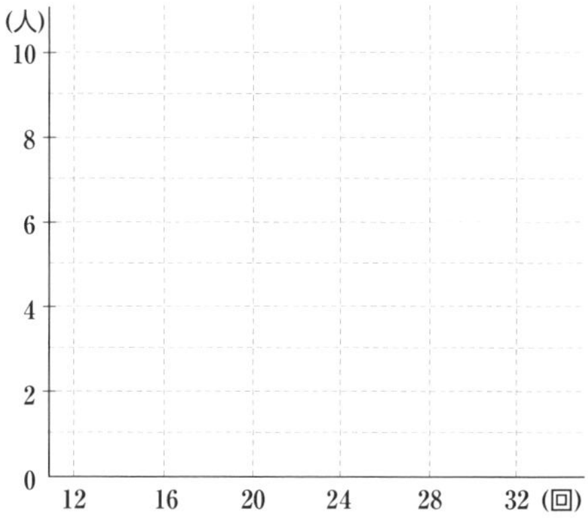

133　右の度数分布表は，ある日の A 町バス停を利用した人を，年代別に数えた結果である。10 歳～20 歳と，60 歳～70 歳の階級の相対度数を計算せよ。　◀例 97

階級 (歳) 以上～未満	度数 (人)	相対度数
0～10	2	0.04
10～20	3	
20～30	5	0.10
30～40	4	0.08
40～50	7	0.14
50～60	9	0.18
60～70	11	
70～80	6	0.12
80～90	2	0.04
90～100	1	0.02
計	50	1.00

42 代表値

⇨教 p.164〜p.165

1 平均値

大きさが n のデータ　x_1, x_2, ……, x_n　の平均値 $\overline{x}$ は

$$\overline{x}=\frac{1}{n}(x_1+x_2+\cdots\cdots+x_n)$$

2 最頻値（モード）

データにおいて，最も個数の多い値

3 中央値（メジアン）

データにおいて，値を小さい順に並べたとき，その中央に位置する値
データの大きさが偶数のときは，中央に並ぶ 2 つの値の平均値

例 98　次のデータは，生徒 10 人に行った 20 点満点のテストの得点である。このデータの平均値を求めてみよう。

生徒番号	①	②	③	④	⑤	⑥	⑦	⑧	⑨	⑩
得点（点）	8	13	20	18	15	6	18	12	11	7

このデータの平均値 $\overline{x}$ は

$$\overline{x}=\frac{1}{10}(8+13+20+18+15+6+18+12+11+7)$$

$$=\frac{1}{10}\times128=^{ア}\square\text{（点）}$$

← (データの値の総和)/(データの大きさ)

例 99　次の表は，ある駐輪場で調べた自転車の車輪サイズの結果である。このデータの最頻値を求めてみよう。

サイズ（インチ）	22	23	24	25	26	27	28
台数（台）	12	15	21	84	61	48	26

このデータの最頻値は $^{ア}\square$ インチである。

← 最頻値は最も台数の多いサイズ

例 100　次の大きさが 6 のデータの中央値を求めてみよう。

24, 15, 30, 10, 19, 23

このデータを小さい順に並べると

10, 15, 19, 23, 24, 30

よって，中央値は　$\dfrac{19+23}{2}=^{ア}\square$

← 中央値はデータの大きさが偶数のとき，中央に並ぶ 2 つの値の平均値

練習問題

*134 右のデータは，ある高校の1年生男子A班とB班の握力の記録である。A班とB班の平均値をそれぞれ求めよ。 ◀例 98

A班	29	33	35	38	40	41	49	51	53	
B班	23	30	36	39	41	43	44	46	48	50

(kg)

135 次の表は，あるケーキ屋で販売したお菓子の個数を値段ごとに調べた結果である。このデータの最頻値を求めよ。 ◀例 99

値段(円)	100	200	300	400	500	600
個数(個)	24	31	12	15	9	4

*136 次の小さい順に並べられたデータについて，中央値を求めよ。 ◀例 100

(1) 9, 18, 27, 37, 37, 54, 56, 68, 99

(2) 3, 9, 13, 13, 17, 21, 24, 25, 66, 75

137 次の大きさが8のデータの中央値を求めよ。 ◀例 100

12, 10, 17, 9, 14, 8, 7, 20

43 四分位数と四分位範囲

⇨教 p.166~p.169

1 四分位数 データの値を小さい順に並べたとき

第 2 四分位数 Q_2 データ全体の中央値

第 1 四分位数 Q_1 中央値で分けられた前半のデータの中央値

第 3 四分位数 Q_3 中央値で分けられた後半のデータの中央値

四分位範囲 = (第 3 四分位数) − (第 1 四分位数) = $Q_3 - Q_1$

範囲 = (最大値) − (最小値)

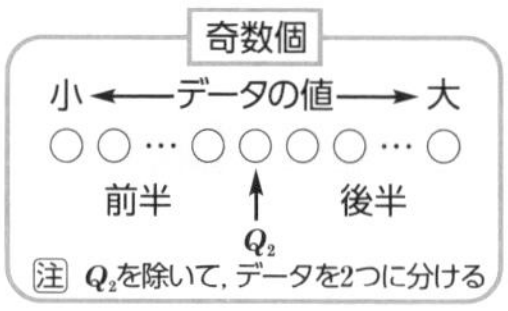

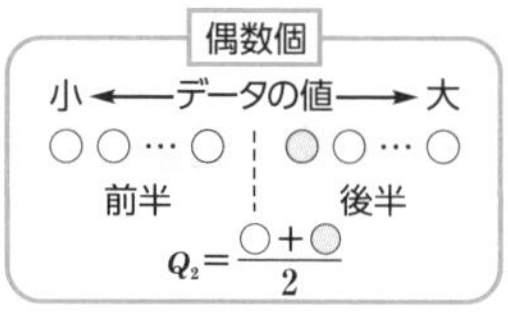

2 箱ひげ図

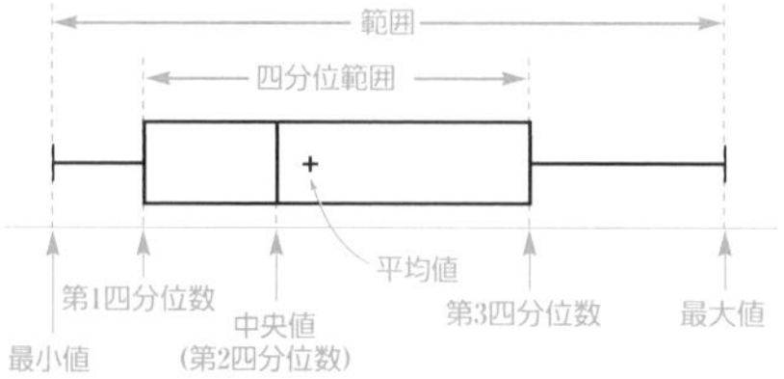

例 101 次の小さい順に並べられたデータについて，四分位数を求めてみよう。

2, 3, 3, 7, 8, 10, 10, 12, 14

中央値が Q_2 であるから　$Q_2 = 8$　← データの大きさは奇数

Q_2 を除いて，データを前半と後半に分ける。

Q_1 は前半の中央値であるから　$Q_1 = \dfrac{3+3}{2} =$ ア［　　］　← 前半のデータの大きさは偶数

Q_3 は後半の中央値であるから　$Q_3 = \dfrac{10+12}{2} =$ イ［　　］　← 後半のデータの大きさは偶数

例 102 例 101 のデータについて，範囲と四分位範囲を求めてみよう。

また，箱ひげ図をかいてみよう。

このデータの最小値は ア［　　］，最大値は イ［　　］

範囲は　$14 - 2 =$ ウ［　　］，四分位範囲は　$Q_3 - Q_1 = 11 - 3 =$ エ［　　］

よって，箱ひげ図は次のようになる。

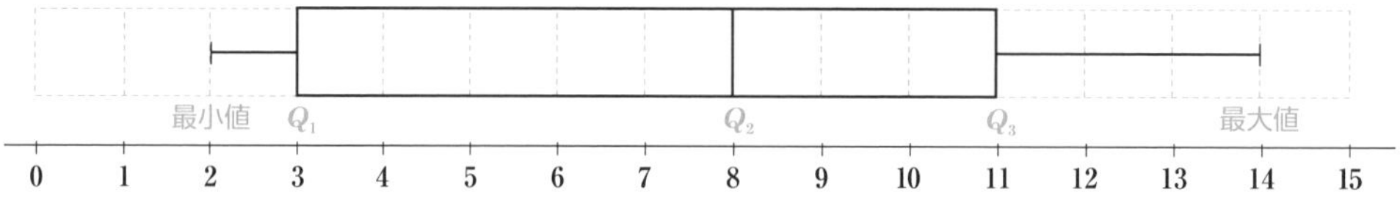

例 103 右の図は，A 高校と B 高校における 10 年間の野球部の部員数を箱ひげ図に表したものである。2 つの箱ひげ図から正しいと判断できるものを，次の①～④からすべて選んでみよう。

① B 高校の部員数は，どの年も 30 人以上である。

② A 高校において，部員数が 32 人以上であったのは 2 年間以下である。

③ A 高校の方が，B 高校より四分位範囲が大きい。

④ B 高校において，部員数が 36 人以下であったのは 5 年間より長い。

正しいといえるのは ア［　　］

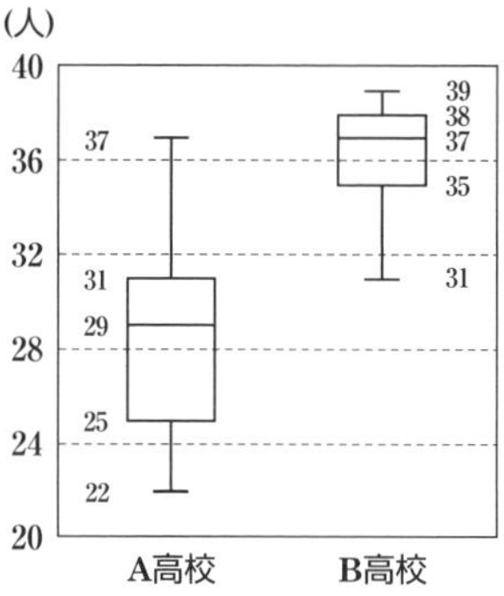

練　習　問　題

***138**　次の小さい順に並べられたデータについて，四分位数を求めよ。　◀例 101

(1)　3，3，4，6，7，8，9　　　(2)　2，3，3，5，6，6，7，9

***139**　次の小さい順に並べられたデータについて，範囲と四分位範囲を求めよ。また，箱ひげ図をかけ。　◀例 102

(1)　5，6，8，9，10，10，11

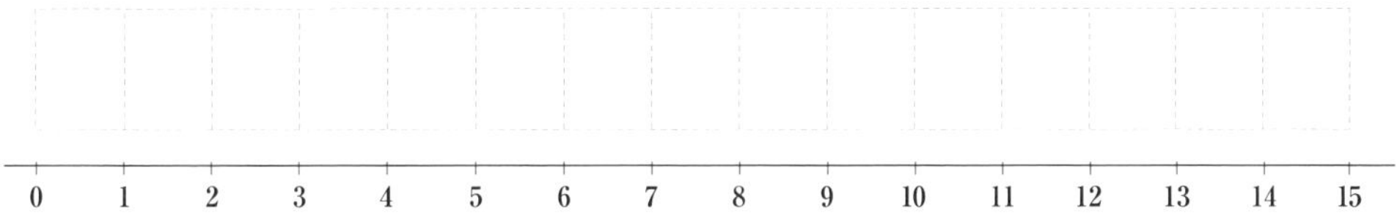

(2)　1，3，3，3，3，6，6，8，9

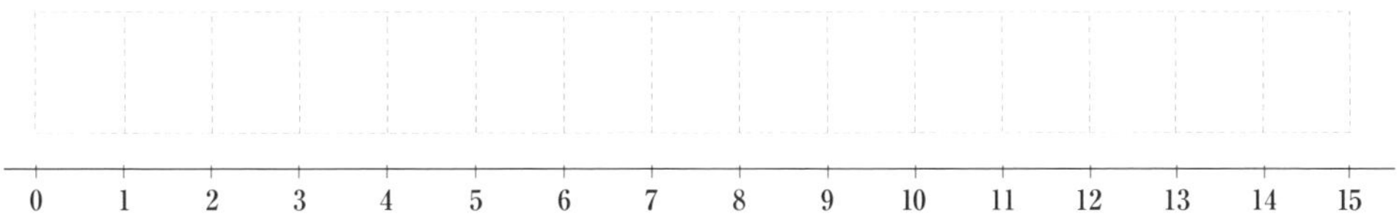

140　右の図は，ある年の 3 月 (31 日間) の，那覇と東京における 1 日ごとの最高気温のデータを箱ひげ図に表したものである。2 つの箱ひげ図から正しいと判断できるものを，次の①～④からすべて選べ。　◀例 103

①　最大値と最小値の差が大きいのは，東京である。
②　四分位範囲は東京の方が小さい。
③　那覇では，最高気温が 15 °C 以下の日はない。
④　東京で最高気温が 10 °C 未満の日数は 7 日である。

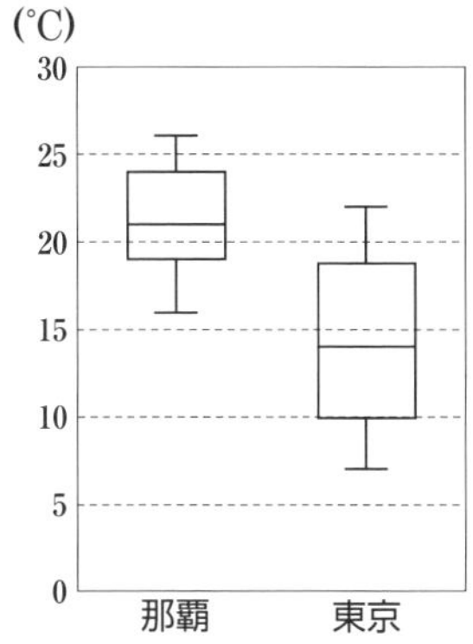

44 分散と標準偏差

⇨教 p.170〜p.172

1 分散 大きさnのデータx_1, x_2, ……, x_n の平均値が$\overline{x}$のとき

[1] $s^2=\dfrac{1}{n}\{(x_1-\overline{x})^2+(x_2-\overline{x})^2+\cdots\cdots+(x_n-\overline{x})^2\}$

[2] $s^2=\dfrac{1}{n}(x_1{}^2+x_2{}^2+\cdots\cdots+x_n{}^2)-\left\{\dfrac{1}{n}(x_1+x_2+\cdots\cdots+x_n)\right\}^2$ ←(2乗の平均)−(平均の2乗)

2 標準偏差 分散の正の平方根，すなわち 標準偏差 $=\sqrt{分散}$

[1] $s=\sqrt{\dfrac{1}{n}\{(x_1-\overline{x})^2+(x_2-\overline{x})^2+\cdots\cdots+(x_n-\overline{x})^2\}}$

[2] $s=\sqrt{\dfrac{1}{n}(x_1{}^2+x_2{}^2+\cdots\cdots+x_n{}^2)-\left\{\dfrac{1}{n}(x_1+x_2+\cdots\cdots+x_n)\right\}^2}$ ←$\sqrt{(2乗の平均)-(平均の2乗)}$

例 104 次のデータは，6人の生徒のハンドボール投げの記録である。
分散s^2と標準偏差sを求めてみよう。

← まとめと要項を参照

生徒番号	①	②	③	④	⑤	⑥
x (m)	26	25	32	28	32	25

							計
x	26	25	32	28	32	25	168
$x-\overline{x}$	−2	−3	4	0	4	−3	0
$(x-\overline{x})^2$	4	9	16	0	16	9	54

平均値$\overline{x}$は

$$\overline{x}=\frac{1}{6}(26+25+32+28+32+25)$$

$$=\frac{1}{6}\times168=28\ (\mathrm{m})$$

よって，分散s^2は

$$s^2=\frac{1}{6}\{(26-28)^2+(25-28)^2+(32-28)^2+(28-28)^2+(32-28)^2+(25-28)^2\}$$

$$=\frac{1}{6}(4+9+16+0+16+9)=\frac{1}{6}\times54=^{ア}\boxed{}$$

また，標準偏差sは

$$s=\sqrt{9}=^{イ}\boxed{}\ (\mathrm{m})$$

例 105 次の変量xのデータの分散s^2と標準偏差sを求めてみよう。

							計	平均値
x	2	4	4	5	7	8	30	5
x^2	4	16	16	25	49	64	174	29

上の「まとめと要項」にある分散の[2]の公式より，分散s^2は

$$s^2=29-5^2=^{ア}\boxed{}$$

← (2乗の平均)−(平均の2乗)

また，標準偏差sは

$$s=\sqrt{4}=^{イ}\boxed{}$$

練　習　問　題

*141　大きさが5のデータ　3, 5, 7, 4, 6　の分散 s^2 と標準偏差 s を求めよ。

◀ 例 104

						計
x	3	5	7	4	6	
$x-\overline{x}$						
$(x-\overline{x})^2$						

142　大きさが6のデータ　7, 9, 1, 10, 6, 3　の分散 s^2 と標準偏差 s を,「まとめと要項」にある分散の [2] の公式を用いて求めよ。また, 左の例 105 の標準偏差と比べて, 散らばりの度合いが大きいのはどちらか求めよ。 ◀ 例 105

							計	平均値
x	7	9	1	10	6	3		
x^2								

143　次のデータは, あるプロ野球球団の選手 9 人の身長の記録である。身長の平均値を $\overline{x}$ とするとき, 下の表を利用してこのデータの分散 s^2 と標準偏差 s を求めよ。 ◀ 例 104

	身長 (cm)									計	平均値
x	185	175	183	178	179	186	182	174	178	1620	180
$x-\overline{x}$											
$(x-\overline{x})^2$											

45 データの相関（1）

⇨教 p.174〜p.175

1 相関と散布図

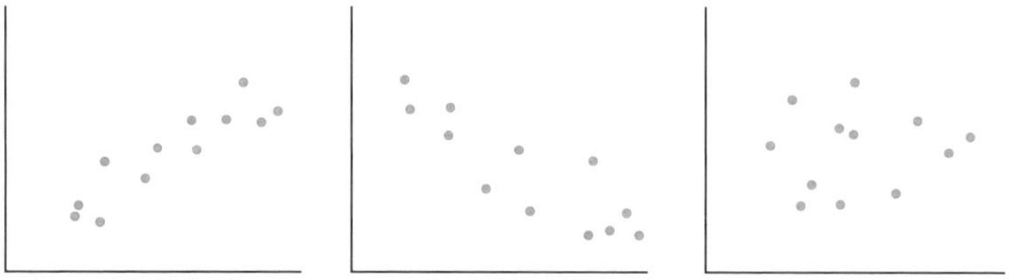

例 106 次の 2 つの変量 x, y の散布図は，右の図のようになる。

x	8	3	4	7	5	6	1	8	4	5
y	7	5	6	6	3	8	2	9	1	4

x の値が増加すると y の値も増加する傾向にあるから，x と y には ア□ の相関がある。

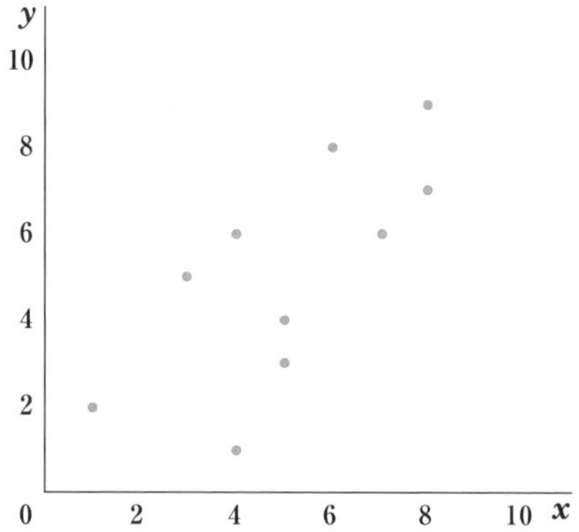

↑ 点の分布が
右上がり：正の相関
右下がり：負の相関

練 習 問 題

*144 次の 2 つの変量 x, y の散布図をかき，相関があるかどうか調べよ。相関がある場合は正の相関，負の相関のどちらであるか答えよ。

◀ 例 106

x	7	10	3	2	4	5	3	8
y	2	3	5	7	3	5	8	4

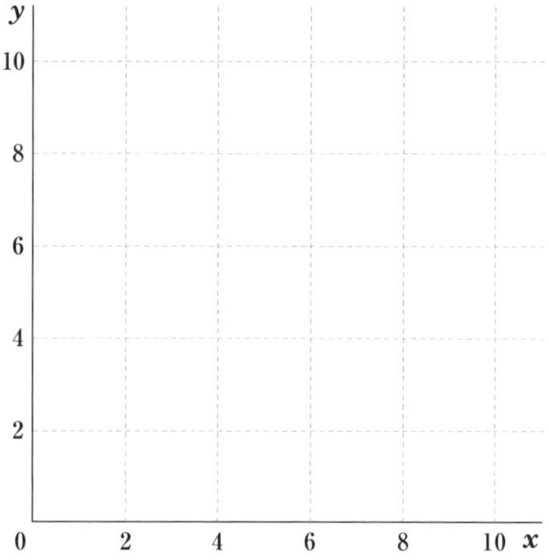

145 次の表は，ある飲食店において，最高気温と 2 つのメニューの販売数を 10 日間調べた記録である。それぞれについて，表から散布図をつくり，相関があるかどうか調べよ。また，相関がある場合は正の相関，負の相関のどちらであるか答えよ。 ◀例 106

(1) おでん

最高気温 (°C)	10	8	5	2	1	4	7	11	9	10
販売数 (個)	12	31	22	38	53	44	25	13	10	25

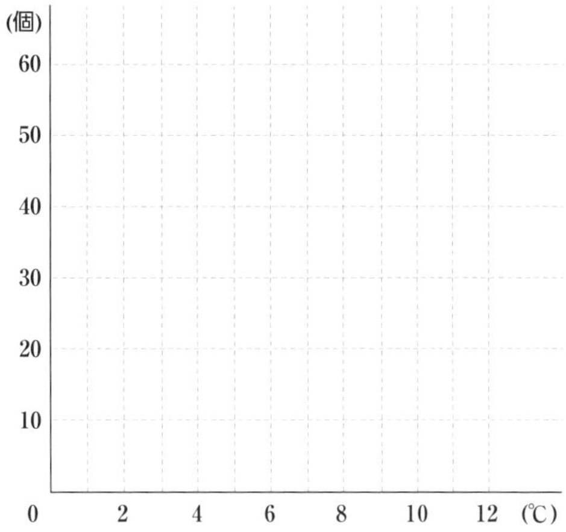

(2) アイスクリーム

最高気温 (°C)	21	26	27	28	18	15	24	27	29	27
販売数 (個)	25	30	25	41	10	8	40	34	52	45

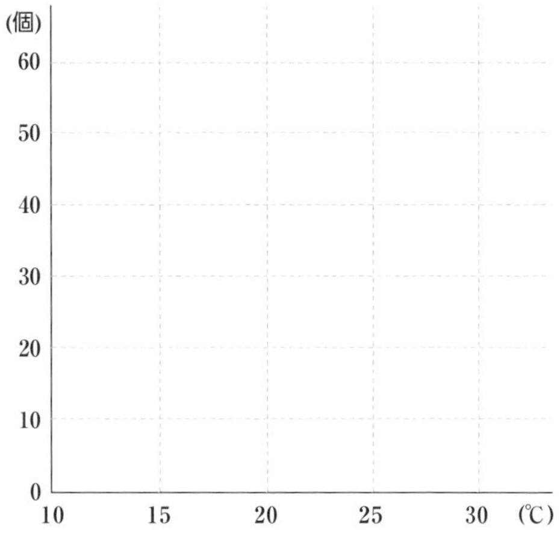

46 データの相関 (2)

⇨教 p.176〜p.179

1 共分散と相関係数

2つの変量 x, y の平均値をそれぞれ $\overline{x}$, $\overline{y}$ とし，標準偏差をそれぞれ s_x, s_y とするとき

共分散 s_{xy}　$s_{xy}=\dfrac{1}{n}\{(x_1-\overline{x})(y_1-\overline{y})+(x_2-\overline{x})(y_2-\overline{y})+\cdots\cdots+(x_n-\overline{x})(y_n-\overline{y})\}$

相関係数 r　$r=\dfrac{s_{xy}}{s_x s_y}$

例 107 右の表は，ある高校の6人の生徒に行った科目Aと科目Bのテストの得点である。科目Aのテストの得点を x，科目Bのテストの得点を y として，x と y の相関係数 r を求めてみよう。ただし，小数第3位を四捨五入せよ。

生徒	科目A	科目B
①	10	9
②	10	3
③	8	8
④	5	5
⑤	10	6
⑥	5	5

（点）

$$\overline{x}=\frac{1}{6}(10+10+8+5+10+5)=\frac{1}{6}\times 48=8$$

$$\overline{y}=\frac{1}{6}(9+3+8+5+6+5)=\frac{1}{6}\times 36=6$$

より，次の表が得られる。

生徒	x	y	$x-\overline{x}$	$y-\overline{y}$	$(x-\overline{x})^2$	$(y-\overline{y})^2$	$(x-\overline{x})(y-\overline{y})$
①	10	9	2	3	4	9	6
②	10	3	2	−3	4	9	−6
③	8	8	0	2	0	4	0
④	5	5	−3	−1	9	1	3
⑤	10	6	2	0	4	0	0
⑥	5	5	−3	−1	9	1	3
計	48	36	0	0	30	24	6

上の表より，x, y の分散 s_x^2, s_y^2 は

$$s_x^2=\frac{30}{6}=5,\qquad s_y^2=\frac{24}{6}=4$$

ゆえに，x と y の標準偏差 s_x, s_y は

$$s_x=\sqrt{5},\qquad s_y=2$$

⇐(標準偏差) $=\sqrt{(分散)}$

また，x と y の共分散 s_{xy} は

$$s_{xy}=\frac{6}{6}=1$$

したがって，x と y の相関係数 r は

$$r=\frac{s_{xy}}{s_x s_y}=\frac{1}{\sqrt{5}\times 2}=\frac{\sqrt{5}}{10}$$

$$=0.1\times\sqrt{5}=0.223\cdots\cdots$$

⇐相関係数 $r=\dfrac{s_{xy}}{s_x s_y}$

小数第3位を四捨五入すると

$r=$ ア［　　］

練　習　問　題

*146　右の表は，ある高校の生徒 4 人に行った 2 回のテストの得点である。1 回目のテストの得点を x，2 回目のテストの得点を y として，次の問いに答えよ。

◀例 107

生徒	①	②	③	④
x	4	7	3	6
y	4	8	6	10

（点）

(1)　$\overline{x}$，$\overline{y}$ を計算せよ。

(2)　共分散 s_{xy} を計算せよ。

生徒	x	y	$x-\overline{x}$	$y-\overline{y}$	$(x-\overline{x})(y-\overline{y})$
①	4	4			
②	7	8			
③	3	6			
④	6	10			
計					

147　右の表は，ある高校の 5 人の生徒に行った科目 A と科目 B のテストの得点である。科目Aのテストの得点を x，科目Bのテストの得点を y として，x と y の相関係数 r を求めよ。 ◀例 107

生徒	科目 A	科目 B
①	4	7
②	7	9
③	5	8
④	8	10
⑤	6	6

（点）

生徒	x	y	$x-\overline{x}$	$y-\overline{y}$	$(x-\overline{x})^2$	$(y-\overline{y})^2$	$(x-\overline{x})(y-\overline{y})$
①	4	7					
②	7	9					
③	5	8					
④	8	10					
⑤	6	6					
計							
平均値							

47 外れ値と仮説検定

⇨教 p.180～p.183

1 外れ値

データの第1四分位数を Q_1，第3四分位数を Q_3 とするとき，
$Q_1-1.5(Q_3-Q_1)$ 以下 または $Q_3+1.5(Q_3-Q_1)$ 以上の値

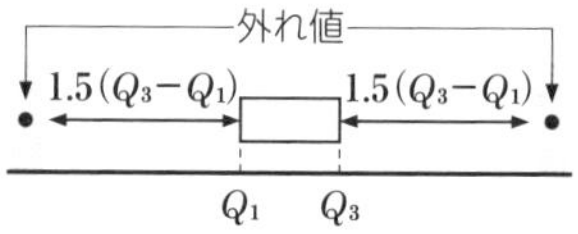

2 仮説検定の考え方

基準となる確率を5％とするとき，実際に起こったことがらについて，ある仮説のもとで起こる確率が
(i) 5％以下であれば，仮説が誤りと判断する。
(ii) 5％より大きければ，仮説が誤りとはいえないと判断する。

例 108 次のデータは，ある店にある8種類のオートバイの価格である。①～⑧のうち，価格が外れ値であるオートバイをすべて選んでみよう。

オートバイ	①	②	③	④	⑤	⑥	⑦	⑧
価格	29	38	46	46	48	53	55	76

(万円)

④と⑤の値の平均値が Q_2 であるから $Q_2=\dfrac{46+48}{2}=$ ア□

②と③の値の平均値が Q_1 であるから $Q_1=\dfrac{38+46}{2}=$ イ□

⑥と⑦の値の平均値が Q_3 であるから $Q_3=\dfrac{53+55}{2}=$ ウ□

$Q_1-1.5(Q_3-Q_1)=$ エ□，$Q_3+1.5(Q_3-Q_1)=$ オ□

$29>24$ より①は外れ値でない，また，$72<76$ より⑧は外れ値である。
したがって，①～⑧のうち，価格が外れ値であるオートバイは⑧である。

例 109 立方体の6つの面のうち，3つが赤，残り3つが黄色に塗られている。この立方体を5回転がしたところ，5回とも赤色の面が上になった。

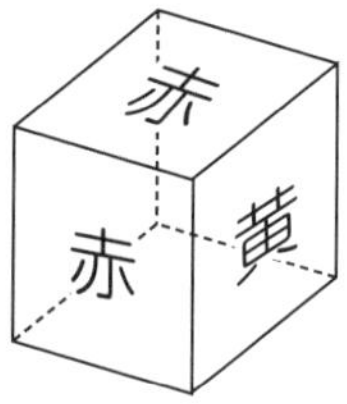

右の度数分布表は，表裏(おもて)の出方が同様に確からしいコイン1枚を5回投げる操作を，1000セット行った結果である。

これを用いて「立方体の赤，黄の面の出方が同じ」という仮説が誤りかどうか，基準となる確率を5％として仮説検定を行ってみよう。

表の枚数	セット数
5	27
4	157
3	313
2	328
1	138
0	37
計	1000

「立方体の赤，黄の面の出方が同じ」という仮説のもとで，5回とも赤の面が上になる確率は2.7％と考えられ，基準となる確率の5％以下である。
したがって，「赤，黄の面の出方が同じ」という仮説は ア□ と判断する。すなわち，この立方体は「赤の面が上になりやすい」といえる。

練習問題

148 次の表は，10 人の高校生男子の懸垂の回数である。 ◀例 108

番号	①	②	③	④	⑤	⑥	⑦	⑧	⑨	⑩
回数	3	8	12	6	0	6	7	6	8	9

(1) 第 1 四分位数 Q_1，第 3 四分位数 Q_3 の値を求めよ。

(2) 外れ値の番号をすべて答えよ。

149 実力が同じという評判の将棋棋士 A，B が 6 番勝負をしたところ，A が 6 勝した。

右の度数分布表は，表裏の出方が同様に確からしいコイン 1 枚を 6 回投げる操作を 1000 セット行った結果である。

これを用いて，「A，B の実力が同じ」という仮説が誤りかどうか，基準となる確率を 5% として仮説検定を行え。 ◀例 109

表の枚数	セット数
6	13
5	91
4	238
3	314
2	231
1	96
0	17
計	1000

確 認 問 題 11

1　次の小さい順に並べられたデータについて，平均値および中央値を求めよ。

*(1)　1，13，14，20，28，40，58，62，89，95

(2)　10，17，17，27，27，32，36，58，59，85，94

2　次の小さい順に並べられたデータについて，四分位数，範囲と四分位範囲を求めよ。また，箱ひげ図をかけ。

*(1)　5，5，5，5，7，8，8，9，9，10，12

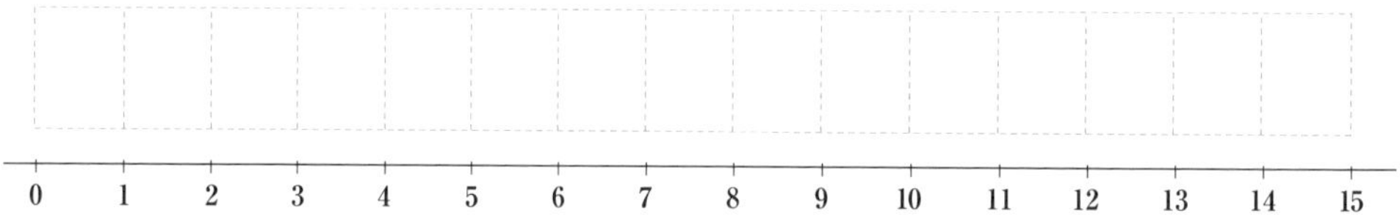

(2)　2，3，4，6，6，7，8，10，11，12，12，13，15

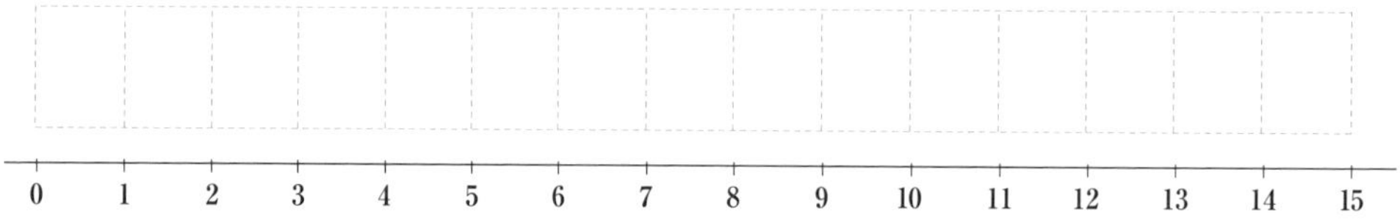

3　右の図は，高校 1 年生のあるクラスの男子 16 人と女子 15 人が行った握力測定の結果を箱ひげ図にまとめたものである。正しいと判断できるものを，次の①～⑤からすべて選べ。

①　男子の範囲の方が女子の範囲より，2 kg 大きい。

②　女子の第 3 四分位数にあたる生徒は，握力の小さい方から数えて 12 番目の生徒である。

③　握力が 20 kg 台の男子は 1 人もいない。

④　握力が 50 kg 以上の男子は 2 人である。

⑤　握力が 25 kg 未満の生徒は 8 人である。

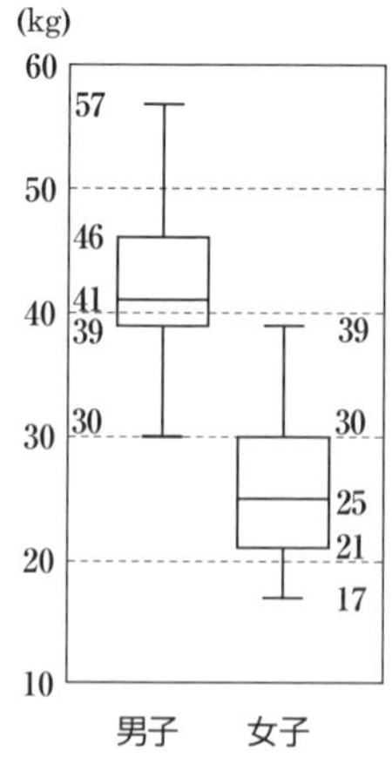

4 次のデータの分散 s^2 と標準偏差 s を求めよ。

(1) 1, 2, 5, 5, 7, 10

							計	平均値
x	1	2	5	5	7	10		
$x-\overline{x}$								
$(x-\overline{x})^2$								

*(2) 44, 45, 46, 49, 51, 52, 54, 56, 61, 62

											計	平均値
x	44	45	46	49	51	52	54	56	61	62		
$x-\overline{x}$												
$(x-\overline{x})^2$												

5 右の表は，ある高校の生徒 5 人の数学と化学のテストの得点である。数学のテストの得点を x，化学のテストの得点を y として，この表から散布図をつくれ。また，下の表を用いて，共分散 s_{xy} および相関係数 r を計算せよ。

生徒	数学	化学
①	56	85
②	64	80
③	53	75
④	72	90
⑤	55	70

(点)

生徒	x	y	$x-\overline{x}$	$y-\overline{y}$	$(x-\overline{x})^2$	$(y-\overline{y})^2$	$(x-\overline{x})(y-\overline{y})$
①	56	85					
②	64	80					
③	53	75					
④	72	90					
⑤	55	70					
計							
平均値							

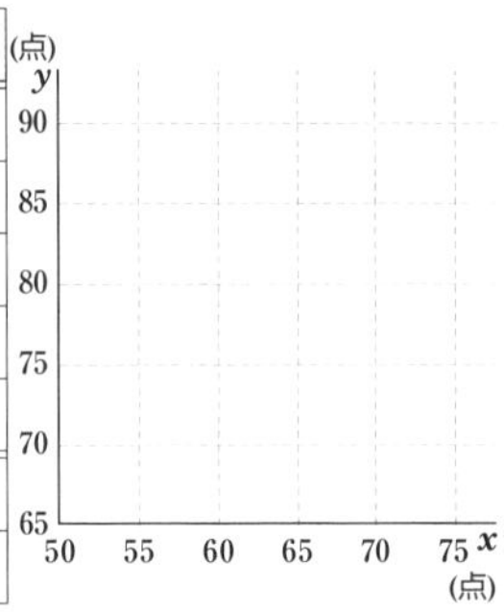

1 集合 (p.126〜127 は，数学 I p.44〜45 と同じ内容)

⇨教 p.4〜p.9

1 集合

集合　ある特定の性質をもつもの全体の集まり

要素　集合を構成している個々のもの

$a \in A$　a は集合 A に属する（a が集合 A の要素である）

$b \notin A$　b は集合 A に属さない（b が集合 A の要素でない）

2 集合の表し方

① { } の中に，要素を書き並べる。　② { } の中に，要素の満たす条件を書く。

3 部分集合

$A \subset B$　A は B の 部分集合（A のすべての要素が B の要素になっている）

$A = B$　A と B は 等しい（A と B の要素がすべて一致している）

空集合 $\varnothing$　要素を 1 つももたない集合

4 共通部分と和集合/補集合/ド・モルガンの法則

共通部分 $A \cap B$　A，B のどちらにも属する要素全体からなる集合

和集合 $A \cup B$　A，B の少なくとも一方に属する要素全体からなる集合

補集合 $\overline{A}$　全体集合 U の中で，集合 A に属さない要素全体からなる集合

ド・モルガンの法則　[1]　$\overline{A \cup B} = \overline{A} \cap \overline{B}$　[2]　$\overline{A \cap B} = \overline{A} \cup \overline{B}$

例 1

次の集合を，要素を書き並べる方法で表してみよう。

(1)　$A = \{x \mid x$ は 18 の正の約数$\}$　$A = \{$ ア ☐ $\}$

(2)　$B = \{x \mid -2 \leqq x \leqq 3,\ x$ は整数$\}$　$B = \{$ イ ☐ $\}$

例 2

$A = \{1,\ 2,\ 3,\ 6,\ 12\}$，$B = \{1,\ 3,\ 12\}$ のとき，次の ☐ に，$\supset$，$\subset$ のうち適する記号を入れてみよう。

A ア ☐ B

例 3

$A = \{2,\ 4,\ 6,\ 8,\ 10\}$，$B = \{1,\ 2,\ 3,\ 4,\ 5\}$，$C = \{7,\ 9\}$ のとき，

$A \cap B = \{$ ア ☐ $\}$

$A \cup B = \{$ イ ☐ $\}$

$A \cap C =$ ウ ☐

← A，B のどちらにも属する要素全体からなる集合

← A，B の少なくとも一方に属する要素全体からなる集合

例 4

$U = \{1,\ 2,\ 3,\ 4,\ 5,\ 6\}$ を全体集合とするとき，その部分集合 $A = \{1,\ 2,\ 3\}$，$B = \{3,\ 6\}$ について，次の集合を求めてみよう。

(1)　$\overline{A} = \{$ ア ☐ $\}$　(2)　$\overline{B} = \{$ イ ☐ $\}$

(3)　$A \cup B = \{1,\ 2,\ 3,\ 6\}$ であるから　$\overline{A \cup B} = \{$ ウ ☐ $\}$

(4)　$A \cap B = \{3\}$ であるから　$\overline{A \cap B} = \{$ エ ☐ $\}$

(5)　$\overline{A} \cap B = \{$ オ ☐ $\}$　(6)　$A \cup \overline{B} = \{$ カ ☐ $\}$

← $\overline{A}$ は，A に属さない要素全体からなる集合

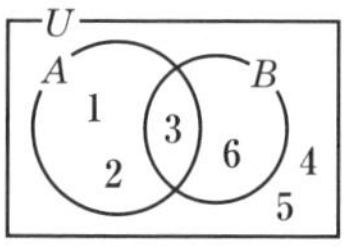

練　習　問　題

1 次の集合を，要素を書き並べる方法で表せ。 ◀例 1

*(1) $A=\{x\,|\,x$ は 12 の正の約数$\}$ 　　(2) $B=\{x\,|\,-3\leqq x\leqq 1,\ x$ は整数$\}$

2 $A=\{1,\ 3,\ 5,\ 7,\ 9\}$，$B=\{1,\ 5,\ 9\}$ のとき，次の □ に，⊃，⊂ のうち最も適する記号を入れよ。 ◀例 2

A □ B

3 $A=\{1,\ 3,\ 5,\ 7\}$，$B=\{2,\ 3,\ 5,\ 7\}$，$C=\{2,\ 4\}$ のとき，次の集合を求めよ。 ◀例 3

*(1) $A\cap B$

(2) $A\cup B$

(3) $A\cap C$

4 $U=\{1,\ 2,\ 3,\ 4,\ 5,\ 6,\ 7,\ 8,\ 9,\ 10\}$ を全体集合とするとき，その部分集合 $A=\{1,\ 2,\ 3,\ 4,\ 5,\ 6\}$，$B=\{5,\ 6,\ 7,\ 8\}$ について，次の集合を求めよ。 ◀例 4

(1) $\overline{A}$ 　　(2) $\overline{B}$

(3) $\overline{A\cap B}$ 　　(4) $\overline{A\cup B}$

(5) $\overline{A}\cup B$ 　　(6) $A\cap\overline{B}$

2 集合の要素の個数

⇨教 p.10〜p.12

1 集合の要素の個数

集合 A の要素の個数が有限個のとき，その個数を $n(A)$ で表す。

2 和集合の要素の個数

2 つの集合 A，B について

$$n(A \cup B) = n(A) + n(B) - n(A \cap B)$$

とくに，$A \cap B = \varnothing$ のとき

$$n(A \cup B) = n(A) + n(B)$$

例 5 100 以下の自然数を全体集合とするとき，

4 の倍数の集合を A

として，集合 A の要素の個数を求めてみよう。

$A = \{4 \times 1,\ 4 \times 2,\ 4 \times 3,\ \cdots\cdots,\ 4 \times 25\}$

であるから　$n(A) =$ ア□ (個)

⬅ 4 の倍数
$4 = 4 \times 1$
$8 = 4 \times 2$
$12 = 4 \times 3$
⋮

例 6 $A = \{1,\ 3,\ 5,\ 7,\ 9\}$，$B = \{2,\ 3,\ 5,\ 7\}$ のとき，

$n(A \cup B)$ を求めてみよう。

$n(A) = 5$，$n(B) = 4$

また，$A \cap B = \{3,\ 5,\ 7\}$ より　$n(A \cap B) = 3$

よって

$n(A \cup B) = n(A) + n(B) - n(A \cap B)$

$= 5 + 4 - 3 =$ ア□

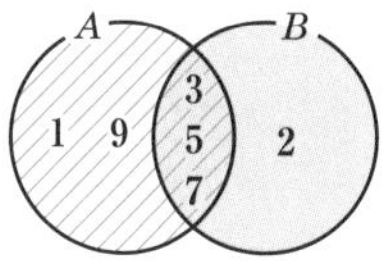

例 7 40 以下の自然数のうち，次のような数の個数を求めてみよう。

(1)　4 の倍数かつ 6 の倍数

4 の倍数の集合を A，6 の倍数の集合を B とすると

$A = \{4 \times 1,\ 4 \times 2,\ 4 \times 3,\ \cdots\cdots,\ 4 \times 10\}$

$B = \{6 \times 1,\ 6 \times 2,\ 6 \times 3,\ \cdots\cdots,\ 6 \times 6\}$

4 の倍数かつ 6 の倍数の集合は $A \cap B$ である。この集合は，4 と 6 の最小公倍数 12 の倍数の集合である。

$A \cap B = \{12 \times 1,\ 12 \times 2,\ 12 \times 3\}$

であるから，求める個数は　$n(A \cap B) =$ ア□ (個)

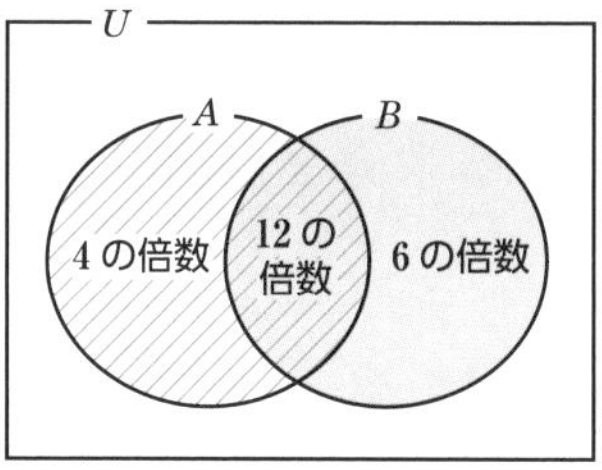

(2)　4 の倍数または 6 の倍数

4 の倍数または 6 の倍数の集合は $A \cup B$ である。

$n(A) = 10$，$n(B) = 6$，$n(A \cap B) = 3$

であるから，求める個数は

$n(A \cup B) = n(A) + n(B) - n(A \cap B)$

$= 10 + 6 - 3 =$ イ□ (個)

練 習 問 題

*5 70 以下の自然数を全体集合とするとき，

6 の倍数の集合を A，7 の倍数の集合を B

として，集合 A，B の要素の個数をそれぞれ求めよ。 ◀例 5

*6 $A=\{1,\ 3,\ 5,\ 7,\ 9\}$，$B=\{1,\ 2,\ 3,\ 4,\ 5\}$ のとき，$n(A\cup B)$ を求めよ。 ◀例 6

7 80 以下の自然数のうち，次のような数の個数を求めよ。 ◀例 7

(1) 6 の倍数かつ 8 の倍数

*(2) 6 の倍数または 8 の倍数

3 補集合の要素の個数

⇨教 p.13〜p.14

1 補集合の要素の個数

全体集合を U，その部分集合を A とすると

$$n(\overline{A})=n(U)-n(A)$$

例 8 40 以下の自然数のうち，3 で割り切れない数の個数を求めてみよう。

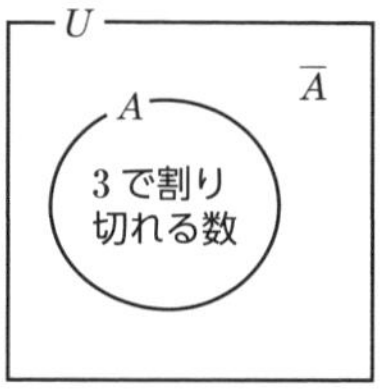

40 以下の自然数を全体集合 U とすると

$n(U)=40$

U の部分集合で，3 で割り切れる数の集合を A とすると

$A=\{3\times1,\ 3\times2,\ 3\times3,\ \cdots\cdots,\ 3\times13\}$

より　$n(A)=13$

3 で割り切れない数の集合は $\overline{A}$ であるから，求める個数は

$n(\overline{A})=n(U)-n(A)$

$=40-13=$ ア［　　］(個)

TRY
例 9 あるクラスの生徒 30 人のうち，映画 a をみた生徒は 21 人，映画 b をみた生徒は 18 人，a も b もみた生徒は 13 人であった。

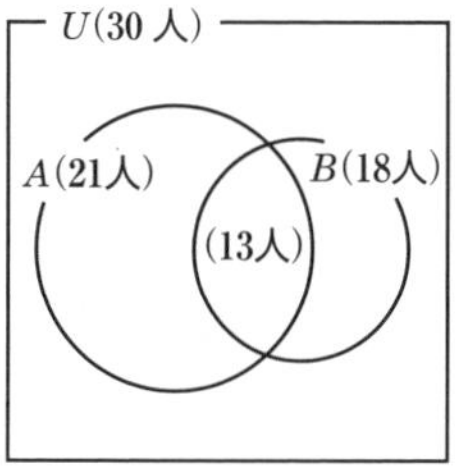

クラス全員の集合を全体集合 U とし，その部分集合で，

映画 a をみた生徒の集合を A

映画 b をみた生徒の集合を B

とすると　$n(U)=30,\ n(A)=21,\ n(B)=18,\ n(A\cap B)=13$

このとき，次の人数を求めてみよう。

(1)　a または b をみた生徒

この集合は $A\cup B$ と表されるから，求める生徒の人数は

$n(A\cup B)=n(A)+n(B)-n(A\cap B)$

$=21+18-13=$ ア［　　］(人)

(2)　a も b もみなかった生徒

この集合は $\overline{A}\cap\overline{B}$ である。

ド・モルガンの法則より，$\overline{A}\cap\overline{B}=\overline{A\cup B}$　であるから，求める生徒の人数は

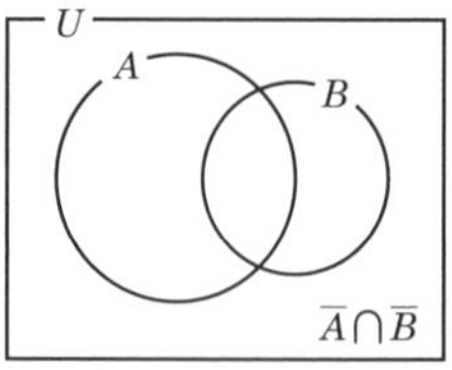

$n(\overline{A}\cap\overline{B})=n(\overline{A\cup B})$

$=n(U)-n(A\cup B)$

$=30-26=$ イ［　　］(人)

練習問題

8 80 以下の自然数のうち，次のような数の個数を求めよ。 ◀例 8

*(1) 8 で割り切れない数

(2) 13 で割り切れない数

TRY

***9** 100 人の生徒のうち，本 a を読んだ生徒は 72 人，本 b を読んだ生徒は 60 人，a も b も読んだ生徒は 45 人であった。このとき，次の人数を求めよ。 ◀例 9

(1) a または b を読んだ生徒

(2) a も b も読んでいない生徒

確　認　問　題　1

1　次の集合を，要素を書き並べる方法で表せ。

(1)　$A=\{x|x$ は 16 の正の約数$\}$　　*(2)　$B=\{x|x$ は 20 以下の素数$\}$

2　集合 $\{2,\ 4,\ 6\}$ の部分集合をすべて書き表せ。

3　$A=\{1,\ 3,\ 5,\ 7,\ 9\}$，$B=\{2,\ 3,\ 5,\ 7\}$，$C=\{4,\ 6,\ 8\}$ のとき，次の集合を求めよ。

*(1)　$A\cap B$　　(2)　$A\cup B$　　(3)　$B\cap C$

4　$U=\{1,\ 2,\ 3,\ 4,\ 5,\ 6,\ 7,\ 8,\ 9,\ 10\}$ を全体集合とするとき，その部分集合 $A=\{1,\ 3,\ 5,\ 7,\ 9\}$，$B=\{1,\ 2,\ 3,\ 6\}$ について，次の集合を求めよ。

*(1)　$\overline{A}$　　(2)　$\overline{B}$

*(3)　$\overline{A}\cap\overline{B}$　　(4)　$\overline{A\cup B}$

***5**　70 以下の自然数を全体集合とするとき，

5 の倍数の集合を A，8 の倍数の集合を B

として，集合 A，B の要素の個数をそれぞれ求めよ。

*6 $A=\{1,\ 3,\ 5,\ 7,\ 9\}$，$B=\{1,\ 2,\ 3,\ 6\}$ のとき，$n(A\cup B)$ を求めよ。

7 50 以下の自然数のうち，次のような数の個数を求めよ。

(1) 4 の倍数かつ 5 の倍数

*(2) 4 の倍数または 5 の倍数

8 60 以下の自然数のうち，次のような数の個数を求めよ。

*(1) 7 で割り切れない数

(2) 11 で割り切れない数

*9 80 人の生徒のうち，バスで通学する生徒は 56 人，電車で通学する生徒は 64 人，バスも電車も使って通学する生徒は 48 人であった。このとき，次の人数を求めよ。

(1) バスまたは電車で通学する生徒

(2) バスも電車も使わずに通学する生徒

4 樹形図・和の法則

⇨教 p.16〜p.18

1 場合の数

起こり得るすべての場合の総数を，そのことがらが起こる **場合の数** という。場合の数を，もれなく，重複しないように数えあげるには，右の図のような **樹形図** や表をかくなどして調べるとよい。

例 100円，50円，10円を用いて200円を支払う方法

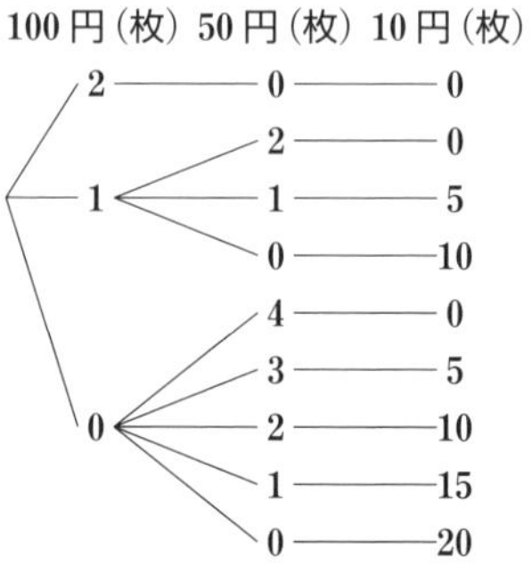

2 和の法則

2つのことがらA，Bについて，Aの起こる場合がm通り，Bの起こる場合がn通りあり，それらが同時には起こらないとき，AまたはBの起こる場合の数は

$m+n$（通り）

例10

100円，50円，10円の3種類の硬貨がたくさんある。これらの硬貨を使って，260円を支払う方法を数えあげてみよう。

使わない硬貨があってもよいものとして数えあげると，右の樹形図から全部で ア[　　] 通りの方法がある。

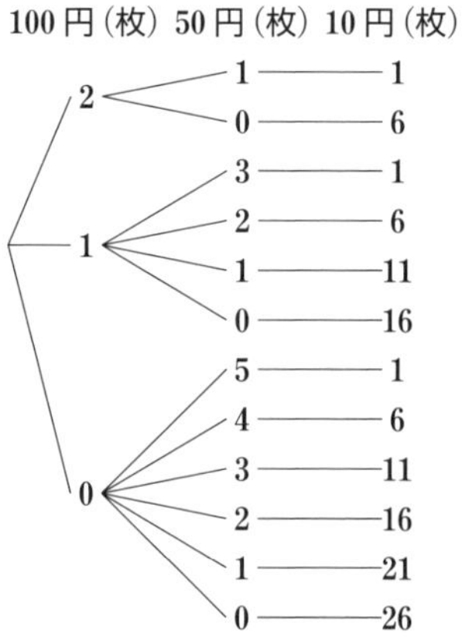

例11

1個のさいころを2回投げるとき，目の和が4の倍数になる場合の数を求めてみよう。

1回目に出る目がx，2回目に出る目がyである場合を$(x,\ y)$と表すことにすると，

(i) 目の和が4になる場合

$(1,\ 3)$，$(2,\ 2)$，$(3,\ 1)$

の3通り

(ii) 目の和が8になる場合

$(2,\ 6)$，$(3,\ 5)$，$(4,\ 4)$，$(5,\ 3)$，$(6,\ 2)$

の5通り

(iii) 目の和が12になる場合

$(6,\ 6)$

の1通り

(i)，(ii)，(iii)は同時には起こらないから，求める場合の数は

$3+5+1=$ ア[　　]（通り）　← 和の法則

x \ y	⚀	⚁	⚂	⚃	⚄	⚅
⚀	2	3	4	5	6	7
⚁	3	4	5	6	7	8
⚂	4	5	6	7	8	9
⚃	5	6	7	8	9	10
⚄	6	7	8	9	10	11
⚅	7	8	9	10	11	12

練　習　問　題

*10　500 円，100 円，50 円の 3 種類の硬貨がたくさんある。これらの硬貨を使って 1000 円を支払うには，何通りの方法があるか。ただし，使わない硬貨があってもよいものとする。

◀例 10

11　1 個のさいころを 2 回投げるとき，次の場合の数を求めよ。　◀例 11

*(1)　目の和が 3 の倍数になる

(2)　目の和が 7 以下になる

5 積の法則

⇨教 p.19～p.21

1 積の法則

2つのことがら A, B について，A の起こる場合が m 通りあり，そのそれぞれについて B の起こる場合が n 通りずつあるとき，A, B がともに起こる場合の数は

$m \times n$ （通り）

例 12 ケーキが3種類，ドリンクが4種類のメニューがある。この中からそれぞれ1種類ずつ選ぶとき，ケーキとドリンクのセットのつくり方は何通りあるか求めてみよう。

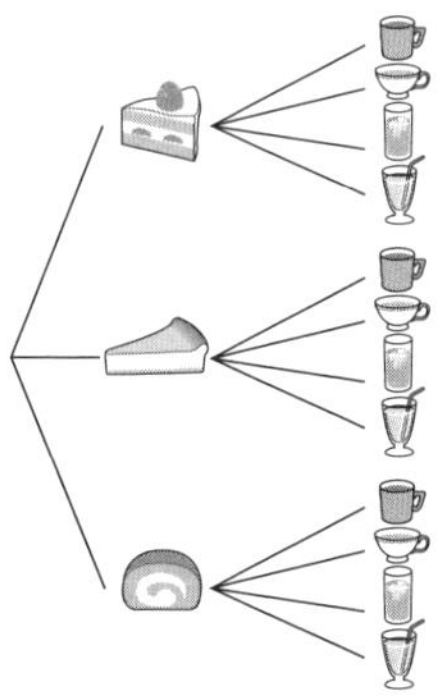

ケーキの選び方は3通りあり，そのそれぞれについて，ドリンクの選び方は4通りずつある。

よって，求める場合の数は，積の法則より

$3 \times 4 =$ ア□ （通り）

例 13 大中小3個のさいころを同時に投げるとき，次の場合の数を求めてみよう。

(1) すべての目の出方

それぞれのさいころの目の出方は，1から6までの6通りずつある。

よって，求める場合の数は，積の法則より

$6 \times 6 \times 6 =$ ア□ （通り）

(2) どのさいころの目も3の倍数となる目の出方

それぞれのさいころの3の倍数の目の出方は3，6の2通りずつある。

よって，求める場合の数は，積の法則より

$2 \times 2 \times 2 =$ イ□ （通り）

TRY
例 14 200の正の約数の個数を求めてみよう。

200を素因数分解すると

$200 = 2^3 \times 5^2$

ゆえに，200の正の約数は，2^3 の正の約数の1つと 5^2 の正の約数の1つの積で表される。

2^3 の正の約数は　1，2，2^2，2^3　の4個あり，

5^2 の正の約数は　1，5，5^2　の3個ある。

よって，200の正の約数の個数は，積の法則より

$4 \times 3 =$ ア□ （個）

	1	5	5^2
1	1	5	25
2	2	10	50
2^2	4	20	100
2^3	8	40	200

練習問題

*12　パンが 4 種類，ドリンクが 6 種類ある。この中からそれぞれ 1 種類ずつ選ぶとき，選び方は何通りあるか。　◀例 12

*13　A高校からB高校への行き方は 5 通り，B 高校からC高校への行き方は 3 通りある。A高校からB高校に寄って，C 高校へ行く行き方は何通りあるか。　◀例 12

14　大中小 3 個のさいころを同時に投げるとき，次の場合の数を求めよ。　◀例 13

(1)　大，中のさいころの目がそれぞれ奇数で，小のさいころの目が 2 以上となる出方

(2)　どのさいころの目も 5 以上となる目の出方

TRY
15　次の数について，正の約数の個数を求めよ。　◀例 14

(1)　27　　　*(2)　96

第1章　場合の数と確率

6 順列 (1)

⇨教 p.22〜p.24

1 順列

異なる n 個のものから異なる r 個を取り出して並べたものを，n 個のものから r 個取る順列 という。

その総数は $${}_n\mathrm{P}_r = \underbrace{n(n-1)(n-2)\cdots\cdots(n-r+1)}_{r\text{個}} = \frac{n!}{(n-r)!}$$

2 n の階乗

1 から n までの自然数の積を n の 階乗 といい，$n!$ で表す。

$n! = n(n-1)(n-2)\cdots\cdots3\cdot2\cdot1$ なお $0! = 1$ と定める。

例 15

(1) ${}_8\mathrm{P}_2 = \underbrace{8\cdot7}_{2\text{個}} = {}^{ア}\square$

(2) ${}_7\mathrm{P}_4 = \underbrace{7\cdot6\cdot5\cdot4}_{4\text{個}} = {}^{イ}\square$

例 16

6 人の中から 3 人を選んで 1 列に並べるとき，並べ方の総数は

${}_6\mathrm{P}_3 = 6\cdot5\cdot4 = {}^{ア}\square$ (通り)

例 17

11 人の生徒の中から委員長，副委員長，書記を 1 人ずつ選ぶとき，その選び方は何通りあるか求めてみよう。

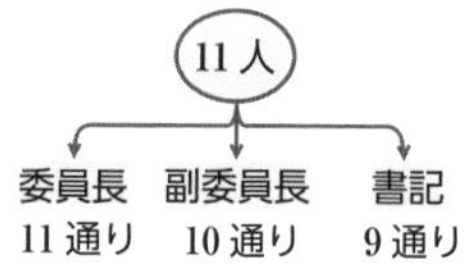

11 人の中から 3 人を選んで 1 列に並べ，1 番目，2 番目，3 番目をそれぞれ委員長，副委員長，書記とすればよい。

よって，選び方の総数は

${}_{11}\mathrm{P}_3 = 11\cdot10\cdot9 = {}^{ア}\square$ (通り)

例 18

6 人の生徒全員を 1 列に並べるとき，並べ方の総数は

${}_6\mathrm{P}_6 = 6! = 6\cdot5\cdot4\cdot3\cdot2\cdot1 = {}^{ア}\square$ (通り)

練習問題

16 次の値を求めよ。 ◀例 15

*(1) ${}_4\mathrm{P}_2$

(2) ${}_5\mathrm{P}_5$

(3) ${}_6\mathrm{P}_5$

*(4) ${}_7\mathrm{P}_1$

***17** 5 人の中から 3 人を選んで 1 列に並べるとき，その並べ方は何通りあるか。 ◀例 16

18 次の選び方は何通りあるか。 ◀例 17

*(1) 12 人の部員の中から部長，副部長を 1 人ずつ選ぶ選び方

(2) 9 人の選手の中から，リレーの第 1 走者，第 2 走者，第 3 走者を選ぶ選び方

***19** 1，2，3，4，5 の 5 つの数字すべてを用いてできる 5 桁(けた)の整数は何通りあるか。

◀例 18

7 順列 (2)

⇨教 p.25〜p.27

1 順列の利用

順列の考え方を利用して場合の数を求めるときは，まずどのような条件があるかを考える。

例 ・3 桁の整数において，百の位は 0 にならない　・一の位の数が，0，2，4，6，8 のいずれかである数は偶数

例 19

(1) 1 から 8 までの数字が 1 つずつ書かれた 8 枚のカードがある。このカードのうち 3 枚のカードを 1 列に並べてできる 3 桁の奇数の個数を求めてみよう。

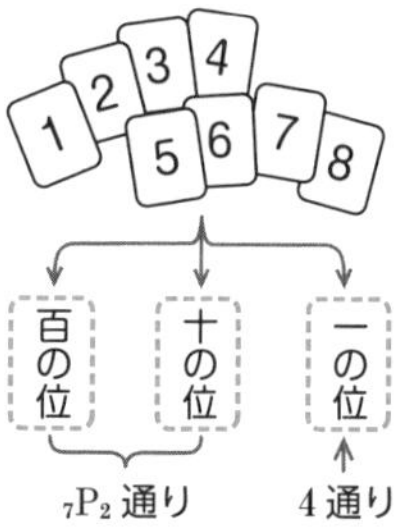

一の位のカードの並べ方は，[1]，[3]，[5]，[7] の 4 通りある。

このそれぞれの場合について，百の位，十の位に残りの 7 枚のカードから 2 枚を選んで並べる並べ方は $_7P_2 = 7 \cdot 6 = 42$ (通り) ずつある。

よって，3 桁の奇数の個数は，積の法則より

$$4 \times {}_7P_2 = 4 \times 42 = {}^{ア}\boxed{}\text{(通り)}$$

TRY

(2) 0 から 7 までの数字が 1 つずつ書かれた 8 枚のカードがある。このカードのうち 3 枚のカードを 1 列に並べてできる 3 桁の整数の個数を求めてみよう。

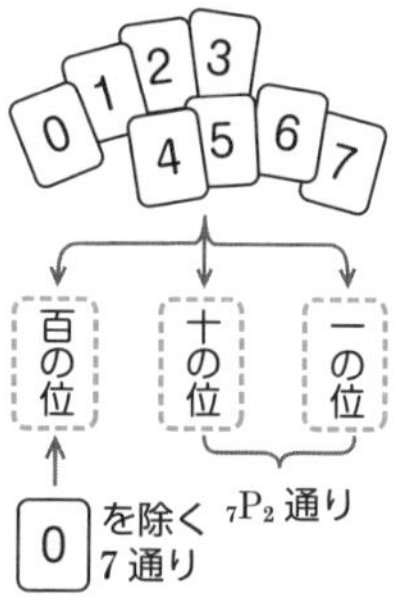

百の位のカードの並べ方は，[0] 以外のカードの 7 通りある。このそれぞれの場合について，十の位，一の位に，[0] を含む残りの 7 枚のカードから 2 枚を選んで並べる並べ方は $_7P_2 = 7 \cdot 6 = 42$ (通り) ずつある。

よって，3 桁の整数の個数は，積の法則より

$$7 \times {}_7P_2 = 7 \times 42 = {}^{イ}\boxed{}\text{(通り)}$$

TRY

例 20

男子 3 人と女子 3 人が 1 列に並ぶとき，次のような並び方の総数を求めてみよう。

(1) 女子が両端にくる並び方

女子 3 人のうち両端にくる女子 2 人の並び方は

$_3P_2 = 3 \cdot 2 = 6$ (通り)

このそれぞれの場合について，残りの 4 人が 1 列に並ぶ並び方は

$_4P_4 = 4! = 4 \cdot 3 \cdot 2 \cdot 1 = 24$ (通り)

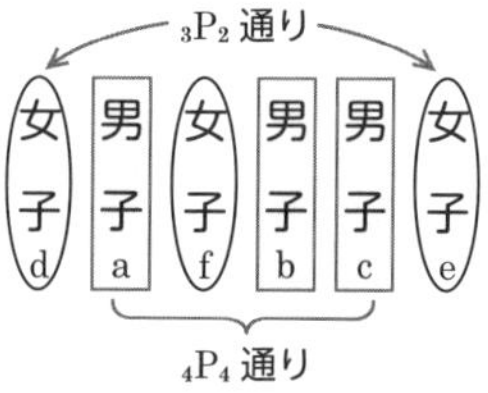

よって，並び方の総数は，積の法則より

$$_3P_2 \times 4! = 6 \times 24 = {}^{ア}\boxed{}\text{(通り)}$$

(2) 女子 3 人が続いて並ぶ並び方

女子 3 人をひとまとめにして 1 人と考えると，4 人が 1 列に並ぶ並び方は　$_4P_4 = 4! = 4 \cdot 3 \cdot 2 \cdot 1 = 24$ (通り)

このそれぞれの場合について，女子 3 人の並び方は

$_3P_3 = 3! = 3 \cdot 2 \cdot 1 = 6$ (通り)

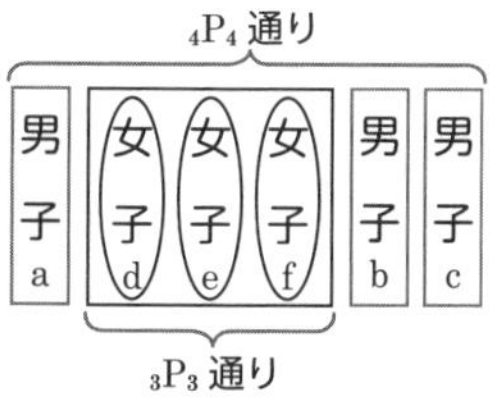

よって，並び方の総数は，積の法則より

$$4! \times 3! = 24 \times 6 = {}^{イ}\boxed{}\text{(通り)}$$

練 習 問 題

*20 1から6までの数字が1つずつ書かれた6枚のカードがある。このカードのうち3枚のカードを1列に並べて3桁の整数をつくるとき，偶数は何通りできるか。 ◀例19(1)

TRY
21 0から6までの数字が1つずつ書かれた7枚のカードがある。このカードのうち3枚のカードを1列に並べて3桁の整数をつくるとき，何通りの整数ができるか。 ◀例19(2)

TRY
*22 男子2人と女子4人が1列に並ぶとき，次のような並び方は何通りあるか。 ◀例20

(1) 女子が両端にくる並び方

(2) 女子4人が続いて並ぶ並び方

8 円順列・重複順列

⇨教 p.28〜p.29

1 円順列
いくつかのものを円形に並べる順列を 円順列 という。
異なる n 個のものの円順列の総数は $(n-1)!$

2 重複順列
同じものをくり返し使うことを許した場合の順列を 重複順列 という。
n 個のものから r 個取る重複順列の総数は n^r

例 21 5 人が円形のテーブルのまわりに座るとき，座り方の総数を求めてみよう。

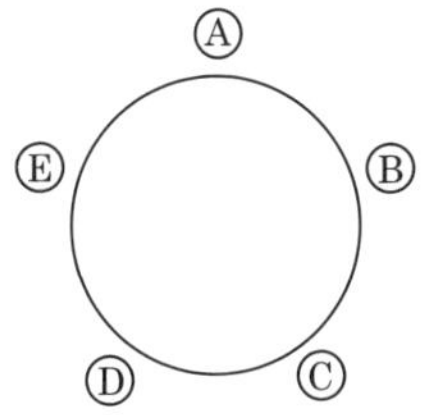

座り方は，異なる 5 個のものの円順列である。よって，座り方の総数は

$(5-1)!=4!=$ ア［　　］(通り)

例 22 4 つの空欄に，○か×を 1 つずつ記入するとき，記入の仕方の総数を求めてみよう。

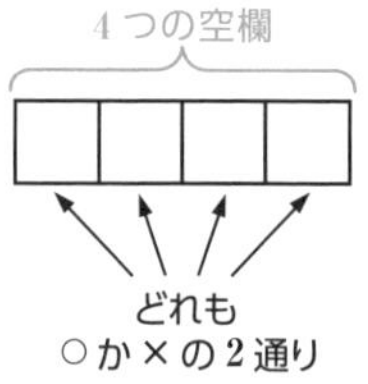

○，×の 2 個のものから 4 個取る重複順列であるから，
記入の仕方の総数は

$2^4=$ ア［　　］(通り)

練 習 問 題

23 次の問いに答えよ。 ◀例 21

*(1) 7 人が円形のテーブルのまわりに座るとき，座り方は何通りあるか。

(2) 右の図のように，円盤を 4 等分した各部分を，赤，黄，緑，青の 4 色すべてを使って塗り分けるとき，塗り方は何通りあるか。

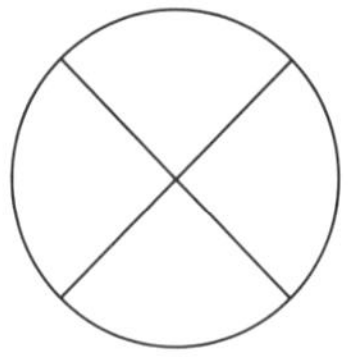

24 次の問いに答えよ。 ◀例 22

*(1) 6 つの空欄に，○か×を 1 つずつ記入するとき，記入の仕方は何通りあるか。

(2) 2 人でじゃんけんをするとき，2 人のグー，チョキ，パーの出し方は何通りあるか。

*(3) 1，2，3 の 3 つの数字を用いてできる 5 桁の整数は何通りあるか。ただし，同じ数字を何回用いてもよい。

確 認 問 題 2

*1　500 円，100 円，50 円の 3 種類の硬貨がたくさんある。これらの硬貨を使って 1200 円を支払うには，何通りの方法があるか。ただし，使わない硬貨があってもよいものとする。

2　1 個のさいころを 2 回投げるとき，次の場合の数を求めよ。

*(1)　目の和が 4 の倍数になる　　(2)　目の和が 5 以下になる

*3　ある車は車体の色を赤，白，青，黒，緑の 5 種類，車内の装飾を A，B，C の 3 種類から選ぶことができる。車体の色と車内の装飾の組み合わせ方は何通りあるか。

4　次の数について，正の約数の個数を求めよ。

*(1)　32　　(2)　54

5　次の値を求めよ。

(1)　${}_6\mathrm{P}_2$　　*(2)　${}_5\mathrm{P}_1$　　*(3)　${}_5\mathrm{P}_4$

*6 a, b, c, d, e, f, g のアルファベットが 1 つずつ書かれた 7 枚のカードがある。このカードのうち 4 枚のカードを 1 列に並べるとき，その並べ方は何通りあるか。

*7 1 から 7 までの数字が 1 つずつ書かれた 7 枚のカードがある。このカードのうち 4 枚のカードを 1 列に並べて 4 桁の整数をつくるとき，偶数は何通りできるか。

*8 男子 3 人と女子 4 人が 1 列に並ぶとき，次のような並び方は何通りあるか。

(1) 女子が両端にくる並び方

(2) 女子 4 人が続いて並ぶ並び方

*9 次の問いに答えよ。

(1) 8 人が円形のテーブルのまわりに座るとき，座り方は何通りあるか。

(2) 1，2，3，4 の 4 つの数字を用いてできる 4 桁の整数は何通りあるか。ただし，同じ数字を何回用いてもよい。

9 組合せ (1)

⇨教 p.30〜p.32

1 組合せ

異なる n 個のものから異なる r 個を取り出してできる組合せを，n 個のものから r 個取る組合せ という。その総数は

$$ {}_nC_r = \frac{{}_nP_r}{r!} = \frac{\overbrace{n(n-1)(n-2)\cdots\cdots(n-r+1)}^{r\text{個}}}{r(r-1)(r-2)\cdots\cdots3\cdot2\cdot1} = \frac{n!}{r!(n-r)!} $$

また，${}_nC_r = {}_nC_{n-r}$，　${}_nC_n = {}_nC_0 = 1$

例 23

(1) ${}_8C_2 = \frac{\overbrace{8\cdot7}^{2\text{個}}}{2\cdot1} =$ ア［　　］

(2) ${}_6C_4 = \frac{\overbrace{6\cdot5\cdot4\cdot3}^{4\text{個}}}{4\cdot3\cdot2\cdot1} =$ イ［　　］

例 24

異なる 7 本のジュースから 2 本を選ぶとき，その選び方は

${}_7C_2 = \frac{7\cdot6}{2\cdot1} =$ ア［　　］(通り)

例 25

${}_8C_7 = {}_8C_{8-7} = {}_8C_1 = \frac{8}{1} =$ ア［　　］

← ${}_nC_r = {}_nC_{n-r}$

例 26

正七角形 ABCDEFG の 7 個の頂点のうち，3 個の頂点を結んでできる三角形の個数を求めてみよう。

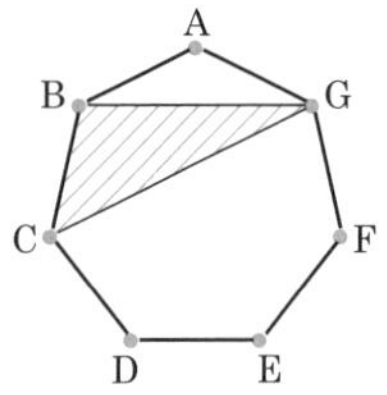

7 個の頂点のうち，どの 3 個を選んでも一直線上にはないので，3 個の頂点を選んで結ぶと必ず 1 個の三角形ができる。したがって，三角形の個数は，7 個の頂点から 3 個取る組合せの総数に等しい。

よって　${}_7C_3 = \frac{7\cdot6\cdot5}{3\cdot2\cdot1} =$ ア［　　］(個)

練 習 問 題

25 次の値を求めよ。 ◀例 23

*(1) ${}_5C_2$

(2) ${}_6C_3$

*(3) ${}_{11}C_1$

(4) ${}_7C_7$

26 次の選び方は何通りあるか。 ◀例 24

*(1) 異なる 10 冊の本から 5 冊を選ぶ選び方

(2) 12 色のクレヨンから 4 色を選ぶ選び方

27 次の値を求めよ。 ◀例 25

*(1) ${}_8C_6$

(2) ${}_{10}C_9$

*(3) ${}_{12}C_9$

(4) ${}_{14}C_{12}$

***28** 正五角形 ABCDE の 5 個の頂点のうち，3 個の頂点を結んでできる三角形の個数を求めよ。 ◀例 26

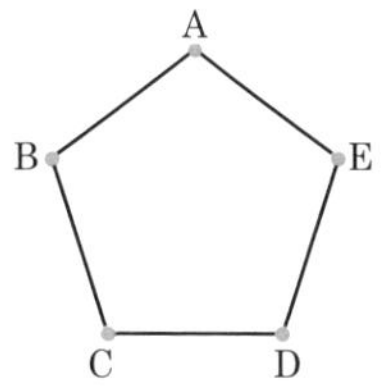

10 組合せ (2)

⇨教 p.32〜p.33

1 区別のある組分けと区別のない組分け

① 区別のある組分け

組に名前や番号などがあるとき，または，組の人数が異なるときには，組に区別がつく。

② 区別のない組分け

①において，人数が同じ組が n 組あるとき，組の名前や番号などをなくすと，$n!$ 通りだけ同じ組分けができる。

例 27 男子 4 人，女子 3 人の中から 4 人の役員を選ぶとき，男子から 3 人，女子から 1 人を選ぶ選び方は何通りあるか求めてみよう。

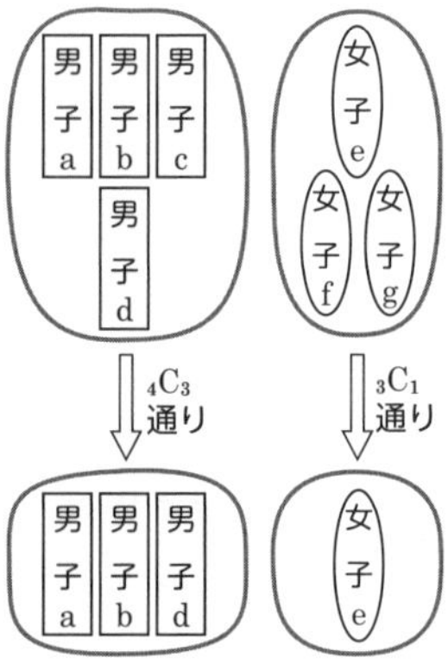

男子 4 人から 3 人を選ぶ選び方は $_4C_3$ 通りあり，このそれぞれの場合について，女子 3 人から 1 人を選ぶ選び方は $_3C_1$ 通りずつある。

よって，選び方の総数は，積の法則より

$$_4C_3 \times {}_3C_1 = \frac{4\cdot3\cdot2}{3\cdot2\cdot1} \times 3$$

$$= {}^{ア}\boxed{}\text{(通り)}$$

TRY

例 28 6 人を次のように分けるとき，分け方の総数を求めてみよう。

(1) 3 人ずつ A，B の 2 つの部屋に分ける。

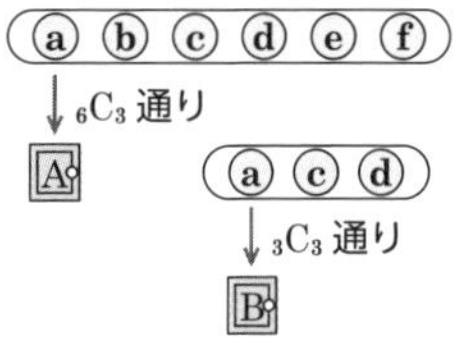

6 人から A に入る 3 人を選ぶ選び方は $_6C_3$ 通り

このそれぞれの場合について，残りの 3 人は B に入る。

よって，求める分け方の総数は，積の法則より

$$_6C_3 \times {}_3C_3 = \frac{6\cdot5\cdot4}{3\cdot2\cdot1} \times 1$$

$$= {}^{ア}\boxed{}\text{(通り)}$$

(2) 3 人ずつ 2 組に分ける。

(1)で，A，B の部屋の区別をなくすと同じ組分けになるものは，それぞれ 2! 通りずつある。

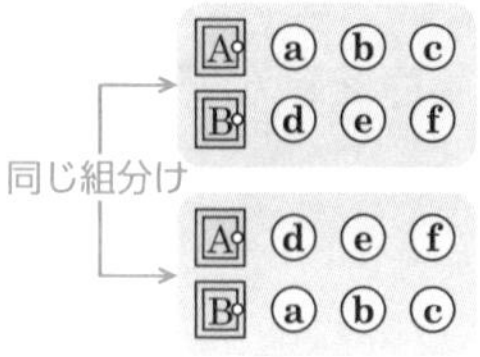

よって，求める分け方の総数は

$$\frac{_6C_3 \times {}_3C_3}{2!} = {}^{イ}\boxed{}\text{(通り)}$$

練　習　問　題

*29　次の選び方は何通りあるか。　◀例 27

(1)　男子 7 人，女子 5 人の中から 5 人の役員を選ぶとき，男子から 2 人，女子から 3 人を選ぶ選び方

(2)　1 から 9 までの番号が 1 つずつ書かれた 9 枚のカードがある。この中からカードを 4 枚選ぶとき，奇数の番号のカードが 2 枚，偶数の番号のカードが 2 枚となる選び方

TRY
*30　8 人を次のように分けるとき，分け方は何通りあるか。　◀例 28

(1)　4 人ずつ A，B の 2 つの部屋に分ける。

(2)　4 人ずつ 2 組に分ける。

11 同じものを含む順列

⇨教 p.34〜p.35

1 同じものを含む順列

n個のものの中に，同じものがそれぞれp個，q個，r個あるとき，これらn個のものすべてを1列に並べる順列の総数は

$$\frac{n!}{p!q!r!}$$ ただし，$p+q+r=n$

例 29 1，1，2，2，2，3，3，3，3 の 9 個の数字すべてを 1 列に並べてできる 9 桁の整数の総数は

$$\frac{9!}{2!3!4!}=\frac{9\cdot8\cdot7\cdot6\cdot5\cdot4\cdot3\cdot2\cdot1}{2\cdot1\times3\cdot2\cdot1\times4\cdot3\cdot2\cdot1}=^{ア}\boxed{}\text{(通り)}$$

← $n!=n(n-1)\cdots\cdots3\cdot2\cdot1$

TRY

例 30 右の図のような道路のある町で，次の各場合に最短経路で行く道順の総数を求めてみよう。

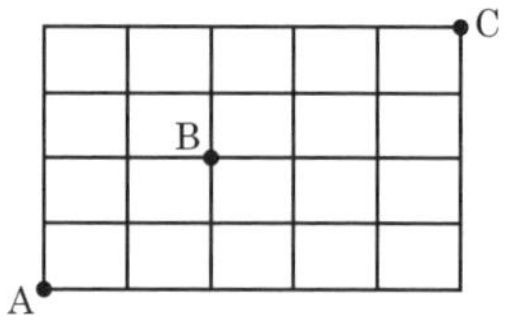

(1) A から C まで行く道順

右へ 1 区画進むことをa，上へ 1 区画進むことをbと表すと，A から C までの最短経路の道順の総数は，5 個のaと 4 個のbを 1 列に並べる順列の総数に等しい。

よって $$\frac{9!}{5!4!}=\frac{9\cdot8\cdot7\cdot6\cdot5\cdot4\cdot3\cdot2\cdot1}{5\cdot4\cdot3\cdot2\cdot1\times4\cdot3\cdot2\cdot1}=^{ア}\boxed{}\text{(通り)}$$

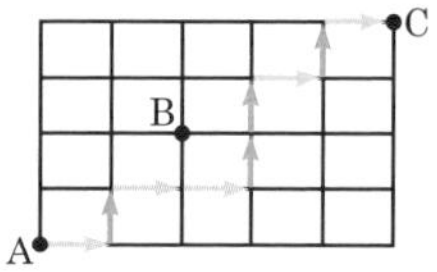

上の道順は
$a\ b\ a\ a\ b\ b\ a\ b\ a$

(2) A から B を通って C まで行く道順

A から B までの最短経路の道順の総数は，2 個のaと 2 個のbを 1 列に並べる順列の総数に等しいから

$$\frac{4!}{2!2!}=^{イ}\boxed{}\text{(通り)}$$

B から C までの最短経路の道順の総数は，3 個のaと 2 個のbを 1 列に並べる順列の総数に等しいから

$$\frac{5!}{3!2!}=^{ウ}\boxed{}\text{(通り)}$$

よって，求める道順の総数は，積の法則より

$$\frac{4!}{2!2!}\times\frac{5!}{3!2!}=^{エ}\boxed{}\text{(通り)}$$

練 習 問 題

*31 ①と書かれたカードが3枚，②と書かれたカードが2枚，③と書かれたカードが2枚ある。この7枚のカードすべてを1列に並べる並べ方は何通りあるか。 ◀例29

*32 a，a，a，a，b，b，c，c の8文字すべてを1列に並べる並べ方は何通りあるか。

◀例29

TRY

*33 右の図のような道路のある町で，次の各場合に最短経路で行く道順は，それぞれ何通りあるか。 ◀例30

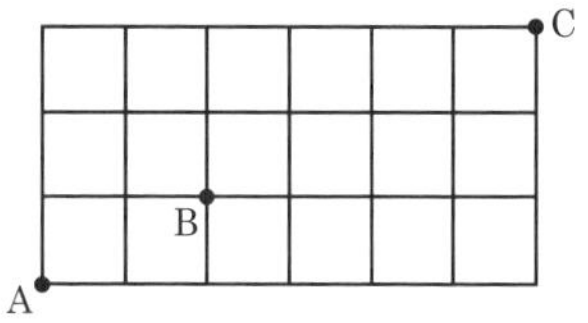

(1) AからCまで行く道順

(2) AからBを通ってCまで行く道順

確認問題 3

1 次の値を求めよ。

*(1) ${}_4C_2$　　(2) ${}_{10}C_3$　　*(3) ${}_6C_1$

(4) ${}_5C_5$　　*(5) ${}_{11}C_{10}$　　(6) ${}_9C_7$

2 次の選び方は何通りあるか。

*(1) 異なる 8 冊の本から 3 冊を選ぶ選び方

(2) 12 色のクレヨンから 5 色を選ぶ選び方

***3** 正九角形 ABCDEFGHI の 9 個の頂点のうち，3 個の頂点を結んでできる三角形の個数を求めよ。

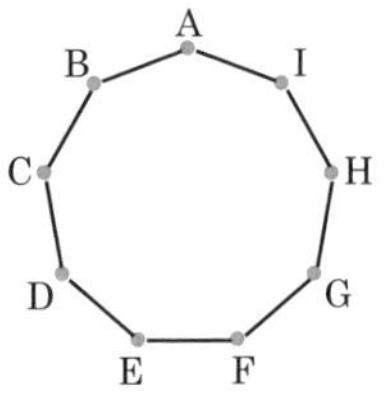

***4** 男子 6 人，女子 3 人の中から 3 人の役員を選ぶとき，男子から 2 人，女子から 1 人を選ぶ選び方は何通りあるか。

***5** 10 人を次のように分けるとき，分け方は何通りあるか。

(1) 5 人ずつ A，B の 2 つの部屋に分ける。

(2) 5 人ずつ 2 組に分ける。

***6** a，a，b，b，b，c，c の 7 文字すべてを 1 列に並べる並べ方は何通りあるか。

***7** 右の図のような道路のある町で，次の各場合に最短経路で行く道順は，それぞれ何通りあるか。

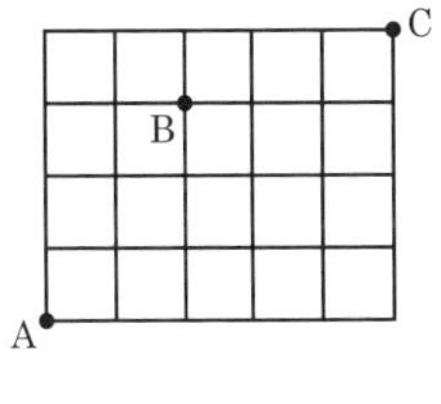

(1) A から C まで行く道順

(2) A から B を通って C まで行く道順

12 試行と事象・事象の確率

⇨教 p.38〜p.41

1 試行と事象

試行　何回も行うことができ，その結果が偶然によって決まるような実験や観察

事象　試行の結果として起こることがら

2 全事象・空事象・根元事象

全事象　全体集合 U で表される事象（必ず起こる事象）

空事象　空集合 $\varnothing$ で表される事象（決して起こらない事象）

根元事象　U のただ1つの要素からなる部分集合で表される事象

3 事象 A の確率 $P(A)$

ある試行において，全事象 U のどの根元事象が起こることも同じ程度に期待されるとき，これらの根元事象は 同様に確からしい という。このとき，事象 A の確率 $P(A)$ は

$$P(A)=\frac{n(A)}{n(U)}=\frac{\text{事象 }A\text{ の起こる場合の数}}{\text{起こり得るすべての場合の数}}$$

例 31　1，2，3の番号が1つずつ書かれた3枚のカードがある。

この中から1枚のカードを引く試行において，

全事象 U は　$U=\{1,\ 2,\ 3\}$

根元事象は　$\{1\}$，$\{2\}$，$\{$ア $\square\}$

例 32　1個のさいころを投げるとき，6の約数の目が出る確率を求めてみよう。

さいころの目の出方を1から6の数字で表すことにすると，

全事象 U は　$U=\{1,\ 2,\ 3,\ 4,\ 5,\ 6\}$

← 1の目が出ることを1と表している

と表される。U の6つの根元事象は，同様に確からしい。

このうち，「6の約数の目が出る」事象 A は　$A=\{1,\ 2,\ 3,\ 6\}$

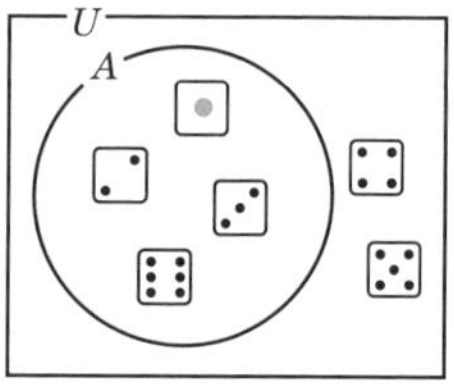

よって，求める確率は

$$P(A)=\frac{n(A)}{n(U)}=\frac{4}{6}=\text{ア}\ \square$$

例 33　赤球3個，白球4個が入っている袋から球を1個取り出すとき，白球が出る確率を求めてみよう。

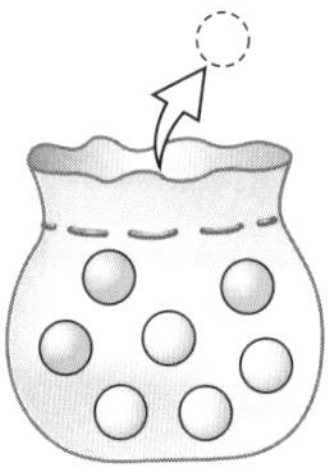

3個の赤球，4個の白球にそれぞれ番号をつけ，それらの球を取り出すことをそれぞれ r_1，r_2，r_3，w_1，w_2，w_3，w_4 と表すと，この試行における全事象 U は $U=\{r_1,\ r_2,\ r_3,\ w_1,\ w_2,\ w_3,\ w_4\}$

と表される。U の7つの根元事象は，同様に確からしい。

このうち，「白球が出る」事象 A は　$A=\{w_1,\ w_2,\ w_3,\ w_4\}$

よって，求める確率は　$P(A)=\dfrac{n(A)}{n(U)}=$ ア $\square$

練習問題

*34 1, 2, 3, 4, 5 の番号が 1 つずつ書かれた 5 枚のカードがある。この中から 1 枚のカードを引く試行において，全事象 U と根元事象を示せ。 ◀例 31

35 1 個のさいころを投げるとき，次の確率を求めよ。 ◀例 32

(1) 3 の倍数の目が出る確率

*(2) 3 より小さい目が出る確率

36 10 から 99 までの数が 1 つずつ書かれた 90 枚のカードから 1 枚のカードを引くとき，次の確率を求めよ。 ◀例 32

*(1) 3 の倍数のカードを引く確率

(2) 引いたカードの十の位の数と一の位の数の和が 7 である確率

*37 赤球 3 個，白球 5 個が入っている袋から球を 1 個取り出すとき，白球が出る確率を求めよ。

◀例 33

13 いろいろな事象の確率 (1)

⇨教 p.41〜p.42

1 同様に確からしい事象の確率

すべての根元事象が同様に確からしいとき，事象 A の起こる確率は

$$P(A)=\frac{n(A)}{n(U)}=\frac{\text{事象 } A \text{ の起こる場合の数}}{\text{起こり得るすべての場合の数}}$$

例 34 1 枚の 500 円硬貨を 2 回投げるとき，1 回目と 2 回目で異なる面が出る確率を求めてみよう。

この試行における全事象 U は

$U=\{$(表，表)，(表，裏)，(裏，表)，(裏，裏)$\}$

と表される。この U の 4 つの根元事象は，同様に確からしい。

← 1 回目が表，2 回目が裏であることを，(表，裏) と表す

このうち，「異なる面が出る」事象 A は

$A=\{$(表，裏)，(裏，表)$\}$

よって，求める確率は

$$P(A)=\frac{n(A)}{n(U)}=\frac{2}{4}=$$ ア［　　］

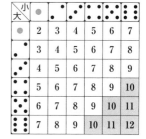

例 35 大小 2 個のさいころを同時に投げるとき，次の確率を求めてみよう。

(1) 目の和が 8 になる確率

大小 2 個のさいころの目の出方は全部で

$6\times6=36$ (通り)

目の和が 8 になるのは，

(2，6)，(3，5)，(4，4)，(5，3)，(6，2)

の 5 通りである。

よって，求める確率は ア［　　］

大＼小	⚀	⚁	⚂	⚃	⚄	⚅
⚀	2	3	4	5	6	7
⚁	3	4	5	6	7	8
⚂	4	5	6	7	8	9
⚃	5	6	7	8	9	10
⚄	6	7	8	9	10	11
⚅	7	8	9	10	11	12

(2) 目の和が 10 以上になる確率

目の和が 10 以上になるのは，

(4，6)，(5，5)，(5，6)，(6，4)，(6，5)，(6，6)

の 6 通りである。

よって，求める確率は $\frac{6}{36}=$ イ［　　］

練　習　問　題

*38　10円硬貨1枚と100円硬貨1枚を同時に投げるとき，2枚とも裏が出る確率を求めよ。

◀例 34

*39　10円硬貨，100円硬貨，500円硬貨の3枚を同時に投げるとき，次の確率を求めよ。

◀例 34

(1)　3枚とも表が出る確率

(2)　2枚だけ表が出る確率

*40　大小2個のさいころを同時に投げるとき，次の確率を求めよ。 ◀例 35

(1)　目の和が5になる確率

(2)　目の和が6以下になる確率

14 いろいろな事象の確率 (2)

⇨教 p.43

1 いろいろな事象の確率

すべての根元事象が同様に確からしいとき，起こり得るすべての場合の数や事象 A の起こる場合の数は，必要に応じて，順列や組合せの考え方を利用して求めるとよい。

例 36 a，bの2人を含む5人でリレーを行う。走る順番をくじで決めるとき，aが1番目，bが5番目になる確率を求めてみよう。

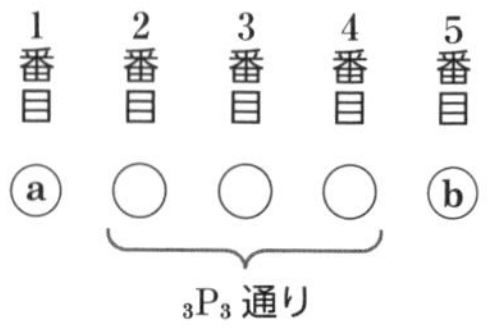

5人全員の走る順番の総数は　$_5P_5 = 5!$ (通り)

aが1番目，bが5番目になる場合は，a，b以外の3人の並び方の総数だけあるから

$_3P_3 = 3!$ (通り)

よって，求める確率は

$$\frac{3!}{5!} = \frac{3\cdot2\cdot1}{5\cdot4\cdot3\cdot2\cdot1} = {}^{ア}\boxed{}$$

TRY

例 37 赤球3個，白球3個が入っている袋から，3個の球を同時に取り出すとき，赤球2個，白球1個を取り出す確率を求めてみよう。

6個の球から3個の球を同時に取り出す取り出し方は　$_6C_3$ 通り

赤球2個，白球1個を取り出す取り出し方は　$_3C_2 \times {}_3C_1$ (通り)

よって，求める確率は

$$\frac{_3C_2 \times {}_3C_1}{_6C_3} = \frac{3\times3}{20} = {}^{ア}\boxed{}$$

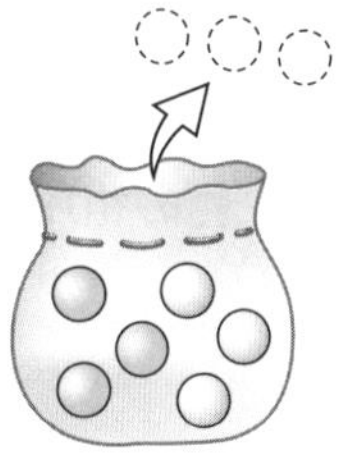

練　習　問　題

*41　a，bの2人を含む5人でリレーを行う。走る順番をくじで決めるとき，aが2番目，bが4番目になる確率を求めよ。 ◀例 36

*42　a，b，c の 3 人を含む 6 人が 1 列に並ぶ。並ぶ場所をくじで決めるとき，左から 1 番目が a，3 番目が b，5 番目が c になる確率を求めよ。　◀例 36

TRY
43　赤球 4 個，白球 3 個が入っている袋から，3 個の球を同時に取り出すとき，次の球を取り出す確率を求めよ。　◀例 37

(1)　赤球 3 個

*(2)　赤球 2 個，白球 1 個

15 確率の基本性質 (1)

⇨教 p.44〜p.47

1 積事象と和事象

積事象 $A \cap B$　2つの事象 A と B がともに起こる事象

和事象 $A \cup B$　事象 A または事象 B が起こる事象

2 排反事象

2つの事象 A と B が同時には起こらないとき，すなわち $A \cap B = \varnothing$ であるとき，A と B は互いに 排反 である，または 排反事象 であるという。

3 確率の基本性質

[1]　任意の事象 A について　　$0 \leqq P(A) \leqq 1$

[2]　全事象 U について　　$P(U) = 1$

　　空事象 $\varnothing$ について　　$P(\varnothing) = 0$

[3]　事象 A と B が互いに排反のとき　$P(A \cup B) = P(A) + P(B)$

例 38

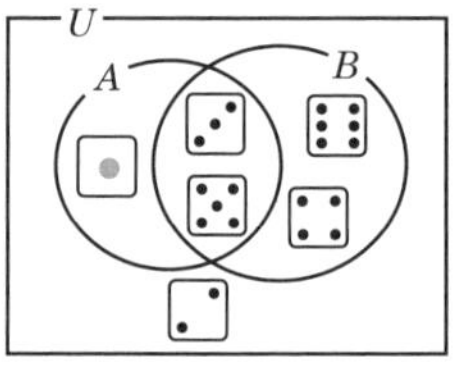

1個のさいころを投げるとき，「奇数の目が出る」事象を A，「3以上の目が出る」事象を B とすると，

$A = \{1,\ 3,\ 5\}$，$B = \{3,\ 4,\ 5,\ 6\}$ より，

A と B の積事象は　$A \cap B = \{3,\ 5\}$

A と B の和事象は　$A \cup B = \{$ ア［　　　］ $\}$

例 39

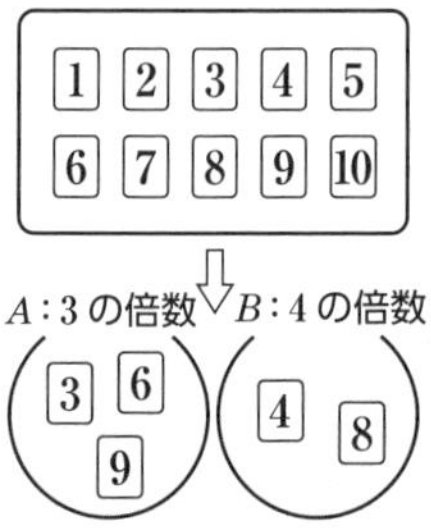

1から10までの番号が1つずつ書かれた10枚のカードがある。この中からカードを1枚引くとき，引いたカードの番号が「3の倍数である」事象を A，「4の倍数である」事象を B とすると

$A \cap B = \varnothing$

すなわち，事象 A と B は互いに ア［　　　］ である。

例 40

1等	2等	3等	はずれ
$\frac{1}{12}$	$\frac{2}{12}$	$\frac{3}{12}$	$\frac{6}{12}$

各等の当たる確率が，右の表のようなくじがある。このくじを1本引くとき，1等または2等が当たる確率を求めてみよう。

1等が当たる事象を A，2等が当たる事象を B とすると，事象 A と B は互いに排反である。

よって，求める確率は

$$P(A \cup B) = P(A) + P(B)$$

$$= \frac{1}{12} + \frac{2}{12} = \text{ア［　　　］}$$

← $\frac{2}{12}$ などを約分しない方が計算が楽

練 習 問 題

*44　1個のさいころを投げるとき,「偶数の目が出る」事象を A,「素数の目が出る」事象を B とする。このとき, 積事象 $A \cap B$ と和事象 $A \cup B$ を求めよ。 ◀例 38

*45　1から30までの番号が1つずつ書かれた30枚のカードがある。この中からカードを1枚引く。次の事象のうち, 互いに排反である事象はどれとどれか。 ◀例 39

A：番号が「偶数である」事象

B：番号が「5の倍数である」事象

C：番号が「24の約数である」事象

46　各等の当たる確率が, 右の表のようなくじがある。このくじを1本引くとき, 次の確率を求めよ。 ◀例 40

1等	2等	3等	4等	はずれ
$\frac{1}{20}$	$\frac{2}{20}$	$\frac{3}{20}$	$\frac{4}{20}$	$\frac{10}{20}$

*(1)　1等または2等が当たる確率

(2)　4等が当たるか, またははずれる確率

16 確率の基本性質 (2)

⇨教 p.47〜p.48

1 確率の加法定理

2つの事象 A と B が互いに排反のとき

$$P(A\cup B)=P(A)+P(B)$$

2 一般の和事象の確率

$$P(A\cup B)=P(A)+P(B)-P(A\cap B)$$

例 41 男子4人，女子3人の中から2人の委員を選ぶとき，2人とも男子または2人とも女子が選ばれる確率を求めてみよう。

「2人とも男子が選ばれる」事象を A

「2人とも女子が選ばれる」事象を B

とすると　$P(A)=\dfrac{{}_4C_2}{{}_7C_2}=\dfrac{6}{21}$,　$P(B)=\dfrac{{}_3C_2}{{}_7C_2}=\dfrac{3}{21}$

「2人とも男子または2人とも女子が選ばれる」事象は，A と B の和事象 $A\cup B$ であり，A と B は互いに排反である。

⬅ A と B は同時には起こらない

よって，求める確率は

$$P(A\cup B)=P(A)+P(B)=\frac{6}{21}+\frac{3}{21}=\frac{9}{21}=\text{ア}\boxed{}$$

TRY

例 42 1から50までの番号が1つずつ書かれた50枚のカードがある。この中から1枚のカードを引くとき，引いたカードの番号が3の倍数または4の倍数である確率を求めてみよう。

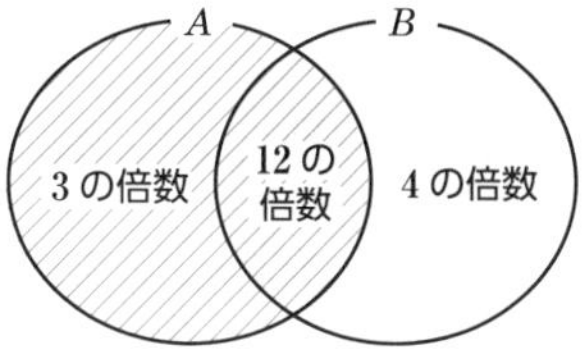

引いたカードの番号が，「3の倍数である」事象を A，「4の倍数である」事象を B とすると

$$A=\{3\times1,\ 3\times2,\ 3\times3,\ \cdots\cdots,\ 3\times16\}$$

$$B=\{4\times1,\ 4\times2,\ 4\times3,\ \cdots\cdots,\ 4\times12\}$$

積事象 $A\cap B$ は，3と4の最小公倍数12の倍数である事象であるから

$$A\cap B=\{12\times1,\ 12\times2,\ 12\times3,\ 12\times4\}$$

ゆえに　$n(A)=16$, $n(B)=12$, $n(A\cap B)=4$

よって　$P(A)=\dfrac{16}{50}$, $P(B)=\dfrac{12}{50}$, $P(A\cap B)=\dfrac{4}{50}$

したがって，求める確率は

$$P(A\cup B)=P(A)+P(B)-P(A\cap B)=\frac{16}{50}+\frac{12}{50}-\frac{4}{50}=\frac{24}{50}=\text{ア}\boxed{}$$

練 習 問 題

*47　男子 3 人，女子 5 人の中から 3 人の委員を選ぶとき，3 人とも男子または 3 人とも女子が選ばれる確率を求めよ。　◀例 41

TRY
48　1 から 100 までの番号が 1 つずつ書かれた 100 枚のカードがある。この中から 1 枚のカードを引くとき，引いたカードの番号が 4 の倍数または 6 の倍数である確率を求めよ。

◀例 42

17 余事象とその確率

⇨教 p.49～p.50

1 余事象の確率

事象 A に対して，A が起こらないという事象を A の 余事象 といい，$\overline{A}$ で表す。

$$P(\overline{A})=1-P(A)$$

注 $P(A)=1-P(\overline{A})$ の形で用いることもある。

例 43 1から30までの番号が1つずつ書かれた30枚のカードがある。この中から1枚のカードを引くとき，引いたカードの番号が3の倍数でない確率を求めてみよう。

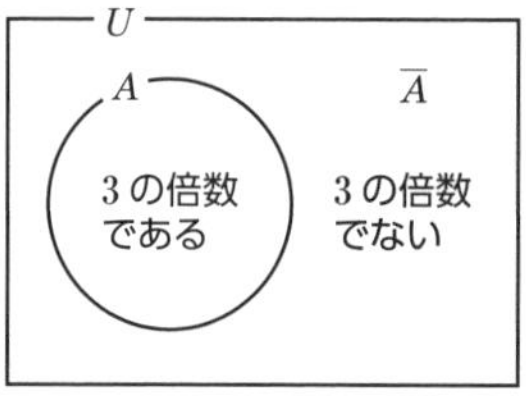

引いたカードの番号が「3の倍数である」事象を A とすると，「3の倍数でない」事象は，事象 A の余事象 $\overline{A}$ である。

$A=\{3\times1,\ 3\times2,\ 3\times3,\ \cdots\cdots,\ 3\times10\}$ より

$$P(A)=\frac{10}{30}=\frac{1}{3}$$

よって，求める確率は

$$P(\overline{A})=1-P(A)=1-\frac{1}{3}=$$ ア □

TRY

例 44 赤球4個，白球4個が入っている袋から，3個の球を同時に取り出すとき，少なくとも1個は赤球である確率を求めてみよう。

「少なくとも1個は赤球である」事象を A とすると，事象 A の余事象 $\overline{A}$ は「3個とも白球である」事象である。球は全部で8個であり，この中から3個の球を取り出す取り出し方は

← 「少なくとも1つ…」という事象の確率は，余事象の確率を利用することが多い

$_8C_3=56$（通り）

このうち，3個とも白球になる取り出し方は

$_4C_3=4$（通り）

よって，事象 $\overline{A}$ が起こる確率 $P(\overline{A})$ は

$$P(\overline{A})=\frac{_4C_3}{_8C_3}=\frac{4}{56}=\frac{1}{14}$$

したがって，求める確率は

$$P(A)=1-P(\overline{A})=1-\frac{1}{14}=$$ ア □

練 習 問 題

*49　1 から 30 までの番号が 1 つずつ書かれた 30 枚のカードがある。この中から 1 枚のカードを引くとき，引いたカードの番号が 5 の倍数でない確率を求めよ。　◀例 43

TRY
*50　赤球 4 個，白球 5 個が入っている箱から，3 個の球を同時に取り出すとき，少なくとも 1 個は白球である確率を求めよ。　◀例 44

TRY
51　当たりくじ 3 本を含む 12 本のくじから，4 本のくじを同時に引くとき，少なくとも 1 本は当たる確率を求めよ。　◀例 44

確認問題 4

*1　1, 2, 3, 4, 5, 6, 7, 8, 9 の番号が 1 つずつ書かれた 9 枚のカードがある。この中から 1 枚のカードを引く試行において，全事象 U と根元事象を示せ。

2　1 個のさいころを投げるとき，次の確率を求めよ。

(1)　4 の約数の目が出る確率　　*(2)　2 より大きい目が出る確率

*3　10 円硬貨，100 円硬貨，500 円硬貨の 3 枚を同時に投げるとき，3 枚とも裏が出る確率を求めよ。

*4　1 個のさいころを 2 回投げるとき，次の確率を求めよ。

(1)　目の和が 10 になる確率　　(2)　目の和が偶数になる確率

*5　赤球 5 個，白球 3 個が入っている袋から，3 個の球を同時に取り出すとき，赤球 1 個，白球 2 個を取り出す確率を求めよ。

*6　1 から 9 までの番号が 1 つずつ書かれた 9 枚のカードがある。この中からカードを 1 枚引くとき，「偶数のカードを引く」事象を A，「素数のカードを引く」事象を B とする。このとき，積事象 $A \cap B$ と和事象 $A \cup B$ を求めよ。

*7　1 から 100 までの番号が 1 つずつ書かれた 100 枚のカードがある。この中から 1 枚のカードを引くとき，引いたカードの番号が 8 の倍数または 12 の倍数である確率を求めよ。

*8　1 から 50 までの番号が 1 つずつ書かれた 50 枚のカードがある。この中から 1 枚のカードを引くとき，引いたカードの番号が 7 の倍数でない確率を求めよ。

*9　赤球 5 個，白球 5 個が入っている箱から， 2 個の球を同時に取り出すとき，少なくとも 1 個は白球である確率を求めよ。

18 独立な試行の確率・反復試行の確率

⇨教 p.52～p.56

1 独立な試行の確率

2 つの試行において，一方の試行の結果が他方の試行の結果に影響をおよぼさないとき，この 2 つの試行は互いに 独立である という。

互いに独立な試行 S と T において，S で事象 A が起こり，T で事象 B が起こる確率は

$$P(A)\times P(B)$$

2 反復試行の確率

同じ条件のもとでの試行のくり返しを 反復試行 という。

1 回の試行において，事象 A の起こる確率を p とする。この試行を n 回くり返す反復試行で，事象 A がちょうど r 回起こる確率は

$${}_n\mathrm{C}_r\,p^r(1-p)^{n-r}$$

← $1-p$ は事象 A が起こらない確率

例 45 1 個のさいころと 1 枚の硬貨を投げるとき，さいころは 3 の倍数の目が出て，硬貨は表が出る確率を求めてみよう。

これらの 2 つの試行は，互いに独立である。

さいころで 3 の倍数の目が出る確率は $\dfrac{2}{6}$

← さいころの目の出方と硬貨の表裏の出方は互いに影響をおよぼさない

硬貨で表が出る確率は $\dfrac{1}{2}$

よって，求める確率は $\dfrac{2}{6}\times\dfrac{1}{2}=$ ア［　　］

例 46 1 個のさいころを続けて 3 回投げるとき，1 回目に 6 の目が出て，2 回目に偶数の目が出て，3 回目に 3 以下の目が出る確率を求めてみよう。

各回の試行は，互いに独立である。

1 回目に 6 の目が出る確率は $\dfrac{1}{6}$

2 回目に偶数の目が出る確率は $\dfrac{3}{6}$

← 偶数の目：{2, 4, 6}

3 回目に 3 以下の目が出る確率は $\dfrac{3}{6}$

← 3 以下の目：{1, 2, 3}

よって，求める確率は $\dfrac{1}{6}\times\dfrac{3}{6}\times\dfrac{3}{6}=$ ア［　　］

例 47 1 枚の硬貨を続けて 4 回投げるとき，表がちょうど 2 回出る確率を求めてみよう。

1 枚の硬貨を 1 回投げるとき，表が出る確率は $\dfrac{1}{2}$

また，4 回のうち表が 2 回出るとき，残りの 2 回は裏である。

よって，求める確率は ${}_4\mathrm{C}_2\left(\dfrac{1}{2}\right)^2\left(1-\dfrac{1}{2}\right)^{4-2}=6\times\dfrac{1}{4}\times\dfrac{1}{4}=$ ア［　　］

練習問題

*52　1個のさいころと1枚の硬貨を投げるとき，さいころは3以上の目が出て，硬貨は裏が出る確率を求めよ。　◀例 45

53　1個のさいころを続けて3回投げるとき，次の確率を求めよ。　◀例 46

*(1)　1回目に1の目，2回目に2の倍数の目，3回目に3以上の目が出る確率

(2)　1回目に6の約数の目，2回目に3の倍数の目，3回目に2以下の目が出る確率

*54　1枚の硬貨を続けて6回投げるとき，表がちょうど2回出る確率を求めよ。　◀例 47

19 条件つき確率と乗法定理

⇨教 p.58〜p.61

1 条件つき確率

事象 A が起こったという条件のもとで事象 B が起こる確率を，事象 A が起こったときの事象 B の起こる条件つき確率 といい，$P_A(B)$ で表す。

[1] 条件つき確率

$$P_A(B)=\frac{n(A\cap B)}{n(A)}=\frac{P(A\cap B)}{P(A)}$$

[2] 乗法定理

$$P(A\cap B)=P(A)\times P_A(B)$$

例 48 右の表は，ある部に所属する1，2年生の男女別人数表である。この中から1人を選ぶとき，その生徒が1年生である事象を A，女子である事象を B とする。次の条件つき確率を求めてみよう。

	男子	女子
1年	7	4
2年	5	3

(1) $P_A(B)$

$$P_A(B)=\frac{n(A\cap B)}{n(A)}=\frac{4}{7+4}=\text{ア}\boxed{}$$

← $P_A(B)$ は，選んだ生徒が1年生であるとき，その生徒が女子である確率

(2) $P_B(A)$

$$P_B(A)=\frac{n(B\cap A)}{n(B)}=\frac{4}{4+3}=\text{イ}\boxed{}$$

← $P_B(A)$ は，選んだ生徒が女子であるとき，その生徒が1年生である確率

例 49 3本の当たりくじを含む8本のくじがある。a，bの2人がこの順にくじを1本ずつ引くとき，次の確率を求めてみよう。ただし，引いたくじはもとにもどさないものとする。

(1) aが当たりを引いたとき，bも当たりを引く条件つき確率

「aが当たる」事象を A，「bが当たる」事象を B とすると，求める確率は $P_A(B)$ である。

aが当たりを引いたとき，当たりくじが1本減るから，bも当たりを引く確率は

$$P_A(B)=\frac{3-1}{8-1}=\text{ア}\boxed{}$$

← aが当たりを引いたとき，残りのくじは $(8-1)$ 本，そのうち当たりくじは $(3-1)$ 本

(2) 2人とも当たりを引く確率

「2人とも当たる」事象は $A\cap B$ であるから，2人とも当たる確率は $P(A\cap B)$ である。

$$P(A)=\frac{3}{8},\quad P_A(B)=\text{ア}\boxed{}$$

であるから，求める確率は，乗法定理より

$$P(A\cap B)=P(A)\times P_A(B)=\frac{3}{8}\times\text{ア}\boxed{}=\text{イ}\boxed{}$$

練習問題

*55 あるクラス 40 人の部活動への入部状況を調べたら，右の表の通りであった。この中から 1 人を選ぶとき，その生徒が女子である事象を A，運動部に所属している事象を B とする。次の条件つき確率を求めよ。 ◀例 48

	男子	女子
運動部	14	9
文化部	6	11

(1) $P_A(B)$　　(2) $P_B(A)$

*56 4 本の当たりくじを含む 10 本のくじがある。a，b の 2 人がこの順にくじを 1 本ずつ引くとき，次の確率を求めよ。ただし，引いたくじはもとにもどさないものとする。 ◀例 49

(1) a が当たりを引いたとき，b も当たりを引く条件つき確率

(2) 2 人とも当たりを引く確率

*57 赤球 3 個と白球 5 個が入った箱から，球を 1 個ずつ続けて 2 個取り出す試行を考える。このとき，次の確率を求めよ。ただし，取り出した球はもとにもどさないものとする。 ◀例 49

(1) 1 個目に赤球が出たとき，2 個目に白球が出る条件つき確率

(2) 1 個目に赤球，2 個目に白球が出る確率

20 期待値

⇨教 p.62~p.64

1 期待値

ある試行の結果によって，変量 X の取る値が

$$x_1,\ x_2,\ \cdots\cdots,\ x_n$$

のいずれかであり，これらの値を取る事象の確率が，それぞれ

$$p_1,\ p_2,\ \cdots\cdots,\ p_n$$

であるとする。このとき

$$x_1p_1+x_2p_2+\cdots\cdots+x_np_n$$

の値を，X の 期待値 という。ただし，$p_1+p_2+\cdots\cdots+p_n=1$ である。

例 50 2，4，6，8 の数字が 1 つずつ書かれた 4 枚のカードから，1 枚のカードを引くとき，引いたカードに書かれた数の期待値を求めてみよう。

引いたカードに書かれた数は 2，4，6，8 のいずれかであり，これらの数が書かれたカードを引く確率は，すべて $\frac{1}{4}$ である。

よって，求める期待値は

$$2\times\frac{1}{4}+4\times\frac{1}{4}+6\times\frac{1}{4}+8\times\frac{1}{4}=\frac{20}{4}=\ ^{ア}\boxed{}$$

例 51 赤球 2 個と白球 4 個が入った袋から，2 個の球を同時に取り出し，取り出した赤球 1 個につき 100 点がもらえるゲームを行う。1 回のゲームでもらえる点数の期待値を求めてみよう。

取り出した 2 個の球に含まれる赤球の個数は，0 個，1 個，2 個のいずれかである。

赤球が 0 個である確率は $\dfrac{{}_4C_2}{{}_6C_2}=\dfrac{6}{15}$　　← 赤球 0 個，白球 2 個

赤球が 1 個である確率は $\dfrac{{}_2C_1\times{}_4C_1}{{}_6C_2}=\dfrac{8}{15}$　　← 赤球 1 個，白球 1 個

赤球が 2 個である確率は $\dfrac{{}_2C_2}{{}_6C_2}=\dfrac{1}{15}$　　← 赤球 2 個，白球 0 個

したがって，もらえる点数とその確率は，右の表のようになる。

点数	0	100	200	計
確率	$\frac{6}{15}$	$\frac{8}{15}$	$\frac{1}{15}$	1

よって，求める期待値は

$$0\times\frac{6}{15}+100\times\frac{8}{15}+200\times\frac{1}{15}=\frac{1000}{15}=\ ^{ア}\boxed{}\ (点)$$

練習問題

*58 1, 3, 5, 7, 9 の数字が 1 つずつ書かれた 5 枚のカードから，1 枚のカードを引くとき，引いたカードに書かれた数の期待値を求めよ。 ◀例 50

59 1 枚の硬貨を続けて 3 回投げるとき，表が出る回数の期待値を求めよ。 ◀例 50

*60 赤球 3 個と白球 2 個が入った袋から，3 個の球を同時に取り出し，取り出した赤球 1 個につき 500 点がもらえるゲームを行う。1 回のゲームでもらえる点数の期待値を求めよ。

◀例 51

確認問題 5

*1　赤球 3 個，白球 6 個が入っている袋 A と，青球 6 個，黄球 2 個が入っている袋 B がある。A，B から 1 個ずつ球を取り出すとき，袋 A から赤球，袋 B から青球を取り出す確率を求めよ。

*2　赤球 5 個，白球 4 個，青球 3 個が入っている袋がある。この袋から球を 1 個取り出し，色を確かめてからもとにもどす。この試行を 3 回くり返すとき，赤球，白球，青球の順に取り出される確率を求めよ。

*3　1 個のさいころを続けて 5 回投げるとき，5 以上の目がちょうど 3 回出る確率を求めよ。

*4　1 から 10 までの番号が 1 つずつ書かれた 10 枚のカードから，続けてカードを 2 枚引く試行を考える。ただし，引いたカードはもとにもどさないものとする。この試行において，1 枚目に 3 の倍数が出たときに，2 枚目に 4 の倍数が出る条件つき確率を求めよ。

5　赤球 4 個，白球 5 個が入っている袋がある。この袋から球を 1 個取り出す。この試行を 2 回くり返すとき，次の確率を求めよ。ただし，取り出した球はもとにもどさないものとする。

*(1)　1 回目に赤球，2 回目に白球が出る確率

(2)　2 回とも赤球が出る確率

*6　3 本の当たりくじを含む 10 本のくじがある。この中から 2 本のくじを同時に引くとき，引いた当たりくじ 1 本につき 100 点がもらえるゲームを行う。1 回のゲームでもらえる点数の期待値を求めよ。

TRY PLUS

例題 1　身近な確率

⇨教 p.51 応用例題 4

a，b，c の 3 人がじゃんけんを 1 回するとき，次の確率を求めよ。

(1)　a と b の 2 人が負ける確率　　(2)　3 人のうち 2 人が勝つ確率

解　3 人の手の出し方の総数は　$3^3=27$ (通り)

(1)　a と b の 2 人が負ける場合は，a と b が，グー，チョキ，パーのそれぞれで負ける 3 通りがある。

よって，求める確率は　$\dfrac{3}{3^3}=\dfrac{3}{27}=\dfrac{1}{9}$

(2)　3 人のうち，勝つ 2 人の選び方は ${}_3C_2$ 通りあり，それぞれの場合について，グー，チョキ，パーで勝つ 3 通りがある。

よって，求める確率は　$\dfrac{{}_3C_2\times 3}{3^3}=\dfrac{3\times 3}{27}=\dfrac{1}{3}$

問 1　a，b，c，d の 4 人がじゃんけんを 1 回するとき，次の確率を求めよ。

(1)　a と b の 2 人だけが勝つ確率

(2)　4 人のうち 2 人だけが勝つ確率

(3)　4 人のうち 3 人が勝つ確率

例題 2 反復試行の確率

⇨教 p.56 例題 7

1 個のさいころを続けて 4 回投げるとき，1 の目が 3 回以上出る確率を求めよ。

解 1 個のさいころを 1 回投げるとき，1 の目が出る確率は $\dfrac{1}{6}$

「1 の目がちょうど 3 回出る」事象を A，「4 回とも 1 の目が出る」事象を B とすると，1 の目が 3 回以上出る事象は $A \cup B$ である。

ここで

$$P(A) = {}_4C_3\left(\frac{1}{6}\right)^3\left(1-\frac{1}{6}\right)^{4-3}$$

$$= 4 \times \frac{1}{6^3} \times \frac{5}{6} = \frac{20}{6^4}$$

$$P(B) = {}_4C_4\left(\frac{1}{6}\right)^4$$

$$= \frac{1}{6^4}$$

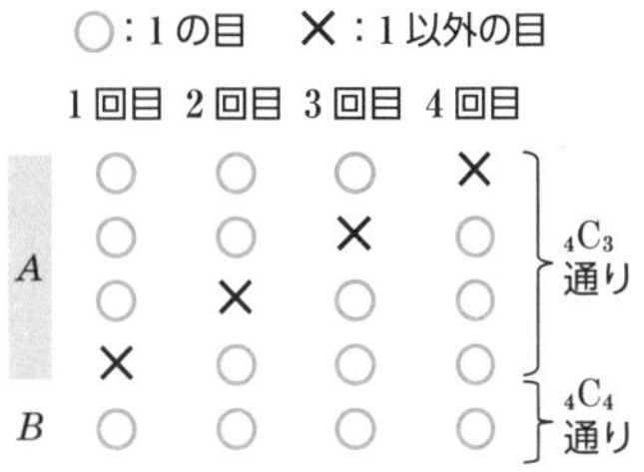

である。A と B は互いに排反であるから，求める確率は

$$P(A \cup B) = P(A) + P(B) = \frac{20}{6^4} + \frac{1}{6^4} = \frac{21}{6^4} = \frac{7}{432}$$

問 2 1 個のさいころを続けて 3 回投げるとき，1 の目が 2 回以上出る確率を求めよ。

21 平行線と線分の比

⇨教 p.70〜p.71

1 平行線と線分の比

右の図の △ADE と △ABC において，DE // BC ならば

$$AD : AB = AE : AC$$
$$AD : AB = DE : BC$$
$$AD : DB = AE : EC$$

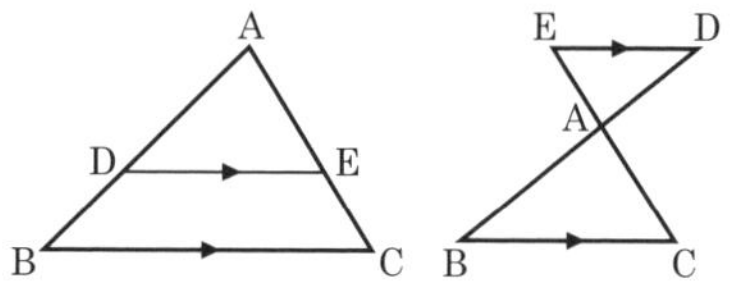

2 線分の内分と外分

(1) 内分

点 P は線分 AB を $m : n$ に内分

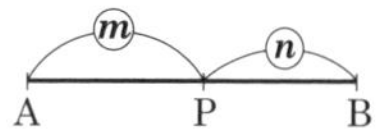

(2) 外分

点 Q は線分 AB を $m : n$ に外分

$m > n$ のとき

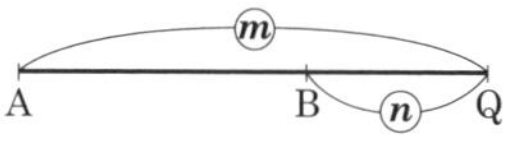

$m < n$ のとき

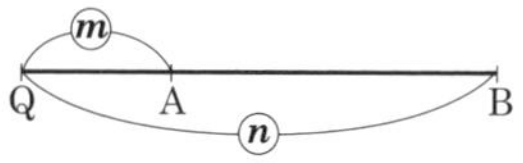

例 52

右の図において，DE // BC のとき，x，y を求めてみよう。

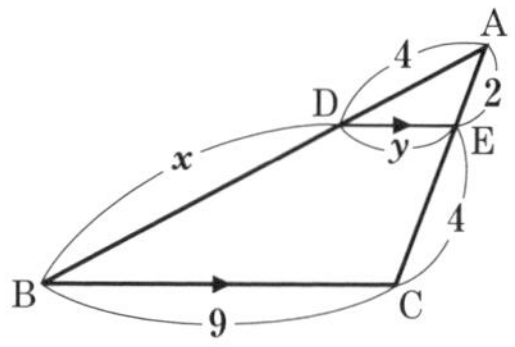

DE // BC より　AD : DB = AE : EC であるから

$4 : x = 2 : 4$　より　　$2x = 16$

よって　　$x =$ ア［　　］

また，DE : BC = AE : AC であるから

$y : 9 = 2 : (2 + 4)$

よって　　$6y = 9 \times 2$

したがって　　$y =$ イ［　　］

例 53

下の線分 AB において，次の点を図示してみよう。

(1) 1 : 3 に内分する点 P

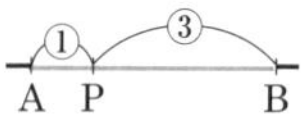

(2) 2 : 1 に外分する点 Q

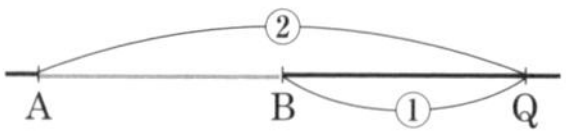

(3) 3 : 5 に外分する点 R

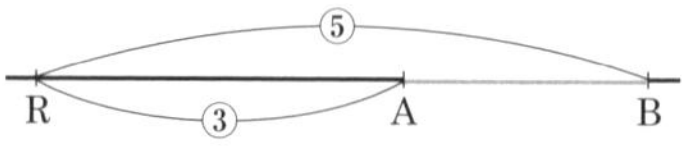

練習問題

***61** 次の図において，DE // BC のとき，x，y を求めよ。 ◀例 52

(1)

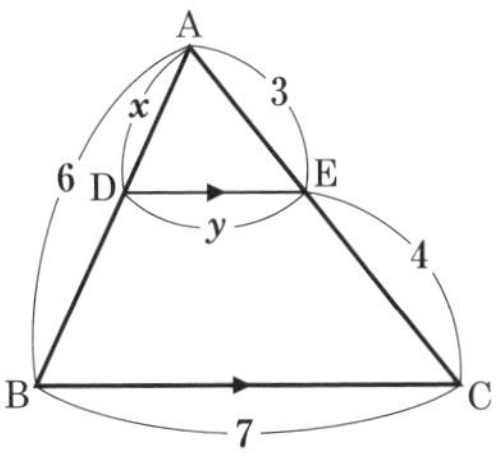

(2)

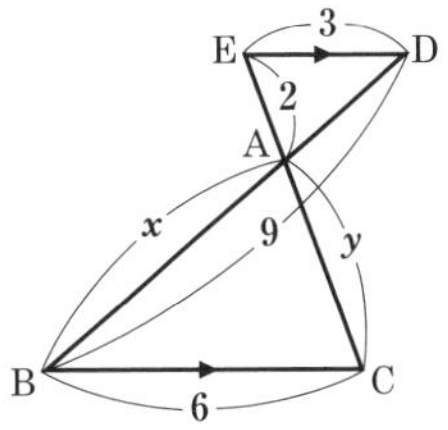

(3)

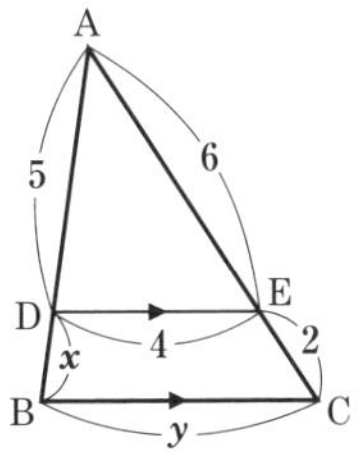

(4)

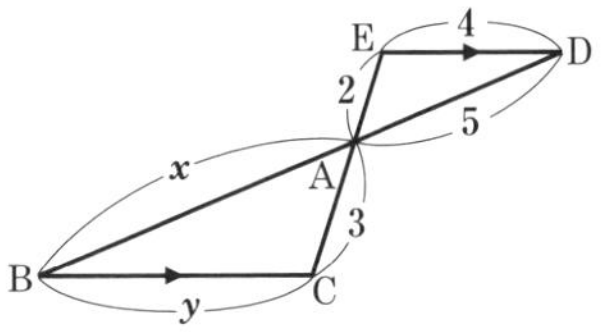

***62** 下の図の線分 AB において，次の点を図示せよ。 ◀例 53

(1) **1：1** に内分する点 **C**　　(2) **3：1** に内分する点 **D**

(3) **2：1** に外分する点 **E**　　(4) **1：3** に外分する点 **F**

22 角の二等分線と線分の比

⇨教 p.72〜p.73

1 角の二等分線と線分の比

(1) 内角の二等分線と線分の比

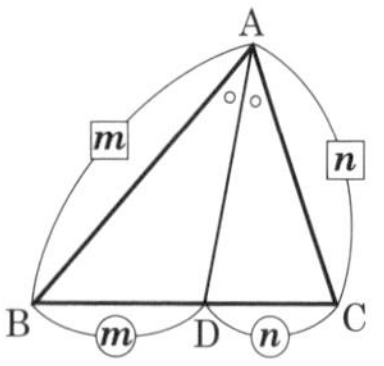

BD : DC = AB : AC

(2) 外角の二等分線と線分の比

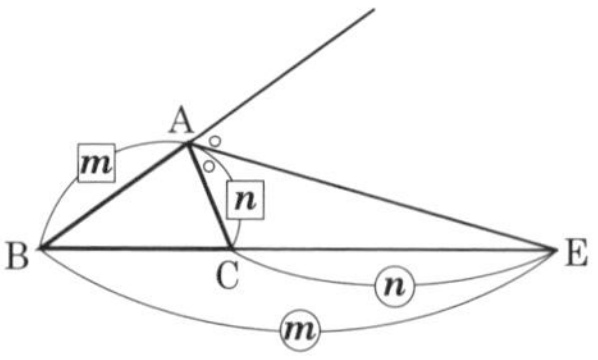

BE : EC = AB : AC

例 54 右の図の △ABC において，AD が ∠A の二等分線であるとき，線分 BD の長さ x を求めてみよう。

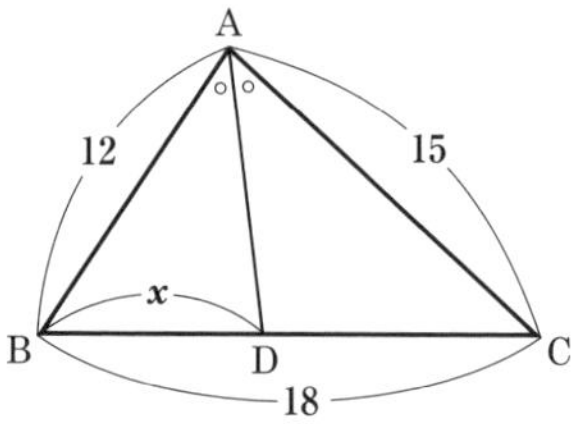

BD : DC = AB : AC より

$x : (18-x) = 12 : 15$

よって　$15x = 12(18-x)$

したがって　$x =$ ア[　　]

例 55 右の図の △ABC において，AE が ∠A の外角の二等分線であるとき，線分 CE の長さ x を求めてみよう。

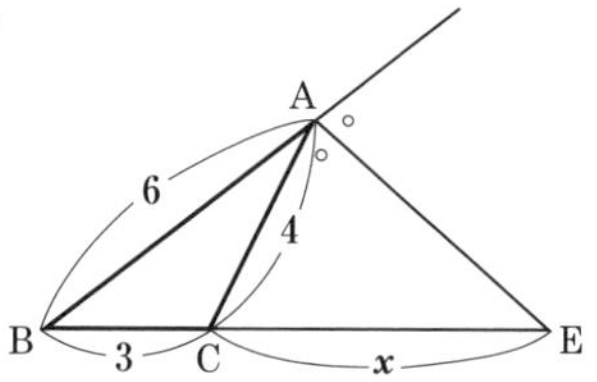

BE : EC = AB : AC より

$(x+3) : x = 6 : 4$

よって　$6x = 4(x+3)$

したがって　$x =$ ア[　　]

練習問題

*63 右の図の △ABC において，AD が ∠A の二等分線であるとき，線分 BD の長さ x を求めよ。 ◀例 54

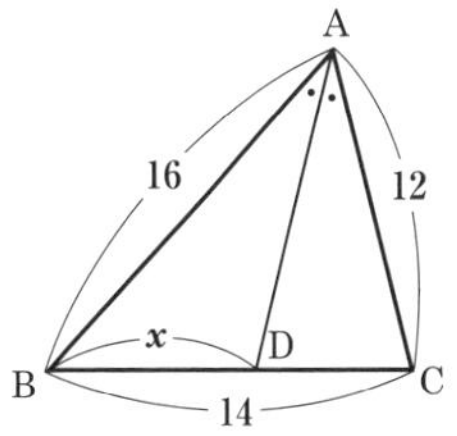

64 右の図の △ABC において，AD が ∠A の二等分線，AE が ∠A の外角の二等分線であるとき，次の線分の長さを求めよ。 ◀例 54 例 55

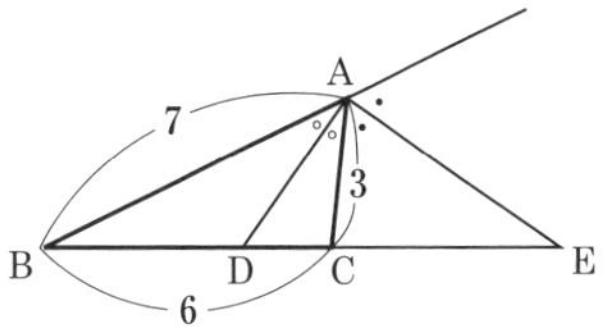

*(1) BD

*(2) CE

(3) DE

23 三角形の重心・内心・外心

⇨教 p.74〜p.79

1 重心

(1) 三角形の 3 本の中線は 1 点 G で交わり，この交点 G を 重心 という。

(2) 重心 G は，それぞれの中線を $2:1$ に内分する。

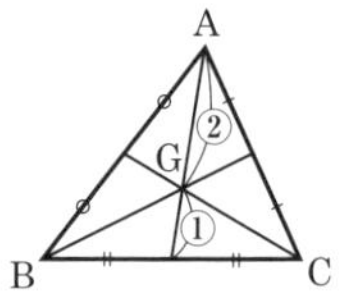

2 内心

(1) 三角形の 3 つの内角の二等分線は 1 点 I で交わり，この交点 I を 内心 という。

(2) 内心 I は三角形の内接円の中心であり，内心から各辺までの距離は等しい。

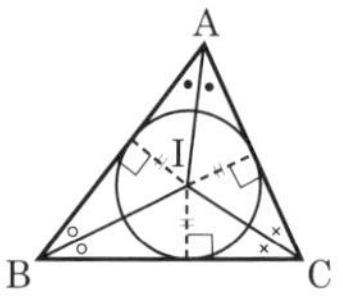

3 外心

(1) 三角形の 3 つの辺の垂直二等分線は 1 点 O で交わり，この交点 O を 外心 という。

(2) 外心 O は三角形の外接円の中心であり，外心から各頂点までの距離は等しい。

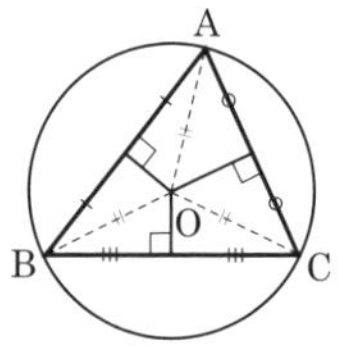

例 56 右の図において，点 G は △ABC の重心であり，G を通る線分 PQ は辺 BC に平行である。BD = 9 のとき，PQ の長さを求めてみよう。

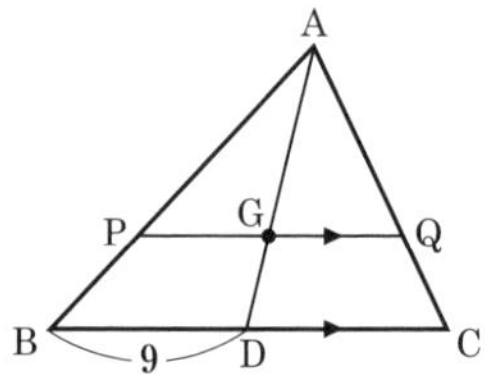

G は △ABC の重心であるから　　AG : GD = 2 : 1

D は BC の中点であるから　　BC = 2BD = 18

また，PQ // BC であるから　　PQ : BC = AP : AB = AG : AD

よって　PQ : 18 = 2 : (2 + 1)　より　PQ = ア［　　］

例 57 右の図において，点 I は △ABC の内心である。このとき θ を求めてみよう。

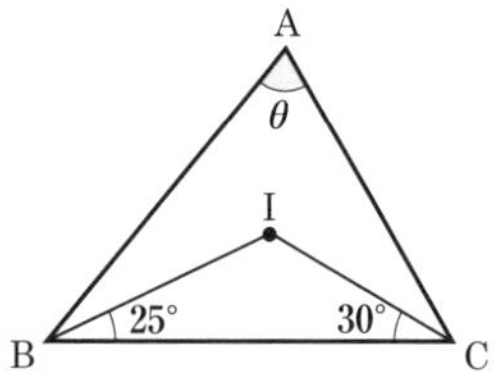

I は △ABC の内心であるから

　$\angle IBA = \angle IBC = 25^\circ$，$\angle ICA = \angle ICB = 30^\circ$

△ABC において，内角の和は 180° であるから

　$\theta + 2 \times (25^\circ + 30^\circ) = 180^\circ$　　したがって　$\theta =$ ア［　　］

例 58 右の図において，点 O は △ABC の外心である。このとき θ を求めてみよう。

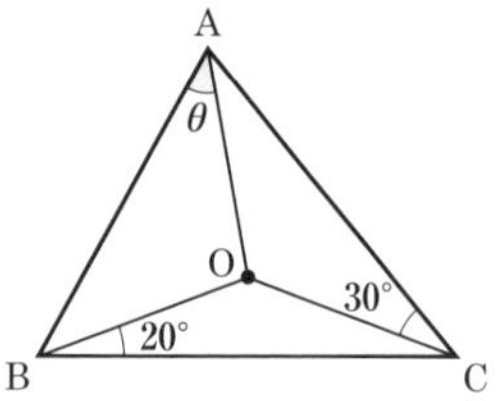

O は △ABC の外心であるから，OA = OB = OC より △OAB，△OBC，△OCA はいずれも二等辺三角形である。

よって　$\angle OBA = \angle OAB = \theta$

　　　$\angle OCB = \angle OBC = 20^\circ$

　　　$\angle OAC = \angle OCA = 30^\circ$

△ABC において，内角の和は 180° であるから

　$2 \times (\theta + 20^\circ + 30^\circ) = 180^\circ$　　したがって　$\theta =$ ア［　　］

練　習　問　題

65　右の図において，点 G は △ABC の重心であり，G を通る線分 PQ は辺 BC に平行である。AP ＝ 4，BC ＝ 9 のとき，PB，PQ の長さを求めよ。　◀例 56

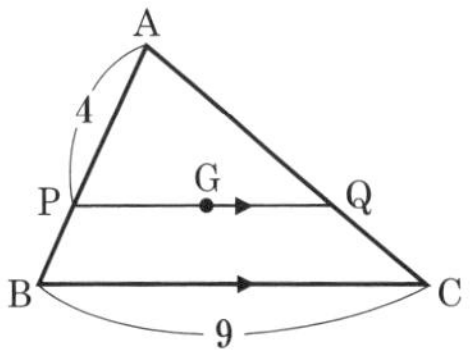

＊**66**　次の図において，点 I は △ABC の内心である。このとき θ を求めよ。　◀例 57

(1)

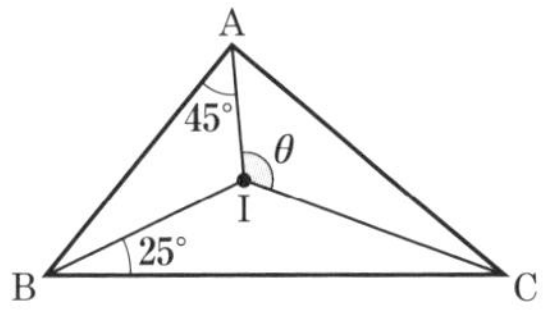

(2)

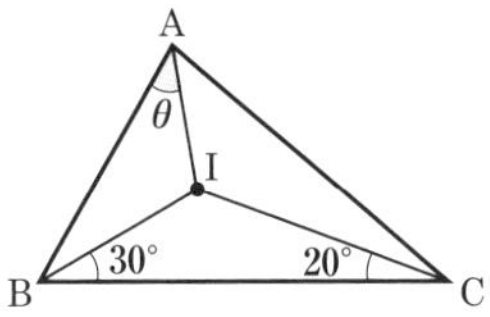

(3)

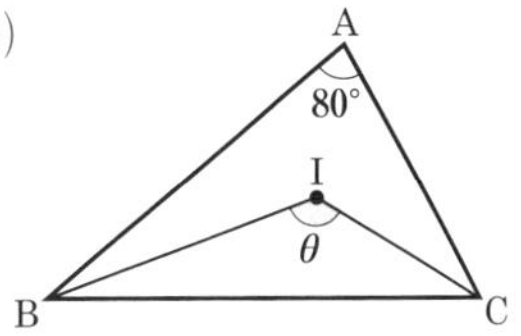

67　次の図において，点 O は △ABC の外心である。このとき θ を求めよ。　◀例 58

＊(1)

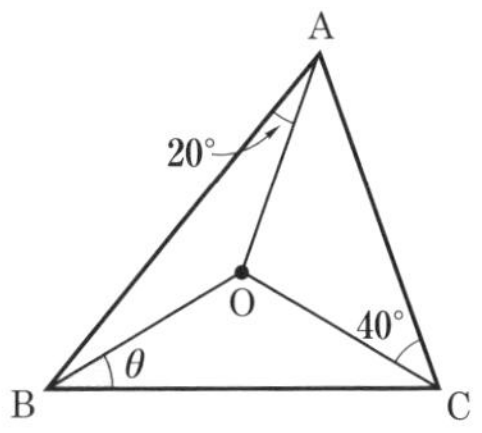

＊(2)

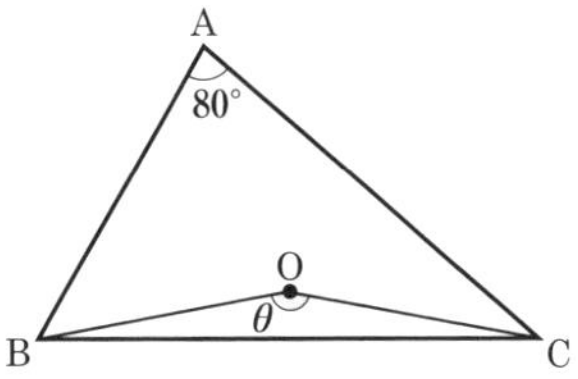

(3)

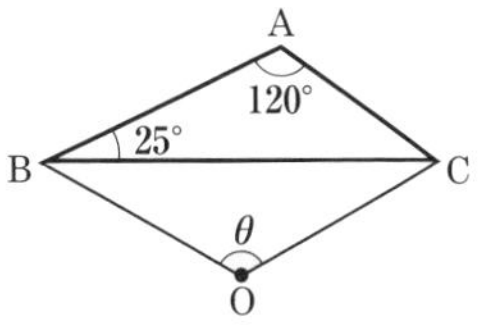

24 メネラウスの定理とチェバの定理

⇨教 p.80〜p.81

1 メネラウスの定理

△ABC の頂点を通らない直線 l が，辺 BC，CA，AB，またはその延長と交わる点をそれぞれ P，Q，R とするとき

$$\frac{BP}{PC}\cdot\frac{CQ}{QA}\cdot\frac{AR}{RB}=1$$

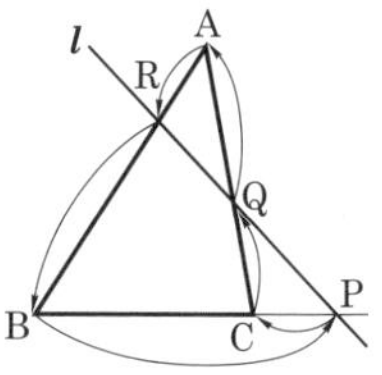

2 チェバの定理

△ABC の 3 辺 BC，CA，AB 上に，それぞれ点 P，Q，R があり，3 直線 AP，BQ，CR が 1 点 S で交わるとき

$$\frac{BP}{PC}\cdot\frac{CQ}{QA}\cdot\frac{AR}{RB}=1$$

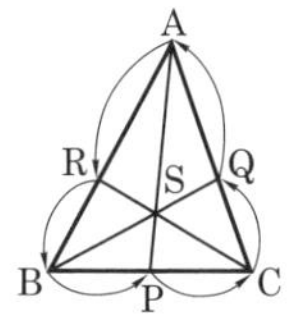

例 59 右の図の △ABC において，BP : PC を求めてみよう。

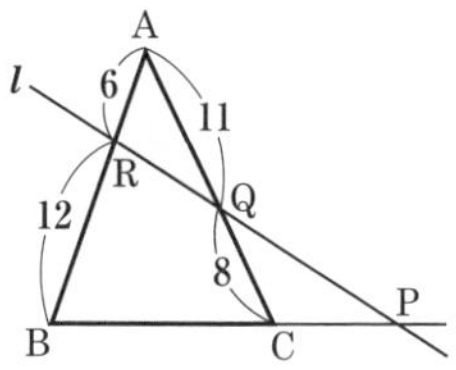

メネラウスの定理より　$\frac{BP}{PC}\cdot\frac{CQ}{QA}\cdot\frac{AR}{RB}=1$

ゆえに　$\frac{BP}{PC}\cdot\frac{8}{11}\cdot\frac{6}{12}=1$　　　よって　$\frac{BP}{PC}=\frac{11}{4}$

したがって　BP : PC = ア[　　] : イ[　　]

例 60 右の図の △ABC において，BP : PC を求めてみよう。

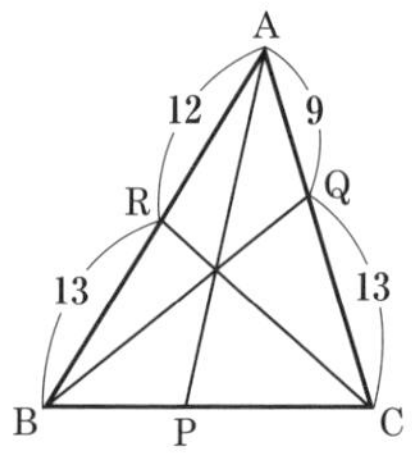

チェバの定理より　$\frac{BP}{PC}\cdot\frac{CQ}{QA}\cdot\frac{AR}{RB}=1$

ゆえに　$\frac{BP}{PC}\cdot\frac{13}{9}\cdot\frac{12}{13}=1$　　　よって　$\frac{BP}{PC}=\frac{3}{4}$

したがって　BP : PC = ア[　　] : イ[　　]

練習問題

*68 右の図の △ABC において，BP : PC を求めよ。 ◀例 59

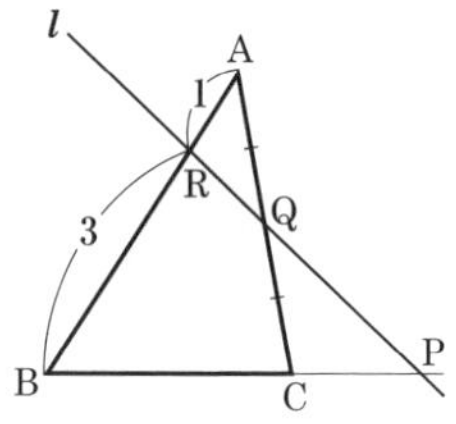

*69　右の図の △ABC において，AR：RB を求めよ。　◀例 59

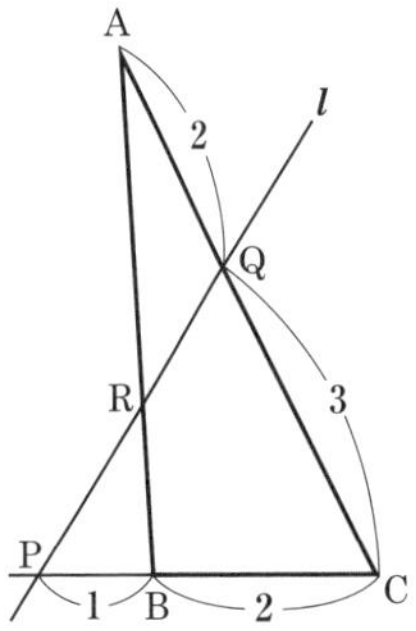

*70　右の図の △ABC において，AR：RB を求めよ。　◀例 60

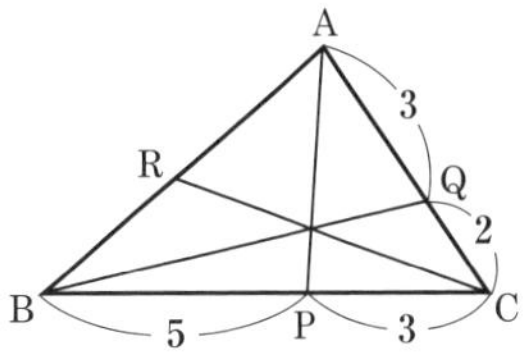

71　右の図の △ABC において，AF：FB ＝ 2：3，AP：PD ＝ 7：3 である。このとき，次の比を求めよ。　◀例 59　例 60

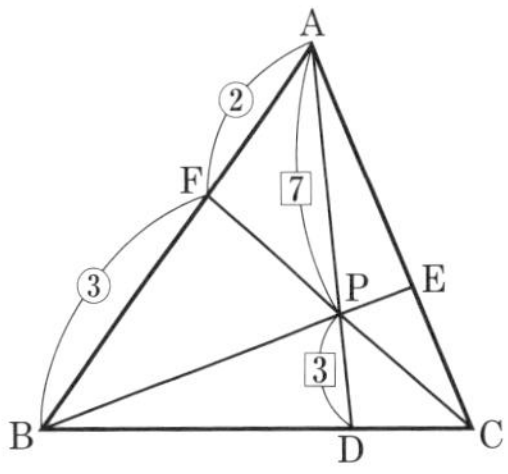

(1)　BD：DC

(2)　AE：EC

確認問題 6

1 次の図において，DE // BC のとき，x，y を求めよ。

(1)

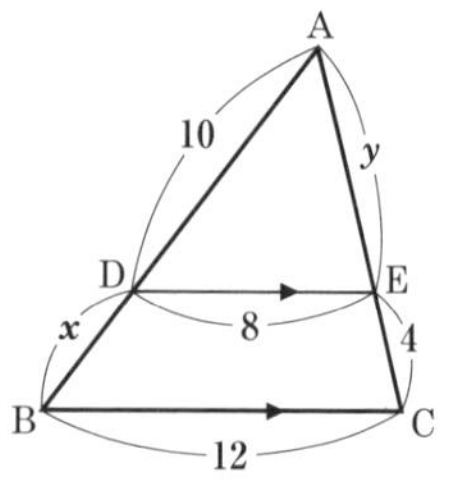

*(2)

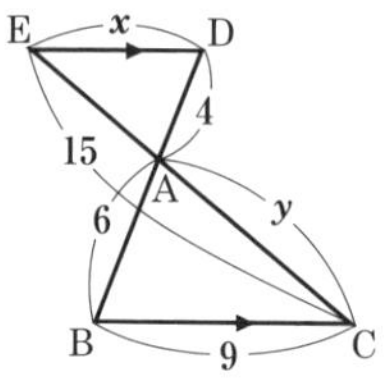

2 右の図のような四角形 ABCD において，∠B の二等分線と ∠D の二等分線が対角線 AC 上の点 E で交わるとき，次の問いに答えよ。

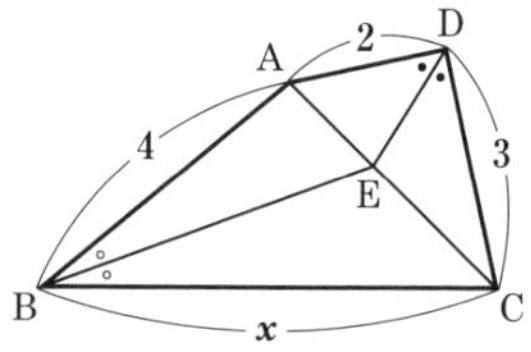

(1) AE：EC を求めよ。

(2) 辺 BC の長さ x を求めよ。

3 右の図の △ABC において，AD が ∠A の内角の二等分線，AE が ∠A の外角の二等分線であるとき，次の線分の長さを求めよ。

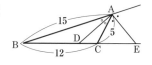

*(1) BD　　*(2) CE

(3) DE

4 右の図において，点 G は $\triangle$ABC の重心であり，G を通る線分 PQ は辺 BC に平行である。AG = 8，BD = 6 のとき，GD，GQ の長さを求めよ。

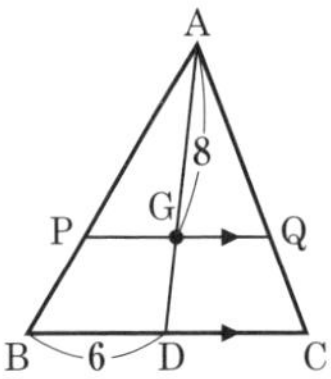

*__5__ 次の図において，点 I は $\triangle$ABC の内心，点 O は $\triangle$ABC の外心である。このとき θ を求めよ。

(1)

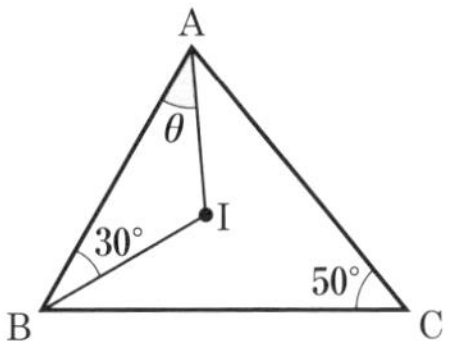

(2)

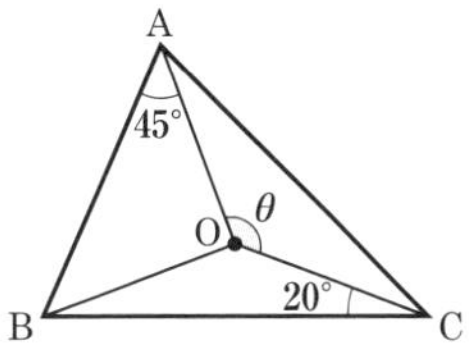

6 右の図の $\triangle$ABC において，AF : FB = 3 : 4，AP : PD = 5 : 2 である。このとき，次の比を求めよ。

*(1) **BD : DC**

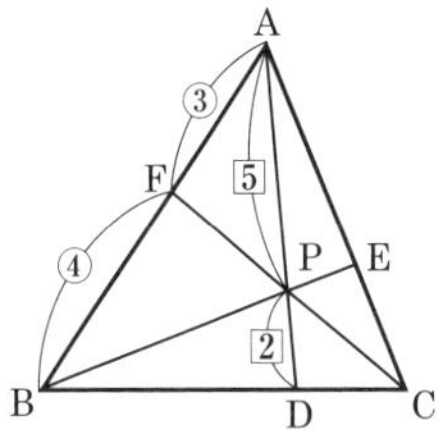

(2) **AE : EC**

25 円周角の定理とその逆

⇨教 p.86〜p.89

1 円周角の定理

1つの弧に対する円周角の大きさは一定であり，その弧に対する中心角の大きさの半分である。⬅ $\angle APB = \frac{1}{2}\angle AOB$

とくに，半円周に対する円周角の大きさは 90° である。

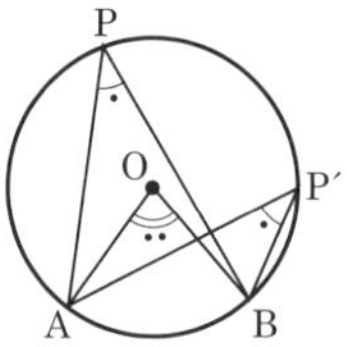

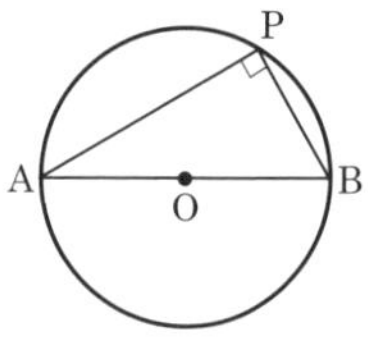

2 円周角の定理の逆

4点 A，B，P，Q について，P，Q が直線 AB の同じ側にあって，

$$\angle APB = \angle AQB$$

が成り立つならば，この4点は同一円周上にある。

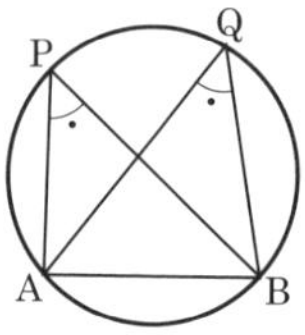

例 61 右の図において，点 O を円の中心とするとき，θ を求めてみよう。

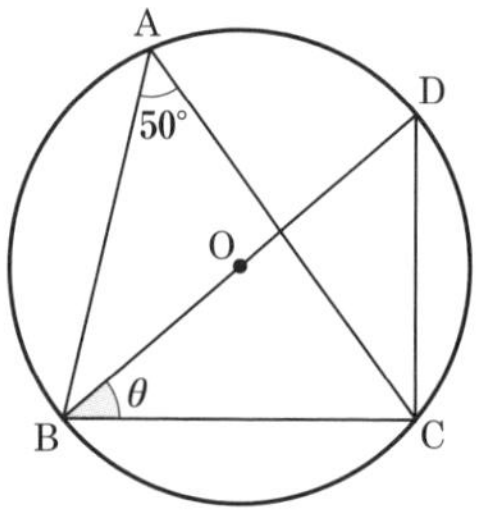

円周角の定理より

$\angle BDC = \angle BAC =$ ア［　　］

$\angle BCD$ は半円周 BD に対する円周角であるから

$\angle BCD =$ イ［　　］

よって，△BCD において，内角の和は 180° であるから

$\theta + \angle BDC + \angle BCD = 180°$ より　$\theta + 50° + 90° = 180°$

したがって　$\theta =$ ウ［　　］

例 62 右の図の4点 A，B，C，D が同一円周上にあるかどうかを調べてみよう。

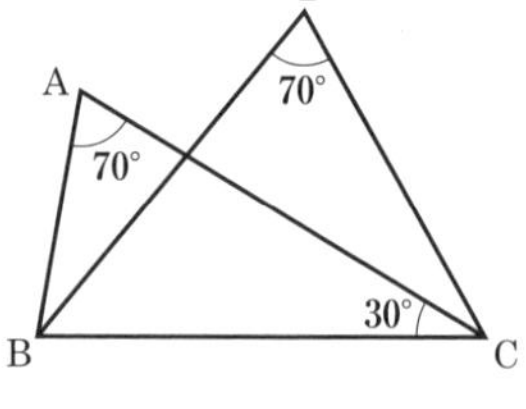

2点 A，D が直線 BC について同じ側にあり，

$\angle BAC = \angle$ ア［　　］

であるから，円周角の定理の逆により，4点 A，B，C，D は同一円周上にある。

練　習　問　題

72　次の図において，θ を求めよ。ただし，点 O は円の中心である。　◀例 61

(1)

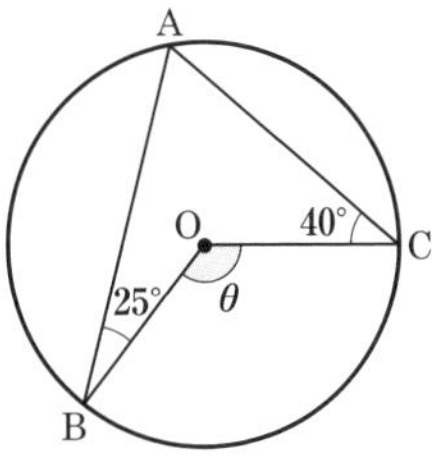

*(2)

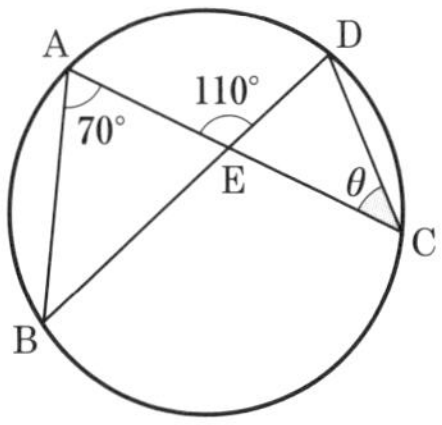

(3)

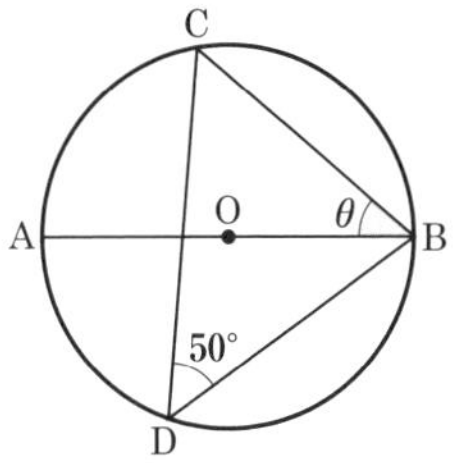

*(4)

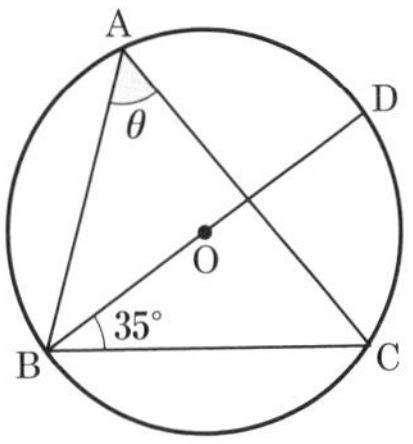

73　次の図の 4 点 A，B，C，D が同一円周上にあるかどうかを調べよ。　◀例 62

(1)

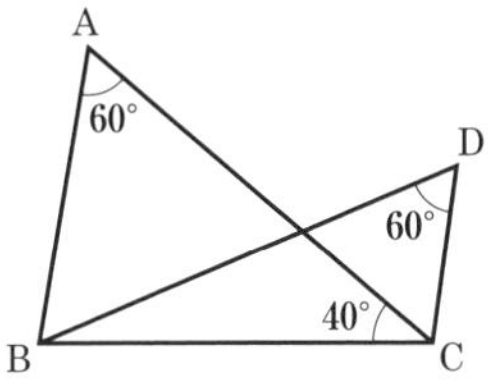

*(2)

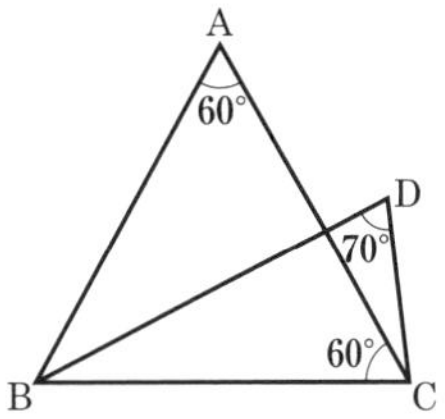

26 円に内接する四角形

⇨教 p.86〜p.89

1 円に内接する四角形

四角形が円に内接するとき，次の性質が成り立つ。

(1) 向かい合う内角の和は 180°

(2) 1つの内角は，それに向かい合う内角の外角に等しい

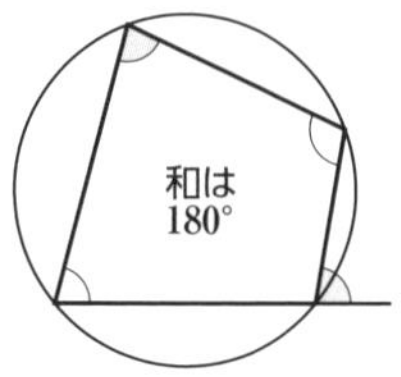

2 四角形が円に内接する条件

次の(1)，(2)のいずれかが成り立つ四角形は，円に内接する。

(1) 向かい合う内角の和が 180°

(2) 1つの内角が，それに向かい合う内角の外角に等しい

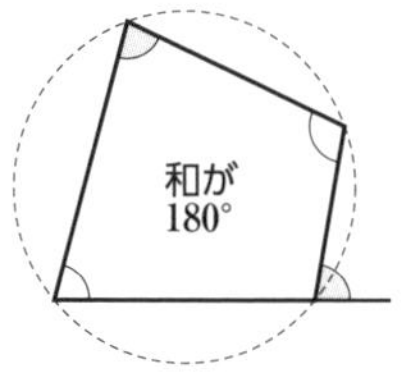

例 63 右の図において，四角形 ABCD は円 O に内接している。

このとき，α，β を求めてみよう。

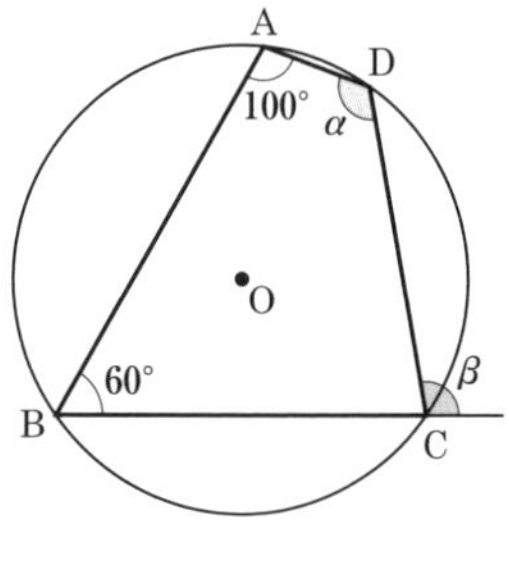

円に内接する四角形の性質から，向かい合う内角の和は 180° である。

よって

$\alpha = 180° - \angle ABC$

$= 180° - 60° = {}^{ア}\boxed{}$

また，∠BAD は ∠BCD の外角に等しいから

$\beta = \angle BAD$

$= {}^{イ}\boxed{}$

例 64 右の四角形 ABCD が円に内接するか調べてみよう。

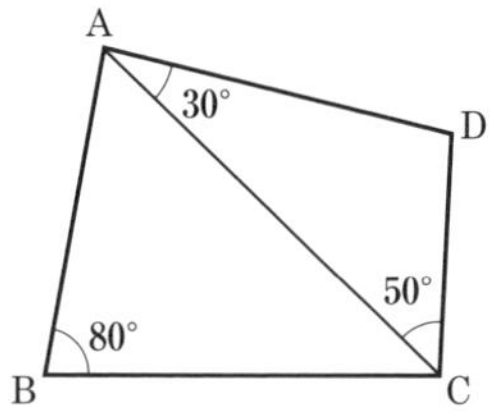

△ACD において，内角の和は 180° であるから

$30° + 50° + \angle D = 180°$

より

$\angle D = {}^{ア}\boxed{}$

よって

$\angle B + \angle D = 80° + {}^{ア}\boxed{} = {}^{イ}\boxed{}$

向かい合う内角の和が 180° であるから，四角形 ABCD は円に内接する。

練　習　問　題

74 次の図において，四角形 ABCD は円 O に内接している。このとき，α，β を求めよ。

◀例 63

*(1)

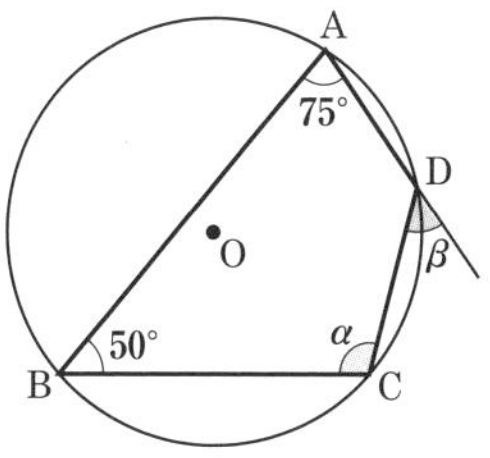

(2)

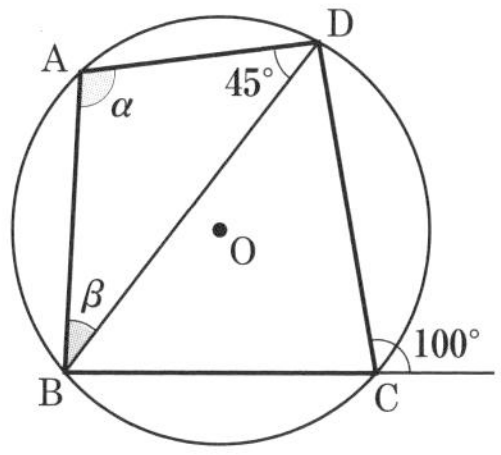

*(3)

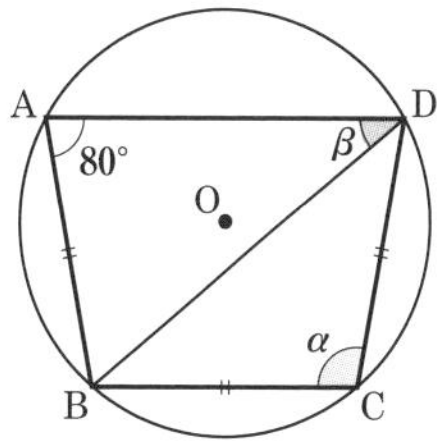

75 次の図において，四角形 ABCD は円 O に内接している。このとき，θ を求めよ。

◀例 63

*(1)

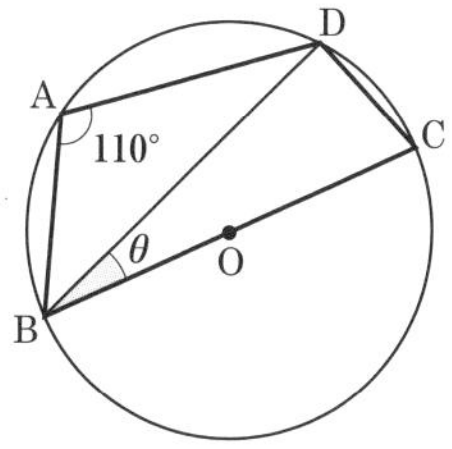

(2)

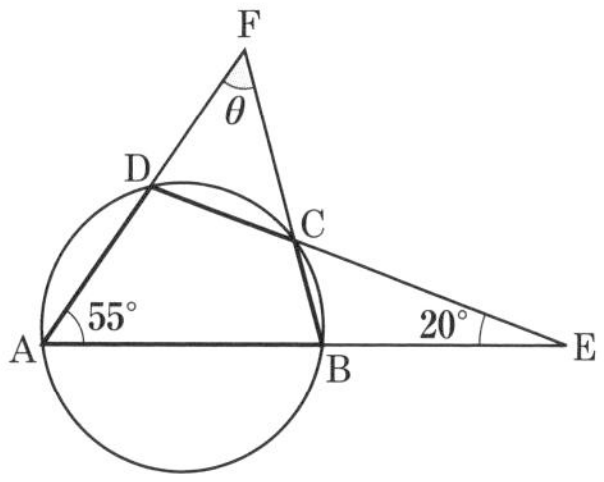

***76** 次の四角形 ABCD のうち，円に内接するものはどれか答えよ。 ◀例 64

(ア)

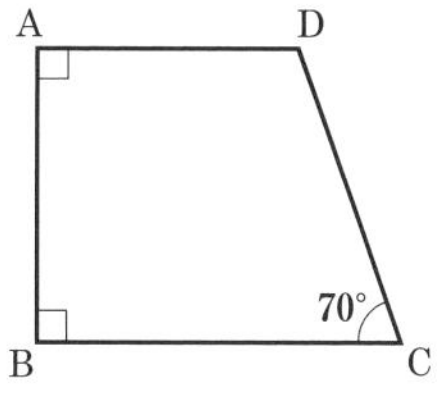

(イ)

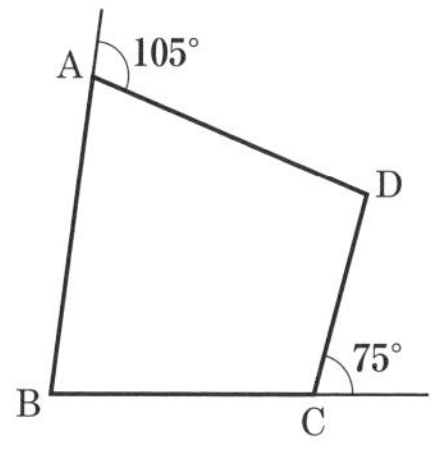

(ウ)

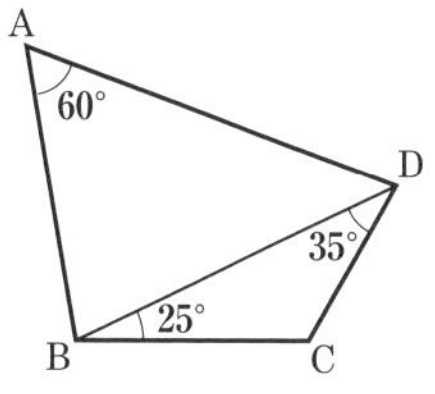

27 円の接線

⇨教 p.90〜p.91

1 円の接線

(1) 円の接線は，接点を通る半径に垂直である。
(2) 円の外部の1点からその円に引いた2本の接線の長さは等しい。

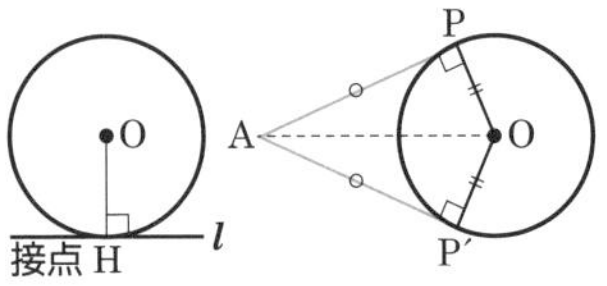

例 65 右の図において，△ABC の内接円 O と辺 BC，CA，AB との接点を，それぞれ P，Q，R とする。このとき，辺 AB の長さを求めてみよう。

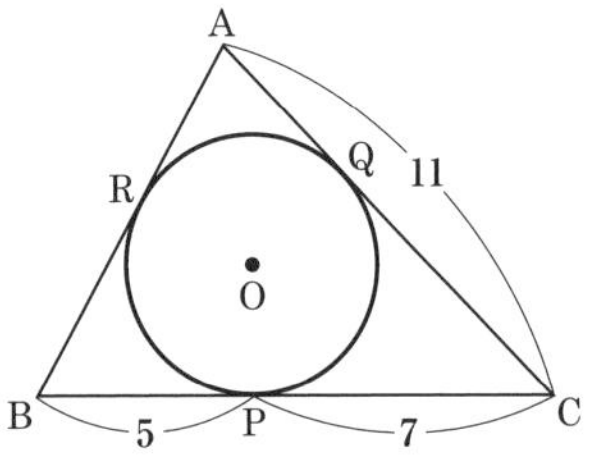

BR = BP より　　BR = 5

CQ = CP より　　CQ = 7

ゆえに　　AQ = AC − CQ = 4

AR = AQ より　　AR = ア［　　］

よって　　AB = AR + RB = イ［　　］

例 66 AB = 5，BC = 8，CA = 7 である △ABC の内接円 O と辺 BC，CA，AB との接点を，それぞれ P，Q，R とする。このとき，BP の長さを求めてみよう。

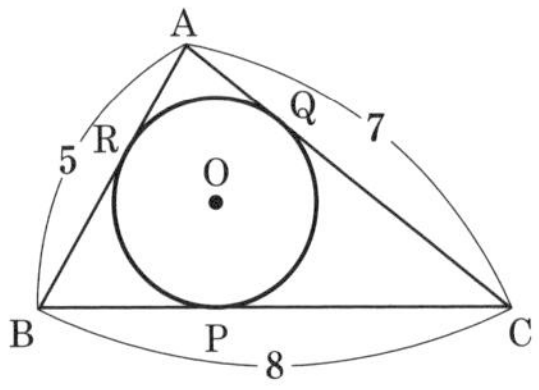

BP = x とすると　　BR = BP，AB = 5

より　AR = AB − BR = ア［　　］$-x$

よって，AQ = AR より　AQ = ア［　　］$-x$

また，BC = 8 より

CP = BC − BP = イ［　　］$-x$

よって，CQ = CP より　CQ = イ［　　］$-x$

ここで，AQ + CQ = CA，CA = 7 であるから

$(5-x)+(8-x)=7$

ゆえに　　$x=3$

したがって　　BP = ウ［　　］

練　習　問　題

77　次の図において，△ABC の内接円 O と辺 BC，CA，AB との接点を，それぞれ P，Q，R とする。このとき，辺 AB の長さを求めよ。　◀例 65

(1)

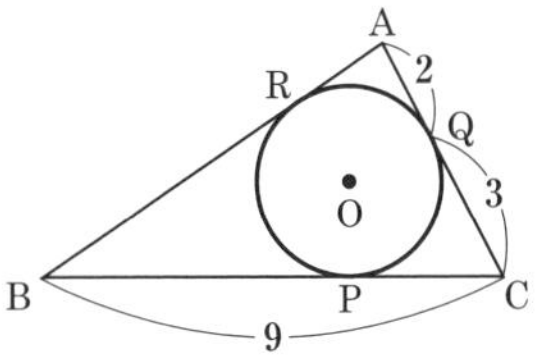

(2)

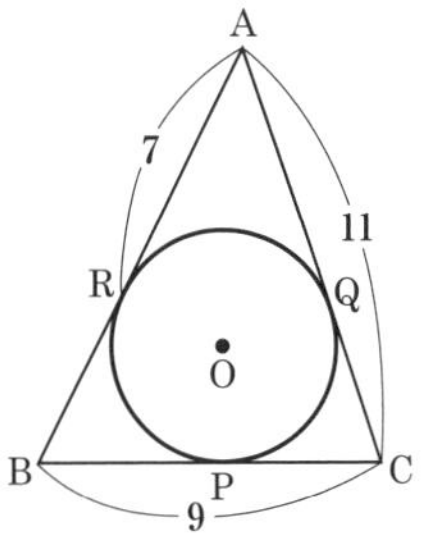

78　AB = 13，BC = 8，CA = 9 である △ABC の内接円 O と辺 BC，CA，AB との接点を，それぞれ P，Q，R とする。このとき，BP の長さを求めよ。　◀例 66

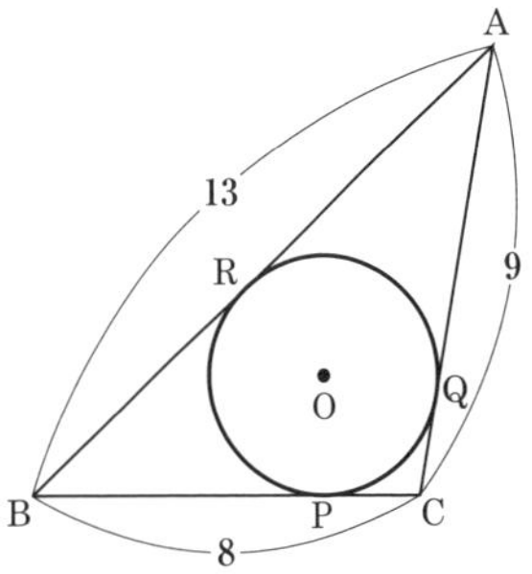

28 接線と弦のつくる角

⇨教 p.92〜p.93

1 接線と弦のつくる角（接弦定理）

円の接線 AT と接点 A を通る弦 AB のつくる角は，その角の内部にある弧 AB に対する円周角に等しい。

すなわち　$\angle TAB = \angle ACB$

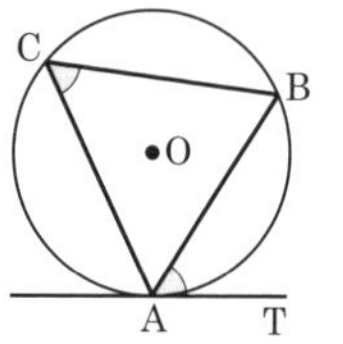

例 67　右の図において，AT は円 O の接線，A は接点である。このとき，θ を求めてみよう。

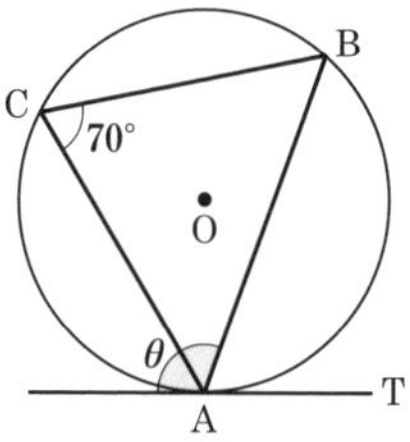

接線と弦のつくる角の性質より

$\angle BAT = \angle ACB = 70°$

よって　$\theta = 180 - \angle BAT = 180 - 70° =$ ア［　　］

例 68　右の図において，PT は円 O の接線，A は接点である。また，BC は円 O の直径である。このとき，α，β を求めてみよう。

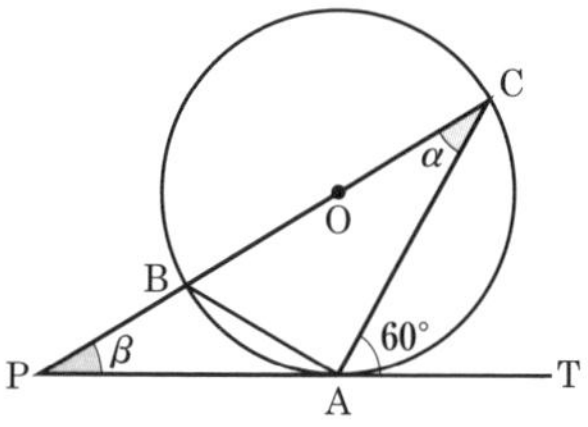

接線と弦のつくる角の性質より

$\angle ABC = \angle CAT = 60°$

BC は直径であるから

$\angle BAC =$ ア［　　］

ここで，$\triangle ABC$ において　$\angle BAC + \angle ABC + \alpha = 180°$

すなわち　$90° + 60° + \alpha = 180°$

よって　$\alpha =$ イ［　　］

また，$\triangle PAC$ において，内角と外角の関係より　$\beta + \alpha = 60°$

したがって　$\beta =$ ウ［　　］

練習問題

79 次の図において，AT は円 O の接線，A は接点である。このとき，θ を求めよ。

◀例 67

*(1)

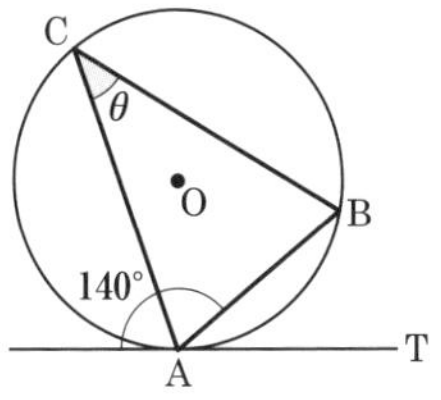

(2)

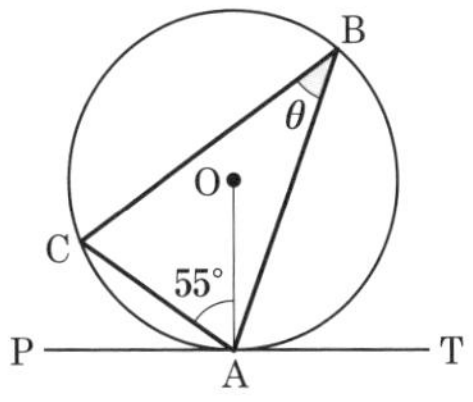

80 次の図において，AT は円 O の接線，A は接点である。このとき，θ を求めよ。

◀例 68

*(1)

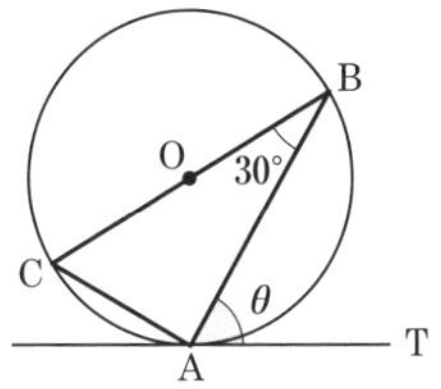

(2)

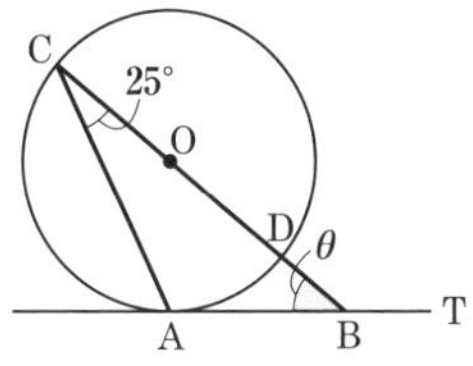

29 方べきの定理

⇨教 p.94〜p.95

1 方べきの定理 (1)

円の 2 つの弦 AB，CD の交点，または，それらの延長の交点を P とするとき

$PA \cdot PB = PC \cdot PD$

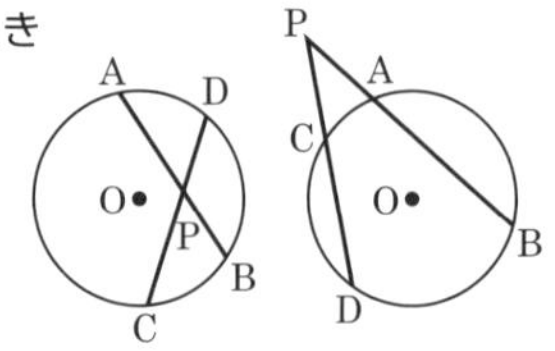

2 方べきの定理 (2)

円の弦 AB の延長と円周上の点 T における接線が点 P で交わるとき

$PA \cdot PB = PT^2$

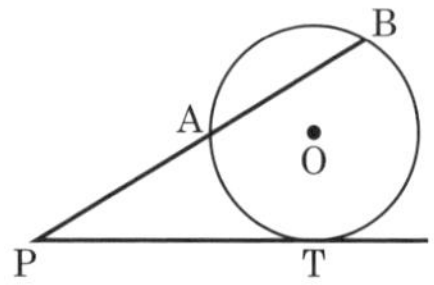

例 69 次の図において，x を求めてみよう。

(1) $PA \cdot PB = PC \cdot PD$ より

$4 \cdot x = 5 \cdot 8$

よって　$x =$ ア[　　]

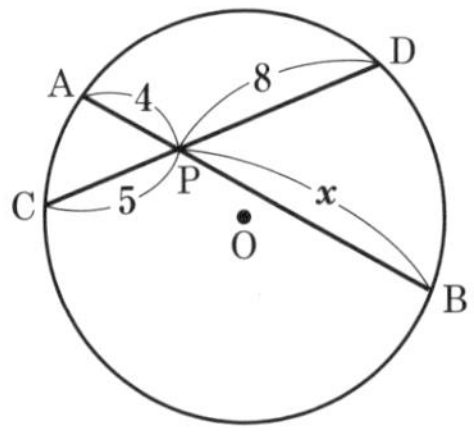

(2) $PA \cdot PB = PC \cdot PD$ より

$4 \cdot (4 + x) = 5 \cdot (5 + 7)$

$4x + 16 = 60$

$4x = 44$

よって　$x =$ イ[　　]

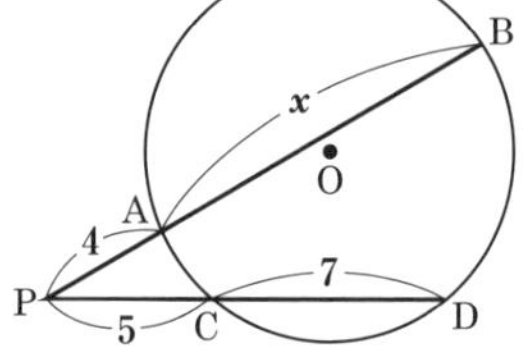

例 70 右の図で，PT が円 O の接線，T が接点であるとき，x を求めてみよう。

$PA \cdot PB = PT^2$ より

$4 \cdot (4 + 5) = x^2$

$x^2 = 36$

$x > 0$ より　$x =$ ア[　　]

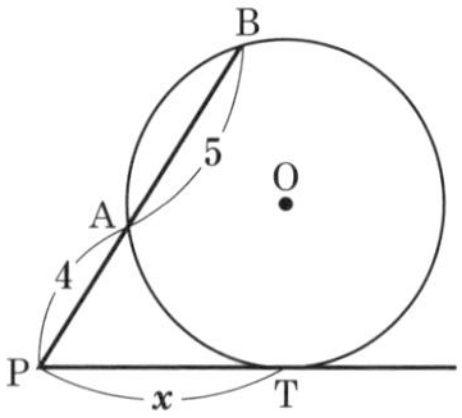

練 習 問 題

***81** 次の図において，x を求めよ。 ◀例 69

(1)

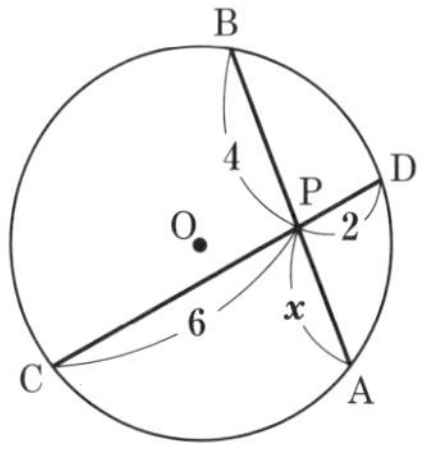

(2)

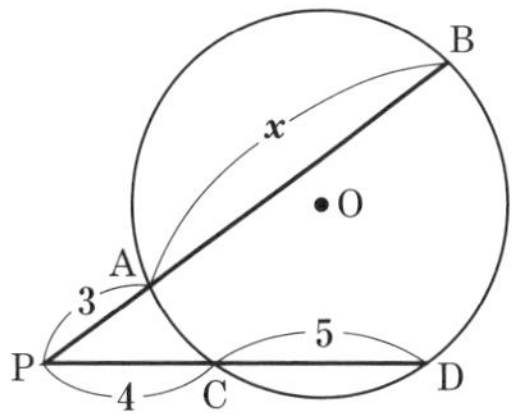

82 次の図で，PT が円 O の接線，T が接点であるとき，x を求めよ。 ◀例 70

*(1)

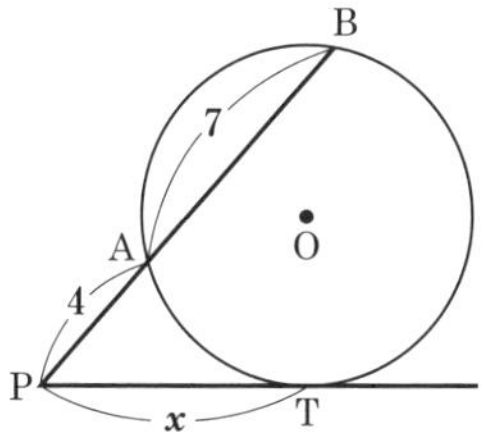

*(2)

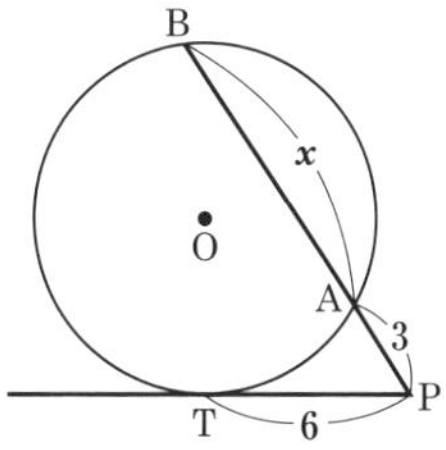

(3)

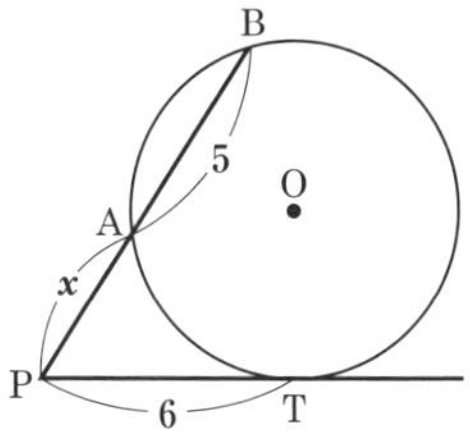

(4)

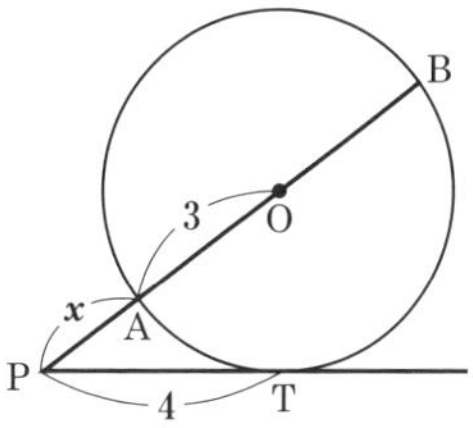

30 2つの円

⇨教 p.96〜p.97

1 2つの円の位置関係

2つの円の半径を r, r' ($r > r'$), 中心間の距離を d とするとき, その位置関係は次の5つの場合に分類される。

離れている	外接する	2点で交わる	内接する	内側にある
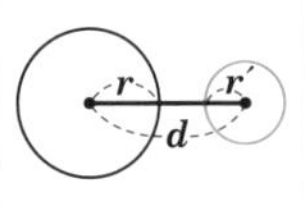	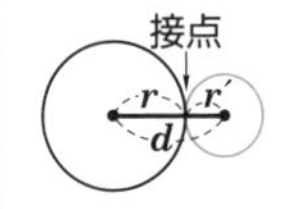	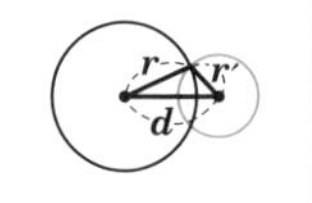	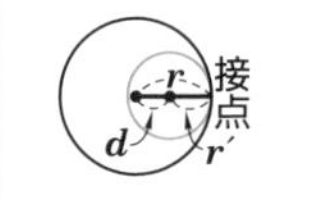	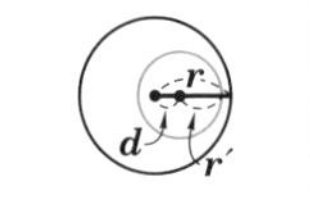
$d > r + r'$	$d = r + r'$	$r - r' < d < r + r'$	$d = r - r'$	$d < r - r'$

2 2つの円の共通接線

2つの円の共通接線は, 次のようになる。

① 離れているとき

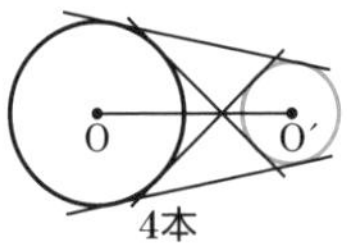

② 外接するとき

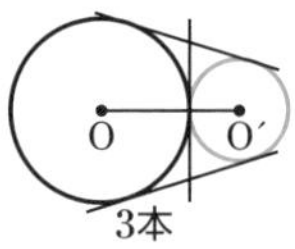

③ 2点で交わるとき

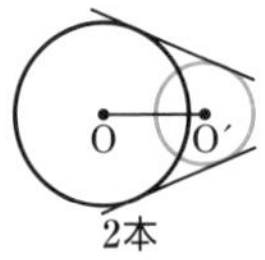

④ 内接するとき

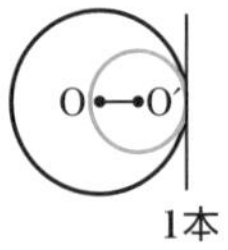

⑤ 内側にあるとき

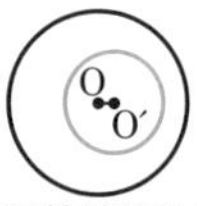

共通接線はない

例 71 半径が7と3の2つの円がある。2つの円が外接するときの中心間の距離 d, 内接するときの中心間の距離 d' をそれぞれ求めてみよう。

2つの円が外接するとき

$$d = 7 + 3 = {}^{ア}\boxed{}$$

2つの円が内接するとき

$$d' = 7 - 3 = {}^{イ}\boxed{}$$

例 72 右の図において, AB は円 O, O′ の共通接線で, A, B は接点である。このとき, 線分 AB の長さを求めてみよう。

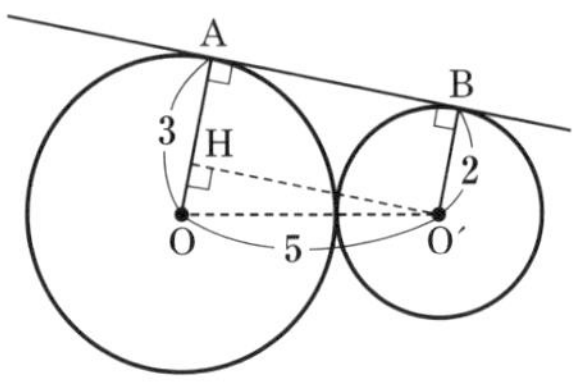

点 O′ から線分 OA に垂線 O′H をおろすと

$$\mathrm{OH} = \mathrm{OA} - \mathrm{O'B} = 3 - 2 = 1$$

△OO′H は, 直角三角形であるから

$$\mathrm{AB} = \mathrm{O'H} = \sqrt{5^2 - 1^2}$$

$$= \sqrt{24} = {}^{ア}\boxed{}$$

練習問題

*83　半径が r と5の2つの円がある。2つの円は中心間の距離が8のときに外接する。2つの円が内接するときの中心間の距離を求めよ。　◀例 71

*84　円O，O′の半径がそれぞれ7，4であり，中心OとO′の距離が次のような場合，2つの円の位置関係を答えよ。また，共通接線は何本あるか。

(1)　13　　(2)　11　　(3)　6

*85　次の図において，ABは円O，O′の共通接線で，A，Bは接点である。このとき，線分ABの長さを求めよ。　◀例 72

(1)

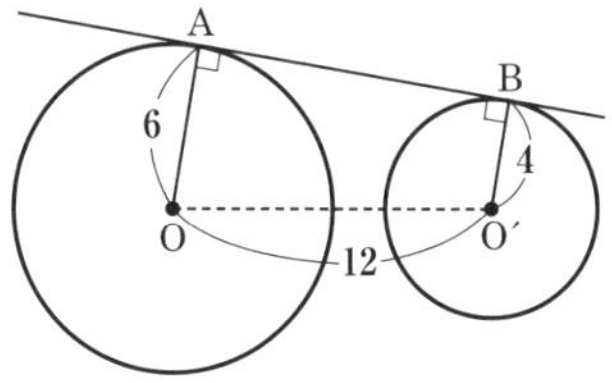

(2)

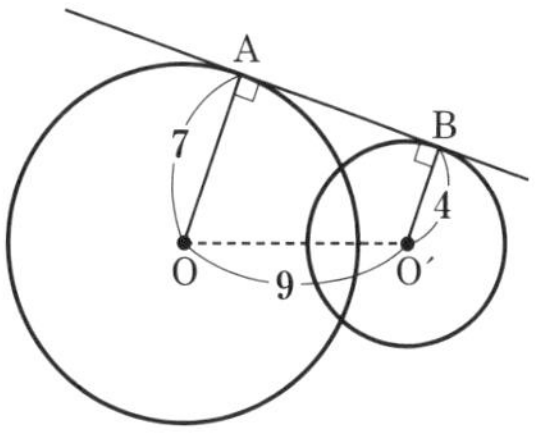

第2章　図形の性質

確　認　問　題　7

1　次の図において，四角形 ABCD は円 O に内接している。このとき，α，β を求めよ。

＊(1)

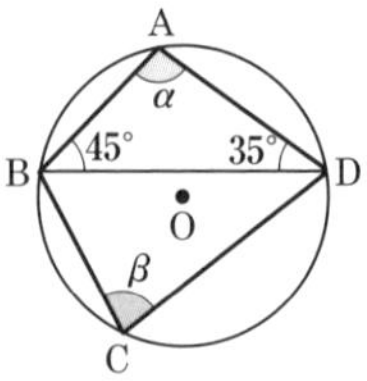

(2)

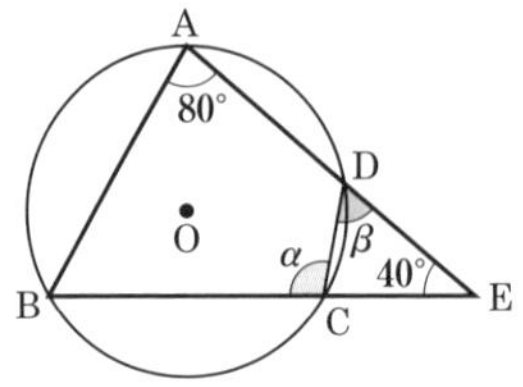

(3)

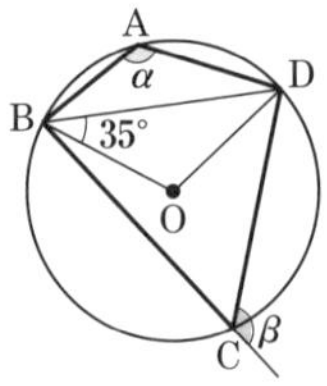

＊**2**　右の図において，△ABC の内接円 O と辺 BC，CA，AB との接点を，それぞれ P，Q，R とする。このとき，辺 AB の長さを求めよ。

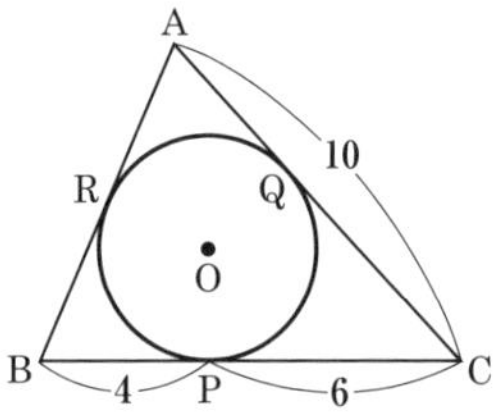

3　AB = 6，BC = 8，CA = 7 である △ABC の内接円 O と辺 BC，CA，AB との接点を，それぞれ P，Q，R とする。このとき，AR の長さを求めよ。

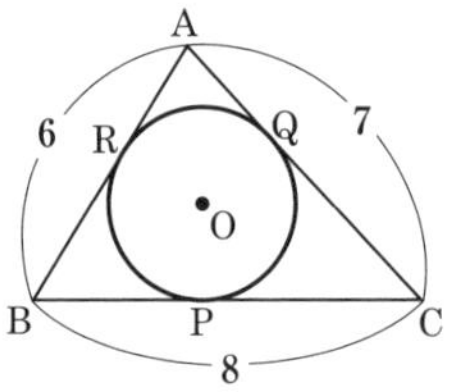

4　次の図において，AT は円 O の接線，A は接点である。このとき，θ を求めよ。

＊(1)

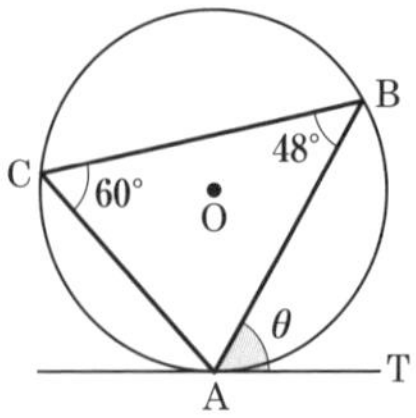

(2)

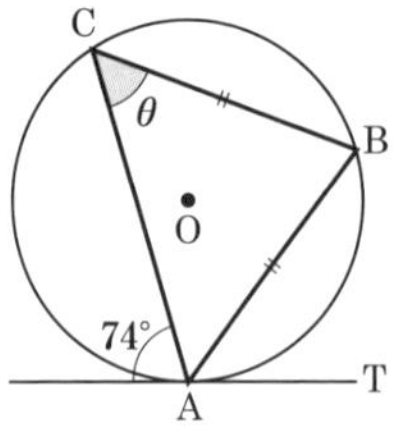

＊(3)

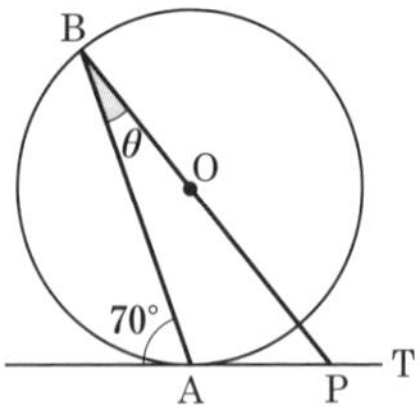

5 次の図において，AT は円 O の接線，A は接点である。α，β を求めよ。

*(1)

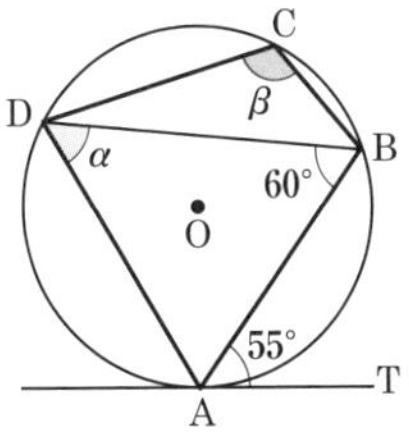

(2)

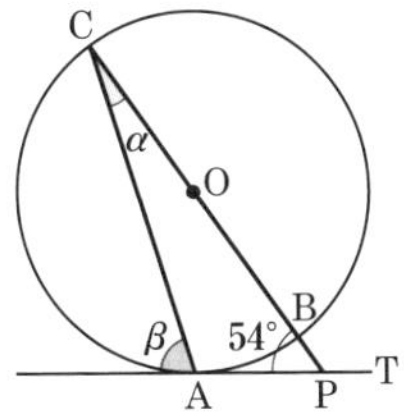

*(3)

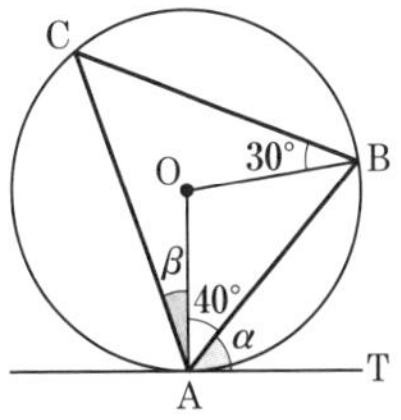

6 次の図において，x を求めよ。ただし，O は円の中心，(3)の PT は円 O の接線，T は接点である。

*(1)

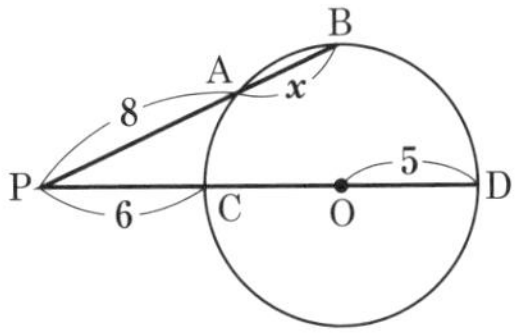

(2)

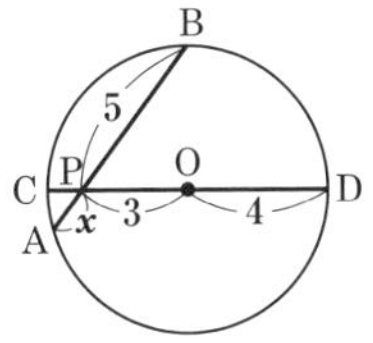

*(3)

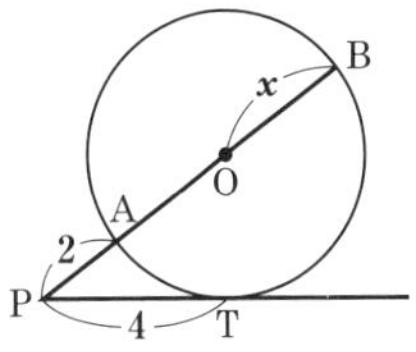

*__7__ 右の図において，AB は円 O，O′ の共通接線で，A，B は接点である。このとき，線分 AB の長さを求めよ。

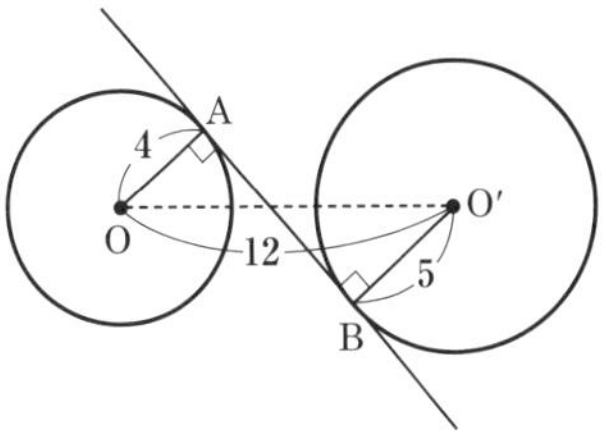

31 作図

⇨教 p.99～p.102

1 内分する点，外分する点の作図

(1) 線分 AB を 2：1 に内分する点 P の作図

① 点 A を通る直線 l を引き，等間隔に 3 個の点 C_1，C_2，C_3 をとる。

② 線分 C_3B と平行に点 C_2 を通る直線を引き，線分 AB との交点を P とすれば，点 P は線分 AB を 2：1 に内分する。

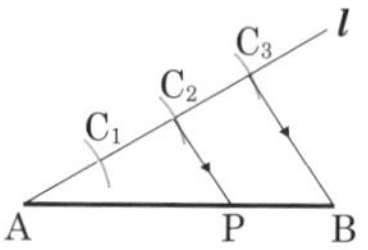

(2) 線分 AB を 4：1 に外分する点 Q の作図

① 点 A を通る直線 l を引き，等間隔に 4 個の点 D_1，D_2，D_3，D_4 をとる。

② 線分 D_3B と平行に点 D_4 を通る直線を引き，線分 AB の延長との交点を Q とすれば，点 Q は線分 AB を 4：1 に外分する。

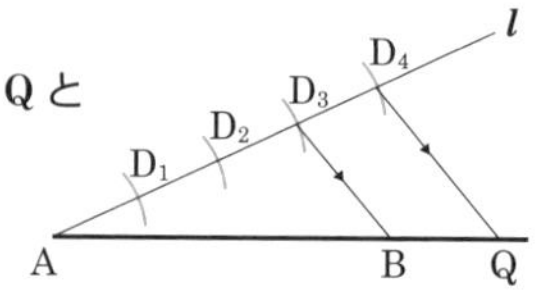

2 長さ $\sqrt{a}$ の線分の作図

① 3 点 A，B，C を AB＝1，BC＝a となるように同一直線上にとる。

② 線分 AC の中点 O を求め，OA を半径とする円をかく。

③ 点 B を通り AC に垂直な直線を引き，円 O との交点を D，D′ とする。このとき，線分 BD の長さが $\sqrt{a}$ である。

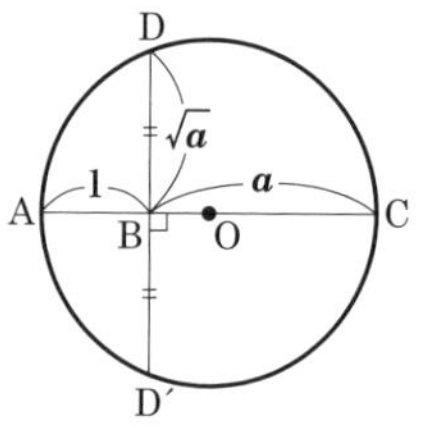

例 73 線分 AB を 3：2 に内分する点 P を作図してみよう。

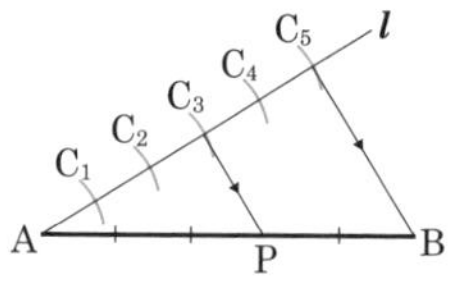

① 点 A を通る直線 l を引き，等間隔に 5 個の点 C_1，C_2，C_3，C_4，C_5 をとる。

② 線分 C_5B と平行に点 C_3 を通る直線を引き，線分 AB との交点を P とすれば，

$$AP : PB = AC_3 : \text{ア}\boxed{}$$

よって，点 P は線分 AB を 3：2 に内分する点である。

練 習 問 題

*86 下の図の長さ 1 の線分を用いて，長さ $\dfrac{3}{4}$ の線分を作図せよ。 ◀例 73

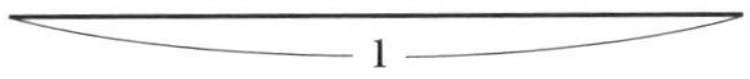

*87 下の図において，線分 OX 上の点 P に接する円のうち，線分 OY にも接する円を作図せよ。

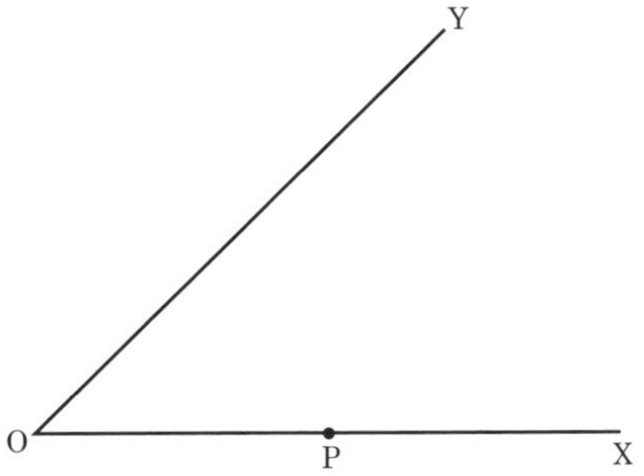

*88 下の図の長さ 1 の線分を用いて，長さ $\sqrt{3}$ の線分を作図せよ。

32 空間における直線と平面

⇨教 p.104〜p.107

1 2直線の位置関係

① 交わる　② 平行である　③ ねじれの位置にある

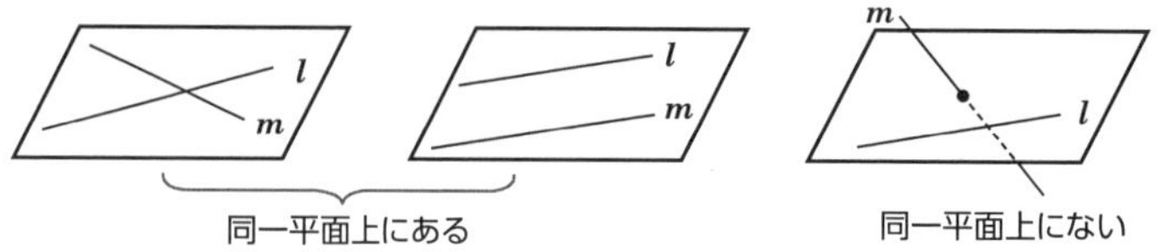

2 2直線のなす角

2直線 l, m に対し，任意の点 O を通り，l, m に平行な直線 l', m' を引くと，l', m' のなす角は点 O のとり方に関係なく一定である。この角を 2直線 l, m のなす角 という。

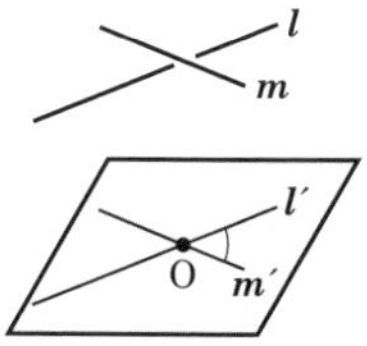

3 2平面のなす角

2平面 α, β が交わるとき，交線上の点 O を通って，交線に垂直な直線 OA, OB をそれぞれ平面 α, β 上に引く。このとき，OA, OB のなす角を，2平面 α, β のなす角 という。

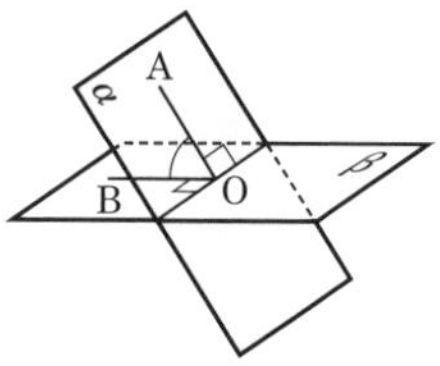

4 直線と平面の位置関係

① 平行である　② 1点で交わる　③ 直線が平面上にある

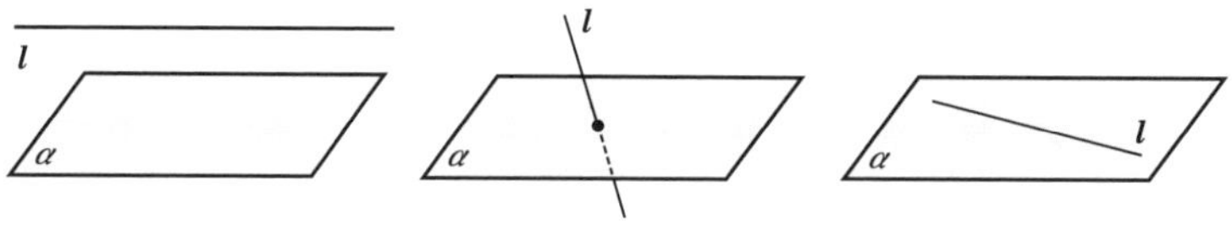

直線 l が平面 α 上のすべての直線と垂直であるとき，l と α は垂直 であるといい，$l \perp \alpha$ と書く。

直線 l が平面 α 上の交わる2直線 m, n に垂直であれば，$l \perp \alpha$ である。

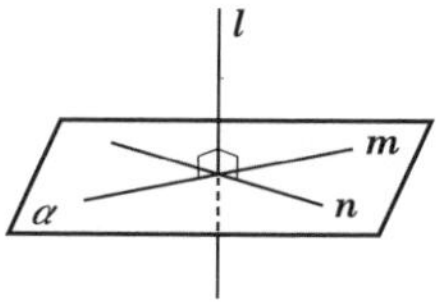

例 74 右の図の直方体 ABCD-EFGH において，$AD = AE = 1$, $AB = \sqrt{3}$ である。

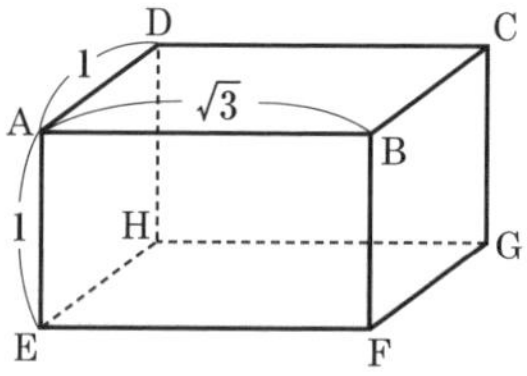

(1) 辺 AB とねじれの位置にある辺をすべてあげると，

ア［　　　　］である。

(2) 2直線 AB, CG のなす角は イ［　　］であり，2直線 AB, EG のなす角は，2直線 AB, AC のなす角と同じであるから，ウ［　　］

また，2直線 AE, CH のなす角は，エ［　　］である。

練　習　問　題

*89　右の図の直方体 ABCD-EFGH において，次のものをすべて求めよ。 ◀例 74

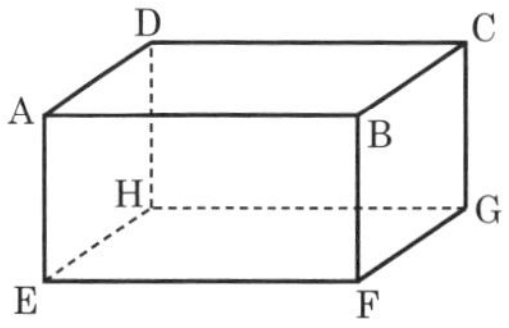

(1)　辺 AD と平行な辺

(2)　辺 AD と交わる辺

(3)　辺 AD とねじれの位置にある辺

(4)　辺 AD と平行な平面

(5)　辺 AD を含む平面

(6)　辺 AD と交わる平面

*90　右の図の立方体 ABCD-EFGH において，次の 2 直線のなす角を求めよ。 ◀例 74

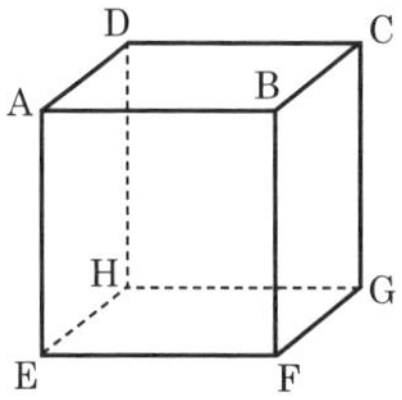

(1)　BC，AE　　(2)　AD，EG

(3)　AB，DE　　(4)　BD，CH

第2章　図形の性質

33 多面体

⇨教 p.109〜p.110

1 多面体

(1) 多面体

いくつかの平面だけで囲まれた立体を 多面体 という。とくに，どの面を延長しても，その平面に関して一方の側だけに多面体があるような，へこみのない多面体を 凸多面体 という。

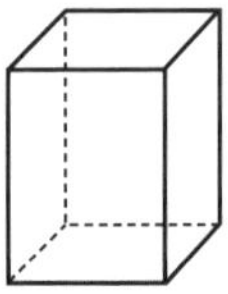
四角柱

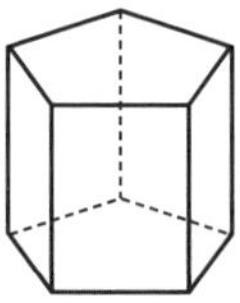
五角柱

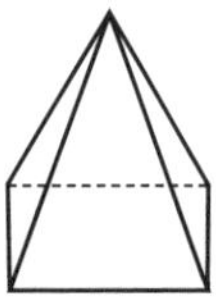
四角錐

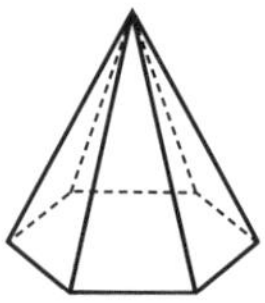
六角錐

(2) 正多面体

すべての面が合同な正多角形で，どの頂点にも面が同じ数だけ集まっている多面体を 正多面体 という。
正多面体には，正四面体，正六面体，正八面体，正十二面体，正二十面体の 5 種類がある。

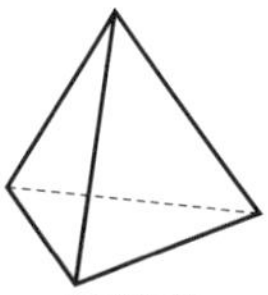
正四面体

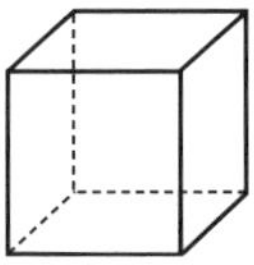
正六面体

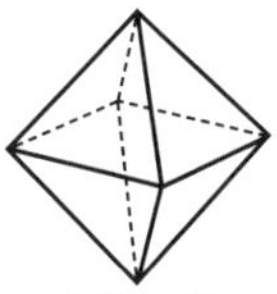
正八面体

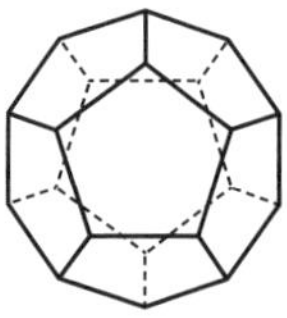
正十二面体

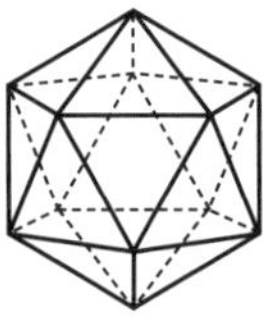
正二十面体

2 オイラーの多面体定理

凸多面体の頂点の数を v，辺の数を e，面の数を f とすると

$$v-e+f=2$$

例 75 右の図の正十二面体について，頂点の数 v，辺の数 e，面の数 f を求め，$v-e+f$ の値を計算してみよう。

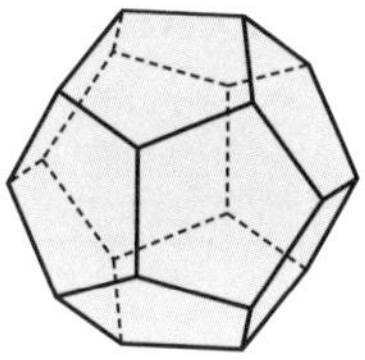

正十二面体のすべての面は，合同な正五角形である。1 つの頂点に集まる面の数が 3 であるから，正十二面体の頂点の数 v は

$$v=5\times12\div3=\text{ア}\ \boxed{}$$

1 つの辺に集まる面の数が 2 であるから，正十二面体の辺の数 e は

$$e=5\times12\div2=\text{イ}\ \boxed{}$$

面の数 f は 12 である。

よって　$v-e+f=20-30+12=\text{ウ}\ \boxed{}$

練習問題

*91　次の多面体について，頂点の数 v，辺の数 e，面の数 f を求め，$v-e+f$ の値を計算せよ。　◀例 75

(1)　三角柱

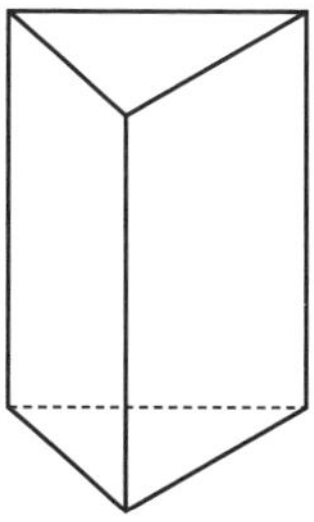

(2)　四角錐

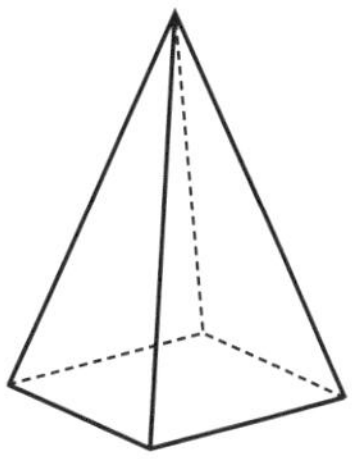

*92　右の図の多面体について，頂点の数 v，辺の数 e，面の数 f を求め，$v-e+f$ の値を計算せよ。　◀例 75

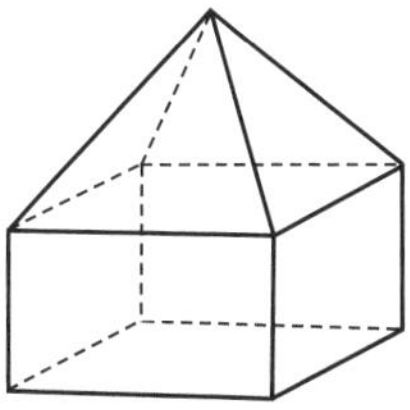

93　正二十面体の面はすべて正三角形である。

正二十面体について，頂点の数 v，辺の数 e，面の数 f を求め，$v-e+f$ の値を計算せよ。　◀例 75

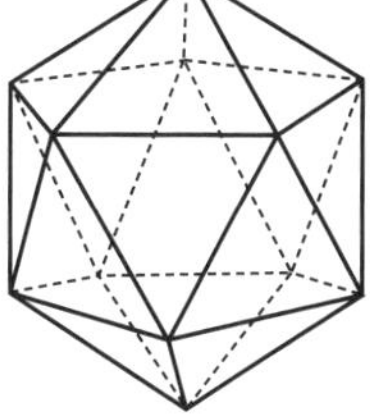

例題 3　三角形の辺の比と面積比

⇨教 p.82 応用例題 1

右の図の △ABC において，辺 BC を 2 : 3 に内分する点を P，辺 AB を 3 : 4 に内分する点を Q，AP と CQ の交点を O とする。このとき，次の比を求めよ。

(1)　AO : OP　　　　(2)　△OBC : △ABC

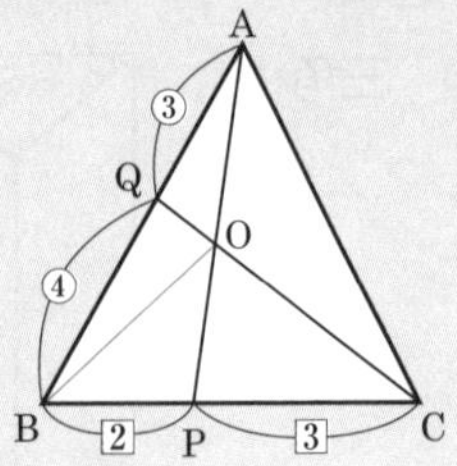

解　(1)　△ABP と直線 CQ にメネラウスの定理を用いると

$$\frac{BC}{CP}\cdot\frac{PO}{OA}\cdot\frac{AQ}{QB}=1 \quad より \quad \frac{5}{3}\cdot\frac{PO}{OA}\cdot\frac{3}{4}=1$$

ゆえに　$\frac{PO}{OA}=\frac{4}{5}$

よって　AO : OP = 5 : 4

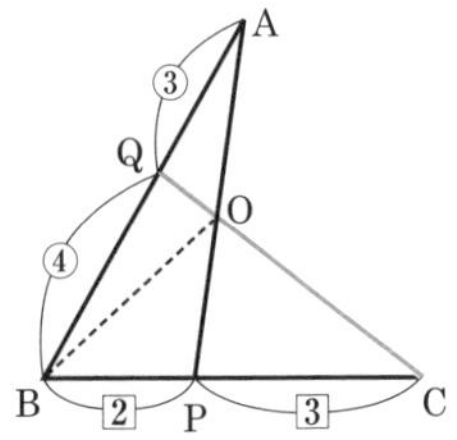

(2)　△OBC と △ABC は，辺 BC を共有しているから

$$\frac{\triangle OBC}{\triangle ABC}=\frac{OP}{AP}=\frac{4}{5+4}=\frac{4}{9}$$

よって　△OBC : △ABC = 4 : 9

問 3　右の図の △ABC において，辺 BC を 3 : 1 に内分する点を P，辺 AB を 3 : 2 に内分する点を Q，AP と CQ の交点を O とする。このとき，次の比を求めよ。

(1)　AO : OP　　　　(2)　△OBC : △ABC

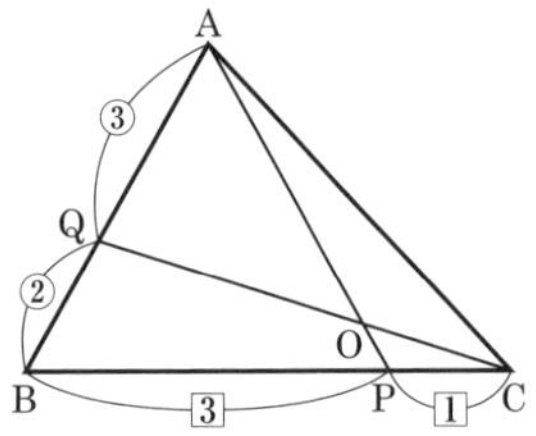

例題 4　内心の性質

⇨教 p.112 章末A 1

右の図の △ABC において，点 I は内心である。このとき，次の比を求めよ。

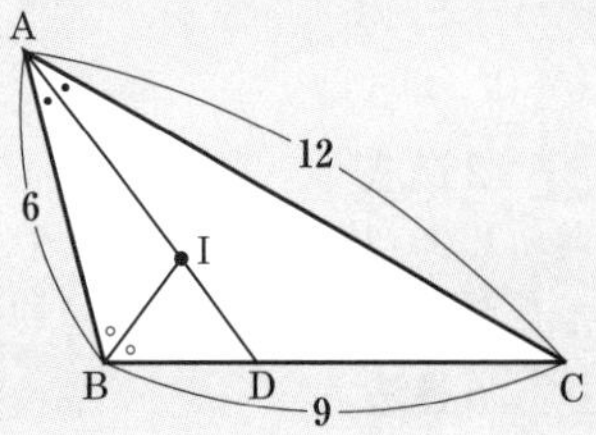

(1)　BD : DC　　　(2)　AI : ID

解　(1)　△ABC において，AD は ∠A の二等分線であるから

$$BD : DC = AB : AC$$

よって　　$BD : DC = 6 : 12 = 1 : 2$

(2)　$BD = x$ とおくと　$BD : DC = 1 : 2$ より

$x : (9 - x) = 1 : 2$

よって　　$2x = 9 - x$

これを解くと　　$x = 3$

△ABD において，BI は ∠B の二等分線であるから

$$AI : ID = BA : BD$$

よって　　$AI : ID = 6 : 3 = 2 : 1$

問 4　右の図の △ABC において，点 I は内心である。このとき，次の比を求めよ。

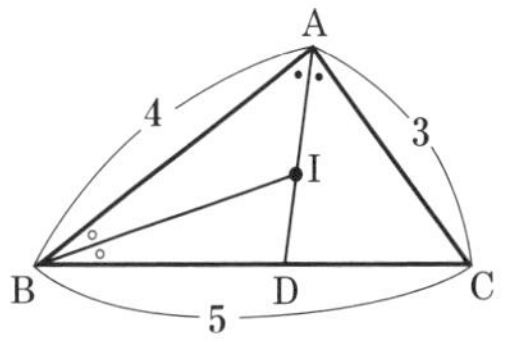

*(1)　BD : DC

(2)　AI : ID

34 n進法

⇨教 p.120〜p.121

1 2進法

1, 2, 2^2, 2^3, …… を位取りの単位とする記数法。
数の右下に $_{(2)}$ をつけて，$101_{(2)}$ のように表す。

2 n進法

2以上の自然数 n の累乗を位取りの単位とする記数法。
数の右下に $_{(n)}$ をつけて書く。

例 76 2進法で表された $10110_{(2)}$ を10進法で表してみよう。

$$10110_{(2)} = 1\times 2^4 + 0\times 2^3 + 1\times 2^2 + 1\times 2 + 0\times 1$$
$$= 16+0+4+2+0 = {}^{ア}\boxed{}$$

例 77 10進法で表された11を2進法で表してみよう。

右の計算より　$11 = {}^{ア}\boxed{}_{(2)}$

商が0になるまで2でつぎつぎに割り，出てきた余りを下から順に並べる

```
2) 11
2)  5 … 1
2)  2 … 1
2)  1 … 0
    0 … 1
```

例 78 3進法で表された $1202_{(3)}$ を10進法で表してみよう。

$$1202_{(3)} = 1\times 3^3 + 2\times 3^2 + 0\times 3 + 2\times 1$$
$$= 27+18+0+2 = {}^{ア}\boxed{}$$

例 79 10進法で表された19を3進法で表してみよう。

右の計算より　$19 = {}^{ア}\boxed{}_{(3)}$

商が0になるまで3でつぎつぎに割り，出てきた余りを下から順に並べる

```
3) 19
3)  6 … 1
3)  2 … 0
    0 … 2
```

例 80 5進法で表された $2134_{(5)}$ を10進法で表してみよう。

$$2134_{(5)} = 2\times 5^3 + 1\times 5^2 + 3\times 5 + 4\times 1$$
$$= 250+25+15+4 = {}^{ア}\boxed{}$$

例 81 10進法で表された73を5進法で表してみよう。

右の計算より　$73 = {}^{ア}\boxed{}_{(5)}$

商が0になるまで5でつぎつぎに割り，出てきた余りを下から順に並べる

```
5) 73
5) 14 … 3
5)  2 … 4
    0 … 2
```

練習問題

94 2進法で表された次の数を10進法で表せ。 ◀例76

*(1) $111_{(2)}$ (2) $1001_{(2)}$

95 10進法で表された次の数を2進法で表せ。 ◀例77

(1) 12 *(2) 27

96 3進法で表された次の数を10進法で表せ。 ◀例78

(1) $212_{(3)}$ *(2) $1021_{(3)}$

***97** 10進法で表された次の数を3進法で表せ。 ◀例79

(1) 35 (2) 65

98 5進法で表された次の数を10進法で表せ。 ◀例80

(1) $314_{(5)}$ *(2) $1043_{(5)}$

***99** 10進法で表された次の数を5進法で表せ。 ◀例81

(1) 38 (2) 97

35 約数と倍数

⇨教 p.122〜p.125

1 約数と倍数

整数 a と 0 でない整数 b について,

$$a = bc$$

を満たす整数 c が存在するとき, b を a の約数, a を b の倍数という。

2 倍数の判定法

2 の倍数　一の位の数が 0, 2, 4, 6, 8 のいずれかである。
3 の倍数　各位の数の和が 3 の倍数である。
4 の倍数　下 2 桁が 4 の倍数である。
5 の倍数　一の位の数が 0 または 5 である。
8 の倍数　下 3 桁が 8 の倍数である。
9 の倍数　各位の数の和が 9 の倍数である。

例 82　15 の約数をすべて求めてみよう。

$15 = 1 \times 15 = (-1) \times (-15)$ より

1, 15, −1, −15 は 15 の約数

$15 = 3 \times 5 = (-3) \times (-5)$ より

3, 5, −3, −5 は 15 の約数

よって, 15 のすべての約数は

ア［　　　］, −1, −3, −5, −15

例 83　整数 a, b が 7 の倍数ならば, $a - b$ は 7 の倍数であることを証明してみよう。

証明　整数 a, b は 7 の倍数であるから, 整数 k, l を用いて

$$a = 7k, \quad b = 7l$$

と表される。

ゆえに　$a - b = 7k - 7l = 7(k - l)$

ここで, k, l は整数であるから, $k - l$ は整数である。

よって, $7(k - l)$ は ア［　　　］の倍数である。

したがって, $a - b$ は ア［　　　］の倍数である。　終

← $a - b = 7n$（n は整数）のとき, $a - b$ は ア の倍数

例 84　528 は, 下 2 桁の 28 が 4 の倍数であるから,

528 は ア［　　　］の倍数である。

また, 各位の数の和 $5 + 2 + 8 = 15$ が 3 の倍数であるから,

528 は イ［　　　］の倍数でもある。

練習問題

100 次の数の約数をすべて求めよ。 ◀例 82

*(1) 18 (2) 100

101 整数 a, b が 7 の倍数ならば, $a+b$ は 7 の倍数であることの証明について, $\boxed{}$ に適するものを入れよ。 ◀例 83

[証明] 整数 a, b は 7 の倍数であるから, 整数 k, l を用いて

$$a=7k, \quad b=7l$$

と表される。

ゆえに $a+b=7k+7l=\boxed{}$

ここで, k, l は整数であるから, $k+l$ は整数である。

よって, $\boxed{}$ は 7 の倍数である。

したがって, $a+b$ は 7 の倍数である。 [終]

***102** 次の数のうち, 4 の倍数はどれか。 ◀例 84

① 232 ② 345 ③ 424 ④ 1384 ⑤ 7538

***103** 次の数のうち, 3 の倍数はどれか。 ◀例 84

① 102 ② 369 ③ 424 ④ 777 ⑤ 1679

***104** 次の数のうち, 9 の倍数はどれか。 ◀例 84

① 123 ② 342 ③ 3888 ④ 4375

36 素因数分解

⇨教 p.126

1 素因数分解

素数　1 とその数自身以外に正の約数がない 2 以上の自然数

例 2, 3, 5, 7, 11, 13, 17, 19, 23, 29, ……

素因数分解　自然数を素数の積で表すこと

例 60 を素因数分解すると　$60 = 2^2 \times 3 \times 5$

例 85　180 を素因数分解してみよう。

$180 = 2 \times 2 \times 3 \times 3 \times 5$

$= 2^2 \times$ ア[　　] $\times 5$

← 2) 180
　2) 90
　3) 45
　3) 15
　　 5

例 86　$\sqrt{24n}$ が自然数になるような最小の自然数 n を求めてみよう。

$\sqrt{24n}$ が自然数になるのは，$24n$ がある自然数の 2 乗になるときである。
すなわち，$24n$ を素因数分解したとき，各素因数の指数がすべて偶数になればよい。
24 を素因数分解すると

$24 = 2^3 \times 3$

よって，求める最小の自然数 n は

$n =$ ア[　　] $\times$ イ[　　] $=$ ウ[　　]

練習問題

*105 次の数のうち，素数はどれか。

① 51　② 57　③ 61　④ 87　⑤ 91　⑥ 97

*106 次の数を素因数分解せよ。 ◀例 85

(1) 78

(2) 105

(3) 585

(4) 616

107 次の数が自然数になるような最小の自然数 n を求めよ。 ◀例 86

(1) $\sqrt{27n}$

(2) $\sqrt{378n}$

37 最大公約数と最小公倍数 (1)

⇨教 p.128~p.129

1 最大公約数と最小公倍数

公約数　2つ以上の整数に共通な約数

最大公約数　公約数の中で最大のもの

求め方：各数に共通な素因数について，個数の最も少ないものを取り出し，それらをすべて掛けあわせる

公倍数　2つ以上の整数に共通な倍数

最小公倍数　正の公倍数の中で最小のもの

求め方：各数に共通な素因数について，個数の最も多いものと共通でない素因数を取り出し，それらをすべて掛けあわせる

例 87　60 と 72 の最大公約数を求めてみよう。

60 と 72 をそれぞれ素因数分解すると

$60 = 2^2 \times 3 \times 5$

$72 = 2^3 \times 3^2$

よって，最大公約数は

$2^2 \times 3 =$ ア［　　］

← 最大公約数は次のようにして求めてもよい

$$\begin{array}{r|rr} 2 & 60 & 72 \\ 2 & 30 & 36 \\ 3 & 15 & 18 \\ & 5 & 6 \end{array}$$

$2 \times 2 \times 3 =$ ア

例 88　12 と 90 の最小公倍数を求めてみよう。

12 と 90 をそれぞれ素因数分解すると

$12 = 2^2 \times 3$

$90 = 2 \times 3^2 \times 5$

よって，最小公倍数は

$2^2 \times 3^2 \times 5 =$ ア［　　］

← 最小公倍数は次のようにして求めてもよい

$$\begin{array}{r|rr} 2 & 12 & 90 \\ 3 & 6 & 45 \\ & 2 & 15 \end{array}$$

$2 \times 3 \times 2 \times 15 =$ ア

練 習 問 題

108 次の 2 つの数の最大公約数を求めよ。 ◀ 例 87

*(1) 12, 42

(2) 26, 39

*(3) 28, 84

(4) 54, 72

*(5) 147, 189

(6) 64, 256

109 次の 2 つの数の最小公倍数を求めよ。 ◀ 例 88

(1) 12, 20

*(2) 18, 24

(3) 21, 26

*(4) 39, 78

(5) 20, 75

*(6) 84, 126

38 最大公約数と最小公倍数 (2)

⇨教 p.130~p.131

1 最大公約数と最小公倍数の応用

文章題の考え方

① 文中で説明されている条件を式で表す。

② 公約数や公倍数の考えを利用して，①の式を解く。

2 互いに素

2つの整数 a，b が，1以外の正の公約数をもたないとき，すなわち a，b の最大公約数が1であるとき，a と b は 互いに素 であるという。

例 89 縦 18 cm，横 30 cm の長方形の紙に，1辺の長さが x cm の正方形の色紙を隙間(すきま)なく敷(し)き詰(つ)めたい。x の最大値を求めてみよう。

正方形の色紙を縦に m 枚，横に n 枚並べて，長方形に敷き詰めるとすると

$18 = mx$，　$30 = nx$

よって，x は 18 と 30 の公約数であるから，x の最大値は 18 と 30 の最大公約数である。

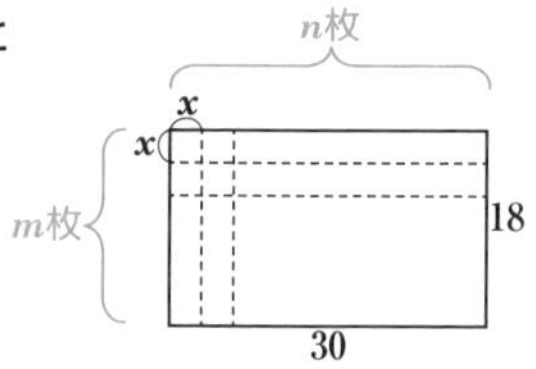

$18 = 2 \times 3^2$，　$30 = 2 \times 3 \times 5$

より，18 と 30 の最大公約数は　$2 \times 3 =$ ア[　　]

したがって，x の最大値は　ア[　　]

例 90 あるバス停から，A町行きのバスは10分おきに，B町行きのバスは12分おきに発車している。A町行きのバスとB町行きのバスが同時に出発したあと，次に同時に発車するのは何分後か求めてみよう。

2台のバスが，次に同時に発車する時刻までの間隔は，10 と 12 の最小公倍数に等しい。

$10 = 2 \times 5$，　$12 = 2^2 \times 3$

であるから，10 と 12 の最小公倍数は　$2^2 \times 3 \times 5 =$ ア[　　]

よって，次に同時に発車するのは　ア[　　]分後

例 91 次の2つの整数について，「互いに素である」か「互いに素でない」かを調べてみよう。

(1) 15，22

15 と 22 の最大公約数は1である。

よって，15 と 22 は ア[　　]。

← $15 = 3 \times 5$
$22 = 2 \times 11$

(2) 24，42

24 と 42 の最大公約数は6である。

よって，24 と 42 は イ[　　]。

← $24 = 2^3 \times 3$
$42 = 2 \times 3 \times 7$

練 習 問 題

110 縦 78 cm，横 195 cm の長方形の壁(かべ)に，1 辺の長さが x cm の正方形のタイルを隙間なく敷き詰めたい。x の最大値を求めよ。 ◀例 89

111 ある駅の 1 番線では上り電車が 12 分おきに，2 番線では下り電車が 16 分おきに発車している。1 番線と 2 番線から同時に電車が発車したあと，次に同時に発車するのは何分後か。 ◀例 90

*__112__ 次の 2 つの整数の組のうち，互いに素であるものはどれか。 ◀例 91

① 14 と 91　　② 39 と 58　　③ 57 と 75

第3章 数学と人間の活動

39 整数の割り算と商および余り

⇨教 p.132~p.133

1 整数の割り算と商および余り

整数 a と正の整数 b について

$$a = bq + r \quad \text{ただし，} 0 \leqq r < b$$

となる整数 q，r が 1 通りに定まる。

q は a を b で割ったときの 商，r は a を b で割ったときの 余り という。

2 余りによる整数の分類

整数を正の整数 m で割ったときの余りは 0，1，2，3，……，$m-1$ であるから，すべての整数は，整数 k を用いて

$$mk,\ mk+1,\ mk+2,\ \cdots\cdots,\ mk+(m-1)$$

のいずれかの形に表される。

例 92 $a = 89$，$b = 12$ のとき，a を b で割ったときの商 q と余り r を用いて，$a = bq + r$ の形で表してみよう。ただし，$0 \leqq r < b$ とする。

7 ← 商
12)89
84
5 ← 余り

$89 = 12 \times$ ア $\boxed{}$ $+$ イ $\boxed{}$

例 93 整数 a を 8 で割ると 7 余る。a を 4 で割ったときの余りを求めてみよう。

整数 a は，整数 k を用いて $a = 8k + 7$ と表される。

$a = 8k + 7 = 4(2k + 1) +$ ア $\boxed{}$

$2k + 1$ は整数であるから，a を 4 で割ったときの余りは ア $\boxed{}$ である。

例 94 n は整数とする。$n(n-1)$ を 3 で割ったときの余りは，0 または 2 であることを証明してみよう。

証明 整数 n は，整数 k を用いて，$3k$，$3k+1$，$3k+2$ のいずれかの形に表される。

(i) $n = 3k$ のとき

$n(n-1) = 3k(3k-1) = 9k^2 - 3k = 3($ア $\boxed{})$

(ii) $n = 3k+1$ のとき

$n(n-1) = (3k+1)\{(3k+1)-1\} = 9k^2 + 3k = 3($イ $\boxed{})$

(iii) $n = 3k+2$ のとき

$n(n-1) = (3k+2)\{(3k+2)-1\} = 9k^2 + 9k + 2$

$= 3($ウ $\boxed{}) + 2$

以上より，(i)と(ii)の場合は余り 0，(iii)の場合は余り 2 である。

よって，$n(n-1)$ を 3 で割ったときの余りは，0 または 2 である。 終

練習問題

113 次の整数 a と正の整数 b について，a を b で割ったときの商 q と余り r を用いて，$a=bq+r$ の形で表せ。ただし，$0 \leqq r < b$ とする。 ◀例92

*(1) $a=73,\ b=16$ (2) $a=163,\ b=24$

*__114__ 整数 a を 6 で割ると 4 余る。a を 3 で割ったときの余りを求めよ。 ◀例93

115 n は整数とする。$n(n-2)$ を 3 で割ったときの余りは 0 または 2 であることの証明において，次の空欄を埋めよ。 ◀例94

[証明] 整数 n は，整数 k を用いて，$3k$，$3k+1$，$3k+2$ のいずれかの形に表される。

(i) $n=3k$ のとき

$$n(n-2)=3k(3k-2)=9k^2-6k=3(^{ア}\boxed{\quad})$$

(ii) $n=3k+1$ のとき

$$n(n-2)=(3k+1)\{(3k+1)-2\}=9k^2-1=3(^{イ}\boxed{\quad})+2$$

(iii) $n=3k+2$ のとき

$$n(n-2)=(3k+2)\{(3k+2)-2\}=9k^2+6k=3(^{ウ}\boxed{\quad})$$

以上より，(i)と(iii)の場合は余り 0，(ii)の場合は余り 2 である。

よって，$n(n-2)$ を 3 で割ったときの余りは，0 または 2 である。 [終]

確認問題 8

1 次の問いに答えよ。

(1) 5 進法で表された $143_{(5)}$ を 10 進法で表せ。

(2) 10 進法で表された 13 を 3 進法で表せ。

(3) 2 進法で表された $10010_{(2)}$ を 3 進法で表せ。

2 以下の数について，次の問いに答えよ。

102　216　369　426　568　612

(1) 4 の倍数であるものをすべて選べ。

(2) 9 の倍数であるものをすべて選べ。

*__3__ 675 を素因数分解せよ。

*__4__ 次の問いに答えよ。

(1) 252 と 315 の最大公約数を求めよ。

(2) 104 と 156 の最小公倍数を求めよ。

*5 縦 132 cm，横 330 cm の長方形の壁に，1 辺の長さが x cm の正方形のタイルを隙間なく敷き詰めたい。x の最大値を求めよ。

6 縦 70 cm，横 56 cm の長方形の板を隙間なく敷き詰めて，1 辺の長さ x cm の正方形をつくりたい。x の最小値を求めよ。

7 整数 a を 15 で割ると 7 余る。a を 5 で割ったときの余りを求めよ。

8 n は整数とする。n^2+n+1 を 2 で割ったときの余りは 1 であることの証明において，次の空欄を埋めよ。

証明 整数 n は，整数 k を用いて，$2k$，$2k+1$ のいずれかの形に表される。

(i) $n=2k$ のとき

$$n^2+n+1=(2k)^2+2k+1=4k^2+2k+1=2(^{ア}\boxed{})+1$$

(ii) $n=2k+1$ のとき

$$n^2+n+1=(2k+1)^2+(2k+1)+1=4k^2+6k+3=2(^{イ}\boxed{})+1$$

よって，n^2+n+1 を 2 で割ったときの余りは 1 である。 終

40 ユークリッドの互除法

⇨教 p.134〜p.136

1 除法と最大公約数の性質

2 つの正の整数 a, b について，a を b で割ったときの余りを r とすると

(i) $r \neq 0$ のとき

a と b の最大公約数は，b と r の最大公約数に等しい

(ii) $r = 0$ のとき（a が b で割り切れるとき）

a と b の最大公約数は　b

2 ユークリッドの互除法

上の(i)，(ii)を利用して，a と b の最大公約数を求める方法

例 95 互除法を用いて，897 と 208 の最大公約数を求めてみよう。

$897 = 208 \times 4 + 65$

$208 = 65 \times 3 +$ ア［　　］

$65 =$ ア［　　］$\times 5$

よって，897 と 208 の最大公約数は ア［　　］ である。

$$\begin{array}{r} 4 \\ 208\overline{)897} \\ \underline{832} \\ 65 \end{array} \qquad \begin{array}{r} 3 \\ 65\overline{)208} \\ \underline{195} \\ 13 \end{array} \qquad \begin{array}{r} 5 \\ 13\overline{)65} \\ \underline{65} \\ 0 \end{array}$$

練 習 問 題

116 互除法を用いて，次の 2 つの数の最大公約数を求めよ。 ◀例 95

*(1) 273，63

(2) 319，99

*(3) 325，143

*(4) 615，285

41 不定方程式 (1)

⇨教 p.137

1 不定方程式の整数解

不定方程式　x，y についての方程式 $ax+by=c$　ただし，a，b，c は整数で，$a \neq 0$，$b \neq 0$

不定方程式の整数解　不定方程式 $ax+by=c$ を満たす 整数 x，y の組

2 $ax+by=0$ の整数解

a，b が互いに素であるとき，$ax+by=0$ のすべての整数解は

$ax=-by$ より，

$x=bk$，$y=-ak$　ただし，k は定数

例 96　不定方程式 $5x-8y=0$ の整数解をすべて求めてみよう。

不定方程式 $5x-8y=0$ を変形すると

$5x=8y$　……①

$8y$ は 8 の倍数であるから，①より $5x$ も 8 の倍数である。5 と 8 は互いに素であるから，x は 8 の倍数であり，整数 k を用いて $x=8k$ と表される。

← $8y$ は 8 の倍数であるから，$5x$ は 8 の倍数

ここで，$x=8k$ を①に代入すると

$5\times 8k=8y$　より　$y=$ ア［　　］k

よって，不定方程式 $5x-8y=0$ のすべての整数解は

$x=8k$，$y=$ ア［　　］k　（k は整数）

練 習 問 題

117　次の不定方程式の整数解をすべて求めよ。　◀例 96

*(1)　$3x-4y=0$

(2)　$9x-5y=0$

*(3)　$2x+5y=0$

(4)　$11x+6y=0$

42 不定方程式 (2)

⇨教 p.138

1 $ax + by = c$ **の整数解** (1)

① a，b が互いに素であるとき，整数解を 1 つ求める。
② ①の解を，もとの式に代入する。
③ もとの式から②の式を引いた方程式に，前ページ **2** の性質を用いる。

例 97 不定方程式 $9x + 5y = 2$ の整数解を 1 つ求めてみよう。

不定方程式 $9x + 5y = 2$ を変形すると

$5y = -9x + 2$ ……①

①の左辺 $5y$ は 5 の倍数であるから，①の右辺 $-9x + 2$ の値が 5 の倍数となるような整数 x を 1 つ求めればよい。

右の表より，$-9x + 2$ の値は $x = -2$ のとき，5 の倍数 20 になる。

x	-1	-2	-3	…
$-9x+2$	11	20	29	…

このとき，$5y = 20$ より $y =$ ア[　　]

よって，$9x + 5y = 2$ の整数解の 1 つは

$x = -2$，$y =$ ア[　　] である。

例 98 不定方程式 $5x - 2y = 1$ の整数解をすべて求めてみよう。

$5x - 2y = 1$ ……①

の整数解を 1 つ求めると，$x = 1$，$y = 2$

これを①の左辺に代入すると

$5 \times 1 - 2 \times 2 = 1$ ……②

①－② より

$5(x-1) - 2(y-2) = 0$

すなわち $5(x-1) = 2(y-2)$ ……③

5 と 2 は互いに素であるから，$x-1$ は 2 の倍数であり，整数 k を用いて $x - 1 = 2k$ と表される。

ここで，$x - 1 = 2k$ を③に代入すると

$5 \times 2k = 2(y-2)$ より $y - 2 = 5k$

よって，①のすべての整数解は

$x =$ ア[　　]，$y =$ イ[　　] （k は整数）

⇐ $5x = 2y + 1$ の右辺 $2y + 1$ が 5 の倍数となるような y を求める。
$y = 2$ のとき
$5x = 5$
より $x = 1$

練習問題

118 次の不定方程式の整数解を1つ求めよ。 ◀例 97

*(1) $7x+5y=1$

(2) $5x-4y=2$

(3) $4x+13y=3$

*(4) $11x-6y=4$

119 次の不定方程式の整数解をすべて求めよ。 ◀例 98

*(1) $17x-3y=2$

(2) $11x+7y=1$

43 不定方程式 (3)

⇨教 p.139

1 不定方程式と互除法

不定方程式 $ax+by=1$ の整数解の1つが簡単に求められない場合には，
互除法を利用して整数解の1つを求めることができる。

注 整数 a，b が互いに素であるとき，
$ax+by=1$ を満たす整数 x，y が必ず存在する。

例 99 不定方程式 $38x+27y=1$ の整数解の1つを互除法を利用して求めてみよう。

38 と 27 は互いに素であるから，最大公約数は1である。
38 と 27 に互除法を適用して，余りに着目すると

$38=27\times1+11$ より $11=38-27\times1$ ……①

$27=11\times2+5$ より $5=27-11\times2$ ……②

$11=5\times2+1$ より $1=11-5\times2$ ……③

ここで，③より $11-5\times2=1$ ……④

④の5を，②で置きかえると

$$11-(27-11\times2)\times2=1$$

ゆえに $11\times5-27\times2=1$ ……⑤

⑤の11を，①で置きかえると

$$(38-27\times1)\times5-27\times2=1$$

ゆえに $38\times5-27\times7=1$

より $38\times5+27\times(-7)=1$

よって，不定方程式 $38x+27y=1$ の整数解の1つは $x=$ ア[　　]，$y=$ イ[　　]

練 習 問 題

*120 不定方程式 $51x+19y=1$ の整数解の1つを互除法を利用して求めよ。 ◀例 99

44 不定方程式 (4)

⇨教 p.140

1 $ax+by=c$ の整数解 (2)

不定方程式 $ax+by=c$ の整数解の1つが簡単に求められないときは，次のことを利用すればよい。

不定方程式 $ax+by=1$ の整数解の1つが $x=m$，$y=n$ であるとき，すなわち

$$am+bn=1$$

であるとき，$x=cm$，$y=cn$ は，$ax+by=c$ の整数解の1つである。

TRY

例 100 次の不定方程式の整数解をすべて求めてみよう。

$$38x+27y=4 \quad \cdots\cdots①$$

$38x+27y=1$ の整数解の1つは $x=5$，$y=-7$ であるから

← 前ページ例 99 の ア，イ の値を用いる

$$38\times5+27\times(-7)=1$$

両辺を4倍して　$38\times20+27\times(-28)=4 \quad \cdots\cdots②$

①－② より　$38(x-20)+27(y+28)=0$

すなわち　$38(x-20)=-27(y+28) \quad \cdots\cdots③$

38 と 27 は互いに素であるから，$x-20$ は 27 の倍数であり，

整数 k を用いて $x-20=27k$ と表される。

ここで，$x-20=27k$ を③に代入すると，

$38\times27k=-27(y+28)$ より $y+28=-38k$

よって，①のすべての整数解は

$x=27k+$ ア［　　］，$y=-38k-$ イ［　　］　（k は整数）

練 習 問 題

TRY

121 不定方程式 $51x+19y=3$ の整数解をすべて求めよ。 ◀例 100

確認問題 9

1 互除法を用いて，次の 2 つの数の最大公約数を求めよ。

*(1) 133，91　　(2) 312，182　　*(3) 816，374

2 次の不定方程式の整数解をすべて求めよ。

*(1) $8x-15y=0$　　(2) $12x+7y=0$

3 次の不定方程式の整数解をすべて求めよ。

(1) $3x+7y=1$　　*(2) $7x-9y=3$

4 次の問いに答えよ。

*(1) 不定方程式 $53x-37y=1$ の整数解の1つを互除法を利用して求めよ。

(2) 不定方程式 $53x-37y=1$ の整数解をすべて求めよ。

(3) 不定方程式 $53x-37y=2$ の整数解をすべて求めよ。

45 相似を利用した測量，三平方の定理の利用

⇨教 p.142〜p.145

1 相似な三角形の辺の比

△ABC ∽ △DEF のとき

AB : DE = BC : EF
BC : EF = AC : DF
AC : DF = AB : DE

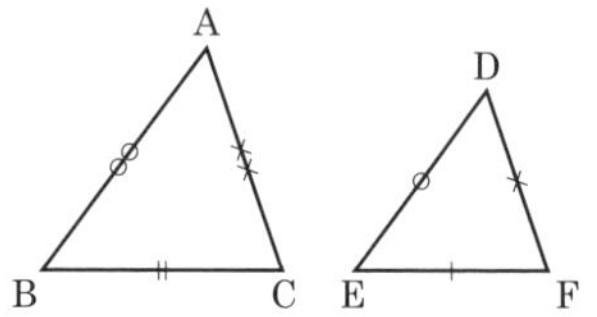

2 三平方の定理

直角三角形の直角をはさむ 2 辺の長さを a，b，斜辺の長さを c とすると

$$a^2 + b^2 = c^2$$

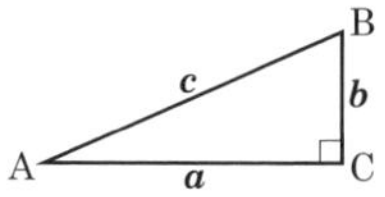

例 101 右の図において，△ABC ∽ △DEF のとき

$x : 2 = 6 : 4$ より $4x = 12$ よって $x =$ ア［　　］

$8 : y = 6 : 4$ より $6y = 32$ よって $y =$ イ［　　］

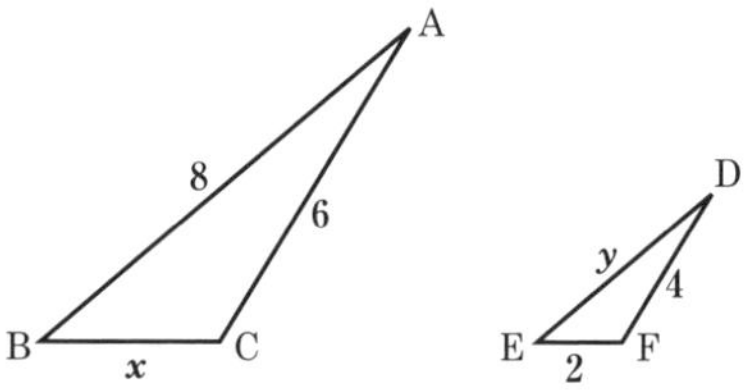

例 102 身長 1.6 m の人の影の長さが 2 m であるとき，影の長さが 6 m である木の高さを求めてみよう。

右の図において，△ABC ∽ △DEF であるから

AC : DF = BC : EF

すなわち　AC : 1.6 = 6 : 2

したがって　AC = 1.6 × 6 ÷ 2 = ア［　　］(m)

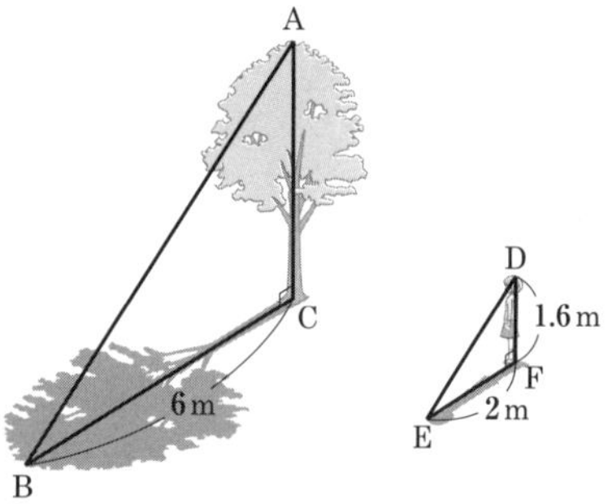

例 103 右の図の直角三角形において，x を求めてみよう。

三平方の定理より　$x^2 + 2^2 = 3^2$

$x > 0$ であるから　$x = \sqrt{3^2 - 2^2}$

$=$ ア［　　］

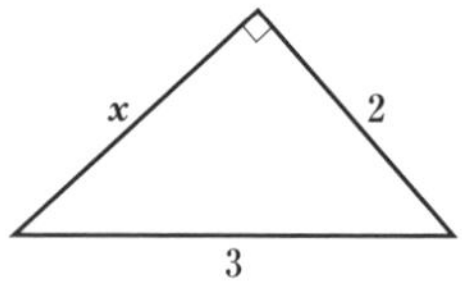

練習問題

122 次の図において △ABC ∽ △DEF である。x, y を求めよ。 ◀例 101

(1)

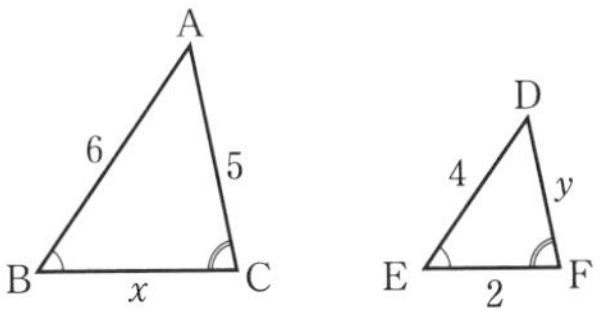

(2)

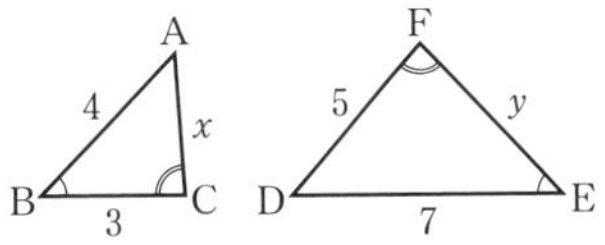

123 身長 1.8 m の人の影の長さが 0.6 m であるとき，影の長さが 24 m であるビルの高さを求めよ。 ◀例 102

124 次の直角三角形において，x を求めよ。 ◀例 103

(1)

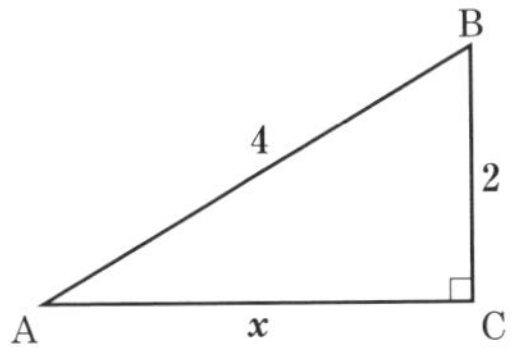

(2)

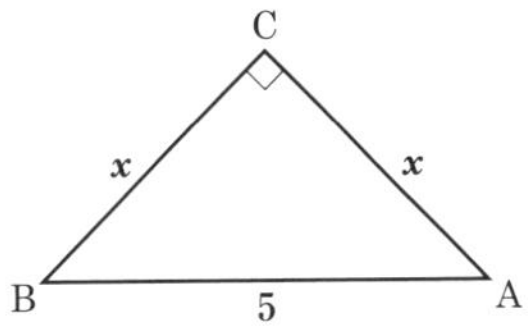

46 座標の考え方

⇨教 p.146〜p.148

1 座標の考え方

直線上の点の座標　数直線上で対応する実数 a によって点 P (a) と表す。

平面上の点の座標　直交する 2 本の数直線を用いて，2 つの実数の組で点 P $(a,\ b)$ と表す。

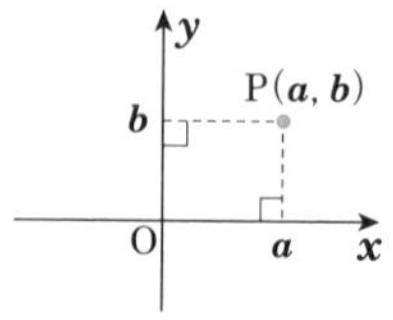

空間の点の座標　点 O を原点として，x 軸と y 軸で定まる平面に垂直で，点 O を通る数直線を z 軸，点 P を通って各座標平面に平行な平面と，x 軸，y 軸，z 軸との交点の各座標軸における座標をそれぞれ a，b，c として，3 つの数の組で点 P $(a,\ b,\ c)$ と表す。

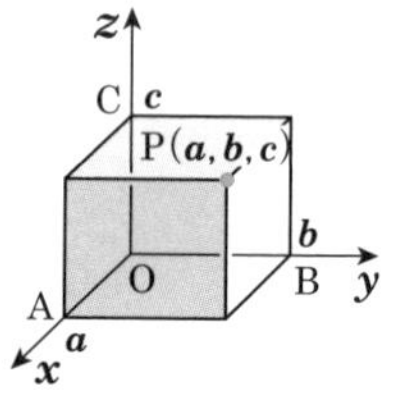

例 104　次の座標を数直線上に図示してみよう。

(1)　A (3)　　(2)　B $\left(-\dfrac{3}{2}\right)$　　(3)　C $\left(-\dfrac{5}{2}\right)$

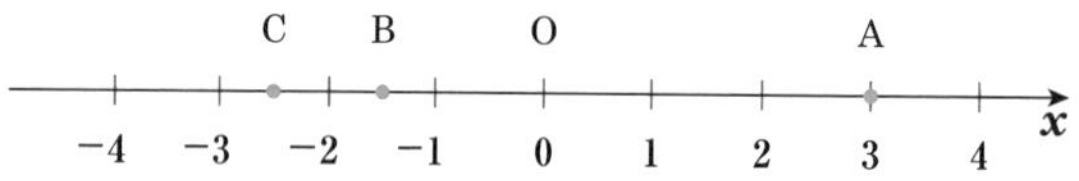

例 105　点 A $(2,\ 3)$ と

x 軸に関して対称な点 B の座標は（ア□，イ□）

y 軸に関して対称な点 C の座標は（ウ□，エ□）

原点に関して対称な点 D の座標は（オ□，カ□）

である。

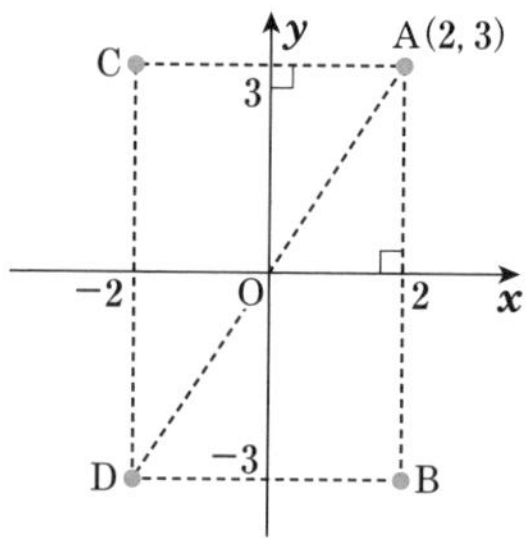

例 106　点 P $(3,\ 2,\ 4)$ と

xy 平面に関して対称な点 Q の座標は

（ア□，イ□，ウ□）

yz 平面に関して対称な点 R の座標は

（エ□，オ□，カ□）

である。

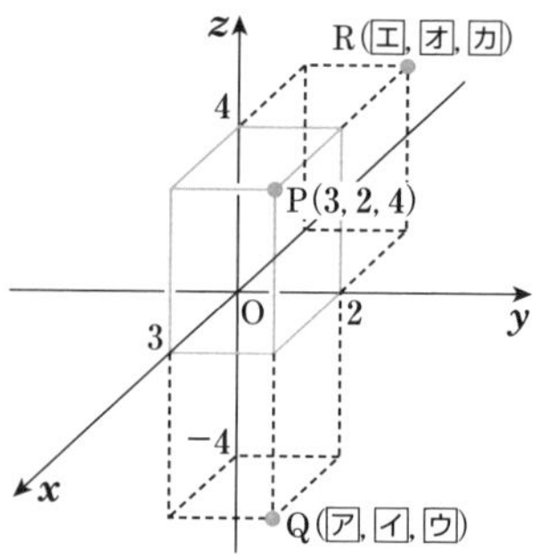

練習問題

125 次の座標を数直線上に図示せよ。 ◀ 例 104

(1) A(7)　　(2) B(-2)　　(3) C$\left(\frac{9}{2}\right)$　　(4) D$\left(-\frac{1}{2}\right)$

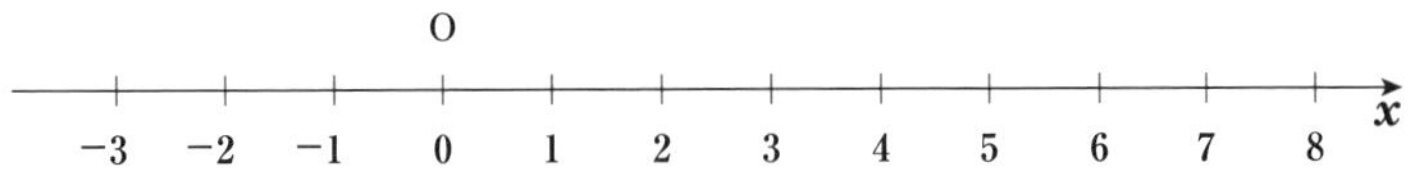

126 点A$(3,\ -2)$とx軸，y軸，原点に関して対称な点をそれぞれB，C，Dとするとき，これらの点の座標を求めよ。 ◀ 例 105

127 右の図において，点P，Q，R，Sの座標，およびyz平面に関して点Pと対称な点Tの座標を求めよ。 ◀ 例 106

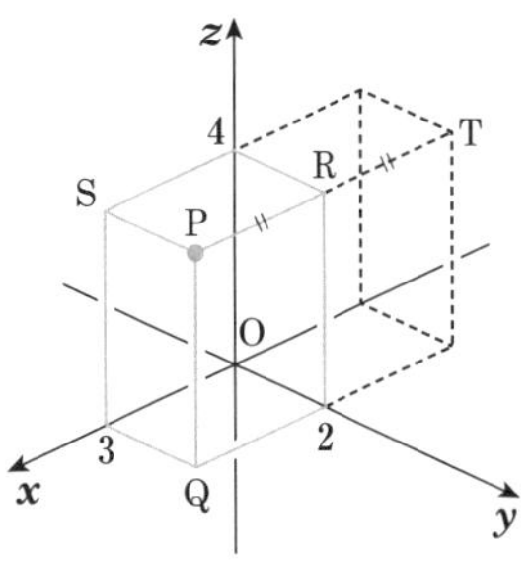

略　解

ウォームアップ

1　正の数・負の数の計算 / 文字式

例1　ア　11　イ　-30　ウ　-8　エ　$\frac{9}{2}$　オ　-16

例2　ア　$\frac{3a^2}{b}$

例3　ア　18　イ　$-\frac{3}{4}$

例4　ア　$-4x+10$　イ　$\frac{x-9}{10}$　ウ　$-2a$

1　(1)　7　(2)　-7　(3)　-36
(4)　81　(5)　$-\frac{4}{3}$　(6)　-15

2　(1)　$5a^2b$　(2)　$\frac{2a}{3}$

3　(1)　10　(2)　$-\frac{4}{3}$

4　(1)　$14x+3$　(2)　$\frac{11x+7}{6}$　(3)　$\frac{x+3}{4}$

5　(1)　$-48a^5$　(2)　$-3a^2b$

第1章　数と式

1　整式とその加法・減法

例1　ア　4　イ　-2　ウ　2　エ　$-3ab^3$
オ　2　カ　3　キ　2　ク　2
ケ　2　コ　3　サ　$2y-3$　シ　$-y+1$

例2　ア　x^2-8x+5　イ　$4x^2-21x+13$

1　(1)　次数 3，係数 2　(2)　次数 4，係数 -5

2　(1)　次数 1，係数 $3a^2$　(2)　次数 3，係数 $-5ax^2$

3　(1)　$8x-11$　(2)　$2x^2+4x-5$

4　(1)　2 次式，1　(2)　3 次式，-3

5　(1)　$x^2+(2y-3)x+(y-5)$
x^2 の項の係数は 1，x の項の係数は $2y-3$，
定数項は $y-5$
(2)　$5x^2+(5y-3)x+(-y-3)$
x^2 の項の係数は 5，x の項の係数は $5y-3$，
定数項は $-y-3$

6　$A+B=4x^2-3x-2$
$A-B=2x^2+x+4$

7　(1)　$-x^2-9x-4$
(2)　$8x^2-5x+21$

2　整式の乗法 (1)

例3　ア　a^8　イ　a^{20}　ウ　a^6b^2

例4　ア　$6x^4$　イ　$-8x^3y^6$

例5　ア　$2x^4-6x^3$　イ　$6x^3-7x^2-7x+6$

8　(1)　a^7　(2)　a^{12}　(3)　x^8　(4)　$9a^8$

9　(1)　$6x^6$　(2)　$-3x^5y^2$
(3)　a^8b^{12}　(4)　$16x^6y^8$

10　(1)　$3x^2-2x$　(2)　$4x^3-6x^2-8x$
(3)　$-3x^3-3x^2+15x$　(4)　$6x^4-3x^3+15x^2$

11　(1)　$4x^3+8x^2-3x-6$
(2)　$6x^3-4x^2-3x+2$
(3)　$3x^3+15x^2-2x-10$
(4)　$-2x^3+6x^2+x-3$
(5)　$6x^3-17x^2+9x-10$
(6)　$2x^3+7x^2-3x-3$

3　整式の乗法 (2)

例6　ア　$9x^2+30x+25$　イ　$4x^2-4xy+y^2$
ウ　$9x^2-4y^2$　エ　$x^2-3x-10$

例7　ア　$2x^2-x-15$　イ　$15x^2-xy-2y^2$

12　(1)　x^2+4x+4　(2)　$16x^2-24x+9$
(3)　$9x^2-12xy+4y^2$　(4)　$x^2+10xy+25y^2$

13　(1)　$4x^2-9$　(2)　$9x^2-16$
(3)　x^2-9y^2　(4)　$25x^2-36y^2$

14　(1)　x^2+5x+6　(2)　$x^2+5x-50$
(3)　$x^2-2xy-3y^2$　(4)　$x^2-7xy+6y^2$

15　(1)　$3x^2+7x+2$　(2)　$10x^2-x-3$
(3)　$12x^2-17x+6$　(4)　$15x^2+7x-2$
(5)　$12x^2-5xy-2y^2$　(6)　$10x^2-9xy+2y^2$

4　整式の乗法 (3)

例8　ア　$a^2+4b^2+c^2+4ab-4bc-2ca$
イ　$x^2+4xy+4y^2-x-2y-6$

例9　ア　$81x^4-1$　イ　$16x^4-8x^2y^2+y^4$

16　(1)　$a^2+b^2+c^2-2ab+2bc-2ca$
(2)　$a^2+4ab+4b^2+2a+4b+1$
(3)　$x^2+6xy+9y^2-4$
(4)　$9x^2+6xy+y^2+6x+2y-15$

17　(1)　$16x^4-1$　(2)　x^4-256y^4

18　(1)　x^4-18x^2+81
(2)　$81x^4-72x^2y^2+16y^4$

確 認 問 題 1

1　(1)　$3x$　(2)　$-2x^2+2x-2$

2　(1)　$A+B=2x^2+x+11$
$A-B=-7x-1$
(2)　$A+B=-x^2+8x-5$
$A-B=3x^2+6x-3$

3　(1)　$x-4$　(2)　$-5x^2-8x+12$

4　(1)　a^9　(2)　a^{10}　(3)　$16a^4$
(4)　$12x^5$　(5)　$9x^{14}$　(6)　$2x^4y^6$
(7)　$-5x^5y^4$　(8)　$-8x^9$

5 (1) $-2x^3-8x^2-10x$ (2) x^3+8

6 (1) $x^2+12x+36$ (2) $25x^2-4y^2$

7 (1) x^2+3x-4 (2) $x^2+3x-28$

(3) $3x^2+14x+8$ (4) $10x^2-31x+15$

(5) $12x^2+11x-15$ (6) $14x^2-27xy+9y^2$

8 (1) $a^2+b^2+4c^2+2ab-4bc-4ca$

(2) $9x^2-12xy+4y^2+12x-8y-5$

(3) $81x^4-16y^4$ (4) $x^4-18x^2y^2+81y^4$

5 因数分解 (1)

例10 ア $x(x-7)$ イ $ab(3a-2b+5)$

ウ $(x-3)(a-1)$

例11 ア $(x-6)^2$ イ $(3x+y)^2$

ウ $(5x+7)(5x-7)$

19 (1) $x(x+3)$ (2) $xy(4y-1)$

(3) $2ab^2(2a^2-3b)$

20 (1) $xy(2x-3y+4)$

(2) $b(ab-4a-12)$

(3) $3x(3x+2y-3)$

21 (1) $(a+2)(x+y)$ (2) $(x-2)(a-3)$

(3) $(3a-2)(x-y)$ (4) $(x-7)(5y-2)$

22 (1) $(x+1)^2$

(2) $(x-3)^2$

(3) $(x-4y)^2$

(4) $(2x+y)^2$

23 (1) $(x+9)(x-9)$ (2) $(3x+4)(3x-4)$

(3) $(7x+2y)(7x-2y)$ (4) $(8x+5y)(8x-5y)$

6 因数分解 (2)

例12 ア $(x+4)(x-5)$ イ $(x-y)(x-4y)$

例13 ア $(x-1)(2x-5)$ イ $(x-y)(3x+y)$

24 (1) $(x+1)(x+6)$ (2) $(x-2)(x-4)$

(3) $(x-2)(x+6)$ (4) $(x-3)(x-8)$

(5) $(x+1)(x-4)$ (6) $(x-3)(x-5)$

25 (1) $(x+2y)(x+4y)$ (2) $(x-4y)(x+7y)$

26 (1) $(x+1)(3x+1)$ (2) $(x-5)(2x-1)$

(3) $(x-3)(3x-1)$ (4) $(x+2)(5x-3)$

(5) $(2x+1)(3x-1)$ (6) $(2x+3)(2x-5)$

27 (1) $(x+y)(5x+y)$ (2) $(x-2y)(2x-3y)$

7 因数分解 (3)

例14 ア $(x+y+1)(x+y-4)$

例15 ア $(x^2+2)(x+3)(x-3)$

例16 ア $(a-b)(a-b+c)$

例17 ア $(x+y+2)(x+2y-1)$

28 (1) $(x-y+5)(x-y-3)$

(2) $(x+2y)(x+2y-3)$

29 (1) $(x+1)(x-1)(x+2)(x-2)$

(2) $(x^2+4)(x+2)(x-2)$

30 (1) $(a+b)(b+2)$

(2) $(a+b)(a-3)$

31 (1) $(x+y-3)(x+y+4)$

(2) $(x+y-3)(x+3y+2)$

確認問題 2

1 (1) $x(2x-1)$ (2) $2xy(3x+2y-1)$

(3) $(a-2)(x-y)$ (4) $(5a-3)(x-y)$

2 (1) $(x+3)^2$ (2) $(x-5)^2$

(3) $(3x+2y)^2$ (4) $(x+6)(x-6)$

(5) $(9x+2)(9x-2)$ (6) $(8x+9y)(8x-9y)$

3 (1) $(x+1)(x+3)$ (2) $(x-1)(x-6)$

(3) $(x-7)(x+5)$ (4) $(x-5)(x+2)$

4 (1) $(x-6y)(x+4y)$ (2) $(x-5y)(x+8y)$

5 (1) $(x+2)(3x+1)$ (2) $(x-1)(2x-7)$

(3) $(x+1)(2x-3)$ (4) $(x-1)(5x+2)$

(5) $(2x-3)(3x+5)$ (6) $(x-3)(6x+5)$

(7) $(x+3y)(2x-y)$ (8) $(2x-y)(2x-3y)$

6 (1) $(x+y-6)(x+y+9)$ (2) $(x+1)(x-1)(x^2+6)$

(3) $(a+c)(a-b+c)$ (4) $(x+y-3)(x+y+2)$

8 実数

例18 ア 3.25 イ $0.\dot{6}\dot{3}$

例19 ア 7 イ 0 ウ 7 エ 0

オ $\frac{3}{5}$ カ 7 キ $-\sqrt{2}$ ク $\pi+1$

例20 ア 3 イ 2 ウ $2-\sqrt{3}$

32 (1) 4.6 (2) 4.25

33 (1) $0.\dot{4}$ (2) $1.\dot{7}\dot{2}$

34 ①自然数は 5

②整数は -3, 0, 5

③有理数は -3, $-\frac{1}{4}$, 0, $0.\dot{5}$, 2.13, $\frac{22}{3}$, 5

④無理数は $\sqrt{3}$, π

35 (1) 8 (2) 6

(3) $\frac{1}{2}$ (4) $\frac{3}{5}$

36 (1) 6 (2) $\sqrt{6}-2$

9 根号を含む式の計算 (1)

例21 ア $-\sqrt{7}$ イ 10 ウ 7

例22 ア $\sqrt{35}$ イ $\sqrt{3}$ ウ $4\sqrt{2}$ エ $5\sqrt{2}$

37 (1) ±5 (2) $\pm\sqrt{10}$

(3) ±1 (4) 6

(5) -3 (6) 3

38 (1) $\sqrt{14}$ (2) $\sqrt{10}$

(3) $\sqrt{2}$ (4) $\sqrt{5}$

39 (1) $2\sqrt{2}$ (2) $4\sqrt{3}$

(3) $5\sqrt{3}$ (4) $7\sqrt{2}$

40 (1) $2\sqrt{3}$ (2) $5\sqrt{6}$

(3) $7\sqrt{3}$　(4) $6\sqrt{2}$

10　根号を含む式の計算 (2)

例23　ア　$-2\sqrt{3}$　イ　$7\sqrt{2}-\sqrt{3}$　ウ　$\sqrt{2}$

例24　ア　$-1-\sqrt{35}$　イ　$7+2\sqrt{10}$

41　(1) $2\sqrt{3}$　(2) $4\sqrt{2}$

42　(1) $4\sqrt{2}-\sqrt{3}$　(2) $-2\sqrt{3}+4\sqrt{5}$

43　(1) $-\sqrt{2}$　(2) $2\sqrt{3}$

(3) $7\sqrt{7}-\sqrt{5}$　(4) $\sqrt{5}+2\sqrt{2}$

44　(1) $-11+\sqrt{6}$　(2) $2+\sqrt{10}$

45　(1) $10+2\sqrt{21}$　(2) $7+4\sqrt{3}$

(3) 7　(4) 3

11　分母の有理化

例25　ア　$\dfrac{\sqrt{7}}{7}$　イ　$\dfrac{2\sqrt{2}}{3}$

ウ　$\dfrac{\sqrt{7}-\sqrt{5}}{2}$　エ　$3+2\sqrt{2}$

46　(1) $\dfrac{\sqrt{10}}{5}$　(2) $\dfrac{\sqrt{21}}{7}$

(3) $4\sqrt{2}$　(4) $\dfrac{3\sqrt{7}}{14}$

47　(1) $\dfrac{\sqrt{5}+\sqrt{3}}{2}$　(2) $\sqrt{3}-1$

(3) $\sqrt{7}-\sqrt{3}$　(4) $10-5\sqrt{3}$

(5) $\dfrac{16-5\sqrt{7}}{9}$　(6) $4+\sqrt{15}$

確認問題 3

1　(1) $3.\dot{3}$　(2) $0.\dot{3}\dot{9}$

2　(1) 5　(2) 2

(3) $\pm\sqrt{5}$　(4) 10

3　(1) $\sqrt{42}$　(2) $\sqrt{7}$

(3) $2\sqrt{7}$　(4) $5\sqrt{7}$

4　(1) $3\sqrt{3}$　(2) $3\sqrt{5}+\sqrt{2}$

(3) 0　(4) $2\sqrt{5}+4\sqrt{3}$

5　(1) $-2+7\sqrt{6}$　(2) $11-6\sqrt{2}$

(3) 4　(4) -4

6　(1) $\dfrac{\sqrt{6}}{2}$　(2) $3\sqrt{3}$

(3) $\dfrac{\sqrt{3}}{6}$　(4) $\dfrac{\sqrt{6}}{4}$

(5) $\dfrac{\sqrt{7}+\sqrt{3}}{4}$　(6) $3+\sqrt{7}$

(7) $-2\sqrt{3}+\sqrt{15}$　(8) $\dfrac{7+2\sqrt{10}}{3}$

12　不等号と不等式 / 不等式の性質

例26　ア　>　イ　≦　ウ　<

例27　ア　≦　イ　≧

例28　ア　<　イ　<　ウ　>

48　(1) $x<-2$　(2) $-1\leqq x\leqq 5$

49　(1) $2x-3>6$　(2) $-1<-5x-2\leqq 5$

(3) $80x+150\times 2<1500$

50　(1) <　(2) <　(3) <

(4) >　(5) <　(6) >

13　1次不等式 (1)

例29　ア
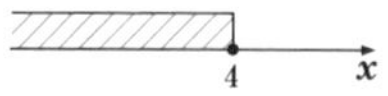

イ
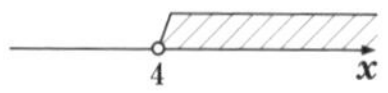

例30　ア　-3　イ　2　ウ　1　エ　$-\dfrac{8}{5}$

51　(1)
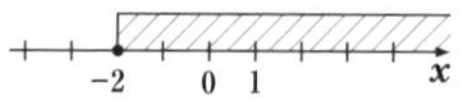

(2)
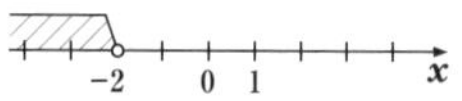

52　(1) $x>3$　(2) $x<7$

(3) $x\geqq 2$　(4) $x\geqq -1$

53　(1) $x<2$　(2) $x\leqq -1$

(3) $x>-2$　(4) $x\leqq 3$

(5) $x\geqq 3$　(6) $x>-\dfrac{2}{3}$

54　(1) $x<\dfrac{6}{5}$　(2) $x\leqq\dfrac{1}{9}$

(3) $x>\dfrac{14}{3}$　(4) $x\leqq 5$

14　1次不等式 (2)

例31　ア　$x\geqq 2$

例32　ア　$-1\leqq x\leqq 3$

例33　ア　6　イ　4

55　(1) $1<x<6$　(2) $2\leqq x\leqq 7$

(3) $x>3$　(4) $x<-6$

56　(1) $-1\leqq x\leqq 2$　(2) $-2<x<1$

57　130円のみかんを11個，90円のみかんを4個

確認問題 4

1　$3x+4>30$

2　(1) <　(2) <　(3) >

3　(1) $x\leqq -1$　(2) $x\geqq -2$　(3) $x>2$

(4) $x<\dfrac{3}{2}$　(5) $x\geqq 6$

4　(1) $x<3$　(2) $-3<x\leqq 3$

5　(1) $-1\leqq x\leqq 3$　(2) $3<x<5$

6　200円のノートを12冊，160円のノートを8冊

発展　二重根号

例　ア　$\sqrt{3}-\sqrt{2}$　イ　$2+\sqrt{2}$

■　(1) $2+\sqrt{3}$　(2) $\sqrt{7}-\sqrt{3}$

(3) $\sqrt{5}-1$　(4) $\sqrt{6}+\sqrt{2}$

(5) $\sqrt{7}+2$　　(6) $3-\sqrt{6}$

TRY PLUS

問1 (1) $(x+3)(x-2)(x^2+x+2)$

(2) $(x+4)(x-2)(x^2+2x-6)$

問2 (1) $(x+3y+4)(2x+y-1)$

(2) $(x+2y-3)(3x+4y+1)$

第2章　集合と論証

15　集合

例34　ア　1, 2, 3, 6, 9, 18

イ　−2, −1, 0, 1, 2, 3

例35　ア　$\supset$

例36　ア　2, 4　　イ　1, 2, 3, 4, 5, 6, 8, 10

例37　ア　4, 5, 6　イ　1, 2, 4, 5　ウ　4, 5

エ　1, 2, 4, 5, 6　　オ　6

カ　1, 2, 3, 4, 5

58 (1) $A=\{1, 2, 3, 4, 6, 12\}$

(2) $B=\{-3, -2, -1, 0, 1\}$

59 $\supset$

60 (1) $\{3, 5, 7\}$　(2) $\{1, 2, 3, 5, 7\}$　(3) $\varnothing$

61 (1) $\{7, 8, 9, 10\}$　(2) $\{1, 2, 3, 4, 9, 10\}$

(3) $\{1, 2, 3, 4, 7, 8, 9, 10\}$

(4) $\{9, 10\}$　(5) $\{5, 6, 7, 8, 9, 10\}$

(6) $\{1, 2, 3, 4\}$

16　命題と条件

例38　ア　真

例39　ア　十分条件　　イ　必要条件

例40　ア　偶数　イ　$x \neq 1$　ウ　$y \neq 1$

エ　$x<0$　オ　$y>0$

62 (1) 真　(2) 偽，反例　$x=-3$

(3) 偽，反例　$n=6$　(4) 真

63 (1) 十分条件　(2) 必要条件

(3) 必要十分条件

64 (1) $x \neq 5$　(2) $x<1$ または $y \leqq 0$

(3) $x \leqq -3$ または $2 \leqq x$

(4) $2<x \leqq 5$

17　逆・裏・対偶

例41　ア　偽　　イ　真

例42　ア　奇数

例43　ア　無理数

65 偽

逆「$x>3 \Longrightarrow x>2$」……真

裏「$x \leqq 2 \Longrightarrow x \leqq 3$」……真

対偶「$x \leqq 3 \Longrightarrow x \leqq 2$」……偽

66　与えられた命題の対偶「n が3の倍数でないならば n^2 は3の倍数でない」を証明する。

n が3の倍数でないとき，ある整数 k を用いて

$n=3k+1,\ n=3k+2$

と表すことができる。よって

(i) $n=3k+1$ のとき

$n^2=(3k+1)^2=9k^2+6k+1$
$=3(3k^2+2k)+1$

(ii) $n=3k+2$ のとき

$n^2=(3k+2)^2=9k^2+12k+4$
$=3(3k^2+4k+1)+1$

(i), (ii)より，いずれの場合も n^2 は3の倍数でない。

したがって，対偶が真であるから，もとの命題も真である。

67 $3+2\sqrt{2}$ が無理数でない，すなわち

$3+2\sqrt{2}$ は有理数である

と仮定する。

そこで，r を有理数として，

$3+2\sqrt{2}=r$

とおくと

$\sqrt{2}=\dfrac{r-3}{2}$ ……①

r は有理数であるから $\dfrac{r-3}{2}$ も有理数であり，

等式①は $\sqrt{2}$ が無理数であることに矛盾する。

よって，$3+2\sqrt{2}$ は無理数である。

確認問題 5

1 (1) $A=\{1, 2, 4, 8, 16\}$

(2) $B=\{2, 3, 5, 7, 11, 13, 17, 19\}$

2 $\varnothing$, $\{2\}$, $\{4\}$, $\{6\}$, $\{2, 4\}$, $\{2, 6\}$, $\{4, 6\}$, $\{2, 4, 6\}$

3 (1) $\{3, 5, 7\}$　(2) $\{1, 2, 3, 5, 7, 9\}$

(3) $\varnothing$

4 (1) $\{2, 4, 6, 8, 10\}$　(2) $\{4, 5, 7, 8, 9, 10\}$

(3) $\{4, 8, 10\}$　(4) $\{4, 8, 10\}$

5 偽　反例 $x=1$

6 (1) 必要条件　(2) 十分条件　(3) 必要十分条件

7 (1) $x \geqq -2$　(2) $x \geqq -2$

8　与えられた命題の対偶「n が奇数ならば n^2+1 は偶数」を証明する。

n が奇数のとき，ある整数 k を用いて $n=2k+1$ と表すことができる。よって

$n^2+1=(2k+1)^2+1=4k^2+4k+2$
$=2(2k^2+2k+1)$

ここで，$2k^2+2k+1$ は整数であるから，n^2+1 は偶数である。

したがって，対偶が真であるから，もとの命題も真である。

9　$4-2\sqrt{3}$ が無理数でない，すなわち

$4-2\sqrt{3}$ は有理数である

と仮定する。

略解

そこで，r を有理数として，

$4-2\sqrt{3}=r$

とおくと

$$\sqrt{3}=2-\frac{r}{2} \quad \cdots\cdots ①$$

r は有理数であるから $2-\dfrac{r}{2}$ は有理数であり，

等式①は，$\sqrt{3}$ が無理数であることに矛盾する。

よって，$4-2\sqrt{3}$ は無理数である。

第3章　2次関数

18　関数とグラフ

例44　ア　$2\pi x$

例45　ア　8

例46　ア　2　イ　8　ウ　2　エ　8
オ　-1　カ　2

68　(1)　$y=3x$　(2)　$y=50x+500$

69　(1)　6　(2)　21
(3)　3　(4)　$2a^2-5a+3$

70　(1)

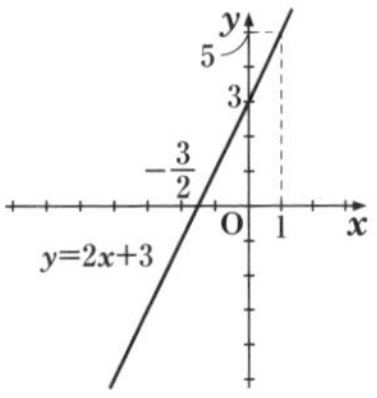

(2)

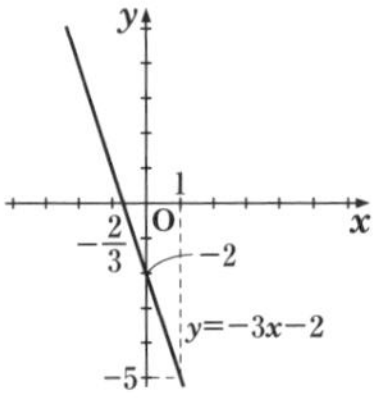

71　(1)

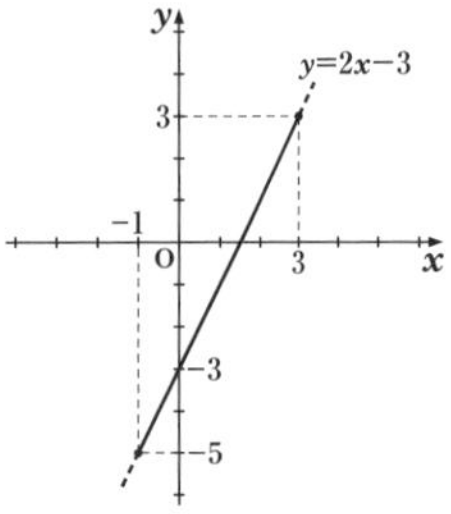

(2)　$-5 \leqq y \leqq 3$

(3)　$x=3$ のとき最大値 3
$x=-1$ のとき最小値 -5

19　2次関数のグラフ (1)

例47　ア　y 軸

例48　ア　5　イ　5

72　(1)

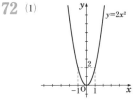

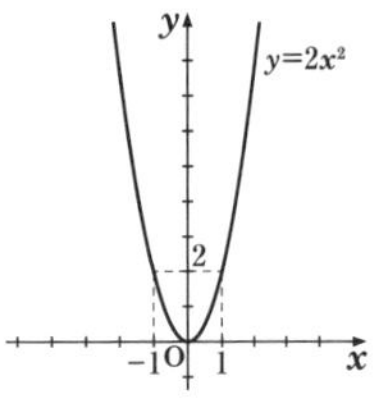

(2)

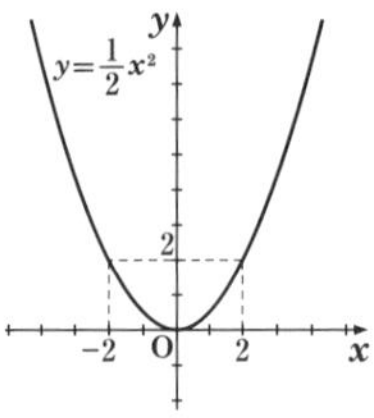

73　(1)

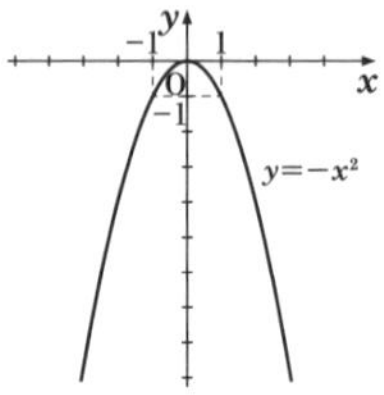

(2)

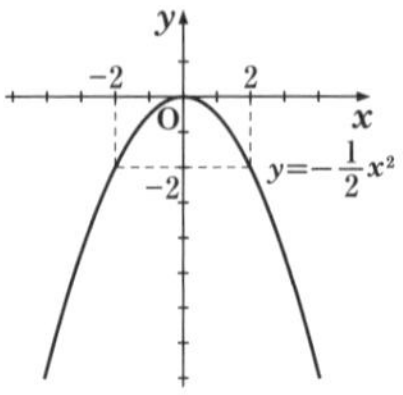

74　(1)

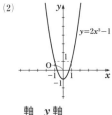

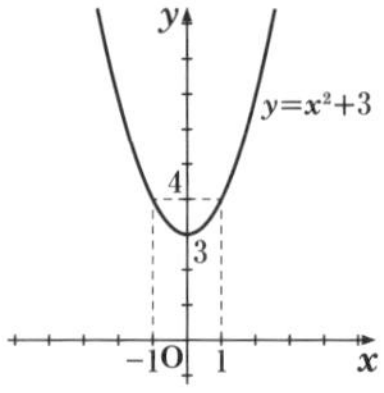

軸　y 軸
頂点 $(0,\ 3)$

(2)

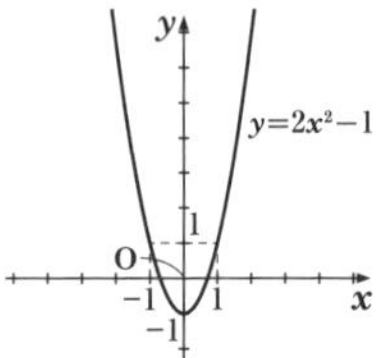

軸　y 軸
頂点 $(0,\ -1)$

(3)

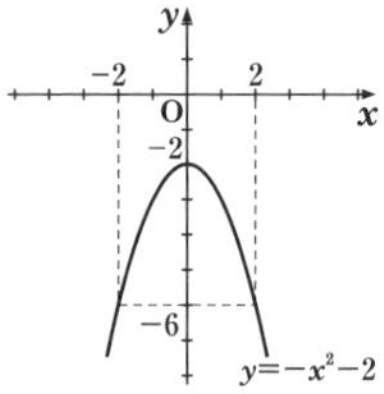

軸　y 軸
頂点 $(0,\ -2)$

(4)

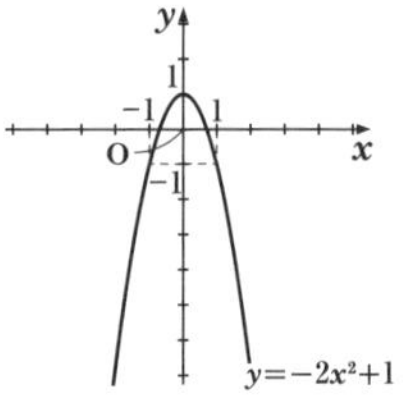

軸　y 軸
頂点 $(0,\ 1)$

20　2次関数のグラフ (2)

例49　ア　3　イ　3　ウ　$(3,\ 0)$

例50　ア　2　イ　-1　ウ　2　エ　$(2,\ -1)$

75　(1)

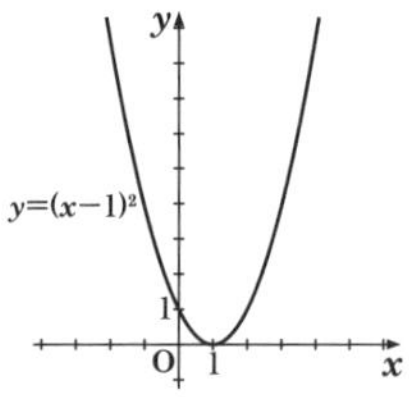

軸　直線 $x=1$
頂点 $(1,\ 0)$

(2)

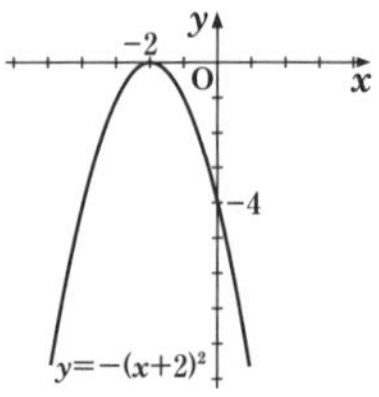

軸　直線 $x=-2$
頂点 $(-2,\ 0)$

76　(1)

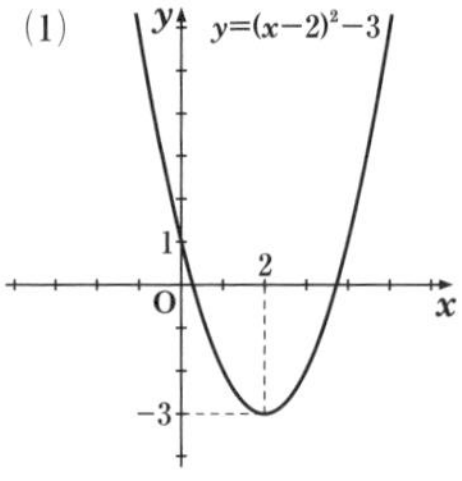

軸　直線 $x=2$
頂点 $(2,\ -3)$

(2)

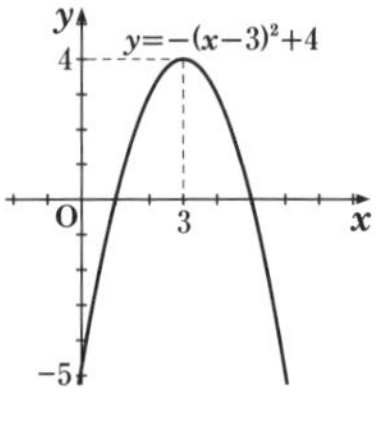

軸　直線 $x=3$
頂点 $(3,\ 4)$

(3)

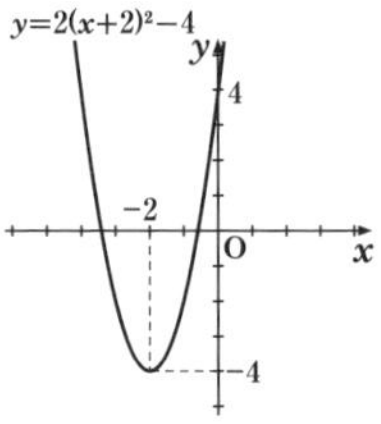

軸　直線 $x=-2$
頂点 $(-2,\ -4)$

(4)

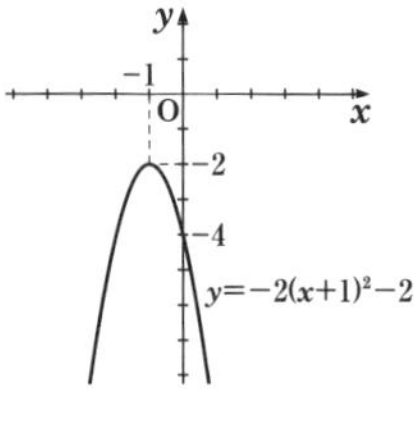

軸　直線 $x=-1$
頂点 $(-1,\ -2)$

21 2次関数のグラフ (3)

例51 ア $(x-3)^2-8$ イ $2(x+1)^2-7$

77 (1) $y=(x-1)^2-1$ (2) $y=(x+2)^2-4$

78 (1) $y=(x-4)^2-7$ (2) $y=(x+3)^2-11$

(3) $y=(x+5)^2-30$ (4) $y=(x-2)^2-8$

79 (1) $y=2(x+3)^2-18$ (2) $y=4(x-1)^2-4$

(3) $y=3(x-2)^2-16$ (4) $y=2(x+1)^2+3$

(5) $y=4(x+1)^2-3$ (6) $y=2(x-2)^2-1$

80 (1) $y=-(x+2)^2$

(2) $y=-2(x-1)^2+5$

(3) $y=-3(x+2)^2+24$

(4) $y=-4(x-1)^2+1$

22 2次関数のグラフ (4)

例52 ア $(x+1)^2-2$ イ $x=-1$

ウ $(-1,\ -2)$ エ $(0,\ -1)$

オ $-2(x-1)^2+3$ カ $x=1$

キ $(1,\ 3)$ ク $(0,\ 1)$

81 (1) 軸 直線 $x=1$
頂点 $(1,\ -1)$

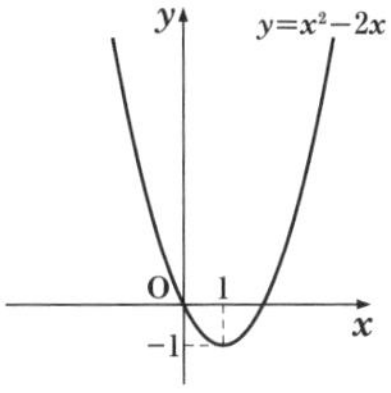

(2) 軸 直線 $x=-2$
頂点 $(-2,\ -4)$

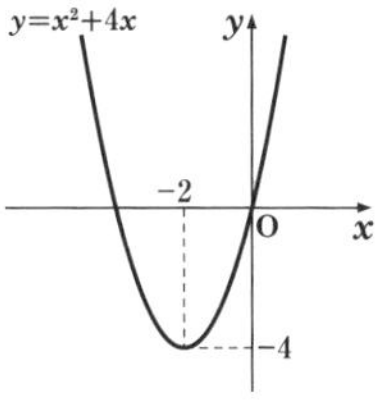

82 (1) 軸 直線 $x=-3$
頂点 $(-3,\ -2)$

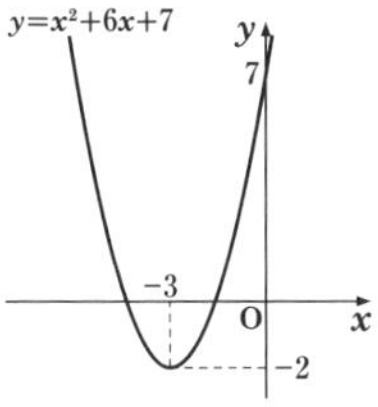

(2) 軸 直線 $x=4$
頂点 $(4,\ -3)$

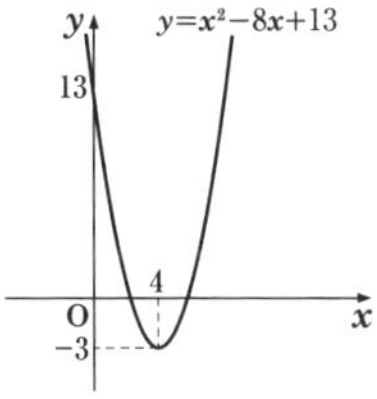

83 (1) 軸 直線 $x=2$
頂点 $(2,\ -5)$

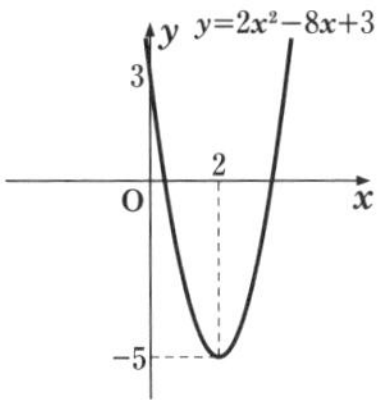

(2) 軸 直線 $x=-1$
頂点 $(-1,\ 2)$

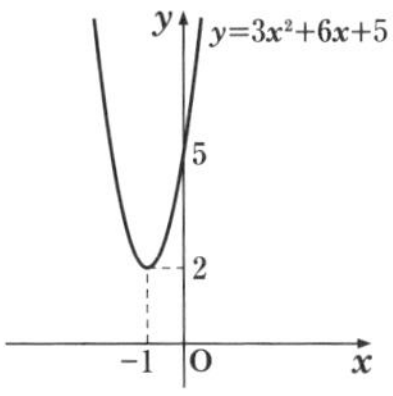

(3) 軸 直線 $x=-1$
頂点 $(-1,\ 5)$

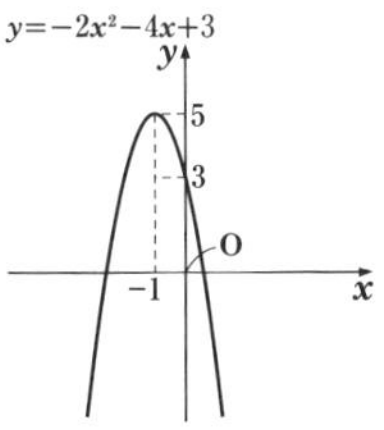

(4) 軸 直線 $x=3$
頂点 $(3,\ 5)$

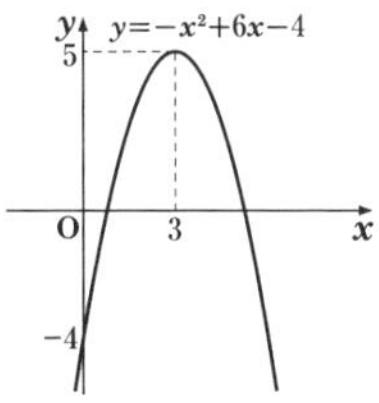

確認問題 6

1 (1)

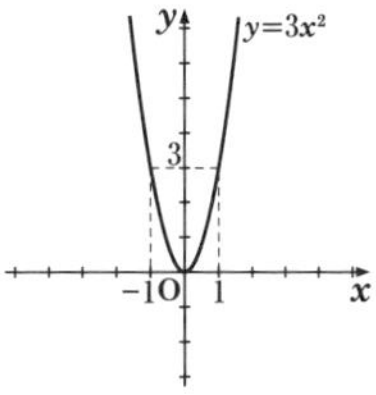

(2)

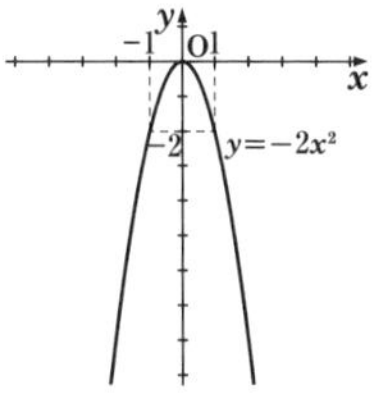

2 (1)

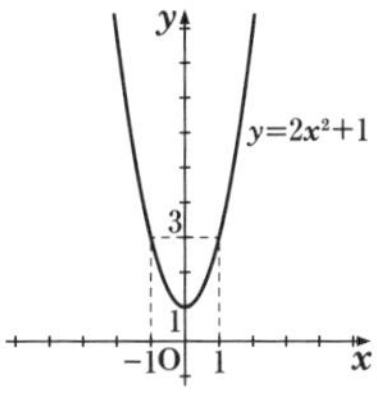

軸 y 軸
頂点 $(0,\ 1)$

(2)

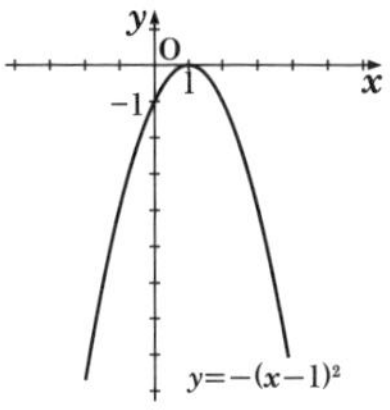

軸 直線 $x=1$
頂点 $(1,\ 0)$

(3)

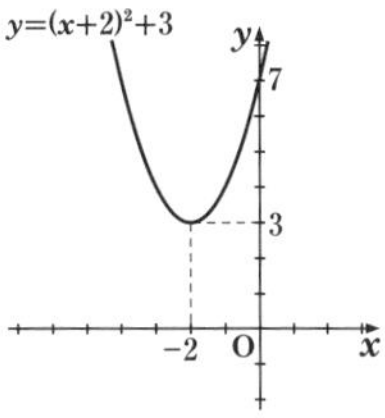

軸 直線 $x=-2$
頂点 $(-2,\ 3)$

(4)

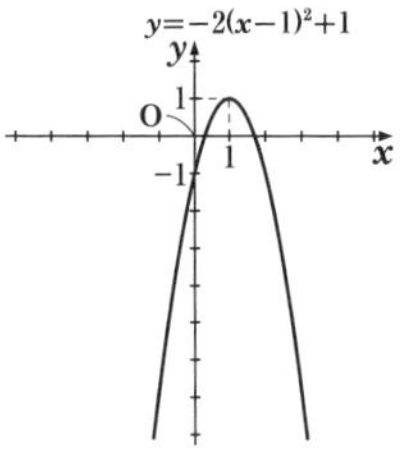

軸 直線 $x=1$
頂点 $(1,\ 1)$

3 (1) 軸 直線 $x=-3$
頂点 $(-3,\ -9)$

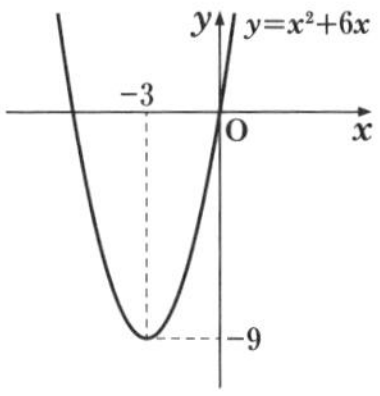

(2) 軸 直線 $x=2$
頂点 $(2,\ 1)$

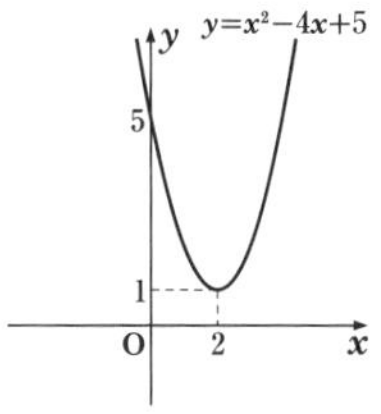

(3) 軸 直線 $x=-2$
頂点 $(-2,\ -8)$

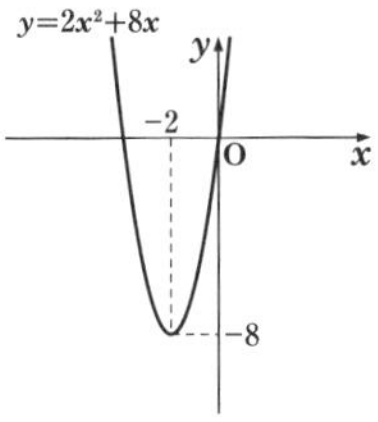

(4) 軸 直線 $x=1$
頂点 $(1,\ -4)$

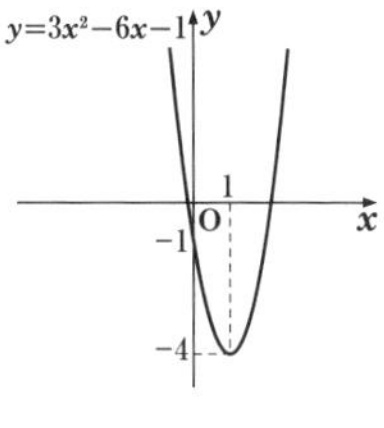

(5) 軸 直線 $x=-1$
頂点 $(-1,\ 3)$

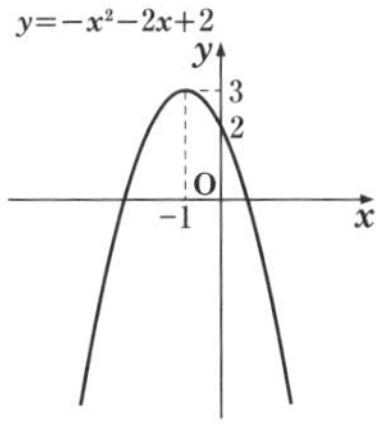

(6) 軸 直線 $x=1$
頂点 $(1,\ 8)$

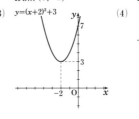

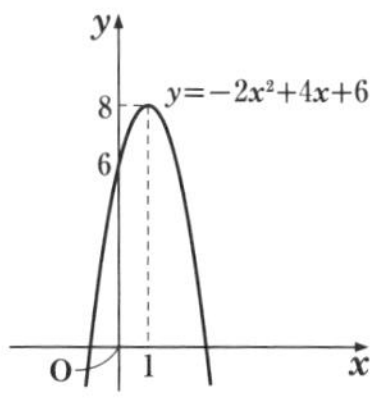

23　2次関数の最大・最小 (1)

例53　ア　3　イ　2

例54　ア　-2　イ　7

84 (1) $x=1$ のとき 最小値 -4 最大値は ない。　(2) $x=-1$ のとき 最小値 -6 最大値は ない。

(3) $x=-4$ のとき 最大値 -2 最小値は ない。　(4) $x=3$ のとき 最大値 5 最小値は ない。

85 (1) $x=-1$ のとき 最小値 -1 最大値は ない。　(2) $x=2$ のとき 最小値 -3 最大値は ない。

(3) $x=-3$ のとき 最小値 -11 最大値は ない。　(4) $x=1$ のとき 最大値 2 最小値は ない。

(5) $x=-4$ のとき 最大値 20 最小値は ない。　(6) $x=1$ のとき 最大値 -2 最小値は ない。

24　2次関数の最大・最小 (2)

例55　ア　2　イ　5　ウ　-1　エ　-4

例56　ア　2　イ　4

86 (1) $x=-2$ のとき 最大値 8 $x=0$ のとき 最小値 0　(2) $x=1$ のとき 最大値 0 $x=-1$ のとき 最小値 -8

87 (1) $x=1$ のとき 最大値 6 $x=-1$ のとき 最小値 -2　(2) $x=1$ のとき 最大値 1 $x=3$ のとき 最小値 -7

88 36

25　2次関数の決定 (1)

例57　ア　-1

例58　ア　3　イ　-5

89 (1) $y=-2(x+3)^2+5$

(2) $y=(x-2)^2-4$

90 (1) $y=2(x-3)^2-10$

(2) $y=2(x+1)^2-1$

26　2次関数の決定 (2)

例59　ア　$2x^2-3x-1$

91 $y=x^2+2x-1$

確認問題 7

1 (1) $x=-2$ のとき 最大値 3 最小値は ない。　(2) $x=3$ のとき 最小値 -4 最大値は ない。

2 (1) $x=-3$ のとき 最大値 27 $x=-1$ のとき 最小値 3　(2) $x=2$ のとき 最大値 7 $x=-1$ のとき 最小値 -2

3 (1) $y=3(x+1)^2-2$

(2) $y=-(x+2)^2+7$

27　2次方程式

例60　ア　3　イ　4

例61　ア　$\dfrac{1\pm\sqrt{13}}{3}$

92 (1) $x=-1,\ 2$　(2) $x=-\dfrac{1}{2},\ \dfrac{2}{3}$

(3) $x=-4,\ 2$　(4) $x=-5,\ 5$

93 (1) $x=\dfrac{-3\pm\sqrt{17}}{2}$

(2) $x=\dfrac{-4\pm\sqrt{14}}{2}$　(3) $x=\dfrac{5\pm\sqrt{13}}{2}$

(4) $x=\dfrac{5\pm\sqrt{37}}{6}$　(5) $x=-3\pm\sqrt{17}$

(6) $x=\dfrac{-4\pm\sqrt{10}}{3}$

28　2次方程式の実数解の個数

例62　ア　2

例63　ア　$-12m+24$　イ　2

ウ　$4m^2-8m-32$　エ　4　オ　2

カ　-2　キ　1

94 (1) 2個　(2) 1個　(3) 0個

(4) 2個

95 $m<8$

96 $m=5,\ -4$

$m=5$ のとき $x=-5$

$m=-4$ のとき $x=4$

29　2次関数のグラフと x 軸の位置関係

例64　ア　4　イ　3

例65　ア　2　イ　1

例66　ア　$4-12m$　イ　$\dfrac{1}{3}$

97 (1) $-3,\ -2$　(2) 2

98 (1) $\dfrac{-5\pm\sqrt{13}}{2}$

(2) $\dfrac{-3\pm2\sqrt{3}}{3}$

99 (1) 2個　(2) 2個

(3) 1個　(4) 0個

100 $m<\dfrac{9}{8}$

30　2次関数のグラフと2次不等式 (1)

例67　ア　-2

例68　ア　2　　イ　4

例69　ア　$-2-\sqrt{7}$　　イ　$-2+\sqrt{7}$

例70　ア　$3-\sqrt{7}$　　イ　$3+\sqrt{7}$

101 (1) $x>-3$　(2) $x<1$

102 (1) $3<x<5$　(2) $-2\leqq x\leqq 1$
(3) $x\leqq 2,\ 5\leqq x$　(4) $x\leqq -2,\ 5\leqq x$
(5) $x<-3,\ 3<x$　(6) $-1<x<0$

103 (1) $x\leqq\dfrac{-3-\sqrt{5}}{2},\ \dfrac{-3+\sqrt{5}}{2}\leqq x$
(2) $\dfrac{1-\sqrt{13}}{3}<x<\dfrac{1+\sqrt{13}}{3}$

104 (1) $x<-4,\ 2<x$　(2) $2-\sqrt{3}\leqq x\leqq 2+\sqrt{3}$

31　2次関数のグラフと2次不等式 (2)

例71　ア　$x=1$

例72　ア　ない

105 (1) $x=2$ 以外のすべての実数
(2) $x=-\dfrac{3}{2}$
(3) 解はない
(4) すべての実数

106 (1) すべての実数　(2) 解はない
(3) すべての実数　(4) 解はない

確 認 問 題 8

1 (1) $x=-5,\ 2$　(2) $x=\dfrac{3}{2},\ 2$
(3) $x=\dfrac{5\pm\sqrt{41}}{4}$　(4) $x=\dfrac{-1\pm\sqrt{7}}{3}$

2 (1) 2個　(2) 1個　(3) 2個　(4) 0個

3 $m=1,\ 5$
$m=1$ のとき $x=-1$
$m=5$ のとき $x=-3$

4 $m>4$

5 (1) $x<-5,\ 8<x$　(2) $-1\leqq x\leqq\dfrac{3}{2}$
(3) $\dfrac{-5-\sqrt{13}}{2}\leqq x\leqq\dfrac{-5+\sqrt{13}}{2}$
(4) $x<\dfrac{-1-\sqrt{7}}{3},\ \dfrac{-1+\sqrt{7}}{3}<x$
(5) $x<0,\ \dfrac{3}{5}<x$
(6) $x=\dfrac{1}{3}$

TRY *PLUS*

問3　x 軸方向に -2, y 軸方向に 6

問4　(1) $-\dfrac{1}{2}<x<2$
(2) $0<x\leqq 2$

第4章　図形と計量

32　三角比 (1)

例73　ア　$\dfrac{\sqrt{11}}{6}$　　イ　$\dfrac{5}{6}$　　ウ　$\dfrac{\sqrt{11}}{5}$

例74　ア　$\dfrac{\sqrt{21}}{5}$　　イ　$\dfrac{2}{5}$　　ウ　$\dfrac{\sqrt{21}}{2}$

例75　ア　21°

107 (1) $\sin A=\dfrac{4}{5},\ \cos A=\dfrac{3}{5},\ \tan A=\dfrac{4}{3}$
(2) $\sin A=\dfrac{3}{\sqrt{10}},\ \cos A=\dfrac{1}{\sqrt{10}},\ \tan A=3$
(3) $\sin A=\dfrac{\sqrt{5}}{3},\ \cos A=\dfrac{2}{3},\ \tan A=\dfrac{\sqrt{5}}{2}$

108 (1) $\sin A=\dfrac{1}{\sqrt{10}},\ \cos A=\dfrac{3}{\sqrt{10}},\ \tan A=\dfrac{1}{3}$
(2) $\sin A=\dfrac{2}{\sqrt{5}},\ \cos A=\dfrac{1}{\sqrt{5}},\ \tan A=2$
(3) $\sin A=\dfrac{3}{4},\ \cos A=\dfrac{\sqrt{7}}{4},\ \tan A=\dfrac{3}{\sqrt{7}}$

109 (1) 0.6293　(2) 0.8988　(3) 2.7475

110 (1) 37°　(2) 37°　(3) 79°

33　三角比 (2)

例76　ア　4　　イ　$2\sqrt{3}$

例77　ア　70　　イ　495

例78　ア　2.1

111 (1) $x=2\sqrt{3},\ y=2$　(2) $x=3\sqrt{2},\ y=3$

112 標高差は 1939 m, 水平距離は 3498 m

113 10.9 m

34　三角比の性質

例79　ア　$\dfrac{\sqrt{15}}{4}$　　イ　$\dfrac{1}{\sqrt{15}}$

例80　ア　$\dfrac{1}{3}$　　イ　$\dfrac{2\sqrt{2}}{3}$

例81　ア　$\cos 35^\circ$　　イ　$\sin 35^\circ$　　ウ　$\dfrac{1}{\tan 35^\circ}$

114 $\cos A=\dfrac{2}{3},\ \tan A=\dfrac{\sqrt{5}}{2}$

115 $\sin A=\dfrac{3}{5},\ \tan A=\dfrac{3}{4}$

116 $\cos A=\dfrac{1}{\sqrt{6}},\ \sin A=\dfrac{\sqrt{30}}{6}$

117 (1) $\cos 9^\circ$　(2) $\sin 16^\circ$　(3) $\dfrac{1}{\tan 25^\circ}$

35　三角比の拡張 (1)

例82　ア　$\dfrac{3}{5}$　　イ　$-\dfrac{4}{5}$　　ウ　$-\dfrac{3}{4}$

例83　ア　$\dfrac{1}{2}$　　イ　$-\dfrac{\sqrt{3}}{2}$　　ウ　$-\dfrac{1}{\sqrt{3}}$

エ　1　　オ　0

例84　ア　$\sin 70^\circ$

118 (1) $\sin\theta=\frac{\sqrt{7}}{3}$, $\cos\theta=\frac{\sqrt{2}}{3}$, $\tan\theta=\frac{\sqrt{14}}{2}$

(2) $\sin\theta=\frac{12}{13}$, $\cos\theta=-\frac{5}{13}$, $\tan\theta=-\frac{12}{5}$

119 (1) $\sin 135^\circ=\frac{1}{\sqrt{2}}$, $\cos 135^\circ=-\frac{1}{\sqrt{2}}$

$\tan 135^\circ=-1$

(2) $\sin 120^\circ=\frac{\sqrt{3}}{2}$, $\cos 120^\circ=-\frac{1}{2}$

$\tan 120^\circ=-\sqrt{3}$

(3) $\sin 180^\circ=0$, $\cos 180^\circ=-1$, $\tan 180^\circ=0$

120 (1) $\sin 50^\circ$　(2) $-\cos 75^\circ$　(3) $-\tan 12^\circ$

36　三角比の拡張 (2)

例85　ア　60°　　イ　120°　　ウ　120°

例86　ア　150°

121 (1) $\theta=45^\circ$, 135°　(2) $\theta=60^\circ$

122 $\theta=30^\circ$

37　三角比の拡張 (3)

例87　ア　$-\frac{\sqrt{5}}{3}$　　イ　$-\frac{2}{\sqrt{5}}$

例88　ア　$-\frac{3}{\sqrt{10}}$　　イ　$\frac{1}{\sqrt{10}}$

123 (1) $\cos\theta=-\frac{\sqrt{15}}{4}$, $\tan\theta=-\frac{1}{\sqrt{15}}$

(2) $\sin\theta=\frac{2\sqrt{2}}{3}$, $\tan\theta=-2\sqrt{2}$

(3) $\cos\theta=-\frac{1}{\sqrt{5}}$, $\tan\theta=-2$

124 $\cos\theta=-\frac{1}{\sqrt{3}}$, $\sin\theta=\frac{\sqrt{6}}{3}$

確認問題 9

1 (1) $\sin A=\frac{\sqrt{13}}{7}$, $\cos A=\frac{6}{7}$, $\tan A=\frac{\sqrt{13}}{6}$

(2) $\sin A=\frac{\sqrt{15}}{8}$, $\cos A=\frac{7}{8}$, $\tan A=\frac{\sqrt{15}}{7}$

2 (1) $x=3\sqrt{3}$, $y=6$

(2) $x=978.1$, $y=207.9$

3 (1) $\sin A=\frac{\sqrt{5}}{3}$, $\tan A=\frac{\sqrt{5}}{2}$

(2) $\cos A=\frac{5}{13}$, $\tan A=\frac{12}{5}$

4 (1) $\cos 16^\circ$　(2) $\sin 23^\circ$

5

θ	0°	30°	45°	60°	90°	120°	135°	150°	180°
$\sin\theta$	0	$\frac{1}{2}$	$\frac{1}{\sqrt{2}}$	$\frac{\sqrt{3}}{2}$	1	$\frac{\sqrt{3}}{2}$	$\frac{1}{\sqrt{2}}$	$\frac{1}{2}$	0
$\cos\theta$	1	$\frac{\sqrt{3}}{2}$	$\frac{1}{\sqrt{2}}$	$\frac{1}{2}$	0	$-\frac{1}{2}$	$-\frac{1}{\sqrt{2}}$	$-\frac{\sqrt{3}}{2}$	-1
$\tan\theta$	0	$\frac{1}{\sqrt{3}}$	1	$\sqrt{3}$	／	$-\sqrt{3}$	-1	$-\frac{1}{\sqrt{3}}$	0

6 (1) $\sin 40^\circ$　(2) $-\cos 15^\circ$

7 $\theta=150^\circ$

8 (1) $\cos\theta=-\frac{2\sqrt{6}}{5}$, $\tan\theta=-\frac{1}{2\sqrt{6}}$

(2) $\sin\theta=\frac{\sqrt{15}}{4}$, $\tan\theta=-\sqrt{15}$

38　正弦定理

例89　ア　7

例90　ア　$4\sqrt{2}$

125 (1) $\frac{5\sqrt{2}}{2}$　(2) $\sqrt{3}$　(3) $\sqrt{3}$

126 (1) $12\sqrt{2}$　(2) $\frac{4\sqrt{6}}{3}$

39　余弦定理

例91　ア　$2\sqrt{7}$

例92　ア　$-\frac{1}{2}$　　イ　120°

127 (1) $\sqrt{7}$　(2) $\sqrt{37}$

128 (1) $\cos A=-\frac{\sqrt{3}}{2}$, $A=150^\circ$

(2) $\cos C=\frac{\sqrt{3}}{2}$, $C=30^\circ$

40　三角形の面積 / 空間図形の計量

例93　ア　6

例94　ア　$-\frac{1}{3}$　　イ　$\frac{2\sqrt{2}}{3}$　　ウ　$12\sqrt{2}$

例95　ア　$10\sqrt{6}$

129 (1) $5\sqrt{2}$　(2) $6\sqrt{3}$

130 (1) $\frac{7}{8}$　(2) $\frac{\sqrt{15}}{8}$　(3) $\frac{3\sqrt{15}}{4}$

131 $30\sqrt{2}$ m

確認問題 10

1 (1) 12　(2) $3\sqrt{3}$

2 (1) $3\sqrt{6}$　(2) $3\sqrt{5}$

3 $\cos B=\frac{1}{8}$, $\cos C=\frac{3}{4}$

4 15

5 (1) $\frac{19}{21}$　(2) $4\sqrt{5}$

6 $10\sqrt{6}$ m

TRY *PLUS*

問5　$a=3$，$B=30^\circ$，$C=90^\circ$

問6　(1)　$a=7$

(2)　$S=6\sqrt{3}$

$r=\dfrac{2\sqrt{3}}{3}$

第5章　データの分析

41　データの整理

例96　ア　55

イ

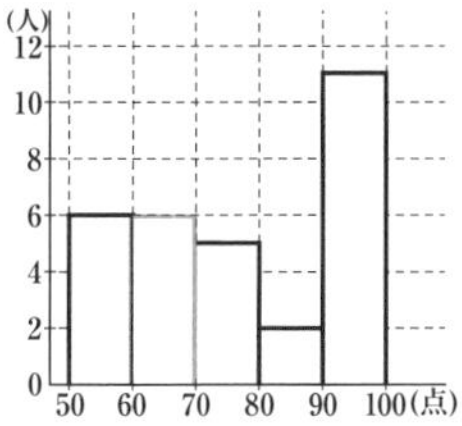

例97　ア　0.18　　イ　1

132　(1)

階級（回）以上～未満	階級値（回）	度数（人）
12～16	14	1
16～20	18	3
20～24	22	6
24～28	26	8
28～32	30	2
合計		20

(2)

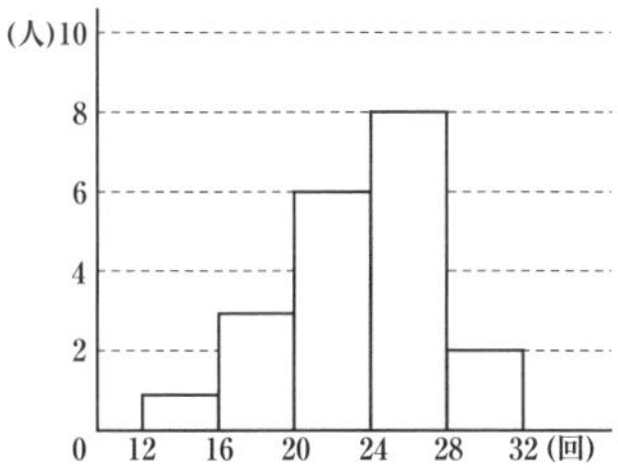

133　10歳～20歳　0.06

60歳～70歳　0.22

42　代表値

例98　ア　12.8

例99　ア　25

例100　ア　21

134　A班 41 kg，B班 40 kg

135　200円

136　(1)　37　　(2)　19

137　11

43　四分位数と四分位範囲

例101　ア　3　　イ　11

例102　ア　2　イ　14　ウ　12　エ　8

例103　ア　①，②，③

138　(1)　$Q_1=3$，$Q_2=6$，$Q_3=8$

(2)　$Q_1=3$，$Q_2=5.5$，$Q_3=6.5$

139

(1)　範囲6，四分位範囲4

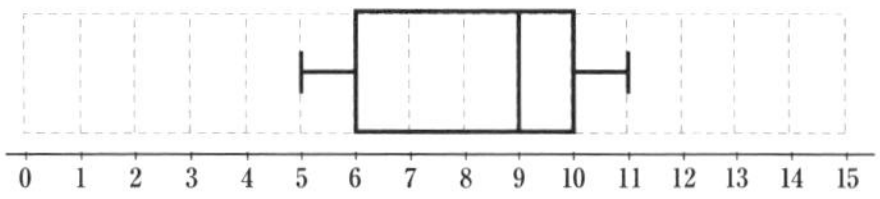

(2)　範囲8，四分位範囲4

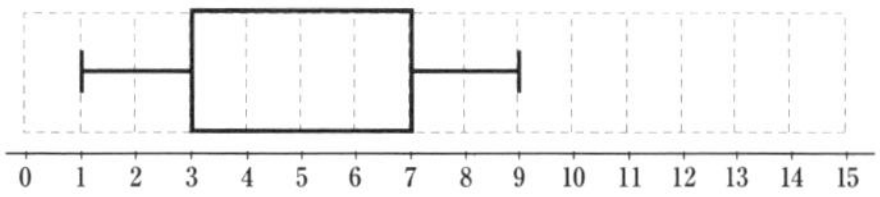

140　①，③

44　分散と標準偏差

例104　ア　9　　イ　3

例105　ア　4　　イ　2

141　$s^2=2$，$s=\sqrt{2}$

142　$s^2=10$，$s=\sqrt{10}$

142のデータの方が，散らばりの度合いが大きい。

143　$s^2=16$，$s=4$ (cm)

45　データの相関 (1)

例106　ア　正

144

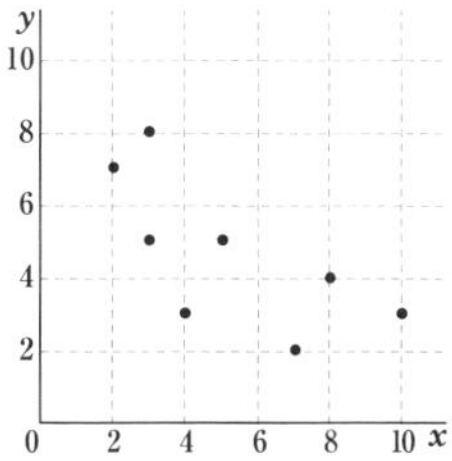

負の相関がある

145　(1)

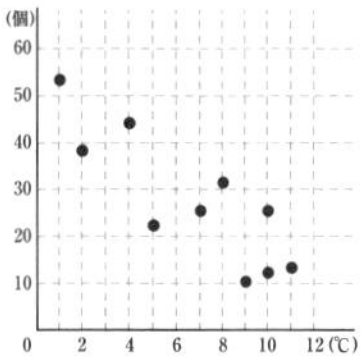

負の相関がある

(2)

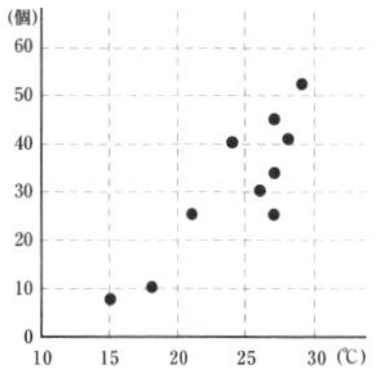

正の相関がある

46　データの相関 (2)

例107　ア　0.22

146　(1)　$\overline{x}=5$，$\overline{y}=7$

(2)　2.5

147　0.7

47 外れ値と仮説検定

例108　ア　47　イ　42　ウ　54　エ　24　オ　72

例109　ア　誤り

148 (1)　$Q_1=6$(回)，$Q_3=8$(回)　(2)　①，③，⑤

149　「A，Bの実力が同じ」という仮説が誤り

確認問題 11

1 (1)　平均値 42　中央値 34

(2)　平均値 42　中央値 32

2 (1)　$Q_1=5$，$Q_2=8$，$Q_3=9$

範囲 7，四分位範囲 4

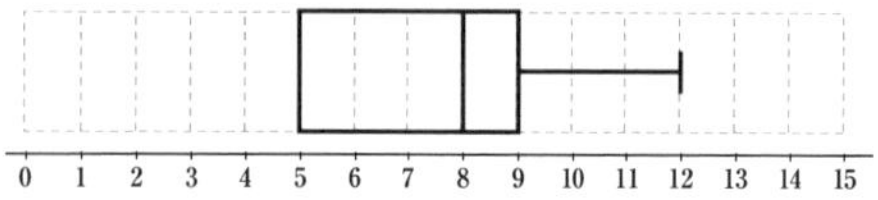

(2)　$Q_1=5$，$Q_2=8$，$Q_3=12$

範囲 13，四分位範囲 7

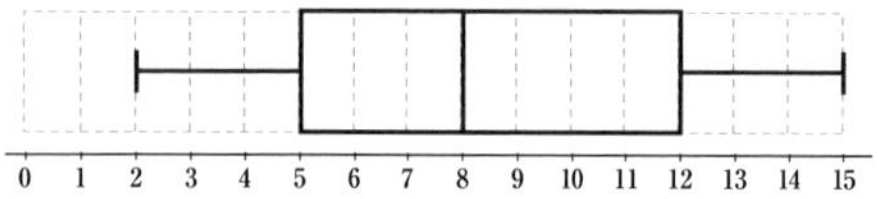

3　②，③

4 (1)　$s^2=9$，$s=3$

(2)　$s^2=36$，$s=6$

5

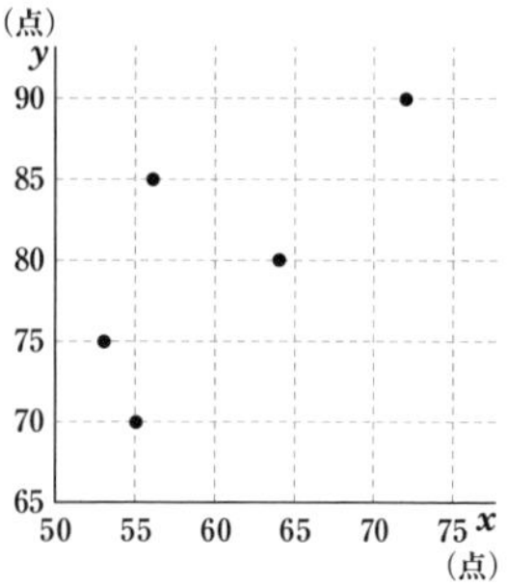

$s_{xy}=37$，$r=0.74$

略解

第1章　場合の数と確率

1　集合

例1　ア　1, 2, 3, 6, 9, 18
　　イ　−2, −1, 0, 1, 2, 3

例2　ア　⊃

例3　ア　2, 4　　イ　1, 2, 3, 4, 5, 6, 8, 10
　　ウ　∅

例4　ア　4, 5, 6　イ　1, 2, 4, 5　ウ　4, 5
　　エ　1, 2, 4, 5, 6　オ　6
　　カ　1, 2, 3, 4, 5

1　(1)　$A=\{1,\ 2,\ 3,\ 4,\ 6,\ 12\}$
　(2)　$B=\{-3,\ -2,\ -1,\ 0,\ 1\}$

2　$A\supset B$

3　(1)　{3, 5, 7}　(2)　{1, 2, 3, 5, 7}
　(3)　∅

4　(1)　{7, 8, 9, 10}　(2)　{1, 2, 3, 4, 9, 10}
　(3)　{1, 2, 3, 4, 7, 8, 9, 10}
　(4)　{9, 10}
　(5)　{5, 6, 7, 8, 9, 10}
　(6)　{1, 2, 3, 4}

2　集合の要素の個数

例5　ア　25

例6　ア　6

例7　ア　3　　イ　13

5　$n(A)=11$ 個, $n(B)=10$ 個

6　7

7　(1)　3個　(2)　20個

3　補集合の要素の個数

例8　ア　27

例9　ア　26　　イ　4

8　(1)　70個　(2)　74個

9　(1)　87人　(2)　13人

確認問題1

1　(1)　$A=\{1,\ 2,\ 4,\ 8,\ 16\}$
　(2)　$B=\{2,\ 3,\ 5,\ 7,\ 11,\ 13,\ 17,\ 19\}$

2　∅, {2}, {4}, {6}, {2, 4}, {2, 6}, {4, 6}, {2, 4, 6}

3　(1)　{3, 5, 7}
　(2)　{1, 2, 3, 5, 7, 9}
　(3)　∅

4　(1)　{2, 4, 6, 8, 10}　(2)　{4, 5, 7, 8, 9, 10}
　(3)　{4, 8, 10}　(4)　{4, 8, 10}

5　$n(A)=14$ (個), $n(B)=8$ (個)

6　7

7　(1)　2個　(2)　20個

8　(1)　52個　(2)　55個

9　(1)　72人　(2)　8人

4　樹形図・和の法則

例10　ア　12

例11　ア　9

10　18通り

11　(1)　12通り　(2)　21通り

5　積の法則

例12　ア　12

例13　ア　216　　イ　8

例14　ア　12

12　24通り

13　15通り

14　(1)　45通り　(2)　8通り

15　(1)　4個　(2)　12個

6　順列 (1)

例15　ア　56　　イ　840

例16　ア　120

例17　ア　990

例18　ア　720

16　(1)　12　(2)　120
　(3)　720　(4)　7

17　60通り

18　(1)　132通り　(2)　504通り

19　120通り

7　順列 (2)

例19　ア　168　　イ　294

例20　ア　144　　イ　144

20　60通り

21　180通り

22　(1)　288通り　(2)　144通り

8　円順列・重複順列

例21　ア　24

例22　ア　16

23　(1)　720通り　(2)　6通り

24　(1)　64通り　(2)　9通り　(3)　243 通り

確認問題 2

1 24通り

2 (1) 9通り (2) 10通り

3 15通り

4 (1) 6個 (2) 8個

5 (1) 30 (2) 5 (3) 120

6 840通り

7 360通り

8 (1) 1440通り (2) 576通り

9 (1) 5040通り (2) 256通り

9 組合せ (1)

例23 ア 28 イ 15

例24 ア 21

例25 ア 8

例26 ア 35

25 (1) 10 (2) 20
(3) 11 (4) 1

26 (1) 252通り (2) 495通り

27 (1) 28 (2) 10
(3) 220 (4) 91

28 10個

10 組合せ (2)

例27 ア 12

例28 ア 20 イ 10

29 (1) 210通り (2) 60通り

30 (1) 70通り (2) 35通り

11 同じものを含む順列

例29 ア 1260

例30 ア 126 イ 6
ウ 10 エ 60

31 210通り

32 420通り

33 (1) 84通り (2) 45通り

確認問題 3

1 (1) 6 (2) 120 (3) 6
(4) 1 (5) 11 (6) 36

2 (1) 56通り (2) 792通り

3 84個

4 45通り

5 (1) 252通り (2) 126通り

6 210通り

7 (1) 126通り (2) 40通り

12 試行と事象・事象の確率

例31 ア 3

例32 ア $\frac{2}{3}$

例33 ア $\frac{4}{7}$

34 全事象 $U=\{1, 2, 3, 4, 5\}$
根元事象 $\{1\}, \{2\}, \{3\}, \{4\}, \{5\}$

35 (1) $\frac{1}{3}$ (2) $\frac{1}{3}$

36 (1) $\frac{1}{3}$ (2) $\frac{7}{90}$

37 $\frac{5}{8}$

13 いろいろな事象の確率 (1)

例34 ア $\frac{1}{2}$

例35 ア $\frac{5}{36}$ イ $\frac{1}{6}$

38 $\frac{1}{4}$

39 (1) $\frac{1}{8}$ (2) $\frac{3}{8}$

40 (1) $\frac{1}{9}$ (2) $\frac{5}{12}$

14 いろいろな事象の確率 (2)

例36 ア $\frac{1}{20}$

例37 ア $\frac{9}{20}$

41 $\frac{1}{20}$

42 $\frac{1}{120}$

43 (1) $\frac{4}{35}$ (2) $\frac{18}{35}$

15 確率の基本性質 (1)

例38 ア 1, 3, 4, 5, 6

例39 ア 排反

例40 ア $\frac{1}{4}$

44 $A\cap B=\{2\}$
$A\cup B=\{2, 3, 4, 5, 6\}$

45 B と C

46 (1) $\frac{3}{20}$ (2) $\frac{7}{10}$

16 確率の基本性質 (2)

例41 ア $\frac{3}{7}$

例42 ア $\frac{12}{25}$

47 $\frac{11}{56}$

48 $\frac{33}{100}$

17 余事象とその確率

例43 ア $\frac{2}{3}$

例44 ア $\frac{13}{14}$

49 $\frac{4}{5}$

50 $\frac{20}{21}$

51 $\frac{41}{55}$

確 認 問 題 4

1 全事象 $U=\{1, 2, 3, 4, 5, 6, 7, 8, 9\}$
根元事象 $\{1\}$, $\{2\}$, $\{3\}$, $\{4\}$, $\{5\}$, $\{6\}$, $\{7\}$, $\{8\}$, $\{9\}$

2 (1) $\frac{1}{2}$ (2) $\frac{2}{3}$

3 $\frac{1}{8}$

4 (1) $\frac{1}{12}$ (2) $\frac{1}{2}$

5 $\frac{15}{56}$

6 $A\cap B=\{2\}$
$A\cup B=\{2, 3, 4, 5, 6, 7, 8\}$

7 $\frac{4}{25}$

8 $\frac{43}{50}$

9 $\frac{7}{9}$

18 独立な試行の確率・反復試行の確率

例45 ア $\frac{1}{6}$

例46 ア $\frac{1}{24}$

例47 ア $\frac{3}{8}$

52 $\frac{1}{3}$

53 (1) $\frac{1}{18}$ (2) $\frac{2}{27}$

54 $\frac{15}{64}$

19 条件つき確率と乗法定理

例48 ア $\frac{4}{11}$ イ $\frac{4}{7}$

例49 ア $\frac{2}{7}$ イ $\frac{3}{28}$

55 (1) $\frac{9}{20}$ (2) $\frac{9}{23}$

56 (1) $\frac{1}{3}$ (2) $\frac{2}{15}$

57 (1) $\frac{5}{7}$ (2) $\frac{15}{56}$

20 期待値

例50 ア 5

例51 ア $\frac{200}{3}$

58 5

59 $\frac{3}{2}$ 回

60 900 点

確 認 問 題 5

1 $\frac{1}{4}$

2 $\frac{5}{144}$

3 $\frac{40}{243}$

4 $\frac{2}{9}$

5 (1) $\frac{5}{18}$ (2) $\frac{1}{6}$

6 60 点

TRY *PLUS*

問1 (1) $\frac{1}{27}$ (2) $\frac{2}{9}$ (3) $\frac{4}{27}$

問2 $\frac{2}{27}$

第2章　図形の性質

21　平行線と線分の比

例52　ア　8　　イ　3

例53

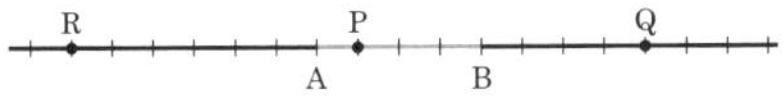

61 (1) $x=\frac{18}{7}$, $y=3$　(2) $x=6$, $y=4$

(3) $x=\frac{5}{3}$, $y=\frac{16}{3}$　(4) $x=\frac{15}{2}$, $y=6$

62

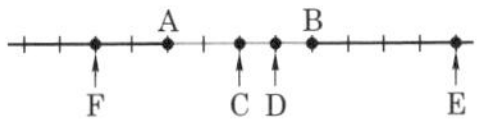

22　角の二等分線と線分の比

例54　ア　8

例55　ア　6

63 $x=8$

64 (1) $\frac{21}{5}$　(2) $\frac{9}{2}$　(3) $\frac{63}{10}$

23　三角形の重心・内心・外心

例56　ア　12

例57　ア　70°

例58　ア　40°

65 PB=2, PQ=6

66 (1) 115°　(2) 40°　(3) 130°

67 (1) 30°　(2) 160°　(3) 120°

24　メネラウスの定理とチェバの定理

例59　ア　11　　イ　4

例60　ア　3　　イ　4

68 BP：PC=3：1

69 AR：RB=2：1

70 AR：RB=9：10

71 (1) BD：DC=5：2　(2) AE：EC=5：3

確認問題6

1 (1) $x=5$, $y=8$　(2) $x=6$, $y=9$

2 (1) AE：EC=2：3　(2) 6

3 (1) 9　(2) 6　(3) 9

4 GD=4, GQ=4

5 (1) 35°　(2) 130°

6 (1) BD：DC=7：3　(2) AE：EC=7：4

25　円周角の定理とその逆

例61　ア　50°　イ　90°　ウ　40°

例62　ア　BDC

72 (1) 130°　(2) 40°

(3) 40°　(4) 55°

73 (1) 同一円周上にある　(2) 同一円周上にない

26　円に内接する四角形

例63　ア　120°　　イ　100°

例64　ア　100°　　イ　180°

74 (1) $\alpha=105°$, $\beta=50°$　(2) $\alpha=100°$, $\beta=35°$

(3) $\alpha=100°$, $\beta=40°$

75 (1) 20°　(2) 50°

76 (イ)と(ウ)

27　円の接線

例65　ア　4　　イ　9

例66　ア　5　イ　8　ウ　3

77 (1) 8　(2) 12

78 6

28　接線と弦のつくる角

例67　ア　110°

例68　ア　90°　イ　30°　ウ　30°

79 (1) 40°　(2) 35°

80 (1) 60°　(2) 40°

29　方べきの定理

例69　ア　10　　イ　11

例70　ア　6

81 (1) 3　(2) 9

82 (1) $2\sqrt{11}$　(2) 9

(3) 4　(4) 2

30　2つの円

例71　ア　10　　イ　4

例72　ア　$2\sqrt{6}$

83 2

84 (1) 離れている，共通接線は 4 本

(2) 外接する，共通接線は 3 本

(3) 2点で交わる，共通接線は 2 本

85 (1) $2\sqrt{35}$　(2) $6\sqrt{2}$

確認問題7

1 (1) $\alpha=100°$, $\beta=80°$　(2) $\alpha=100°$, $\beta=60°$

(3) $\alpha=125°$, $\beta=125°$

2 8

3 $\frac{5}{2}$

4 (1) 60°　(2) 53°　(3) 20°

5 (1) $\alpha=55°$, $\beta=115°$

(2) $\alpha=18°$, $\beta=72°$

(3) $\alpha=50°$, $\beta=20°$

6 (1) 4　(2) $\frac{7}{5}$　(3) 3

7 $3\sqrt{7}$

31　作図

例 73　ア　C_3C_5

86 ①　長さ 1 の線分 AB をかく。

②　点 A を通る直線 l を引き，等間隔に 4 個の点 C_1，C_2，C_3，C_4 をとる。

③　線分 C_4B と平行に点 C_3 を通る直線を引き，線分 AB との交点を P とすれば，$AP=\frac{3}{4}$ となる。

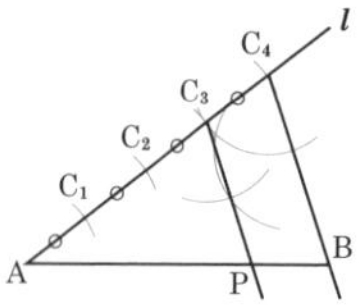

87 ①　点 O から ∠XOY の二等分線 l を引く。

②　点 P から直線 OX に垂線 h を引く。

③　直線 l と直線 h の交点を C とする。

④　C を中心，CP を半径とする円が求める円である。

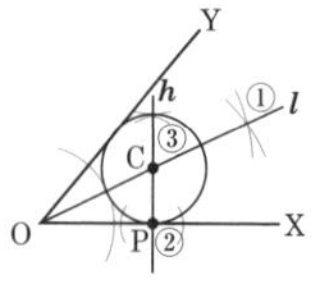

88 ①　長さ 1 の線分 AB の延長上に，BC=3 となる点Cをとる。

②　線分 AC の中点 O を求め，OA を半径とする円をかく。

③　点 B を通り，AC に垂直な直線を引き，円 O との交点を D，D′ とすれば，$BD=BD'=\sqrt{3}$ である。

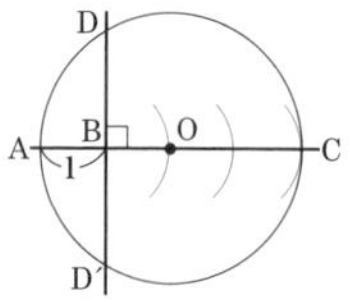

別解　右の図のように直角三角形をかく方法でも，長さ $\sqrt{3}$ の線分を作図できる。

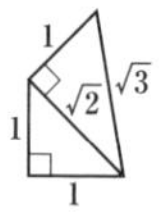

32　空間における直線と平面

例 74　ア　CG，DH，EH，FG　　イ　90°

ウ　30°　　エ　60°

89 (1)　BC，EH，FG

(2)　AB，AE，DC，DH

(3)　BF，CG，EF，HG

(4)　平面 BFGC，平面 EFGH

(5)　平面 ABCD，平面 AEHD

(6)　平面 AEFB，平面 DHGC

90 (1)　90°　　(2)　45°

(3)　90°　　(4)　60°

33　多面体

例 75　ア　20　　イ　30　　ウ　2

91 (1)　$v=6$，$e=9$，$f=5$，$v-e+f=2$

(2)　$v=5$，$e=8$，$f=5$，$v-e+f=2$

92 $v=9$，$e=16$，$f=9$，$v-e+f=2$

93 $v=12$，$e=30$，$f=20$，$v-e+f=2$

TRY *PLUS*

問 3　(1)　AO：OP=**6**：**1**

(2)　△OBC：△ABC=**1**：**7**

問 4　(1)　BD：DC=**4**：**3**

(2)　AI：ID=**7**：**5**

第3章　数学と人間の活動

34　n 進法

例 76　ア　22

例 77　ア　1011

例 78　ア　47

例 79　ア　201

例 80　ア　294

例 81　ア　243

94 (1)　7　　(2)　9

95 (1)　$1100_{(2)}$　　(2)　$11011_{(2)}$

96 (1)　23　　(2)　34

97 (1)　$1022_{(3)}$　　(2)　$2102_{(3)}$

98 (1)　84　　(2)　148

99 (1)　$123_{(5)}$　　(2)　$342_{(5)}$

35　約数と倍数

例 82　ア　1，3，5，15

例 83　ア　7

例 84　ア　4　　イ　3

100 (1)　1，2，3，6，9，18，−1，−2，−3，−6，−9，−18

(2)　1，2，4，5，10，20，25，50，100，−1，−2，−4，−5，−10，−20，−25，−50，−100

101 $7(k+l)$

102 ①，③，④

103 ①，②，④

104 ②，③

36　素因数分解

例 85　ア　3^2

例 86　ア　2　　イ　3　　ウ　6

105 ③，⑥

106 (1)　$2\times3\times13$　　(2)　$3\times5\times7$

(3)　$3^2\times5\times13$　　(4)　$2^3\times7\times11$

107 (1)　3　　(2)　42

37　最大公約数と最小公倍数 (1)

例 87　ア　12

例 88　ア　180

108 (1)　6　　(2)　13　　(3)　28

(4)　18　　(5)　21　　(6)　64

109 (1) 60　(2) 72　(3) 546
(4) 78　(5) 300　(6) 252

38 最大公約数と最小公倍数 (2)

例89　ア　6
例90　ア　60
例91　ア　互いに素である　イ　互いに素でない
110 39
111 48 分後
112 ②

39 整数の割り算と商および余り

例92　ア　7　イ　5
例93　ア　3
例94　ア　$3k^2-k$　イ　$3k^2+k$　ウ　$3k^2+3k$
113 (1) $73=16\times4+9$
(2) $163=24\times6+19$
114 1
115 ア　$3k^2-2k$　イ　$3k^2-1$　ウ　$3k^2+2k$

確 認 問 題 8

1 (1) 48　(2) $111_{(3)}$　(3) $200_{(3)}$
2 (1) 216, 568, 612　(2) 216, 369, 612
3 $3^3\times5^2$
4 (1) 63　(2) 312
5 66
6 280
7 2
8 ア　$2k^2+k$　イ　$2k^2+3k+1$

40 ユークリッドの互除法

例95　ア　13
116 (1) 21　(2) 11
(3) 13　(4) 15

41 不定方程式 (1)

例96　ア　5
117 (1) $x=4k,\ y=3k$　(kは整数)
(2) $x=5k,\ y=9k$　(kは整数)
(3) $x=5k,\ y=-2k$　(kは整数)
(4) $x=6k,\ y=-11k$　(kは整数)

42 不定方程式 (2)

例97　ア　4
例98　ア　$2k+1$　イ　$5k+2$
118 (1) $x=-2,\ y=3$
(2) $x=2,\ y=2$
(3) $x=4,\ y=-1$
(4) $x=2,\ y=3$

119 (1) $x=3k+1,\ y=17k+5$　(kは整数)
(2) $x=7k+2,\ y=-11k-3$　(kは整数)

43 不定方程式 (3)

例99　ア　5　イ　-7
120 $x=3,\ y=-8$

44 不定方程式 (4)

例100　ア　20　イ　28
121 $x=19k+9,\ y=-51k-24$　(kは整数)

確 認 問 題 9

1 (1) 7　(2) 26　(3) 34
2 (1) $x=15k,\ y=8k$　(kは整数)
(2) $x=7k,\ y=-12k$　(kは整数)
3 (1) $x=7k-2,\ y=-3k+1$　(kは整数)
(2) $x=9k+3,\ y=7k+2$　(kは整数)
4 (1) $x=7,\ y=10$
(2) $x=37k+7,\ y=53k+10$　(kは整数)
(3) $x=37k+14,\ y=53k+20$　(kは整数)

45 相似を利用した測量, 三平方の定理の利用

例101　ア　3　イ　$\dfrac{16}{3}$
例102　ア　4.8
例103　ア　$\sqrt{5}$
122 (1) $x=3,\ y=\dfrac{10}{3}$　(2) $x=\dfrac{20}{7},\ y=\dfrac{21}{4}$
123 72 m
124 (1) $2\sqrt{3}$　(2) $\dfrac{5\sqrt{2}}{2}$

46 座標の考え方

例104
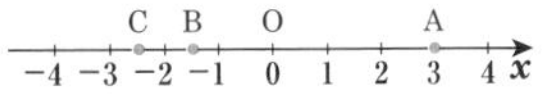

例105　ア　2　イ　-3　ウ　-2
エ　3　オ　-2　カ　-3
例106　ア　3　イ　2　ウ　-4
エ　-3　オ　2　カ　4
125
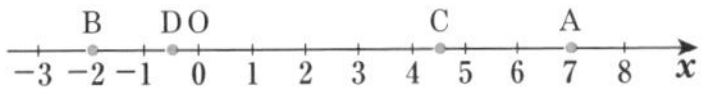

126 B(3, 2), C(−3, −2), D(−3, 2)
127 P(3, 2, 4), Q(3, 2, 0), R(0, 2, 4),
S(3, 0, 4), T(−3, 2, 4)

三角比の表

A	$\sin A$	$\cos A$	$\tan A$	A	$\sin A$	$\cos A$	$\tan A$
0°	0.0000	1.0000	0.0000	45°	0.7071	0.7071	1.0000
1°	0.0175	0.9998	0.0175	46°	0.7193	0.6947	1.0355
2°	0.0349	0.9994	0.0349	47°	0.7314	0.6820	1.0724
3°	0.0523	0.9986	0.0524	48°	0.7431	0.6691	1.1106
4°	0.0698	0.9976	0.0699	49°	0.7547	0.6561	1.1504
5°	0.0872	0.9962	0.0875	50°	0.7660	0.6428	1.1918
6°	0.1045	0.9945	0.1051	51°	0.7771	0.6293	1.2349
7°	0.1219	0.9925	0.1228	52°	0.7880	0.6157	1.2799
8°	0.1392	0.9903	0.1405	53°	0.7986	0.6018	1.3270
9°	0.1564	0.9877	0.1584	54°	0.8090	0.5878	1.3764
10°	0.1736	0.9848	0.1763	55°	0.8192	0.5736	1.4281
11°	0.1908	0.9816	0.1944	56°	0.8290	0.5592	1.4826
12°	0.2079	0.9781	0.2126	57°	0.8387	0.5446	1.5399
13°	0.2250	0.9744	0.2309	58°	0.8480	0.5299	1.6003
14°	0.2419	0.9703	0.2493	59°	0.8572	0.5150	1.6643
15°	0.2588	0.9659	0.2679	60°	0.8660	0.5000	1.7321
16°	0.2756	0.9613	0.2867	61°	0.8746	0.4848	1.8040
17°	0.2924	0.9563	0.3057	62°	0.8829	0.4695	1.8807
18°	0.3090	0.9511	0.3249	63°	0.8910	0.4540	1.9626
19°	0.3256	0.9455	0.3443	64°	0.8988	0.4384	2.0503
20°	0.3420	0.9397	0.3640	65°	0.9063	0.4226	2.1445
21°	0.3584	0.9336	0.3839	66°	0.9135	0.4067	2.2460
22°	0.3746	0.9272	0.4040	67°	0.9205	0.3907	2.3559
23°	0.3907	0.9205	0.4245	68°	0.9272	0.3746	2.4751
24°	0.4067	0.9135	0.4452	69°	0.9336	0.3584	2.6051
25°	0.4226	0.9063	0.4663	70°	0.9397	0.3420	2.7475
26°	0.4384	0.8988	0.4877	71°	0.9455	0.3256	2.9042
27°	0.4540	0.8910	0.5095	72°	0.9511	0.3090	3.0777
28°	0.4695	0.8829	0.5317	73°	0.9563	0.2924	3.2709
29°	0.4848	0.8746	0.5543	74°	0.9613	0.2756	3.4874
30°	0.5000	0.8660	0.5774	75°	0.9659	0.2588	3.7321
31°	0.5150	0.8572	0.6009	76°	0.9703	0.2419	4.0108
32°	0.5299	0.8480	0.6249	77°	0.9744	0.2250	4.3315
33°	0.5446	0.8387	0.6494	78°	0.9781	0.2079	4.7046
34°	0.5592	0.8290	0.6745	79°	0.9816	0.1908	5.1446
35°	0.5736	0.8192	0.7002	80°	0.9848	0.1736	5.6713
36°	0.5878	0.8090	0.7265	81°	0.9877	0.1564	6.3138
37°	0.6018	0.7986	0.7536	82°	0.9903	0.1392	7.1154
38°	0.6157	0.7880	0.7813	83°	0.9925	0.1219	8.1443
39°	0.6293	0.7771	0.8098	84°	0.9945	0.1045	9.5144
40°	0.6428	0.7660	0.8391	85°	0.9962	0.0872	11.4301
41°	0.6561	0.7547	0.8693	86°	0.9976	0.0698	14.3007
42°	0.6691	0.7431	0.9004	87°	0.9986	0.0523	19.0811
43°	0.6820	0.7314	0.9325	88°	0.9994	0.0349	28.6363
44°	0.6947	0.7193	0.9657	89°	0.9998	0.0175	57.2900
45°	0.7071	0.7071	1.0000	90°	1.0000	0.0000	——

ステージノート数学Ⅰ＋A

●編　者　実教出版編修部
●発行者　小田　良次
●印刷所　寿印刷株式会社

●発行所　実教出版株式会社
〒102-8377
東京都千代田区五番町5
電話<営業>(03)3238-7777
<編修>(03)3238-7785
<総務>(03)3238-7700
https://www.jikkyo.co.jp/

002302022　ISBN 978-4-407-36032-5

場合の数と確率

1 集 合

包含関係　$A\subset B$ または $B\supset A$
共通部分　$A\cap B$
和集合　$A\cup B$
補集合　$\overline{A}$
ド・モルガンの法則
$\overline{A\cap B}=\overline{A}\cup\overline{B}$, $\overline{A\cup B}=\overline{A}\cap\overline{B}$

2 集合の要素の個数

和集合の要素の個数
$n(A\cup B)=n(A)+n(B)-n(A\cap B)$
とくに，$A\cap B=\varnothing$ のとき
$n(A\cup B)=n(A)+n(B)$
補集合の要素の個数
$n(\overline{A})=n(U)-n(A)$

3 和の法則・積の法則

和の法則
A の起こる場合が m 通り，B の起こる場合が n 通りあり，それらが同時には起こらないとき A または B の起こる場合の数は
$m+n$（通り）
積の法則
A の起こる場合が m 通りあり，そのそれぞれについて B の起こる場合が n 通りずつあるとき，A，B がともに起こる場合の数は
$m\times n$（通り）

4 順 列

n 個のものから r 個取る順列の総数は
$${}_n\mathrm{P}_r=n(n-1)(n-2)\cdots(n-r+1)=\frac{n!}{(n-r)!}$$
n の階乗
$n!=n(n-1)(n-2)\cdots\cdot 3\cdot 2\cdot 1$

5 いろいろな順列

円順列　$(n-1)!$　　重複順列　n^r

6 組合せ

n 個のものから r 個取る組合せの総数は
$${}_n\mathrm{C}_r=\frac{{}_n\mathrm{P}_r}{r!}=\frac{n(n-1)(n-2)\cdots\cdots(n-r+1)}{r(r-1)(r-2)\cdots\cdots\cdot 3\cdot 2\cdot 1}$$

7 同じものを含む順列

$$\frac{n!}{p!q!r!}\quad(p+q+r=n)$$

8 確率の基本性質

[1]　任意の事象 A について　$0\leqq P(A)\leqq 1$
[2]　全事象 U，空事象 $\varnothing$ について
$P(U)=1$, $P(\varnothing)=0$
[3]　事象 A，B が互いに排反のとき
$P(A\cup B)=P(A)+P(B)$
一般の和事象の確率
$P(A\cup B)=P(A)+P(B)-P(A\cap B)$

9 余事象の確率

$P(\overline{A})=1-P(A)$

10 独立な試行の確率

互いに独立な試行ＳとＴにおいて
Ｓで事象 A が起こり
Ｔで事象 B が起こる確率は
$P(A)\times P(B)$

11 反復試行の確率

１回の試行において，事象 A の起こる確率を p とする。この試行を n 回くり返すとき，事象 A がちょうど r 回起こる確率は
${}_n\mathrm{C}_r p^r(1-p)^{n-r}$

12 条件つき確率と乗法定理

条件つき確率
$$P_A(B)=\frac{n(A\cap B)}{n(A)}=\frac{P(A\cap B)}{P(A)}$$
確率の乗法定理
$P(A\cap B)=P(A)\times P_A(B)$

13 期待値

変量 X のとり得る値	x_1, x_2, ……, x_n
X がこれらの値をとる確率	p_1, p_2, ……, p_n

のとき，X の期待値は
$x_1p_1+x_2p_2+\cdots\cdots+x_np_n$

数学と人間の活動（整数の性質）

1 倍数の判定

2 の倍数……一の位の数が 0，2，4，6，8
3 の倍数……各位の数の和が 3 の倍数
4 の倍数……下(しも) 2 桁(けた)が 4 の倍数
5 の倍数……一の位の数が 0 または 5
8 の倍数……下 3 桁が 8 の倍数
9 の倍数……各位の数の和が 9 の倍数

2 除法・互除法

除法の性質　整数 a と正の整数 b について
$a=bq+r$ ただし，$0\leqq r<b$
となる整数 q，r が 1 通りに定まる。
ユークリッドの互除法
①　a を b で割ったときの余り r を求める。
②　$r\neq 0$ ならば，b，r の値をそれぞれあらたな a，b として①にもどる。
③　$r=0$ ならば，b は a と b の最大公約数である。

ステージノート 数学Ⅰ＋A　解答編

数学Ⅰ

ウォームアップ
正の数・負の数の計算 / 文字式 (p.4)

例1

ア　11　イ　-30　ウ　-8　エ　$\frac{9}{2}$　オ　-16

例2

ア　$\frac{3a^2}{b}$

例3

ア　18　イ　$-\frac{3}{4}$

例4

ア　$-4x+10$　イ　$\frac{x-9}{10}$　ウ　$-2a$

1

(1)　$4-(-3)=4+3=\mathbf{7}$

(2)　$(-5)+(-2)=-(5+2)=\mathbf{-7}$

(3)　$(-2)\times(-3)\times(-6)=-(2\times3\times6)$
$=\mathbf{-36}$

(4)　$(-3)^4=(-3)\times(-3)\times(-3)\times(-3)$
$=3\times3\times3\times3=\mathbf{81}$

(5)　$\frac{8}{3}\div(-2)=-\left(\frac{8}{3}\times\frac{1}{2}\right)=\mathbf{-\frac{4}{3}}$

(6)　$-3^2\times2-24\div(-2)^3$
$=-9\times2-24\div(-8)$
$=-18+3=\mathbf{-15}$

2

(1)　$a\times a\times5\times b=\mathbf{5a^2b}$

(2)　$a\div3\times2=\mathbf{\frac{2a}{3}}$

3

(1)　$2a^3-3ab^2=2\times(-1)^3-3\times(-1)\times2^2$
$=-2+12=\mathbf{10}$

(2)　$\frac{b}{a}=b\div a$
$=\frac{2}{3}\div\left(-\frac{1}{2}\right)$
$=-\left(\frac{2}{3}\times\frac{2}{1}\right)$
$=\mathbf{-\frac{4}{3}}$

4

(1)　$3(4x+5)-2(6-x)$
$=12x+15-12+2x$
$=(12+2)x+15-12$
$=\mathbf{14x+3}$

(2)　$\frac{x-1}{2}+\frac{4x+5}{3}$
$=\frac{3(x-1)}{6}+\frac{2(4x+5)}{6}$
$=\frac{3(x-1)+2(4x+5)}{6}$
$=\frac{3x-3+8x+10}{6}$
$=\mathbf{\frac{11x+7}{6}}$

(3)　$\frac{3x+1}{4}-\frac{x-1}{2}$
$=\frac{3x+1}{4}-\frac{2(x-1)}{4}$
$=\frac{3x+1-2(x-1)}{4}$
$=\frac{3x+1-2x+2}{4}$
$=\mathbf{\frac{x+3}{4}}$

5

(1)　$6a^2\times(-2a)^3=6a^2\times(-8a^3)$
$=\mathbf{-48a^5}$

(2)　$9a^3b^2\div(-3ab)=-\left(9a^3b^2\times\frac{1}{3ab}\right)$
$=\mathbf{-3a^2b}$

第1章　数と式

1　整式とその加法・減法 (p.6)

例1

ア　4　イ　-2　ウ　2　エ　$-3ab^3$
オ　2　カ　3　キ　2　ク　2
ケ　2　コ　3　サ　$2y-3$　シ　$-y+1$

例2

ア　x^2-8x+5　イ　$4x^2-21x+13$

1

(1)　次数 **3**，係数 **2**

(2)　次数 **4**，係数 **-5**

2

(1)　次数 **1**，係数 **$3a^2$**

(2)　次数 **3**，係数 **$-5ax^2$**

3

(1)　$3x-5+5x-10+4$
$=3x+5x-5-10+4$
$=(3+5)x+(-5-10+4)$
$=\mathbf{8x-11}$

(2) $3x^2+x-3-x^2+3x-2$

$=3x^2-x^2+x+3x-3-2$

$=(3-1)x^2+(1+3)x+(-3-2)$

$=\boldsymbol{2x^2+4x-5}$

4

(1) **2 次式**, 定数項は **1**　　(2) **3 次式**, 定数項は **−3**

5

(1) x について降べきの順に整理すると

$x^2+2xy-3x+y-5$

$=\boldsymbol{x^2+(2y-3)x+(y-5)}$

x^2 の項の係数は **1**, x の項の係数は $\boldsymbol{2y-3}$,

定数項は $\boldsymbol{y-5}$

(2) x について降べきの順に整理すると

$4x^2-y+5xy-4+x^2-3x+1$

$=4x^2+x^2+5xy-3x-y-4+1$

$=\boldsymbol{5x^2+(5y-3)x+(-y-3)}$

x^2 の項の係数は **5**, x の項の係数は $\boldsymbol{5y-3}$,

定数項は $\boldsymbol{-y-3}$

6

$A+B$

$=(3x^2-x+1)+(x^2-2x-3)$

$=3x^2-x+1+x^2-2x-3$

$=(3+1)x^2+(-1-2)x+(1-3)$

$=\boldsymbol{4x^2-3x-2}$

$A-B$

$=(3x^2-x+1)-(x^2-2x-3)$

$=3x^2-x+1-x^2+2x+3$

$=(3-1)x^2+(-1+2)x+(1+3)$

$=\boldsymbol{2x^2+x+4}$

7

(1) $A+3B$

$=(2x^2-3x+5)+3(-x^2-2x-3)$

$=2x^2-3x+5-3x^2-6x-9$

$=(2-3)x^2+(-3-6)x+(5-9)$

$=\boldsymbol{-x^2-9x-4}$

(2) $3A-2B$

$=3(2x^2-3x+5)-2(-x^2-2x-3)$

$=6x^2-9x+15+2x^2+4x+6$

$=(6+2)x^2+(-9+4)x+(15+6)$

$=\boldsymbol{8x^2-5x+21}$

2 整式の乗法 (1) (p.8)

例 3

ア $\boldsymbol{a^8}$　　イ $\boldsymbol{a^{20}}$　　ウ $\boldsymbol{a^6b^2}$

例 4

ア $\boldsymbol{6x^4}$　　イ $\boldsymbol{-8x^3y^6}$

例 5

ア $\boldsymbol{2x^4-6x^3}$　　イ $\boldsymbol{6x^3-7x^2-7x+6}$

8

(1) $a^2\times a^5=a^{2+5}=\boldsymbol{a^7}$

(2) $(a^3)^4=a^{3\times4}=\boldsymbol{a^{12}}$

(3) $(x^4)^2=x^{4\times2}=\boldsymbol{x^8}$

(4) $(3a^4)^2=3^2\times(a^4)^2=\boldsymbol{9a^8}$

9

(1) $2x^2\times3x^4=2\times3\times x^{2+4}=\boldsymbol{6x^6}$

(2) $xy^2\times(-3x^4)=-3\times x^{1+4}\times y^2=\boldsymbol{-3x^5y^2}$

(3) $(a^2b^3)^4=(a^2)^4\times(b^3)^4=\boldsymbol{a^8b^{12}}$

(4) $(-4x^3y^4)^2=(-4)^2\times(x^3)^2\times(y^4)^2=\boldsymbol{16x^6y^8}$

10

(1) $x(3x-2)$

$=x\times3x-x\times2$

$=\boldsymbol{3x^2-2x}$

(2) $(2x^2-3x-4)\times2x$

$=2x^2\times2x-3x\times2x-4\times2x$

$=\boldsymbol{4x^3-6x^2-8x}$

(3) $-3x(x^2+x-5)$

$=-3x\times x^2+(-3x)\times x-(-3x)\times5$

$=\boldsymbol{-3x^3-3x^2+15x}$

(4) $(-2x^2+x-5)\times(-3x^2)$

$=-2x^2\times(-3x^2)+x\times(-3x^2)-5\times(-3x^2)$

$=\boldsymbol{6x^4-3x^3+15x^2}$

11

(1) $(x+2)(4x^2-3)$

$=x(4x^2-3)+2(4x^2-3)$

$=4x^3-3x+8x^2-6$

$=\boldsymbol{4x^3+8x^2-3x-6}$

(2) $(3x-2)(2x^2-1)$

$=3x(2x^2-1)-2(2x^2-1)$

$=6x^3-3x-4x^2+2$

$=\boldsymbol{6x^3-4x^2-3x+2}$

(3) $(3x^2-2)(x+5)$

$=3x^2(x+5)-2(x+5)$

$=\boldsymbol{3x^3+15x^2-2x-10}$

(4) $(1-2x^2)(x-3)$

$=1\times(x-3)-2x^2(x-3)$

$=x-3-2x^3+6x^2$

$=\boldsymbol{-2x^3+6x^2+x-3}$

(5) $(2x-5)(3x^2-x+2)$

$=2x(3x^2-x+2)-5(3x^2-x+2)$

$=6x^3-2x^2+4x-15x^2+5x-10$

$=\boldsymbol{6x^3-17x^2+9x-10}$

(6) $(x^2+3x-3)(2x+1)$

$=(x^2+3x-3)\times2x+(x^2+3x-3)\times1$

$=2x^3+6x^2-6x+x^2+3x-3$

$=\boldsymbol{2x^3+7x^2-3x-3}$

3　整式の乗法 (2) (p.10)

例6

ア　$9x^2+30x+25$　　イ　$4x^2-4xy+y^2$

ウ　$9x^2-4y^2$　　エ　$x^2-3x-10$

例7

ア　$2x^2-x-15$　　イ　$15x^2-xy-2y^2$

12

(1)　$(x+2)^2$

$=x^2+2\times x\times 2+2^2=\boldsymbol{x^2+4x+4}$

(2)　$(4x-3)^2$

$=(4x)^2-2\times 4x\times 3+3^2$

$=\boldsymbol{16x^2-24x+9}$

(3)　$(3x-2y)^2$

$=(3x)^2-2\times 3x\times 2y+(2y)^2$

$=\boldsymbol{9x^2-12xy+4y^2}$

(4)　$(x+5y)^2$

$=x^2+2\times x\times 5y+(5y)^2$

$=\boldsymbol{x^2+10xy+25y^2}$

13

(1)　$(2x+3)(2x-3)$

$=(2x)^2-3^2$

$=\boldsymbol{4x^2-9}$

(2)　$(3x+4)(3x-4)$

$=(3x)^2-4^2$

$=\boldsymbol{9x^2-16}$

(3)　$(x+3y)(x-3y)$

$=x^2-(3y)^2$

$=\boldsymbol{x^2-9y^2}$

(4)　$(5x+6y)(5x-6y)$

$=(5x)^2-(6y)^2$

$=\boldsymbol{25x^2-36y^2}$

14

(1)　$(x+3)(x+2)$

$=x^2+(3+2)x+3\times 2$

$=\boldsymbol{x^2+5x+6}$

(2)　$(x+10)(x-5)$

$=x^2+\{10+(-5)\}x+10\times(-5)$

$=\boldsymbol{x^2+5x-50}$

(3)　$(x-3y)(x+y)$

$=x^2+\{(-3y)+y\}x+(-3y)\times y$

$=\boldsymbol{x^2-2xy-3y^2}$

(4)　$(x-y)(x-6y)$

$=x^2+\{(-y)+(-6y)\}x+(-y)\times(-6y)$

$=\boldsymbol{x^2-7xy+6y^2}$

15

(1)　$(3x+1)(x+2)$

$=(3\times 1)x^2+(3\times 2+1\times 1)x+1\times 2$

$=\boldsymbol{3x^2+7x+2}$

(2)　$(2x+1)(5x-3)$

$=(2\times 5)x^2+\{2\times(-3)+1\times 5\}x+1\times(-3)$

$=\boldsymbol{10x^2-x-3}$

(3)　$(4x-3)(3x-2)$

$=(4\times 3)x^2+\{4\times(-2)+(-3)\times 3\}x+(-3)\times(-2)$

$=\boldsymbol{12x^2-17x+6}$

(4)　$(5x-1)(3x+2)$

$=(5\times 3)x^2+\{5\times 2+(-1)\times 3\}x+(-1)\times 2$

$=\boldsymbol{15x^2+7x-2}$

(5)　$(4x+y)(3x-2y)$

$=(4\times 3)x^2+\{4\times(-2y)+y\times 3\}x+y\times(-2y)$

$=\boldsymbol{12x^2-5xy-2y^2}$

(6)　$(5x-2y)(2x-y)$

$=(5\times 2)x^2+\{5\times(-y)+(-2y)\times 2\}x+(-2y)\times(-y)$

$=\boldsymbol{10x^2-9xy+2y^2}$

4　整式の乗法 (3) (p.12)

例8

ア　$a^2+4b^2+c^2+4ab-4bc-2ca$

イ　$x^2+4xy+4y^2-x-2y-6$

例9

ア　$81x^4-1$　　イ　$16x^4-8x^2y^2+y^4$

16

(1)　$a-b=A$ とおくと

$(a-b-c)^2$

$=(A-c)^2$

$=A^2-2Ac+c^2$

$=(a-b)^2-2(a-b)c+c^2$

$=a^2-2ab+b^2-2ac+2bc+c^2$

$=\boldsymbol{a^2+b^2+c^2-2ab+2bc-2ca}$

(2)　$a+2b=A$ とおくと

$(a+2b+1)^2$

$=(A+1)^2$

$=A^2+2A+1$

$=(a+2b)^2+2(a+2b)+1$

$=\boldsymbol{a^2+4ab+4b^2+2a+4b+1}$

(3)　$x+3y=A$ とおくと

$(x+3y+2)(x+3y-2)$

$=(A+2)(A-2)$

$=A^2-4$

$=(x+3y)^2-4$

$=\boldsymbol{x^2+6xy+9y^2-4}$

(4)　$3x+y=A$ とおくと

$(3x+y-3)(3x+y+5)$

$=(A-3)(A+5)$

$=A^2+2A-15$

$=(3x+y)^2+2(3x+y)-15$

$=\boldsymbol{9x^2+6xy+y^2+6x+2y-15}$

17

(1)　$(4x^2+1)(2x+1)(2x-1)$

$=(4x^2+1)(4x^2-1)$
$=(4x^2)^2-1^2$
$=\mathbf{16x^4-1}$

(2) $(x^2+16y^2)(x+4y)(x-4y)$
$=(x^2+16y^2)(x^2-16y^2)$
$=(x^2)^2-(16y^2)^2$
$=\mathbf{x^4-256y^4}$

18
(1) $(x+3)^2(x-3)^2$
$=\{(x+3)(x-3)\}^2$
$=(x^2-9)^2$
$=(x^2)^2-2\times x^2\times 9+9^2$
$=\mathbf{x^4-18x^2+81}$

(2) $(3x+2y)^2(3x-2y)^2$
$=\{(3x+2y)(3x-2y)\}^2$
$=(9x^2-4y^2)^2$
$=(9x^2)^2-2\times 9x^2\times 4y^2+(4y^2)^2$
$=\mathbf{81x^4-72x^2y^2+16y^4}$

確認問題1 (p.14)

1
(1) $-2x+4+5x-7+3$
$=-2x+5x+4-7+3$
$=(-2+5)x+(4-7+3)$
$=\mathbf{3x}$

(2) $-x^2-2x-3x^2+5+2x^2+4x-7$
$=-x^2-3x^2+2x^2-2x+4x+5-7$
$=(-1-3+2)x^2+(-2+4)x+(5-7)$
$=\mathbf{-2x^2+2x-2}$

2
(1) $A+B$
$=(x^2-3x+5)+(x^2+4x+6)$
$=x^2-3x+5+x^2+4x+6$
$=(1+1)x^2+(-3+4)x+(5+6)$
$=\mathbf{2x^2+x+11}$

$A-B$
$=(x^2-3x+5)-(x^2+4x+6)$
$=x^2-3x+5-x^2-4x-6$
$=(1-1)x^2+(-3-4)x+(5-6)$
$=\mathbf{-7x-1}$

(2) $A+B$
$=(x^2+7x-4)+(-2x^2+x-1)$
$=x^2+7x-4-2x^2+x-1$
$=(1-2)x^2+(7+1)x+(-4-1)$
$=\mathbf{-x^2+8x-5}$

$A-B$
$=(x^2+7x-4)-(-2x^2+x-1)$
$=x^2+7x-4+2x^2-x+1$
$=(1+2)x^2+(7-1)x+(-4+1)$
$=\mathbf{3x^2+6x-3}$

3
(1) $A+2B$
$=(-2x^2-3x+4)+2(x^2+2x-4)$
$=-2x^2-3x+4+2x^2+4x-8$
$=(-2+2)x^2+(-3+4)x+(4-8)$
$=\mathbf{x-4}$

(2) $2A-B$
$=2(-2x^2-3x+4)-(x^2+2x-4)$
$=-4x^2-6x+8-x^2-2x+4$
$=(-4-1)x^2+(-6-2)x+(8+4)$
$=\mathbf{-5x^2-8x+12}$

4
(1) $a^3\times a^6=a^{3+6}=\mathbf{a^9}$
(2) $(a^2)^5=a^{2\times 5}=\mathbf{a^{10}}$
(3) $(2a)^4=2^4\times a^4=\mathbf{16a^4}$
(4) $4x^2\times 3x^3=4\times 3\times x^{2+3}=\mathbf{12x^5}$
(5) $(-3x)^2\times(x^3)^4=(-3)^2\times x^2\times x^{3\times 4}$
$=9\times x^2\times x^{12}=\mathbf{9x^{14}}$
(6) $xy^2\times 2x^3y^4=2\times x\times x^3\times y^2\times y^4$
$=2\times x^{1+3}\times y^{2+4}=\mathbf{2x^4y^6}$
(7) $5x^2y\times(-xy)^3$
$=5\times x^2\times y\times(-1)^3\times x^3\times y^3$
$=-5\times x^2\times x^3\times y\times y^3=-5\times x^{2+3}\times y^{1+3}$
$=\mathbf{-5x^5y^4}$
(8) $(-x^3)^2\times(-2x)^3$
$=(-1)^2\times(x^3)^2\times(-2)^3\times x^3$
$=-8\times x^{3\times 2}\times x^3=-8\times x^{6+3}$
$=\mathbf{-8x^9}$

5
(1) $-2x(x^2+4x+5)$
$=-2x\times x^2-2x\times 4x-2x\times 5$
$=\mathbf{-2x^3-8x^2-10x}$

(2) $(x+2)(x^2-2x+4)$
$=x(x^2-2x+4)+2(x^2-2x+4)$
$=x^3-2x^2+4x+2x^2-4x+8$
$=\mathbf{x^3+8}$

6
(1) $(x+6)^2$
$=x^2+2\times x\times 6+6^2$
$=\mathbf{x^2+12x+36}$

(2) $(5x+2y)(5x-2y)$
$=(5x)^2-(2y)^2$
$=\mathbf{25x^2-4y^2}$

7
(1) $(x-1)(x+4)$
$=x^2+\{(-1)+4\}x+(-1)\times 4$
$=\mathbf{x^2+3x-4}$

(2) $(x+7)(x-4)$
$=x^2+\{7+(-4)\}x+7\times(-4)$
$=\mathbf{x^2+3x-28}$

(3) $(3x+2)(x+4)$

$=(3\times1)x^2+(3\times4+2\times1)x+2\times4$

$=\mathbf{3x^2+14x+8}$

(4) $(2x-5)(5x-3)$

$=(2\times5)x^2+\{2\times(-3)+(-5)\times5\}x+(-5)\times(-3)$

$=\mathbf{10x^2-31x+15}$

(5) $(4x-3)(3x+5)$

$=(4\times3)x^2+\{4\times5+(-3)\times3\}x+(-3)\times5$

$=\mathbf{12x^2+11x-15}$

(6) $(7x-3y)(2x-3y)$

$=(7\times2)x^2+\{7\times(-3y)+(-3y)\times2\}x+(-3y)\times(-3y)$

$=\mathbf{14x^2-27xy+9y^2}$

8

(1) $a+b=A$ とおくと

$(a+b-2c)^2$

$=(A-2c)^2$

$=A^2-4Ac+4c^2$

$=(a+b)^2-4(a+b)c+4c^2$

$=a^2+2ab+b^2-4ac-4bc+4c^2$

$=\mathbf{a^2+b^2+4c^2+2ab-4bc-4ca}$

(2) $3x-2y=A$ とおくと

$(3x-2y-1)(3x-2y+5)$

$=(A-1)(A+5)$

$=A^2+4A-5$

$=(3x-2y)^2+4(3x-2y)-5$

$=\mathbf{9x^2-12xy+4y^2+12x-8y-5}$

(3) $(9x^2+4y^2)(3x+2y)(3x-2y)$

$=(9x^2+4y^2)(9x^2-4y^2)$

$=(9x^2)^2-(4y^2)^2$

$=\mathbf{81x^4-16y^4}$

(4) $(x+3y)^2(x-3y)^2$

$=\{(x+3y)(x-3y)\}^2$

$=(x^2-9y^2)^2$

$=(x^2)^2-2\times x^2\times9y^2+(9y^2)^2$

$=\mathbf{x^4-18x^2y^2+81y^4}$

5 因数分解 (1) (p.16)

例 10

ア $\mathbf{x(x-7)}$　　イ $\mathbf{ab(3a-2b+5)}$

ウ $\mathbf{(x-3)(a-1)}$

例 11

ア $\mathbf{(x-6)^2}$　　イ $\mathbf{(3x+y)^2}$

ウ $\mathbf{(5x+7)(5x-7)}$

19

(1) $x^2+3x=x\times x+x\times3=\mathbf{x(x+3)}$

(2) $4xy^2-xy=xy\times4y-xy\times1$

$=\mathbf{xy(4y-1)}$

(3) $4a^3b^2-6ab^3=2ab^2\times2a^2-2ab^2\times3b$

$=\mathbf{2ab^2(2a^2-3b)}$

20

(1) $2x^2y-3xy^2+4xy$

$=xy\times2x-xy\times3y+xy\times4$

$=\mathbf{xy(2x-3y+4)}$

(2) $ab^2-4ab-12b$

$=b\times ab-b\times4a-b\times12$

$=\mathbf{b(ab-4a-12)}$

(3) $9x^2+6xy-9x$

$=3x\times3x+3x\times2y-3x\times3$

$=\mathbf{3x(3x+2y-3)}$

21

(1) $(a+2)x+(a+2)y$

$=\mathbf{(a+2)(x+y)}$

(2) $x(a-3)-2(a-3)$

$=\mathbf{(x-2)(a-3)}$

(3) $(3a-2)x+(2-3a)y$

$=(3a-2)x-(3a-2)y$

$=\mathbf{(3a-2)(x-y)}$

(4) $x(5y-2)+7(2-5y)$

$=x(5y-2)-7(5y-2)$

$=\mathbf{(x-7)(5y-2)}$

22

(1) x^2+2x+1

$=x^2+2\times x\times1+1^2$

$=\mathbf{(x+1)^2}$

(2) x^2-6x+9

$=x^2-2\times x\times3+3^2$

$=\mathbf{(x-3)^2}$

(3) $x^2-8xy+16y^2$

$=x^2-2\times x\times4y+(4y)^2$

$=\mathbf{(x-4y)^2}$

(4) $4x^2+4xy+y^2$

$=(2x)^2+2\times2x\times y+y^2$

$=\mathbf{(2x+y)^2}$

23

(1) $x^2-81=x^2-9^2=\mathbf{(x+9)(x-9)}$

(2) $9x^2-16=(3x)^2-4^2=\mathbf{(3x+4)(3x-4)}$

(3) $49x^2-4y^2$

$=(7x)^2-(2y)^2$

$=\mathbf{(7x+2y)(7x-2y)}$

(4) $64x^2-25y^2$

$=(8x)^2-(5y)^2$

$=\mathbf{(8x+5y)(8x-5y)}$

6 因数分解 (2) (p.18)

例 12

ア $\mathbf{(x+4)(x-5)}$　　イ $\mathbf{(x-y)(x-4y)}$

例 13

ア $\mathbf{(x-1)(2x-5)}$　　イ $\mathbf{(x-y)(3x+y)}$

24

(1) x^2+7x+6

$=x^2+(1+6)x+1\times6$

$=\boldsymbol{(x+1)(x+6)}$

(2) x^2-6x+8

$=x^2+(-2-4)x+(-2)\times(-4)$

$=\boldsymbol{(x-2)(x-4)}$

(3) $x^2+4x-12$

$=x^2+(-2+6)x+(-2)\times6$

$=\boldsymbol{(x-2)(x+6)}$

(4) $x^2-11x+24$

$=x^2+(-3-8)x+(-3)\times(-8)$

$=\boldsymbol{(x-3)(x-8)}$

(5) x^2-3x-4

$=x^2+(1-4)x+1\times(-4)$

$=\boldsymbol{(x+1)(x-4)}$

(6) $x^2-8x+15$

$=x^2+(-3-5)x+(-3)\times(-5)$

$=\boldsymbol{(x-3)(x-5)}$

25

(1) $x^2+6xy+8y^2$

$=x^2+(2y+4y)x+2y\times4y$

$=\boldsymbol{(x+2y)(x+4y)}$

(2) $x^2+3xy-28y^2$

$=x^2+(-4y+7y)x+(-4y)\times7y$

$=\boldsymbol{(x-4y)(x+7y)}$

26

(1) $3x^2+4x+1$

$=\boldsymbol{(x+1)(3x+1)}$

$$\begin{array}{ccc} 1 & 1 & \to 3 \\ 3 & 1 & \to 1 \\ \hline 3 & 1 & 4 \end{array}$$

(2) $2x^2-11x+5$

$=\boldsymbol{(x-5)(2x-1)}$

$$\begin{array}{ccc} 1 & -5 & \to -10 \\ 2 & -1 & \to -1 \\ \hline 2 & 5 & -11 \end{array}$$

(3) $3x^2-10x+3$

$=\boldsymbol{(x-3)(3x-1)}$

$$\begin{array}{ccc} 1 & -3 & \to -9 \\ 3 & -1 & \to -1 \\ \hline 3 & 3 & -10 \end{array}$$

(4) $5x^2+7x-6$

$=\boldsymbol{(x+2)(5x-3)}$

$$\begin{array}{ccc} 1 & 2 & \to 10 \\ 5 & -3 & \to -3 \\ \hline 5 & -6 & 7 \end{array}$$

(5) $6x^2+x-1$

$=\boldsymbol{(2x+1)(3x-1)}$

$$\begin{array}{ccc} 2 & 1 & \to 3 \\ 3 & -1 & \to -2 \\ \hline 6 & -1 & 1 \end{array}$$

(6) $4x^2-4x-15$

$=\boldsymbol{(2x+3)(2x-5)}$

$$\begin{array}{ccc} 2 & 3 & \to 6 \\ 2 & -5 & \to -10 \\ \hline 4 & -15 & -4 \end{array}$$

27

(1) $5x^2+6xy+y^2$

$=\boldsymbol{(x+y)(5x+y)}$

$$\begin{array}{ccc} 1 & y & \to 5y \\ 5 & y & \to y \\ \hline 5 & y^2 & 6y \end{array}$$

(2) $2x^2-7xy+6y^2$

$=\boldsymbol{(x-2y)(2x-3y)}$

$$\begin{array}{ccc} 1 & -2y & \to -4y \\ 2 & -3y & \to -3y \\ \hline 2 & 6y^2 & -7y \end{array}$$

7　因数分解 (3) (p.20)

例 14

ア　$\boldsymbol{(x+y+1)(x+y-4)}$

例 15

ア　$\boldsymbol{(x^2+2)(x+3)(x-3)}$

例 16

ア　$\boldsymbol{(a-b)(a-b+c)}$

例 17

ア　$\boldsymbol{(x+y+2)(x+2y-1)}$

28

(1) $x-y=A$ とおくと

$(x-y)^2+2(x-y)-15$

$=A^2+2A-15=(A+5)(A-3)$

$=\{(x-y)+5\}\{(x-y)-3\}$

$=\boldsymbol{(x-y+5)(x-y-3)}$

(2) $x+2y=A$ とおくと

$(x+2y)^2-3(x+2y)$

$=A^2-3A=A(A-3)$

$=(x+2y)\{(x+2y)-3\}$

$=\boldsymbol{(x+2y)(x+2y-3)}$

29

(1) $x^2=A$ とおくと

x^4-5x^2+4

$=A^2-5A+4=(A-1)(A-4)$

$=(x^2-1)(x^2-4)$

$=\boldsymbol{(x+1)(x-1)(x+2)(x-2)}$

(2) $x^2=A$ とおくと

x^4-16

$=A^2-16=(A+4)(A-4)$

$=(x^2+4)(x^2-4)$

$=\boldsymbol{(x^2+4)(x+2)(x-2)}$

30

(1) 最も次数の低い文字 a について整理すると

$2a+2b+ab+b^2$

$=(2a+ab)+(2b+b^2)$

$=a(b+2)+b(b+2)=\boldsymbol{(a+b)(b+2)}$

(2) 最も次数の低い文字 b について整理すると

$a^2-3b+ab-3a$

$=(ab-3b)+(a^2-3a)$

$=b(a-3)+a(a-3)$

$=(b+a)(a-3)=\boldsymbol{(a+b)(a-3)}$

31

(1) $x^2+2xy+y^2+x+y-12$

$=x^2+(2y+1)x+(y^2+y-12)$

$=x^2+(2y+1)x+(y-3)(y+4)$

$=\{x+(y-3)\}\{x+(y+4)\}$

$=\boldsymbol{(x+y-3)(x+y+4)}$

$$\begin{array}{ccc} 1 & y-3 & \to y-3 \\ 1 & y+4 & \to y+4 \\ \hline 1 & (y-3)(y+4) & 2y+1 \end{array}$$

(2) $x^2+4xy+3y^2-x-7y-6$

$=x^2+(4y-1)x+(3y^2-7y-6)$

$=x^2+(4y-1)x+(y-3)(3y+2)$

$=\{x+(y-3)\}\{x+(3y+2)\}$

$=\mathbf{(x+y-3)(x+3y+2)}$

1	$y-3$	→	$y-3$
1	$3y+2$	→	$3y+2$
1	$(y-3)(3y+2)$		$4y-1$

確認問題 2 (p.22)

1

(1) $2x^2-x=x\times 2x-x\times 1=\mathbf{x(2x-1)}$

(2) $6x^2y+4xy^2-2xy$

$=2xy\times 3x+2xy\times 2y-2xy\times 1$

$=\mathbf{2xy(3x+2y-1)}$

(3) $(a-2)x-(a-2)y$

$=\mathbf{(a-2)(x-y)}$

(4) $(5a-3)x+(3-5a)y$

$=(5a-3)x-(5a-3)y$

$=\mathbf{(5a-3)(x-y)}$

2

(1) x^2+6x+9

$=x^2+2\times x\times 3+3^2$

$=\mathbf{(x+3)^2}$

(2) $x^2-10x+25$

$=x^2-2\times x\times 5+5^2$

$=\mathbf{(x-5)^2}$

(3) $9x^2+12xy+4y^2$

$=(3x)^2+2\times 3x\times 2y+(2y)^2$

$=\mathbf{(3x+2y)^2}$

(4) $x^2-36=x^2-6^2=\mathbf{(x+6)(x-6)}$

(5) $81x^2-4$

$=(9x)^2-2^2=\mathbf{(9x+2)(9x-2)}$

(6) $64x^2-81y^2$

$=(8x)^2-(9y)^2$

$=\mathbf{(8x+9y)(8x-9y)}$

3

(1) x^2+4x+3

$=x^2+(1+3)x+1\times 3$

$=\mathbf{(x+1)(x+3)}$

(2) x^2-7x+6

$=x^2+(-1-6)x+(-1)\times(-6)$

$=\mathbf{(x-1)(x-6)}$

(3) $x^2-2x-35$

$=x^2+(-7+5)x+(-7)\times 5$

$=\mathbf{(x-7)(x+5)}$

(4) $x^2-3x-10$

$=x^2+(-5+2)x+(-5)\times 2$

$=\mathbf{(x-5)(x+2)}$

4

(1) $x^2-2xy-24y^2$

$=x^2+(-6y+4y)x+(-6y)\times 4y$

$=\mathbf{(x-6y)(x+4y)}$

(2) $x^2+3xy-40y^2$

$=x^2+(-5y+8y)x+(-5y)\times 8y$

$=\mathbf{(x-5y)(x+8y)}$

5

(1) $3x^2+7x+2$

$=\mathbf{(x+2)(3x+1)}$

1	2	→	6
3	1	→	1
3	2		7

(2) $2x^2-9x+7$

$=\mathbf{(x-1)(2x-7)}$

1	−1	→	−2
2	−7	→	−7
2	7		−9

(3) $2x^2-x-3$

$=\mathbf{(x+1)(2x-3)}$

1	1	→	2
2	−3	→	−3
2	−3		−1

(4) $5x^2-3x-2$

$=\mathbf{(x-1)(5x+2)}$

1	−1	→	−5
5	2	→	2
5	−2		−3

(5) $6x^2+x-15$

$=\mathbf{(2x-3)(3x+5)}$

2	−3	→	−9
3	5	→	10
6	−15		1

(6) $6x^2-13x-15$

$=\mathbf{(x-3)(6x+5)}$

1	−3	→	−18
6	5	→	5
6	−15		−13

(7) $2x^2+5xy-3y^2$

$=\mathbf{(x+3y)(2x-y)}$

1	$3y$	→	$6y$
2	$-y$	→	$-y$
2	$-3y^2$		$5y$

(8) $4x^2-8xy+3y^2$

$=\mathbf{(2x-y)(2x-3y)}$

2	$-y$	→	$-2y$
2	$-3y$	→	$-6y$
4	$3y^2$		$-8y$

6

(1) $x+y=A$ とおくと

$(x+y)^2+3(x+y)-54$

$=A^2+3A-54$

$=(A-6)(A+9)$

$=\{(x+y)-6\}\{(x+y)+9\}$

$=\mathbf{(x+y-6)(x+y+9)}$

(2) $x^2=A$ とおくと

x^4+5x^2-6

$=A^2+5A-6$

$=(A-1)(A+6)$

$=(x^2-1)(x^2+6)$

$=\mathbf{(x+1)(x-1)(x^2+6)}$

(3) 最も次数の低い文字 b について整理すると

$a^2+c^2-ab-bc+2ac$

$=(-ab-bc)+(a^2+2ac+c^2)$

$=-(a+c)b+(a+c)^2$

$=(a+c)\{-b+(a+c)\}$

$=\mathbf{(a+c)(a-b+c)}$

(4) $x^2+2xy+y^2-x-y-6$

$=x^2+2xy-x+(y^2-y-6)$

$=x^2+(2y-1)x+(y-3)(y+2)$

$=\{x+(y-3)\}\{x+(y+2)\}$

$=\mathbf{(x+y-3)(x+y+2)}$

1	$y-3$	→	$y-3$
1	$y+2$	→	$y+2$
1	$(y-3)(y+2)$		$2y-1$

8　実数 (p.24)

例18

ア　3.25　　イ　$0.\dot{6}\dot{3}$

例19

ア　7　　イ　0　　ウ　7　　エ　0

オ　$\frac{3}{5}$　　カ　7　　キ　$-\sqrt{2}$　　ク　$\pi+1$

例20

ア　3　　イ　2　　ウ　$2-\sqrt{3}$

32

(1)　$\frac{23}{5}=23\div5=\mathbf{4.6}$

(2)　$\frac{17}{4}=17\div4=\mathbf{4.25}$

33

(1)　$\frac{4}{9}=0.444444\cdots\cdots=\mathbf{0.\dot{4}}$

(2)　$\frac{19}{11}=1.727272\cdots\cdots=\mathbf{1.\dot{7}\dot{2}}$

34

①自然数は **5**

②整数は **-3, 0, 5**

③有理数は **-3, $-\frac{1}{4}$, 0, $0.\dot{5}$, 2.13, $\frac{22}{3}$, 5**

④無理数は **$\sqrt{3}$, π**

35

(1)　$|8|=\mathbf{8}$

(2)　$|-6|=-(-6)=\mathbf{6}$

(3)　$\left|\frac{1}{2}\right|=\mathbf{\frac{1}{2}}$

(4)　$\left|-\frac{3}{5}\right|=-\left(-\frac{3}{5}\right)=\mathbf{\frac{3}{5}}$

36

(1)　$|2-8|=|-6|=\mathbf{6}$

(2)　$2-\sqrt{6}<0$ であるから

　$|2-\sqrt{6}|=-(2-\sqrt{6})=\mathbf{\sqrt{6}-2}$

9　根号を含む式の計算 (1) (p.26)

例21

ア　$-\sqrt{7}$　　イ　10　　ウ　7

例22

ア　$\sqrt{35}$　　イ　$\sqrt{3}$　　ウ　$4\sqrt{2}$　　エ　$5\sqrt{2}$

37

(1)　25 の平方根は $\sqrt{25}$ と $-\sqrt{25}$,

　すなわち **±5**

(2)　10 の平方根は $\sqrt{10}$ と $-\sqrt{10}$,

　すなわち **$\pm\sqrt{10}$**

(3)　1 の平方根は 1 と -1,

　すなわち **±1**

(4)　$\sqrt{36}=\mathbf{6}$

(5)　$-\sqrt{9}=\mathbf{-3}$

(6)　$\sqrt{(-3)^2}=\sqrt{9}=\mathbf{3}$

38

(1)　$\sqrt{2}\times\sqrt{7}=\sqrt{2\times7}=\mathbf{\sqrt{14}}$

(2)　$\sqrt{5}\times\sqrt{2}=\sqrt{5\times2}=\mathbf{\sqrt{10}}$

(3)　$\frac{\sqrt{10}}{\sqrt{5}}=\sqrt{\frac{10}{5}}=\mathbf{\sqrt{2}}$

(4)　$\frac{\sqrt{30}}{\sqrt{6}}=\sqrt{\frac{30}{6}}=\mathbf{\sqrt{5}}$

39

(1)　$\sqrt{8}=\sqrt{2^2\times2}=\mathbf{2\sqrt{2}}$

(2)　$\sqrt{48}=\sqrt{4^2\times3}=\mathbf{4\sqrt{3}}$

(3)　$\sqrt{75}=\sqrt{5^2\times3}=\mathbf{5\sqrt{3}}$

(4)　$\sqrt{98}=\sqrt{7^2\times2}=\mathbf{7\sqrt{2}}$

40

(1)　$\sqrt{2}\times\sqrt{6}$

　$=\sqrt{2\times6}=\sqrt{2\times2\times3}$

　$=\sqrt{2^2\times3}=\mathbf{2\sqrt{3}}$

(2)　$\sqrt{5}\times\sqrt{30}$

　$=\sqrt{5\times30}=\sqrt{5\times5\times6}$

　$=\sqrt{5^2\times6}=\mathbf{5\sqrt{6}}$

(3)　$\sqrt{7}\times\sqrt{21}$

　$=\sqrt{7\times21}=\sqrt{7\times3\times7}$

　$=\sqrt{7^2\times3}=\mathbf{7\sqrt{3}}$

(4)　$\sqrt{6}\times\sqrt{12}$

　$=\sqrt{6\times12}=\sqrt{6\times2\times6}$

　$=\sqrt{6^2\times2}=\mathbf{6\sqrt{2}}$

10　根号を含む式の計算 (2) (p.28)

例23

ア　$-2\sqrt{3}$　　イ　$7\sqrt{2}-\sqrt{3}$　　ウ　$\sqrt{2}$

例24

ア　$-1-\sqrt{35}$　　イ　$7+2\sqrt{10}$

41

(1)　$3\sqrt{3}-\sqrt{3}=(3-1)\sqrt{3}=\mathbf{2\sqrt{3}}$

(2)　$\sqrt{2}-2\sqrt{2}+5\sqrt{2}=(1-2+5)\sqrt{2}=\mathbf{4\sqrt{2}}$

42

(1)　$(3\sqrt{2}-3\sqrt{3})+(2\sqrt{3}+\sqrt{2})$

　$=3\sqrt{2}-3\sqrt{3}+2\sqrt{3}+\sqrt{2}$

　$=(3+1)\sqrt{2}+(-3+2)\sqrt{3}$

　$=\mathbf{4\sqrt{2}-\sqrt{3}}$

(2)　$(2\sqrt{3}+\sqrt{5})-(4\sqrt{3}-3\sqrt{5})$

　$=2\sqrt{3}+\sqrt{5}-4\sqrt{3}+3\sqrt{5}$

　$=(2-4)\sqrt{3}+(1+3)\sqrt{5}$

　$=\mathbf{-2\sqrt{3}+4\sqrt{5}}$

43

(1) $\sqrt{18}-\sqrt{32}=3\sqrt{2}-4\sqrt{2}=(3-4)\sqrt{2}=\mathbf{-\sqrt{2}}$

(2) $2\sqrt{12}+\sqrt{27}-\sqrt{75}$

$=2\times2\sqrt{3}+3\sqrt{3}-5\sqrt{3}$

$=(4+3-5)\sqrt{3}$

$=\mathbf{2\sqrt{3}}$

(3) $\sqrt{7}-\sqrt{45}+3\sqrt{28}+\sqrt{20}$

$=\sqrt{7}-3\sqrt{5}+3\times2\sqrt{7}+2\sqrt{5}$

$=(1+6)\sqrt{7}+(-3+2)\sqrt{5}$

$=\mathbf{7\sqrt{7}-\sqrt{5}}$

(4) $\sqrt{20}-\sqrt{8}-\sqrt{5}+\sqrt{32}$

$=2\sqrt{5}-2\sqrt{2}-\sqrt{5}+4\sqrt{2}$

$=(2-1)\sqrt{5}+(-2+4)\sqrt{2}$

$=\mathbf{\sqrt{5}+2\sqrt{2}}$

44

(1) $(3\sqrt{3}-5\sqrt{2})(\sqrt{3}+2\sqrt{2})$

$=3\sqrt{3}\times\sqrt{3}+3\sqrt{3}\times2\sqrt{2}-5\sqrt{2}\times\sqrt{3}-5\sqrt{2}\times2\sqrt{2}$

$=3\times3+6\sqrt{6}-5\sqrt{6}-10\times2$

$=9+(6-5)\sqrt{6}-20$

$=\mathbf{-11+\sqrt{6}}$

(2) $(2\sqrt{2}-\sqrt{5})(3\sqrt{2}+2\sqrt{5})$

$=2\sqrt{2}\times3\sqrt{2}+2\sqrt{2}\times2\sqrt{5}-\sqrt{5}\times3\sqrt{2}-\sqrt{5}\times2\sqrt{5}$

$=6\times2+4\sqrt{10}-3\sqrt{10}-2\times5$

$=12+(4-3)\sqrt{10}-10$

$=\mathbf{2+\sqrt{10}}$

45

(1) $(\sqrt{3}+\sqrt{7})^2$

$=(\sqrt{3})^2+2\times\sqrt{3}\times\sqrt{7}+(\sqrt{7})^2$

$=3+2\sqrt{21}+7$

$=\mathbf{10+2\sqrt{21}}$

(2) $(\sqrt{3}+2)^2$

$=(\sqrt{3})^2+2\times\sqrt{3}\times2+2^2$

$=3+4\sqrt{3}+4$

$=\mathbf{7+4\sqrt{3}}$

(3) $(\sqrt{10}+\sqrt{3})(\sqrt{10}-\sqrt{3})$

$=(\sqrt{10})^2-(\sqrt{3})^2=10-3=\mathbf{7}$

(4) $(\sqrt{7}+2)(\sqrt{7}-2)$

$=(\sqrt{7})^2-2^2=7-4=\mathbf{3}$

11 分母の有理化 (p.30)

例 25

ア $\dfrac{\sqrt{7}}{7}$　　イ $\dfrac{2\sqrt{2}}{3}$

ウ $\dfrac{\sqrt{7}-\sqrt{5}}{2}$　　エ $3+2\sqrt{2}$

46

(1) $\dfrac{\sqrt{2}}{\sqrt{5}}=\dfrac{\sqrt{2}\times\sqrt{5}}{\sqrt{5}\times\sqrt{5}}=\mathbf{\dfrac{\sqrt{10}}{5}}$

(2) $\dfrac{\sqrt{3}}{\sqrt{7}}=\dfrac{\sqrt{3}\times\sqrt{7}}{\sqrt{7}\times\sqrt{7}}=\mathbf{\dfrac{\sqrt{21}}{7}}$

(3) $\dfrac{8}{\sqrt{2}}=\dfrac{8\times\sqrt{2}}{\sqrt{2}\times\sqrt{2}}=\dfrac{8\sqrt{2}}{2}=\mathbf{4\sqrt{2}}$

(4) $\dfrac{3}{2\sqrt{7}}=\dfrac{3\times\sqrt{7}}{2\sqrt{7}\times\sqrt{7}}=\mathbf{\dfrac{3\sqrt{7}}{14}}$

47

(1) $\dfrac{1}{\sqrt{5}-\sqrt{3}}$

$=\dfrac{\sqrt{5}+\sqrt{3}}{(\sqrt{5}-\sqrt{3})(\sqrt{5}+\sqrt{3})}$

$=\dfrac{\sqrt{5}+\sqrt{3}}{(\sqrt{5})^2-(\sqrt{3})^2}$

$=\dfrac{\sqrt{5}+\sqrt{3}}{5-3}$

$=\mathbf{\dfrac{\sqrt{5}+\sqrt{3}}{2}}$

(2) $\dfrac{2}{\sqrt{3}+1}$

$=\dfrac{2(\sqrt{3}-1)}{(\sqrt{3}+1)(\sqrt{3}-1)}$

$=\dfrac{2(\sqrt{3}-1)}{(\sqrt{3})^2-1^2}$

$=\dfrac{2(\sqrt{3}-1)}{3-1}$

$=\dfrac{2(\sqrt{3}-1)}{2}$

$=\mathbf{\sqrt{3}-1}$

(3) $\dfrac{4}{\sqrt{7}+\sqrt{3}}$

$=\dfrac{4(\sqrt{7}-\sqrt{3})}{(\sqrt{7}+\sqrt{3})(\sqrt{7}-\sqrt{3})}$

$=\dfrac{4(\sqrt{7}-\sqrt{3})}{(\sqrt{7})^2-(\sqrt{3})^2}$

$=\dfrac{4(\sqrt{7}-\sqrt{3})}{7-3}$

$=\dfrac{4(\sqrt{7}-\sqrt{3})}{4}$

$=\mathbf{\sqrt{7}-\sqrt{3}}$

(4) $\dfrac{5}{2+\sqrt{3}}$

$=\dfrac{5(2-\sqrt{3})}{(2+\sqrt{3})(2-\sqrt{3})}$

$=\dfrac{5(2-\sqrt{3})}{2^2-(\sqrt{3})^2}$

$=\dfrac{5(2-\sqrt{3})}{4-3}$

$=\dfrac{5(2-\sqrt{3})}{1}$

$=\mathbf{10-5\sqrt{3}}$

(5) $\dfrac{5-\sqrt{7}}{5+\sqrt{7}}$

$=\dfrac{(5-\sqrt{7})^2}{(5+\sqrt{7})(5-\sqrt{7})}$

$=\dfrac{25-10\sqrt{7}+7}{5^2-(\sqrt{7})^2}$

$=\dfrac{32-10\sqrt{7}}{25-7}$

$=\dfrac{2(16-5\sqrt{7})}{18}$

$=\mathbf{\dfrac{16-5\sqrt{7}}{9}}$

(6) $\dfrac{\sqrt{5}+\sqrt{3}}{\sqrt{5}-\sqrt{3}}$

$=\dfrac{(\sqrt{5}+\sqrt{3})^2}{(\sqrt{5}-\sqrt{3})(\sqrt{5}+\sqrt{3})}$

$=\dfrac{5+2\sqrt{15}+3}{(\sqrt{5})^2-(\sqrt{3})^2}$

$=\dfrac{8+2\sqrt{15}}{5-3}$

$=\dfrac{2(4+\sqrt{15})}{2}$

$=\mathbf{4+\sqrt{15}}$

確認問題 3 (p.32)

1

(1) $\dfrac{10}{3}=3.333333\cdots\cdots=\mathbf{3.\dot{3}}$

(2) $\dfrac{13}{33}=0.393939\cdots\cdots=\mathbf{0.\dot{3}\dot{9}}$

2

(1) $|-5|=-(-5)=\mathbf{5}$

(2) $|5-7|=|-2|=\mathbf{2}$

(3) 5 の平方根は $\sqrt{5}$ と $-\sqrt{5}$，すなわち $\mathbf{\pm\sqrt{5}}$

(4) $\sqrt{(-10)^2}=\sqrt{100}=\mathbf{10}$

3

(1) $\sqrt{7}\times\sqrt{6}=\sqrt{7\times6}=\mathbf{\sqrt{42}}$

(2) $\dfrac{\sqrt{21}}{\sqrt{3}}=\sqrt{\dfrac{21}{3}}=\mathbf{\sqrt{7}}$

(3) $\sqrt{28}=\sqrt{2^2\times7}=\mathbf{2\sqrt{7}}$

(4) $\sqrt{5}\times\sqrt{35}$

$=\sqrt{5\times35}=\sqrt{5\times5\times7}$

$=\sqrt{5^2\times7}=\mathbf{5\sqrt{7}}$

4

(1) $4\sqrt{3}+2\sqrt{3}-3\sqrt{3}$

$=(4+2-3)\sqrt{3}=\mathbf{3\sqrt{3}}$

(2) $(2\sqrt{5}-3\sqrt{2})+(\sqrt{5}+4\sqrt{2})$

$=2\sqrt{5}-3\sqrt{2}+\sqrt{5}+4\sqrt{2}$

$=(2+1)\sqrt{5}+(-3+4)\sqrt{2}$

$=\mathbf{3\sqrt{5}+\sqrt{2}}$

(3) $\sqrt{32}-2\sqrt{18}+\sqrt{8}$

$=4\sqrt{2}-2\times3\sqrt{2}+2\sqrt{2}$

$=(4-6+2)\sqrt{2}$

$=\mathbf{0}$

(4) $(\sqrt{45}-\sqrt{12})-(\sqrt{5}-2\sqrt{27})$

$=(3\sqrt{5}-2\sqrt{3})-(\sqrt{5}-2\times3\sqrt{3})$

$=3\sqrt{5}-2\sqrt{3}-\sqrt{5}+6\sqrt{3}$

$=(3-1)\sqrt{5}+(-2+6)\sqrt{3}$

$=\mathbf{2\sqrt{5}+4\sqrt{3}}$

5

(1) $(2\sqrt{3}-\sqrt{2})(\sqrt{3}+4\sqrt{2})$

$=2\sqrt{3}\times\sqrt{3}+2\sqrt{3}\times4\sqrt{2}-\sqrt{2}\times\sqrt{3}-\sqrt{2}\times4\sqrt{2}$

$=2\times3+8\sqrt{6}-\sqrt{6}-4\times2$

$=6+(8-1)\sqrt{6}-8$

$=\mathbf{-2+7\sqrt{6}}$

(2) $(\sqrt{2}-3)^2$

$=(\sqrt{2})^2-2\times\sqrt{2}\times3+3^2$

$=2-6\sqrt{2}+9$

$=\mathbf{11-6\sqrt{2}}$

(3) $(\sqrt{6}+\sqrt{2})(\sqrt{6}-\sqrt{2})$

$=(\sqrt{6})^2-(\sqrt{2})^2=6-2=\mathbf{4}$

(4) $(\sqrt{3}+\sqrt{7})(\sqrt{3}-\sqrt{7})$

$=(\sqrt{3})^2-(\sqrt{7})^2=3-7=\mathbf{-4}$

6

(1) $\dfrac{3}{\sqrt{6}}=\dfrac{3\times\sqrt{6}}{\sqrt{6}\times\sqrt{6}}=\dfrac{3\sqrt{6}}{6}=\mathbf{\dfrac{\sqrt{6}}{2}}$

(2) $\dfrac{9}{\sqrt{3}}=\dfrac{9\times\sqrt{3}}{\sqrt{3}\times\sqrt{3}}=\dfrac{9\sqrt{3}}{3}=\mathbf{3\sqrt{3}}$

(3) $\dfrac{1}{2\sqrt{3}}=\dfrac{\sqrt{3}}{2\sqrt{3}\times\sqrt{3}}=\dfrac{\sqrt{3}}{2\times3}=\mathbf{\dfrac{\sqrt{3}}{6}}$

(4) $\dfrac{\sqrt{3}}{\sqrt{8}}=\dfrac{\sqrt{3}}{2\sqrt{2}}=\dfrac{\sqrt{3}\times\sqrt{2}}{2\sqrt{2}\times\sqrt{2}}=\dfrac{\sqrt{6}}{2\times2}=\mathbf{\dfrac{\sqrt{6}}{4}}$

(5) $\dfrac{1}{\sqrt{7}-\sqrt{3}}$

$=\dfrac{\sqrt{7}+\sqrt{3}}{(\sqrt{7}-\sqrt{3})(\sqrt{7}+\sqrt{3})}$

$=\dfrac{\sqrt{7}+\sqrt{3}}{(\sqrt{7})^2-(\sqrt{3})^2}$

$=\dfrac{\sqrt{7}+\sqrt{3}}{7-3}$

$=\mathbf{\dfrac{\sqrt{7}+\sqrt{3}}{4}}$

(6) $\dfrac{2}{3-\sqrt{7}}$

$=\dfrac{2(3+\sqrt{7})}{(3-\sqrt{7})(3+\sqrt{7})}$

$=\dfrac{2(3+\sqrt{7})}{3^2-(\sqrt{7})^2}$

$=\dfrac{2(3+\sqrt{7})}{9-7}$

$=\dfrac{2(3+\sqrt{7})}{2}$

$=\mathbf{3+\sqrt{7}}$

(7) $\dfrac{\sqrt{3}}{2+\sqrt{5}}$

$=\dfrac{\sqrt{3}(2-\sqrt{5})}{(2+\sqrt{5})(2-\sqrt{5})}$

$=\dfrac{\sqrt{3}(2-\sqrt{5})}{2^2-(\sqrt{5})^2}$

$=\dfrac{\sqrt{3}(2-\sqrt{5})}{4-5}$

$=\dfrac{\sqrt{3}(2-\sqrt{5})}{-1}$

$=\boldsymbol{-2\sqrt{3}+\sqrt{15}}$

(8) $\dfrac{\sqrt{5}+\sqrt{2}}{\sqrt{5}-\sqrt{2}}$

$=\dfrac{(\sqrt{5}+\sqrt{2})^2}{(\sqrt{5}-\sqrt{2})(\sqrt{5}+\sqrt{2})}$

$=\dfrac{5+2\sqrt{10}+2}{(\sqrt{5})^2-(\sqrt{2})^2}$

$=\dfrac{7+2\sqrt{10}}{5-2}$

$=\boldsymbol{\dfrac{7+2\sqrt{10}}{3}}$

12 不等号と不等式 / 不等式の性質 (p.34)

例 26

ア $>$　　イ $\leqq$　　ウ $<$

例 27

ア $\leqq$　　イ $\geqq$

例 28

ア $<$　　イ $<$　　ウ $>$

48

(1) $\boldsymbol{x<-2}$　　(2) $\boldsymbol{-1\leqq x\leqq 5}$

49

(1) $\boldsymbol{2x-3>6}$　　(2) $\boldsymbol{-1<-5x-2\leqq 5}$

(3) $\boldsymbol{80x+150\times 2<1500}$

50

(1) $<$　　(2) $<$　　(3) $<$

(4) $>$　　(5) $<$　　(6) $>$

13 1次不等式 (1) (p.36)

例 29

ア
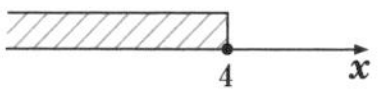

イ
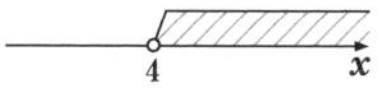

例 30

ア -3　　イ 2　　ウ 1　　エ $-\dfrac{8}{5}$

51

(1)
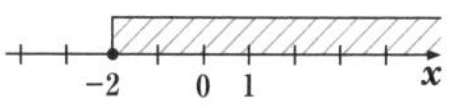

(2)
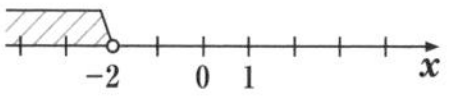

52

(1) $x-1>2$

移項すると　$x>2+1$

よって　　$\boldsymbol{x>3}$

(2) $x+5<12$

移項すると　$x<12-5$

よって　　$\boldsymbol{x<7}$

(3) $2x-1\geqq 3$

移項すると　$2x\geqq 3+1$

整理すると　$2x\geqq 4$

両辺を 2 で割って

$\boldsymbol{x\geqq 2}$

(4) $2-3x\leqq 5$

移項すると　$-3x\leqq 5-2$

整理すると　$-3x\leqq 3$

両辺を -3 で割って

$\boldsymbol{x\geqq -1}$

53

(1) $7-4x>3-2x$

移項すると　$-4x+2x>3-7$

整理すると　$-2x>-4$

両辺を -2 で割って

$\boldsymbol{x<2}$

(2) $7x+1\leqq 2x-4$

移項すると　$7x-2x\leqq -4-1$

整理すると　$5x\leqq -5$

両辺を 5 で割って

$\boldsymbol{x\leqq -1}$

(3) $2x+3<4x+7$

移項すると　$2x-4x<7-3$

整理すると　$-2x<4$

両辺を -2 で割って

$\boldsymbol{x>-2}$

(4) $3x+5\geqq 6x-4$

移項すると　$3x-6x\geqq -4-5$

整理すると　$-3x\geqq -9$

両辺を -3 で割って

$\boldsymbol{x\leqq 3}$

(5) $5x-9\geqq 3(x-1)$

かっこをはずすと　$5x-9\geqq 3x-3$

移項すると　$5x-3x\geqq -3+9$

整理すると　$2x\geqq 6$

両辺を 2 で割って

$\boldsymbol{x\geqq 3}$

(6) $3(1-x)<3x+7$

かっこをはずすと　$3-3x<3x+7$

移項すると　$-3x-3x<7-3$

整理すると　$-6x<4$

両辺を -6 で割って

$x>-\dfrac{4}{6}$

よって　　$\boldsymbol{x>-\dfrac{2}{3}}$

54

(1) $x-1<2-\frac{3}{2}x$

両辺に 2 を掛けると

$$2(x-1)<2\left(2-\frac{3}{2}x\right)$$

$$2x-2<4-3x$$

移項して整理すると

$$5x<6$$

両辺で 5 で割って

$$\boldsymbol{x<\frac{6}{5}}$$

(2) $x+\frac{2}{3}\leqq 1-2x$

両辺に 3 を掛けると

$$3\left(x+\frac{2}{3}\right)\leqq 3(1-2x)$$

$$3x+2\leqq 3-6x$$

移項して整理すると

$$9x\leqq 1$$

両辺を 9 で割って

$$\boldsymbol{x\leqq\frac{1}{9}}$$

(3) $\frac{1}{2}x+\frac{1}{3}<\frac{3}{4}x-\frac{5}{6}$

両辺に 12 を掛けると

$$12\left(\frac{1}{2}x+\frac{1}{3}\right)<12\left(\frac{3}{4}x-\frac{5}{6}\right)$$

$$6x+4<9x-10$$

移項して整理すると

$$-3x<-14$$

両辺を -3 で割って

$$\boldsymbol{x>\frac{14}{3}}$$

(4) $\frac{1}{3}x+\frac{7}{6}\geqq\frac{1}{2}x+\frac{1}{3}$

両辺に 6 を掛けると

$$6\left(\frac{1}{3}x+\frac{7}{6}\right)\geqq 6\left(\frac{1}{2}x+\frac{1}{3}\right)$$

$$2x+7\geqq 3x+2$$

移項して整理すると

$$-x\geqq -5$$

両辺を -1 で割って

$$\boldsymbol{x\leqq 5}$$

14　1次不等式 (2) (p.38)

例 31

ア　$x\geqq 2$

例 32

ア　$-1\leqq x\leqq 3$

例 33

ア　6　　**イ**　4

55

(1) $\begin{cases} 4x-3<2x+9 \\ 3x>x+2 \end{cases}$

$4x-3<2x+9$ を解くと，$2x<12$ より　$x<6$ ……①

$3x>x+2$ を解くと，$2x>2$ より　$x>1$ ……②

①，②より，連立不等式の解は

$1<x<6$

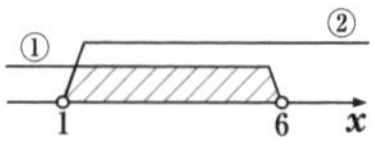

(2) $\begin{cases} 27\geqq 2x+13 \\ 9\leqq 1+4x \end{cases}$

$27\geqq 2x+13$ を解くと，$-2x\geqq -14$ より　$x\leqq 7$ ……①

$9\leqq 1+4x$ を解くと，$-4x\leqq -8$ より　$x\geqq 2$ ……②

①，②より，連立不等式の解は

$2\leqq x\leqq 7$

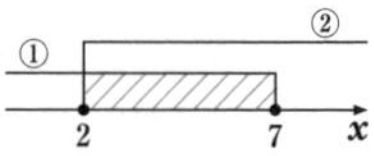

(3) $\begin{cases} 3x+1<5(x-1) \\ 2(x-1)<5x+4 \end{cases}$

$3x+1<5(x-1)$ を解くと，$3x+1<5x-5$ より

$-2x<-6$

$x>3$ ……①

$2(x-1)<5x+4$ を解くと，$2x-2<5x+4$ より

$-3x<6$

$x>-2$ ……②

①，②より，連立不等式の解は

$x>3$

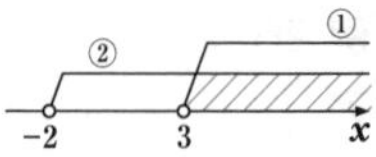

(4) $\begin{cases} 2x-5(x+1)\geqq 1 \\ x-5>3x+7 \end{cases}$

$2x-5(x+1)\geqq 1$ を解くと，$2x-5x-5\geqq 1$ より

$-3x\geqq 6$

$x\leqq -2$ ……①

$x-5>3x+7$ を解くと，$-2x>12$ より

$x<-6$ ……②

①，②より，連立不等式の解は

$x<-6$

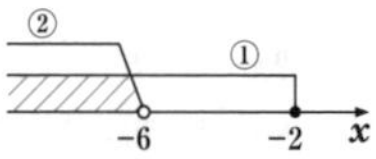

56

(1) 与えられた不等式は

$\begin{cases} -2\leqq 4x+2 \\ 4x+2\leqq 10 \end{cases}$

と表される。

$-2\leqq 4x+2$ を解くと，$-4x\leqq 4$ より　$x\geqq -1$ ……①

$4x+2\leqq 10$ を解くと，$4x\leqq 8$ より　$x\leqq 2$ ……②

①，②より，不等式の解は

$-1\leqq x\leqq 2$

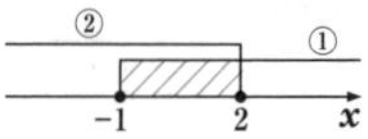

(2) 与えられた不等式は

$\begin{cases} 0<3x+6 \\ 3x+6<11-2x \end{cases}$

と表される。

$0<3x+6$ を解くと，$-3x<6$ より　$x>-2$ ……①

$3x+6<11-2x$ を解くと，$5x<5$ より　$x<1$ ……②

①，②より，不等式の解は

$-2<x<1$

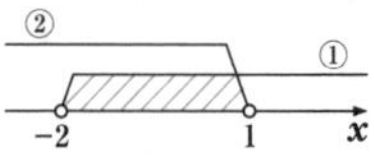

57

130 円のみかんを x 個買うとすると，90 円のみかんは $(15-x)$ 個であるから

$$0 \leqq x \leqq 15 \quad \cdots\cdots ①$$

このとき，合計金額について次の不等式が成り立つ。

$$130x+90(15-x) \leqq 1800$$
$$130x+1350-90x \leqq 1800$$
$$40x \leqq 450$$
$$x \leqq 11.25 \quad \cdots\cdots ②$$

①，②より

$0 \leqq x \leqq 11.25$

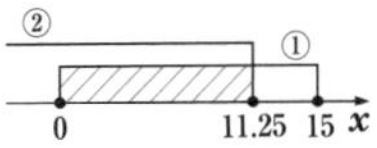

この範囲における最大の整数は 11 であるから，

130 円のみかんを 11 個，90 円のみかんを 4 個 買えばよい。

確認問題 4 (p.40)

1

$3x+4>30$

2

(1) $<$ (2) $<$ (3) $>$

3

(1) $x+5 \leqq -4x$

移項すると $x+4x \leqq -5$

整理すると $5x \leqq -5$

両辺で 5 で割って

$$\boldsymbol{x \leqq -1}$$

(2) $2x+4 \geqq 0$

移項すると $2x \geqq -4$

両辺を 2 で割って

$$\boldsymbol{x \geqq -2}$$

(3) $5x+3<7x-1$

移項すると $5x-7x<-1-3$

$$-2x<-4$$

両辺を -2 で割って

$$\boldsymbol{x>2}$$

(4) $5(1-x)>3x-7$

かっこをはずすと $5-5x>3x-7$

移項すると $-5x-3x>-7-5$

整理すると $-8x>-12$

両辺を -8 で割って

$$x<\frac{12}{8}$$

よって $\boldsymbol{x<\frac{3}{2}}$

(5) $\frac{1}{4}x+\frac{1}{2} \leqq \frac{3}{4}x-\frac{5}{2}$

両辺に 4 を掛けると

$$4\left(\frac{1}{4}x+\frac{1}{2}\right) \leqq 4\left(\frac{3}{4}x-\frac{5}{2}\right)$$
$$x+2 \leqq 3x-10$$

移項して整理すると

$$-2x \leqq -12$$

両辺を -2 で割って

$$\boldsymbol{x \geqq 6}$$

4

(1) $\begin{cases} 2x-3<3 \\ 3x+6>7x-10 \end{cases}$

$2x-3<3$ を解くと，$2x<6$ より $x<3$ ……①

$3x+6>7x-10$ を解くと，$-4x>-16$

より $x<4$ ……②

①，②より，連立不等式の解は

$x<3$

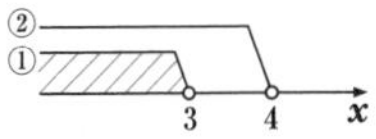

(2) $\begin{cases} 3(x+2) \geqq 5x \\ 3x+5>x-1 \end{cases}$

$3(x+2) \geqq 5x$ を解くと，$3x+6 \geqq 5x$

$-2x \geqq -6$ より $x \leqq 3$ ……①

$3x+5>x-1$ を解くと，$2x>-6$ より $x>-3$ ……②

①，②より，連立不等式の解は

$-3<x \leqq 3$

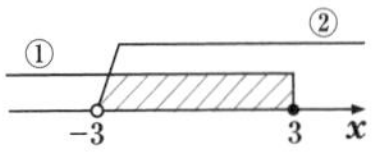

5

(1) 与えられた不等式は

$\begin{cases} -8 \leqq 1-3x \\ 1-3x \leqq 4 \end{cases}$

と表される。

$-8 \leqq 1-3x$ を解くと，$3x \leqq 9$ より $x \leqq 3$ ……①

$1-3x \leqq 4$ を解くと，$-3x \leqq 3$ より $x \geqq -1$ ……②

①，②より，不等式の解は

$-1 \leqq x \leqq 3$

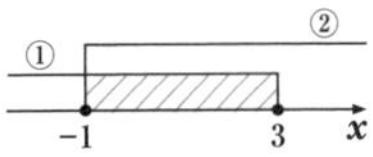

(2) 与えられた不等式は

$\begin{cases} 0<2x-6 \\ 2x-6<9-x \end{cases}$

と表される。

$0<2x-6$ を解くと，$-2x<-6$ より $x>3$ ……①

$2x-6<9-x$ を解くと，$3x<15$ より $x<5$ ……②

①，②より，不等式の解は

$3<x<5$

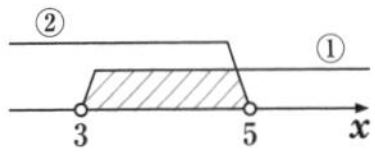

6

1 冊 200 円のノートを x 冊買うとすると

1 冊 160 円のノートは $(20-x)$ 冊であるから

$0 \leqq x \leqq 20$ ……①

このとき，合計金額について次の不等式が成り立つ。

$$200x+160(20-x) \leqq 3700$$
$$200x+3200-160x \leqq 3700$$
$$40x \leqq 500$$
$$x \leqq = 12.5 \quad \cdots\cdots ②$$

①，②より

$0 \leqq x \leqq 12.5$

この範囲における最大の整数は 12 であるから，

200 円のノートを 12 冊，160 円のノートを 8 冊買えばよい。

発展　二重根号 (p.41)

例

ア　$\sqrt{3}-\sqrt{2}$　　　**イ**　$2+\sqrt{2}$

■

(1)　$\sqrt{7+2\sqrt{12}}$

$=\sqrt{(4+3)+2\sqrt{4\times3}}$

$=\sqrt{(\sqrt{4}+\sqrt{3})^2}$

$=\sqrt{(2+\sqrt{3})^2}=\boldsymbol{2+\sqrt{3}}$

(2)　$\sqrt{10-2\sqrt{21}}$

$=\sqrt{(7+3)-2\sqrt{7\times3}}$

$=\sqrt{(\sqrt{7}-\sqrt{3})^2}$

$=\boldsymbol{\sqrt{7}-\sqrt{3}}$

(3)　$\sqrt{6-\sqrt{20}}$

$=\sqrt{6-2\sqrt{5}}$

$=\sqrt{(5+1)-2\sqrt{5\times1}}$

$=\sqrt{(\sqrt{5}-\sqrt{1})^2}$

$=\sqrt{(\sqrt{5}-1)^2}$

$=\boldsymbol{\sqrt{5}-1}$

(4)　$\sqrt{8+\sqrt{48}}$

$=\sqrt{8+2\sqrt{12}}$

$=\sqrt{(6+2)+2\sqrt{6\times2}}$

$=\sqrt{(\sqrt{6}+\sqrt{2})^2}$

$=\boldsymbol{\sqrt{6}+\sqrt{2}}$

(5)　$\sqrt{11+4\sqrt{7}}$

$=\sqrt{11+2\sqrt{28}}$

$=\sqrt{(7+4)+2\sqrt{7\times4}}$

$=\sqrt{(\sqrt{7}+\sqrt{4})^2}$

$=\sqrt{(\sqrt{7}+2)^2}$

$=\boldsymbol{\sqrt{7}+2}$

(6)　$\sqrt{15-6\sqrt{6}}$

$=\sqrt{15-2\sqrt{54}}$

$=\sqrt{(9+6)-2\sqrt{9\times6}}$

$=\sqrt{(\sqrt{9}-\sqrt{6})^2}$

$=\sqrt{(3-\sqrt{6})^2}$

$=\boldsymbol{3-\sqrt{6}}$

TRY *PLUS* (p.42)

問1

(1)　$x^2+x=A$ とおくと

$(x^2+x)^2-4(x^2+x)-12$

$=A^2-4A-12$

$=(A-6)(A+2)$

$=(x^2+x-6)(x^2+x+2)$

$=\boldsymbol{(x+3)(x-2)(x^2+x+2)}$

(2)　$x^2+2x=A$ とおくと

$(x^2+2x)^2-14(x^2+2x)+48$

$=A^2-14A+48$

$=(A-8)(A-6)$

$=(x^2+2x-8)(x^2+2x-6)$

$=\boldsymbol{(x+4)(x-2)(x^2+2x-6)}$

問2

(1)　$2x^2+7xy+3y^2+7x+y-4$

$=2x^2+(7y+7)x+(3y^2+y-4)$

$=2x^2+(7y+7)x+(3y+4)(y-1)$

$=\{x+(3y+4)\}\{2x+(y-1)\}$

$=\boldsymbol{(x+3y+4)(2x+y-1)}$

$1 \times 3y+4 \rightarrow 6y+8$
$2 \times y-1 \rightarrow y-1$
$2\ (3y+4)(y-1)\ 7y+7$

(2)　$3x^2+10xy+8y^2-8x-10y-3$

$=3x^2+(10y-8)x+(8y^2-10y-3)$

$=3x^2+(10y-8)x+(2y-3)(4y+1)$

$=\{x+(2y-3)\}\{3x+(4y+1)\}$

$=\boldsymbol{(x+2y-3)(3x+4y+1)}$

$1 \times 2y-3 \rightarrow 6y-9$
$3 \times 4y+1 \rightarrow 4y+1$
$3\ (2y-3)(4y+1)\ 10y-8$

第2章　集合と論証

15　集合 (p.44)

例34

ア　1, 2, 3, 6, 9, 18

イ　−2, −1, 0, 1, 2, 3

例35

ア　⊃

例36

ア　2, 4　　　**イ**　1, 2, 3, 4, 5, 6, 8, 10

例37

ア　4, 5, 6　**イ**　1, 2, 4, 5　**ウ**　4, 5

エ　1, 2, 4, 5, 6　**オ**　6

カ　1, 2, 3, 4, 5

58

(1)　$A=\{\mathbf{1,\ 2,\ 3,\ 4,\ 6,\ 12}\}$

(2)　$B=\{\mathbf{-3,\ -2,\ -1,\ 0,\ 1}\}$

59

⊃

60

(1)　$A\cap B=\{\mathbf{3,\ 5,\ 7}\}$　　(2)　$A\cup B=\{\mathbf{1,\ 2,\ 3,\ 5,\ 7}\}$

(3)　$A\cap C=\varnothing$

61

(1)　$\overline{A}=\{\mathbf{7,\ 8,\ 9,\ 10}\}$　　(2)　$\overline{B}=\{\mathbf{1,\ 2,\ 3,\ 4,\ 9,\ 10}\}$

(3)　$A\cap B=\{5,\ 6\}$ であるから

$\overline{A\cap B}=\{\mathbf{1,\ 2,\ 3,\ 4,\ 7,\ 8,\ 9,\ 10}\}$

(4)　$A\cup B=\{1,\ 2,\ 3,\ 4,\ 5,\ 6,\ 7,\ 8\}$ であるから

$\overline{A\cup B}=\{\mathbf{9,\ 10}\}$

(5)　$\overline{A}\cup B=\{\mathbf{5,\ 6,\ 7,\ 8,\ 9,\ 10}\}$

(6)　$A\cap\overline{B}=\{\mathbf{1,\ 2,\ 3,\ 4}\}$

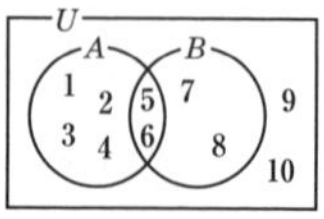

16 命題と条件 (p.46)

例 38

ア 真

例 39

ア 十分条件　　**イ** 必要条件

例 40

ア 偶数　　**イ** $x \neq 1$　　**ウ** $y \neq 1$

エ $x<0$　　**オ** $y>0$

62

(1) 条件 p, q を満たす x の集合をそれぞれ P, Q とする。このとき，右の図から $P \subset Q$ が成り立つ。

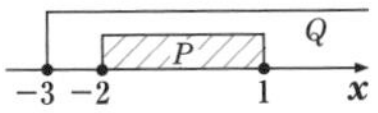

よって，命題「$p \Longrightarrow q$」は **真**である。

(2) $x=-3$ は p を満たしているが，q を満たさない。

よって，命題「$p \Longrightarrow q$」は **偽**である。

反例は，$\boldsymbol{x=-3}$

(3) $n=6$ は p を満たしているが，q を満たさない。よって，命題「$p \Longrightarrow q$」は**偽**である。反例は，$\boldsymbol{n=6}$

(4) 条件 p, q を満たす n の集合をそれぞれ P, Q とする。

$P=\{1,\ 2,\ 3,\ 6\}$

$Q=\{1,\ 2,\ 3,\ 4,\ 6,\ 12\}$

であるから，$P \subset Q$ が成り立つ。

よって，命題「$p \Longrightarrow q$」は**真**である。

63

(1) 「$x=1 \Longrightarrow x^2=1$」は真である。

「$x^2=1 \Longrightarrow x=1$」は偽である。(反例は $x=-1$)

よって，**十分条件**

(2) 四角形 ABCD が

「長方形 $\Longrightarrow$ 正方形」は偽である。

「正方形 $\Longrightarrow$ 長方形」は真である。

よって，**必要条件**

(3) 「$(x-3)^2=0 \Longrightarrow x=3$」は真である。

「$x=3 \Longrightarrow (x-3)^2=0$」は真である。

よって，**必要十分条件**

64

(1) 条件「$x=5$」の否定は

「$\boldsymbol{x \neq 5}$」

(2) 条件「$x \geqq 1$　かつ　$y>0$」の否定は

「$\boldsymbol{x<1}$　**または**　$\boldsymbol{y \leqq 0}$」

(3) 条件「$-3<x<2$」は「$x>-3$　かつ　$x<2$」であるから，これの否定は

「$\boldsymbol{x \leqq -3}$　**または**　$\boldsymbol{2 \leqq x}$」

(4) 否定は「$x>2$　かつ　$x \leqq 5$」であるから

「$\boldsymbol{2<x \leqq 5}$」

17 逆・裏・対偶 (p.48)

例 41

ア 偽　　**イ** 真

例 42

ア 奇数

例 43

ア 無理数

65

この命題は**偽**である。

逆：「$\boldsymbol{x>3 \Longrightarrow x>2}$」……**真**

裏：「$\boldsymbol{x \leqq 2 \Longrightarrow x \leqq 3}$」……**真**

対偶：「$\boldsymbol{x \leqq 3 \Longrightarrow x \leqq 2}$」……**偽**

66

与えられた命題の対偶「n が 3 の倍数でないならば n^2 は 3 の倍数でない」を証明する。

n が 3 の倍数でないとき，ある整数 k を用いて

$n=3k+1$, $n=3k+2$

と表すことができる。よって

(i) $n=3k+1$ のとき

$n^2=(3k+1)^2=9k^2+6k+1$

$=3(3k^2+2k)+1$

(ii) $n=3k+2$ のとき

$n^2=(3k+2)^2=9k^2+12k+4$

$=3(3k^2+4k+1)+1$

(i), (ii)より，いずれの場合も n^2 は 3 の倍数でない。

したがって，対偶が真であるから，もとの命題も真である。

67

$3+2\sqrt{2}$ が無理数でない，すなわち

$3+2\sqrt{2}$ は有理数である

と仮定する。

そこで，r を有理数として，

$3+2\sqrt{2}=r$

とおくと

$\sqrt{2}=\dfrac{r-3}{2}$ ……①

r は有理数であるから $\dfrac{r-3}{2}$ は有理数であり，

等式①は $\sqrt{2}$ が無理数であることに矛盾する。

よって，$3+2\sqrt{2}$ は無理数である。

確認問題 5 (p.50)

1

(1) $\boldsymbol{A=\{1,\ 2,\ 4,\ 8,\ 16\}}$

(2) $\boldsymbol{B=\{2,\ 3,\ 5,\ 7,\ 11,\ 13,\ 17,\ 19\}}$

2

$\varnothing$, $\{2\}$, $\{4\}$, $\{6\}$, $\{2,\ 4\}$, $\{2,\ 6\}$, $\{4,\ 6\}$, $\{2,\ 4,\ 6\}$

3

(1) $A \cap B=\{3,\ 5,\ 7\}$

(2) $A \cup B=\{1,\ 2,\ 3,\ 5,\ 7,\ 9\}$　　(3) $B \cap C=\varnothing$

4

(1) $\overline{A}=\{2,\ 4,\ 6,\ 8,\ 10\}$　　(2) $\overline{B}=\{4,\ 5,\ 7,\ 8,\ 9,\ 10\}$

(3) $\overline{A} \cap \overline{B}=\{4,\ 8,\ 10\}$　　(4) $\overline{A \cup B}=\{4,\ 8,\ 10\}$

5

$x=1$ は p を満たしているが，q を満たしていない。よって，

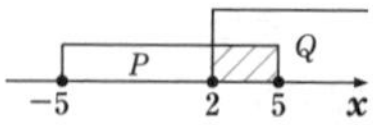

命題「$p \Longrightarrow q$」は **偽**である。反例は $\boldsymbol{x=1}$

6

(1) 「$x<3 \Longrightarrow x<2$」は偽

「$x<2 \Longrightarrow x<3$」は真

よって**必要条件**

(2) 「△ABC≡△DEF ⟹ △ABC∽△DEF」

は真である。

「△ABC∽△DEF ⟹ △ABC≡△DEF」

は偽である。よって，**十分条件**

(3) 「$x^2+y^2=0 \Longrightarrow x=y=0$」は真

「$x=y=0 \Longrightarrow x^2+y^2=0$」は真

よって**必要十分条件**

7

(1) $\boldsymbol{x \geqq -2}$　　(2) $\boldsymbol{x \geqq -2}$

8

与えられた命題の対偶「n が奇数ならば n^2+1 は偶数」を証明する。

n が奇数のとき，ある整数 k を用いて $n=2k+1$ と表すことができる。よって

$$n^2+1=(2k+1)^2+1=4k^2+4k+2$$
$$=2(2k^2+2k+1)$$

ここで，$2k^2+2k+1$ は整数であるから，n^2+1 は偶数である。

したがって，対偶が真であるから，もとの命題も真である。

9

$4-2\sqrt{3}$ が無理数でない，すなわち

$4-2\sqrt{3}$ は有理数である

と仮定する。

そこで，r を有理数として，

$4-2\sqrt{3}=r$

とおくと

$$\sqrt{3}=2-\frac{r}{2} \quad \cdots\cdots ①$$

r は有理数であるから，$2-\dfrac{r}{2}$ は有理数であり，

等式①は，$\sqrt{3}$ が無理数であることに矛盾する。

よって，$4-2\sqrt{3}$ は無理数である。

第3章　2次関数

18　関数とグラフ (p.52)

例44

ア　$2\pi x$

例45

ア　8

例46

ア　2　**イ**　8　**ウ**　2　**エ**　8　**オ**　−1　**カ**　2

68

(1) $\boldsymbol{y=3x}$　　(2) $\boldsymbol{y=50x+500}$

69

(1) $f(3)=2\times3^2-5\times3+3$

$=18-15+3=\boldsymbol{6}$

(2) $f(-2)=2\times(-2)^2-5\times(-2)+3$

$=8+10+3=\boldsymbol{21}$

(3) $f(0)=2\times0^2-5\times0+3=\boldsymbol{3}$

(4) $f(a)=\boldsymbol{2a^2-5a+3}$

70

(1)

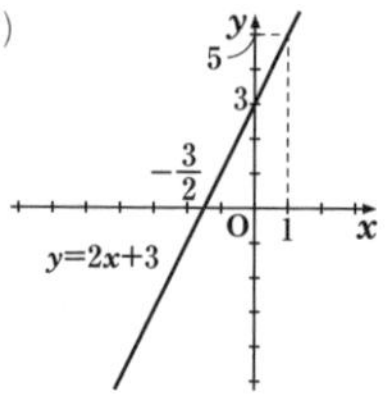

(2)

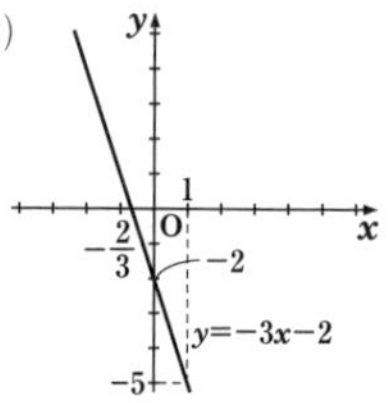

71

(1)

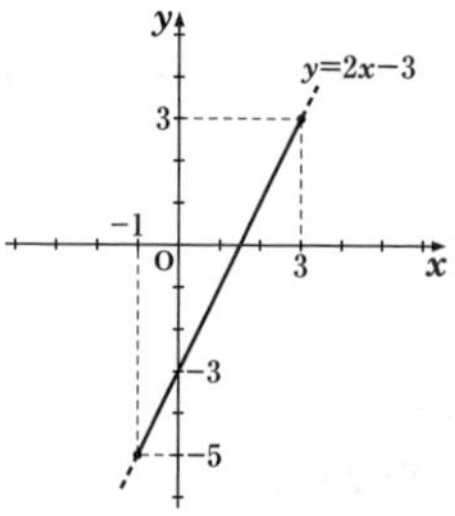

(2) (1)のグラフより，値域は　$\boldsymbol{-5 \leqq y \leqq 3}$

(3) (1)のグラフより，$\boldsymbol{x=3}$ のとき　最大値 **3**

$\boldsymbol{x=-1}$ のとき　最小値 **−5**

19　2次関数のグラフ (1) (p.54)

例47

ア　y 軸

例48

ア　5　　**イ**　5

72

(1)

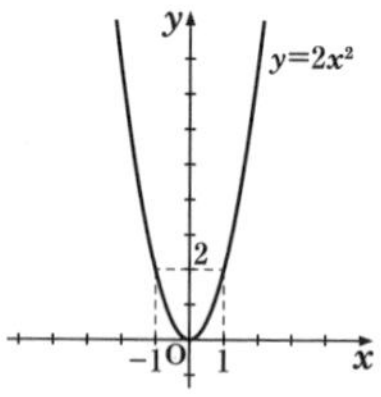

(2)

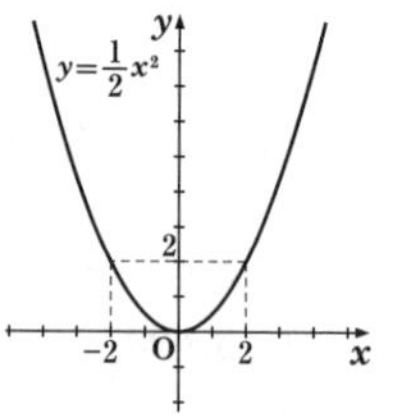

73

(1)

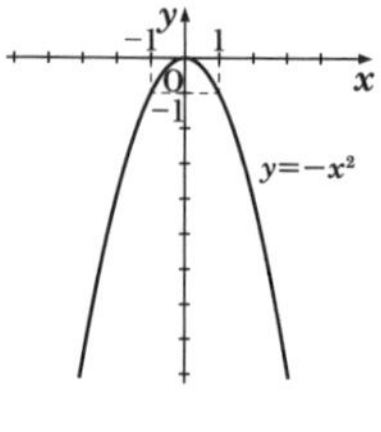

(2)

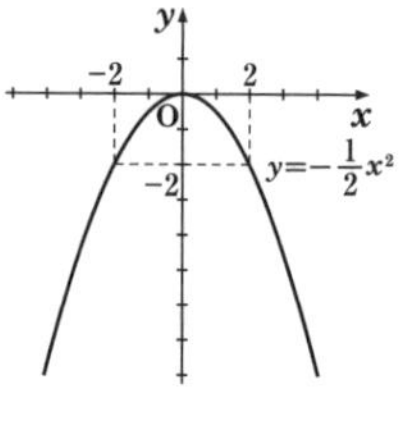

74

(1)

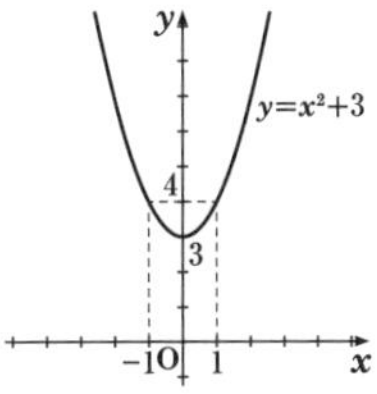

軸　y 軸

頂点 $(0,\ 3)$

(2)

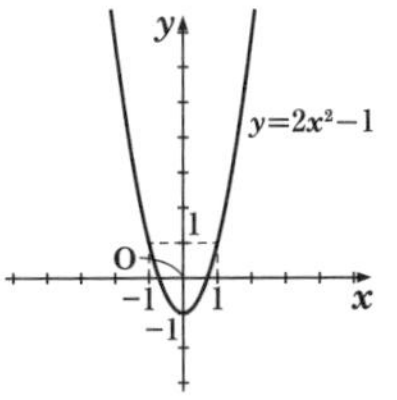

軸　y 軸

頂点 $(0,\ -1)$

(3)

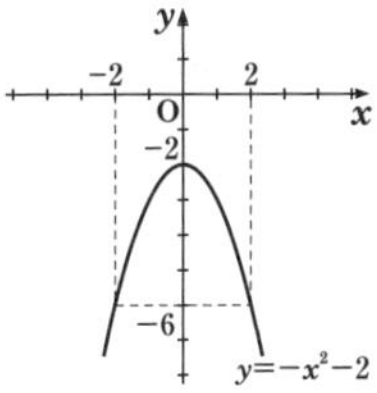

軸　y 軸

頂点 $(0,\ -2)$

(4)

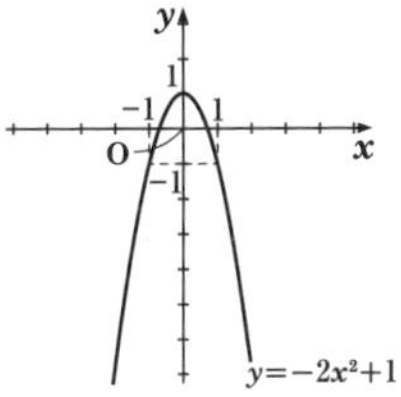

軸　y 軸

頂点 $(0,\ 1)$

20　2次関数のグラフ (2) (p.56)

例49

ア　3　　**イ**　3　　**ウ**　(3, 0)

例50

ア　2　　**イ**　−1　　**ウ**　2　　**エ**　(2, −1)

75

(1)

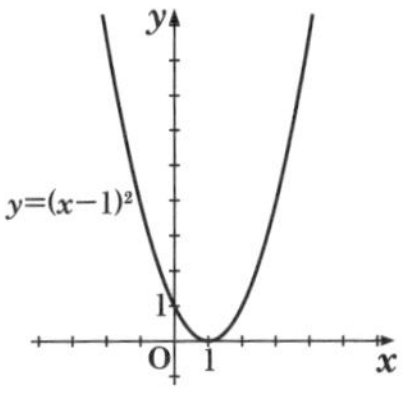

軸　直線 $x=1$

頂点 $(1,\ 0)$

(2)

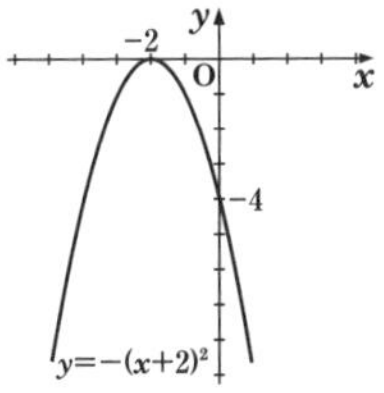

軸　直線 $x=-2$

頂点 $(-2,\ 0)$

76

(1)

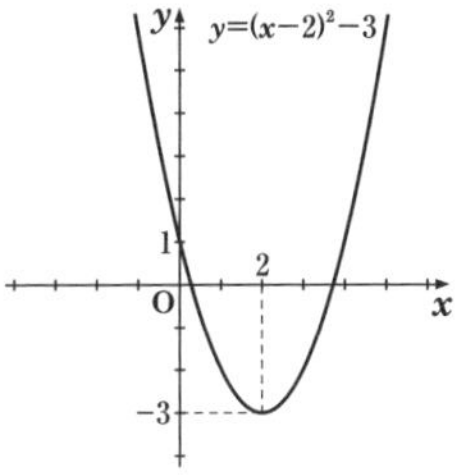

軸　直線 $x=2$

頂点 $(2,\ -3)$

(2)

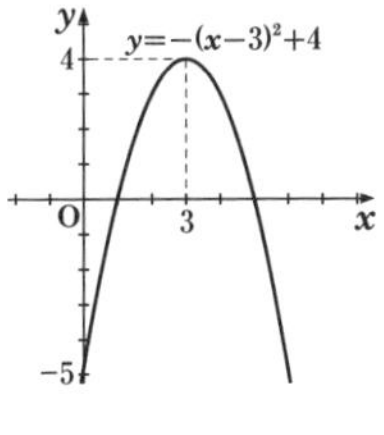

軸　直線 $x=3$

頂点 $(3,\ 4)$

(3)

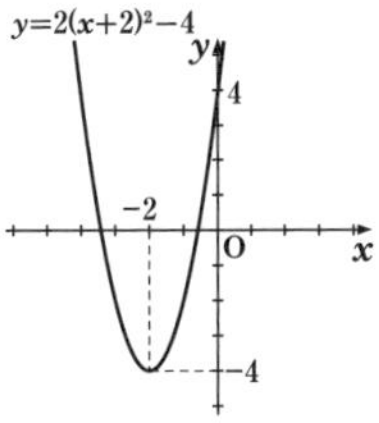

軸　直線 $x=-2$

頂点 $(-2,\ -4)$

(4)

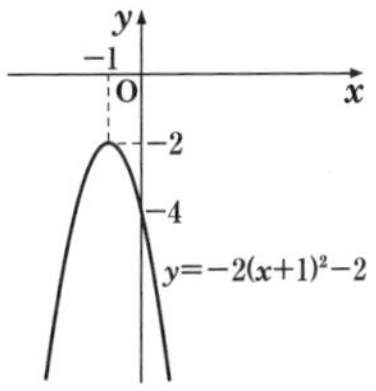

軸　直線 $x=-1$

頂点 $(-1,\ -2)$

21　2次関数のグラフ (3) (p.58)

例51

ア　$(x-3)^2-8$　　**イ**　$2(x+1)^2-7$

77

(1) $y=x^2-2x$

$=(x-1)^2-1^2$

$\mathbf{=(x-1)^2-1}$

(2) $y=x^2+4x$

$=(x+2)^2-2^2$

$\mathbf{=(x+2)^2-4}$

78

(1) $y=x^2-8x+9$

$=(x^2-8x)+9$

$=(x-4)^2-4^2+9$

$\mathbf{=(x-4)^2-7}$

(2) $y=x^2+6x-2$

$=(x^2+6x)-2$

$=(x+3)^2-3^2-2$

$\mathbf{=(x+3)^2-11}$

(3) $y=x^2+10x-5$

$=(x^2+10x)-5$

$=(x+5)^2-5^2-5$

$\mathbf{=(x+5)^2-30}$

(4) $y=x^2-4x-4$

$=(x^2-4x)-4$

$=(x-2)^2-2^2-4$

$\mathbf{=(x-2)^2-8}$

79

(1) $y=2x^2+12x$

$=2(x^2+6x)$

$=2\{(x+3)^2-3^2\}$

$=2(x+3)^2-2\times 3^2$

$\mathbf{=2(x+3)^2-18}$

(2) $y=4x^2-8x$

$=4(x^2-2x)$

$=4\{(x-1)^2-1^2\}$

$=4(x-1)^2-4\times 1^2$

$\mathbf{=4(x-1)^2-4}$

(3) $y=3x^2-12x-4$

$=3(x^2-4x)-4$

$=3\{(x-2)^2-2^2\}-4$
$=3(x-2)^2-3\times 2^2-4$
$\boldsymbol{=3(x-2)^2-16}$

(4) $y=2x^2+4x+5$
$=2(x^2+2x)+5$
$=2\{(x+1)^2-1^2\}+5$
$=2(x+1)^2-2\times 1^2+5$
$\boldsymbol{=2(x+1)^2+3}$

(5) $y=4x^2+8x+1$
$=4(x^2+2x)+1$
$=4\{(x+1)^2-1^2\}+1$
$=4(x+1)^2-4\times 1^2+1$
$\boldsymbol{=4(x+1)^2-3}$

(6) $y=2x^2-8x+7$
$=2(x^2-4x)+7$
$=2\{(x-2)^2-2^2\}+7$
$=2(x-2)^2-2\times 2^2+7$
$\boldsymbol{=2(x-2)^2-1}$

80

(1) $y=-x^2-4x-4$
$=-(x^2+4x)-4$
$=-\{(x+2)^2-2^2\}-4$
$=-(x+2)^2+2^2-4$
$\boldsymbol{=-(x+2)^2}$

(2) $y=-2x^2+4x+3$
$=-2(x^2-2x)+3$
$=-2\{(x-1)^2-1^2\}+3$
$=-2(x-1)^2+2\times 1^2+3$
$\boldsymbol{=-2(x-1)^2+5}$

(3) $y=-3x^2-12x+12$
$=-3(x^2+4x)+12$
$=-3\{(x+2)^2-2^2\}+12$
$=-3(x+2)^2+3\times 2^2+12$
$\boldsymbol{=-3(x+2)^2+24}$

(4) $y=-4x^2+8x-3$
$=-4(x^2-2x)-3$
$=-4\{(x-1)^2-1^2\}-3$
$=-4(x-1)^2+4\times 1^2-3$
$\boldsymbol{=-4(x-1)^2+1}$

22　2次関数のグラフ (4) (p.60)

例 52

ア	$(x+1)^2-2$	イ	$x=-1$
ウ	$(-1,\ -2)$	エ	$(0,\ -1)$
オ	$-2(x-1)^2+3$	カ	$x=1$
キ	$(1,\ 3)$	ク	$(0,\ 1)$

81

(1) $y=x^2-2x$
$=(x-1)^2-1$
軸は 直線 $\boldsymbol{x=1}$
頂点は 点 $\boldsymbol{(1,\ -1)}$

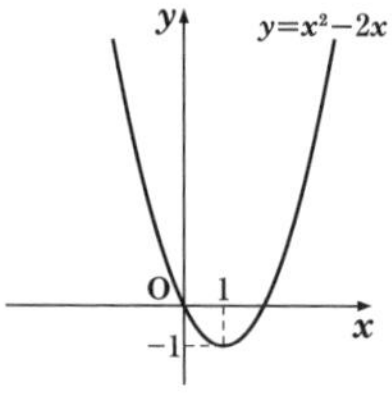

(2) $y=x^2+4x$
$=(x+2)^2-4$
軸は 直線 $\boldsymbol{x=-2}$
頂点は 点 $\boldsymbol{(-2,\ -4)}$

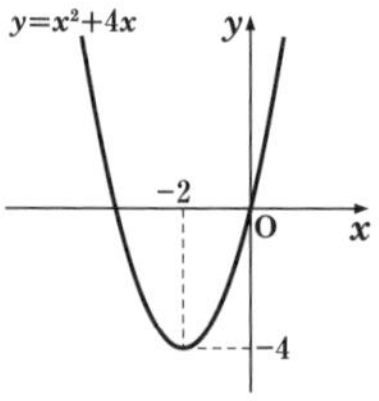

82

(1) $y=x^2+6x+7$
$=(x+3)^2-3^2+7$
$=(x+3)^2-2$
軸は 直線 $\boldsymbol{x=-3}$
頂点は 点 $\boldsymbol{(-3,\ -2)}$

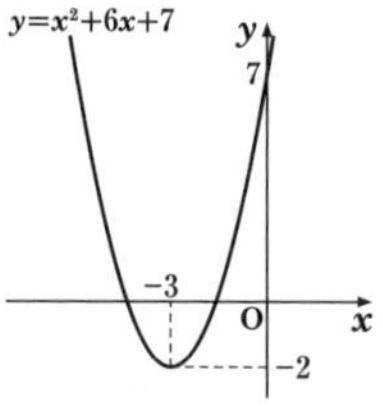

(2) $y=x^2-8x+13$
$=(x-4)^2-4^2+13$
$=(x-4)^2-3$
軸は 直線 $\boldsymbol{x=4}$
頂点は 点 $\boldsymbol{(4,\ -3)}$

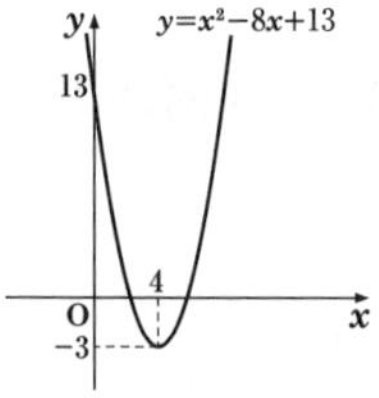

83

(1) $y=2x^2-8x+3$
$=2(x^2-4x)+3$
$=2\{(x-2)^2-2^2\}+3$
$=2(x-2)^2-5$
軸は 直線 $\boldsymbol{x=2}$
頂点は 点 $\boldsymbol{(2,\ -5)}$

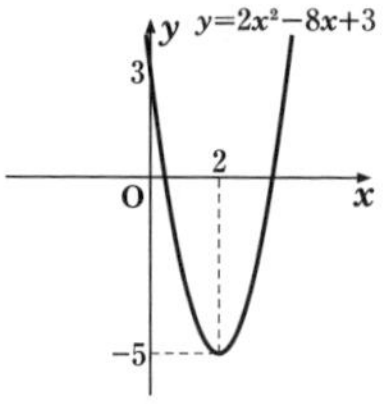

(2) $y=3x^2+6x+5$
$=3(x^2+2x)+5$
$=3\{(x+1)^2-1^2\}+5$
$=3(x+1)^2+2$
軸は 直線 $\boldsymbol{x=-1}$
頂点は 点 $\boldsymbol{(-1,\ 2)}$

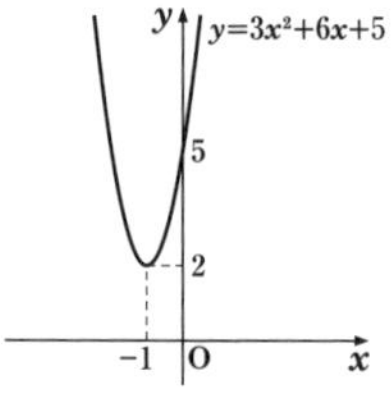

(3) $y=-2x^2-4x+3$
$=-2(x^2+2x)+3$
$=-2\{(x+1)^2-1^2\}+3$
$=-2(x+1)^2+5$
軸は 直線 $\boldsymbol{x=-1}$
頂点は 点 $\boldsymbol{(-1,\ 5)}$

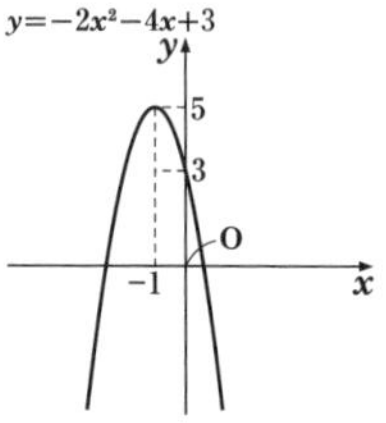

(4) $y=-x^2+6x-4$
$=-(x^2-6x)-4$
$=-\{(x-3)^2-3^2\}-4$
$=-(x-3)^2+5$
軸は 直線 $\boldsymbol{x=3}$
頂点は 点 $\boldsymbol{(3,\ 5)}$

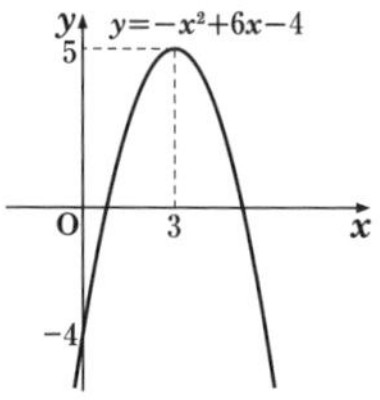

確認問題 6 (p.62)

1

(1)

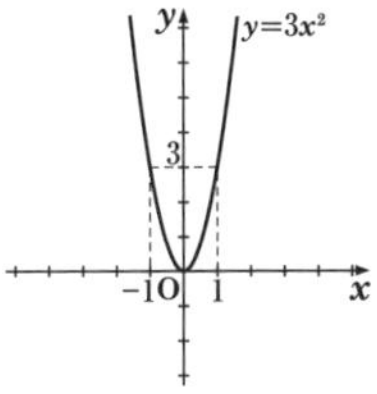

(2)

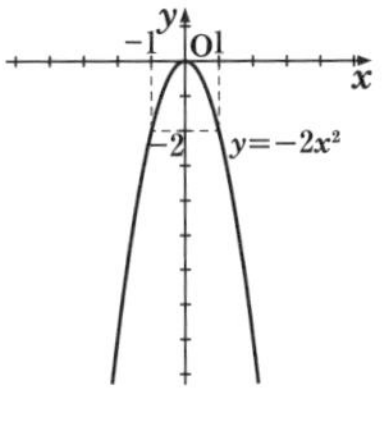

2

(1)

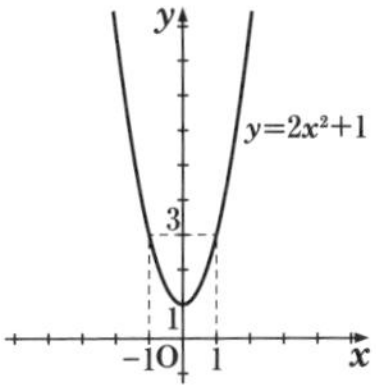

(2)

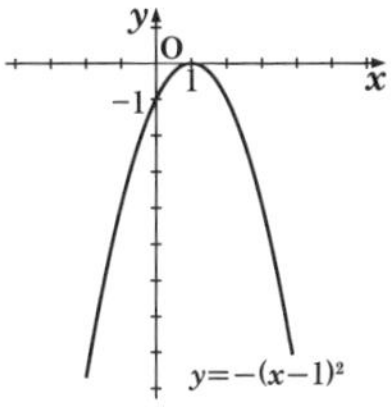

軸　**y 軸**

頂点 **(0, 1)**

軸　直線 **x=1**

頂点 **(1, 0)**

(3)

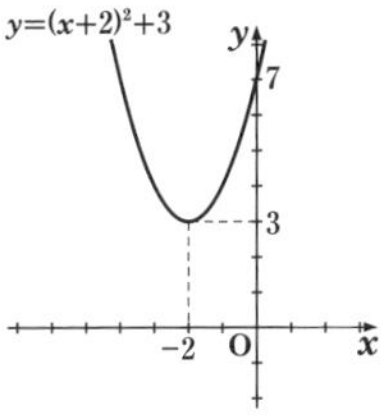

(4)

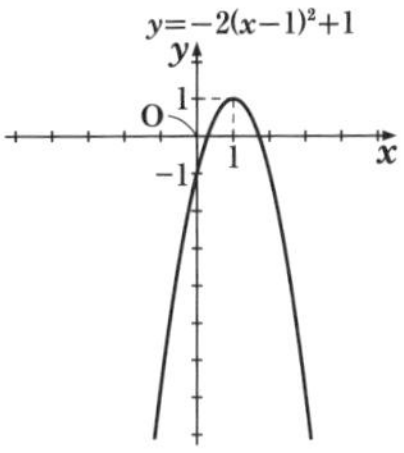

軸　直線 **x=−2**

頂点 **(−2, 3)**

軸　直線 **x=1**

頂点 **(1, 1)**

3

(1) $y=x^2+6x$

$=(x+3)^2-9$

軸は 直線 **x=−3**

頂点は 点 **(−3, −9)**

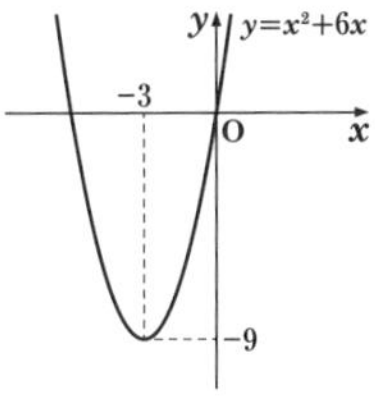

(2) $y=x^2-4x+5$

$=(x-2)^2-2^2+5$

$=(x-2)^2+1$

軸は 直線 **x=2**

頂点は 点 **(2, 1)**

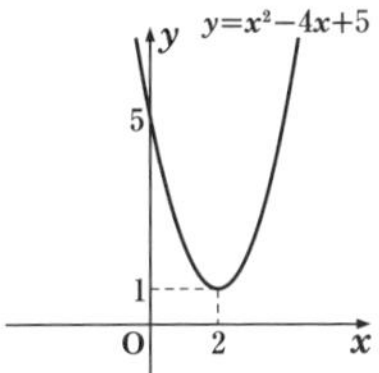

(3) $y=2x^2+8x$

$=2(x^2+4x)$

$=2\{(x+2)^2-2^2\}$

$=2(x+2)^2-8$

軸は 直線 **x=−2**

頂点は 点 **(−2, −8)**

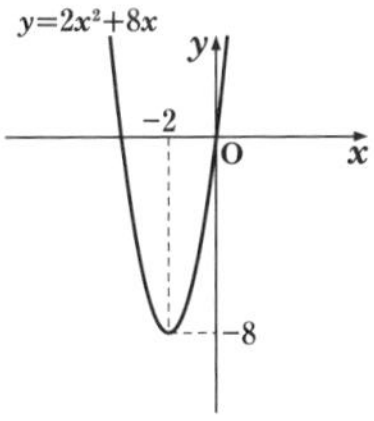

(4) $y=3x^2-6x-1$

$=3(x^2-2x)-1$

$=3\{(x-1)^2-1^2\}-1$

$=3(x-1)^2-4$

軸は 直線 **x=1**

頂点は 点 **(1, −4)**

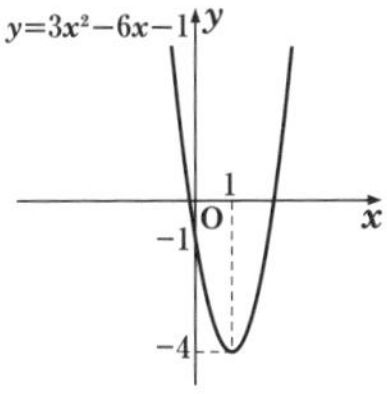

(5) $y=-x^2-2x+2$

$=-(x^2+2x)+2$

$=-\{(x+1)^2-1^2\}+2$

$=-(x+1)^2+3$

軸は 直線 **x=−1**

頂点は 点 **(−1, 3)**

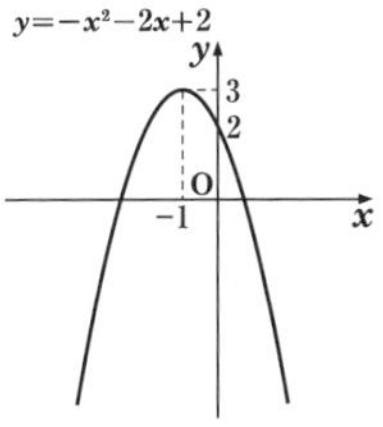

(6) $y=-2x^2+4x+6$

$=-2(x^2-2x)+6$

$=-2\{(x-1)^2-1^2\}+6$

$=-2(x-1)^2+8$

軸は 直線 **x=1**

頂点は 点 **(1, 8)**

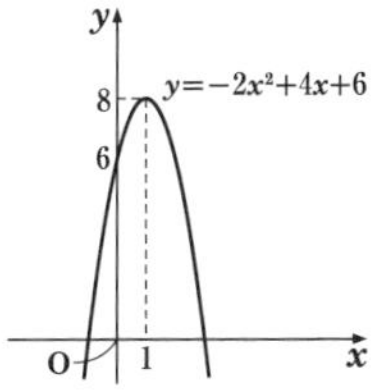

23　2次関数の最大・最小 (1) (p.64)

例53

ア　3　　**イ**　2

例54

ア　−2　　**イ**　7

84

(1)

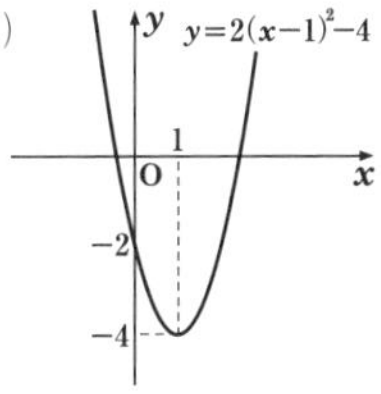

y は **x=1** のとき

最小値 **−4** をとる。

最大値は **ない**。

(2)

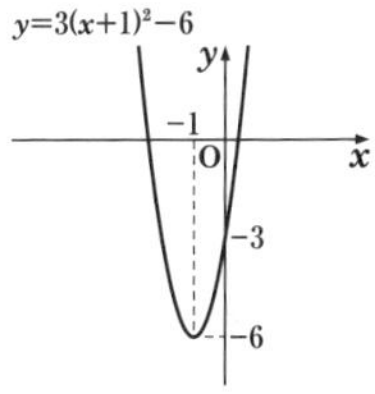

y は **x=−1** のとき

最小値 **−6** をとる。

最大値は **ない**。

(3)

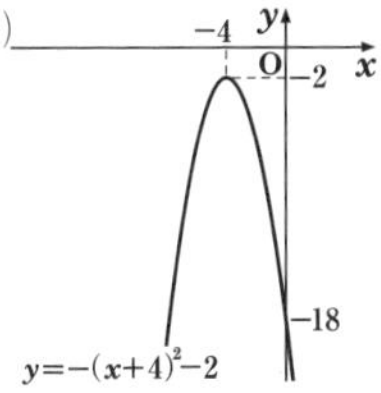

y は **x=−4** のとき

最大値 **−2** をとる。

最小値は **ない**。

(4)

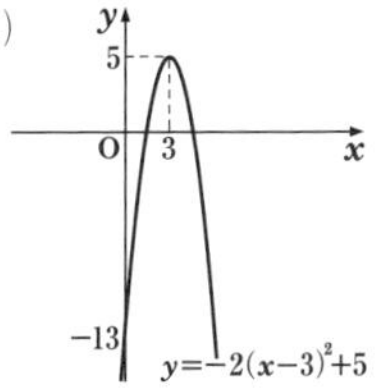

y は **x=3** のとき

最大値 **5** をとる。

最小値は **ない**。

85

(1) $y=x^2+2x$

$=(x+1)^2-1$

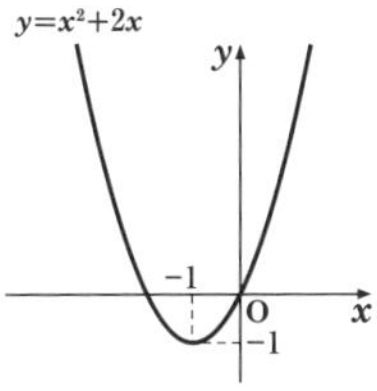

y は **x=−1** のとき

最小値 **−1** をとる。

最大値は **ない**。

(2) $y=x^2-4x+1$

$=(x-2)^2-3$

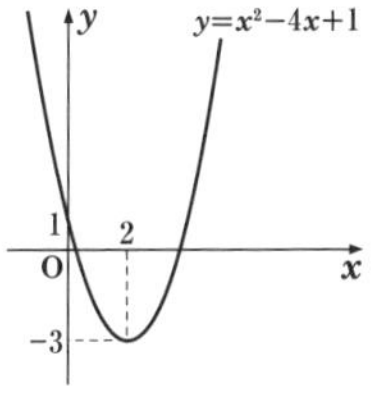

y は **x=2** のとき

最小値 **−3** をとる。

最大値は **ない**。

(3) $y=2x^2+12x+7$
$=2(x^2+6x)+7$
$=2\{(x+3)^2-3^2\}+7$
$=2(x+3)^2-11$

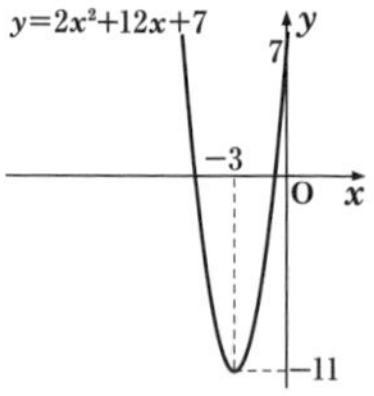

y は $\boldsymbol{x=-3}$ のとき
最小値 $\boldsymbol{-11}$ をとる。
最大値は **ない**。

(4) $y=-2x^2+4x$
$=-2(x^2-2x)$
$=-2\{(x-1)^2-1^2\}$
$=-2(x-1)^2+2$

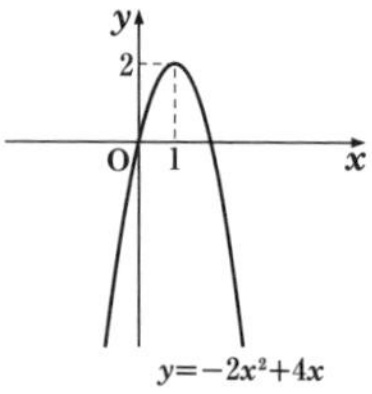

y は $\boldsymbol{x=1}$ のとき
最大値 $\boldsymbol{2}$ をとる。
最小値は **ない**。

(5) $y=-x^2-8x+4$
$=-(x^2+8x)+4$
$=-\{(x+4)^2-4^2\}+4$
$=-(x+4)^2+20$

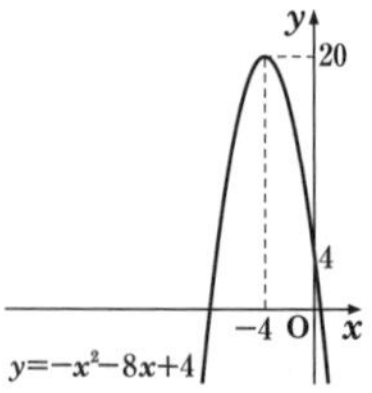

y は $\boldsymbol{x=-4}$ のとき
最大値 $\boldsymbol{20}$ をとる。
最小値は **ない**。

(6) $y=-3x^2+6x-5$
$=-3(x^2-2x)-5$
$=-3\{(x-1)^2-1^2\}-5$
$=-3(x-1)^2-2$

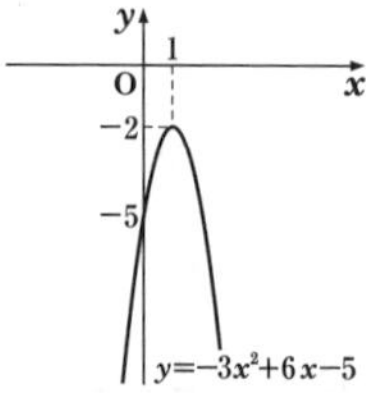

y は $\boldsymbol{x=1}$ のとき
最大値 $\boldsymbol{-2}$ をとる。
最小値は **ない**。

24　2次関数の最大・最小 (2) (p.66)

例55

ア　2　　**イ**　5　　**ウ**　−1　　**エ**　−4

例56

ア　2　　**イ**　4

86

(1)

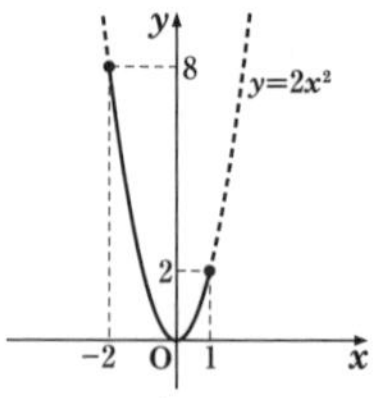

$-2\leqq x\leqq 1$ における
この関数のグラフは,
上の図の実線部分で
ある。
よって, y は
$\boldsymbol{x=-2}$ のとき
最大値 $\boldsymbol{8}$ をとり,
$\boldsymbol{x=0}$ のとき
最小値 $\boldsymbol{0}$ をとる。

(2)

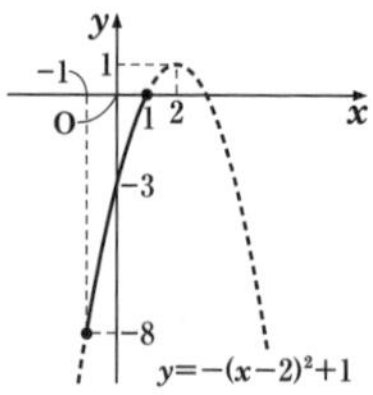

$-1\leqq x\leqq 1$ における
この関数のグラフは,
上の図の実線部分で
ある。
よって, y は
$\boldsymbol{x=1}$ のとき
最大値 $\boldsymbol{0}$ をとり,
$\boldsymbol{x=-1}$ のとき
最小値 $\boldsymbol{-8}$ をとる。

87

(1) $y=x^2+4x+1$
$=(x+2)^2-3$

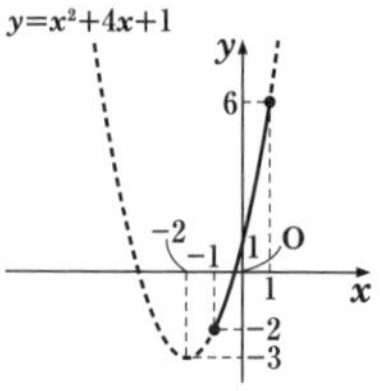

$-1\leqq x\leqq 1$ における
この関数のグラフは,
上の図の実線部分で
ある。
よって, y は
$\boldsymbol{x=1}$ のとき
最大値 $\boldsymbol{6}$ をとり,
$\boldsymbol{x=-1}$ のとき
最小値 $\boldsymbol{-2}$ をとる。

(2) $y=-2x^2+4x-1$
$=-2(x^2-2x)-1$
$=-2\{(x-1)^2-1^2\}-1$
$=-2(x-1)^2+1$

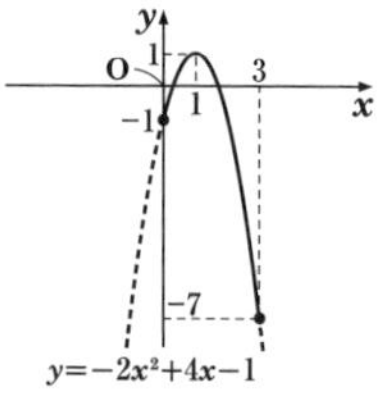

$0\leqq x\leqq 3$ における
この関数のグラフは,
上の図の実線部分で
ある。
よって, y は
$\boldsymbol{x=1}$ のとき
最大値 $\boldsymbol{1}$ をとり,
$\boldsymbol{x=3}$ のとき
最小値 $\boldsymbol{-7}$ をとる。

88

囲いの横の長さを x m とおくと, 縦の長さは $(12-x)$ m
である。
$x>0$ かつ $12-x>0$ であるから
$0<x<12$
このとき, 囲いの面積は
$y=x(12-x)$
よって
$y=-x^2+12x$
$=-(x-6)^2+36$
ゆえに, $0<x<12$ におけるこの
関数のグラフは, 右の図の実線部
分である。
したがって, y は
$x=6$ のとき 最大値 36 をとる。

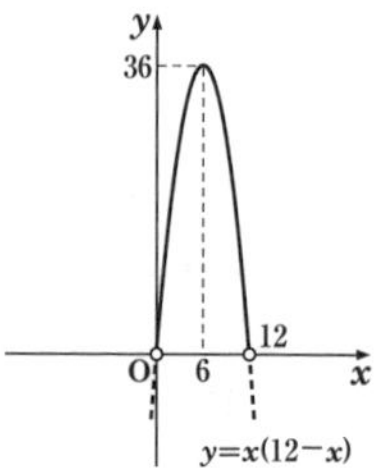

25　2次関数の決定 (1) (p.68)

例57

ア　−1

例58

ア　3　　**イ**　−5

89

(1) 頂点が点 $(-3,\ 5)$ であるから, 求める2次関数は
$y=a(x+3)^2+5$
と表される。
グラフが点 $(-2,\ 3)$ を通ることから
$3=a(-2+3)^2+5$ より $3=a+5$
よって　$a=-2$
したがって, 求める2次関数は

$\boldsymbol{y=-2(x+3)^2+5}$

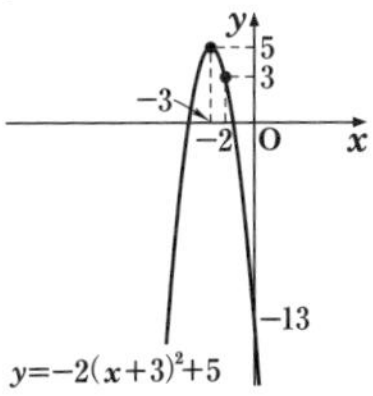

(2)　頂点が点 $(2,\ -4)$ であるから，求める 2 次関数は

$y=a(x-2)^2-4$

と表される。

グラフが原点を通ることから

$0=a(0-2)^2-4$　より　$0=4a-4$

よって　　　　　　　$a=1$

したがって，求める 2 次関数は

$\boldsymbol{y=(x-2)^2-4}$

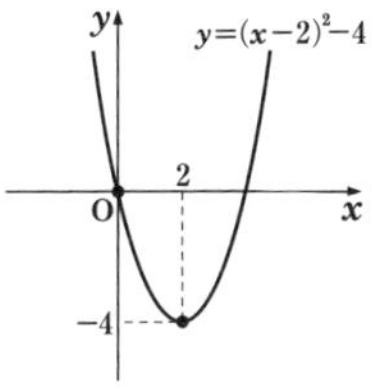

90

(1)　軸が直線 $x=3$ であるから，求める 2 次関数は

$y=a(x-3)^2+q$

と表される。

グラフが点 $(1,\ -2)$ を通ることから

$-2=a(1-3)^2+q$ ……①

グラフが点 $(4,\ -8)$ を通ることから

$-8=a(4-3)^2+q$ ……②

①，②より

$\begin{cases} 4a+q=-2 \\ a+q=-8 \end{cases}$

これを解いて

$a=2,\ q=-10$

よって，求める 2 次関数は

$\boldsymbol{y=2(x-3)^2-10}$

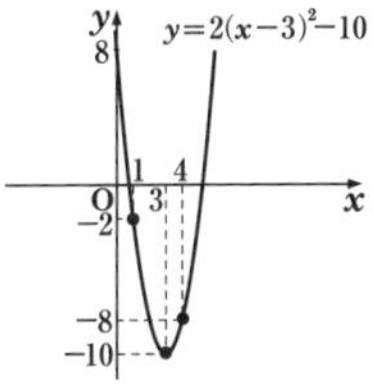

(2)　軸が直線 $x=-1$ であるから，求める 2 次関数は

$y=a(x+1)^2+q$

と表される。

グラフが点 $(0,\ 1)$ を通ることから

$1=a(0+1)^2+q$　……①

グラフが点 $(2,\ 17)$ を通ることから

$17=a(2+1)^2+q$ ……②

①，②より

$\begin{cases} a+q=1 \\ 9a+q=17 \end{cases}$

これを解いて

$a=2,\ q=-1$

よって，求める 2 次関数は

$\boldsymbol{y=2(x+1)^2-1}$

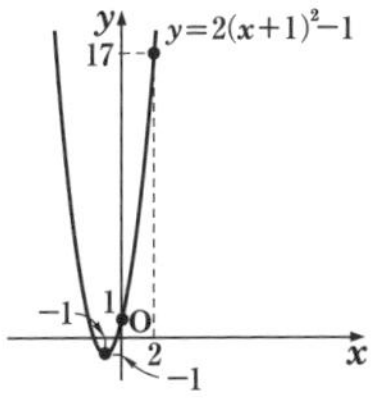

26　2 次関数の決定 (2) (p.70)

例 59

ア　$\boldsymbol{2x^2-3x-1}$

91

求める 2 次関数を

$y=ax^2+bx+c$

とおく。

グラフが 3 点 $(0,\ -1)$，$(1,\ 2)$，$(2,\ 7)$ を通ることから

$\begin{cases} -1=c & \cdots\cdots① \\ 2=a+b+c & \cdots\cdots② \\ 7=4a+2b+c & \cdots\cdots③ \end{cases}$

①より　$c=-1$

これを②，③に代入して整理すると

$\begin{cases} a+b=3 \\ 2a+b=4 \end{cases}$

これを解いて

$a=1,\ b=2$

よって，求める 2 次関数は

$\boldsymbol{y=x^2+2x-1}$

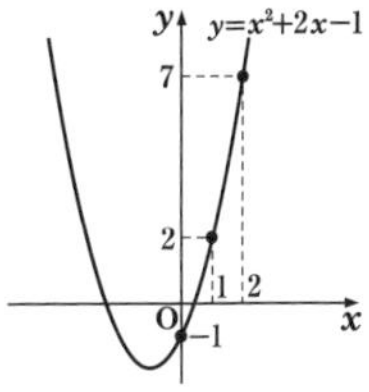

確認問題 7 (p.71)

1

(1)

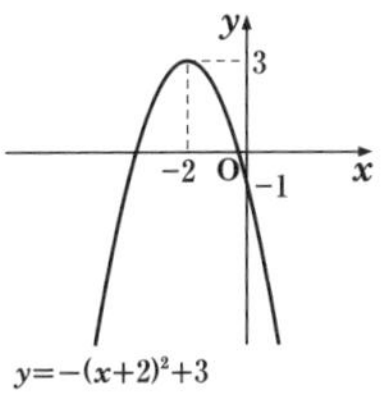

y は $\boldsymbol{x=-2}$ のとき

最大値 **3** をとる。

最小値は **ない**。

(2)　$y=x^2-6x+5$

$=(x-3)^2-4$

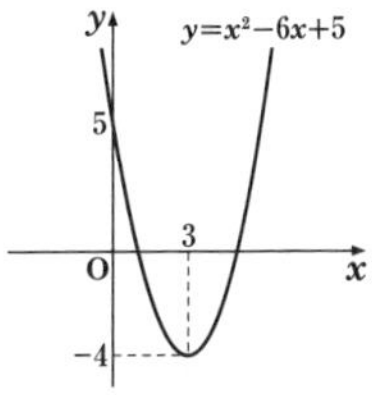

y は $\boldsymbol{x=3}$ のとき

最小値 **−4** をとる。

最大値は **ない**。

2

(1)

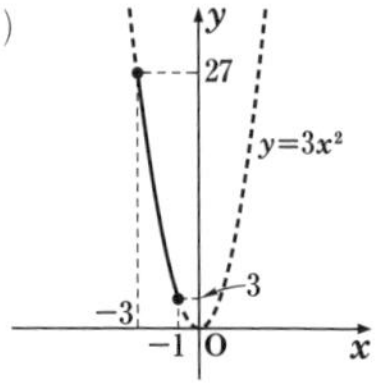

$-3 \leqq x \leqq -1$ における
この関数のグラフは，
上の図の実線部分で
ある。
よって，y は
$\boldsymbol{x=-3}$ のとき
最大値 **27** をとり，
$\boldsymbol{x=-1}$ のとき
最小値 **3** をとる。

(2) $y=-x^2+4x+3$
$=-(x^2-4x)+3$
$=-\{(x-2)^2-2^2\}+3$
$=-(x-2)^2+7$

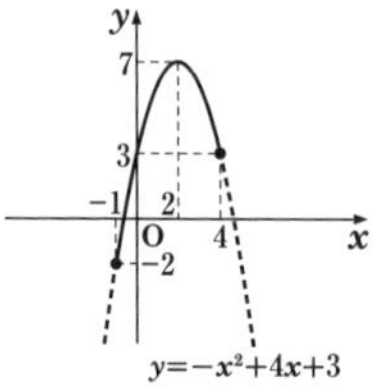

$-1 \leqq x \leqq 4$ における
この関数のグラフは，
上の図の実線部分で
ある。
よって，y は
$\boldsymbol{x=2}$ のとき
最大値 **7** をとり，
$\boldsymbol{x=-1}$ のとき
最小値 **−2** をとる。

3

(1) 頂点が点 $(-1,\ -2)$ であるから，求める 2 次関数は
$y=a(x+1)^2-2$
と表される。
グラフが点 $(-3,\ 10)$ を通ることから
$10=a(-3+1)^2-2$ より　$10=4a-2$
よって　　$a=3$
したがって，求める 2 次関数は
$\boldsymbol{y=3(x+1)^2-2}$

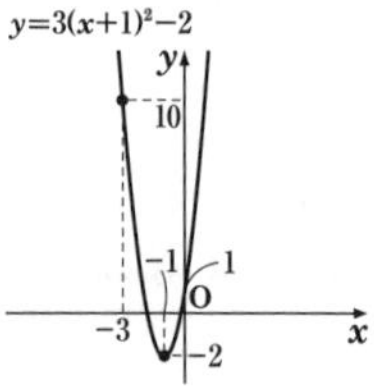

(2) 軸が直線 $x=-2$ であるから，求める 2 次関数は
$y=a(x+2)^2+q$
と表される。
グラフが点 $(1,\ -2)$ を通ることから
$-2=a(1+2)^2+q$ ……①
グラフが点 $(-4,\ 3)$ を通ることから
$3=a(-4+2)^2+q$ ……②
①，②より
$\begin{cases} 9a+q=-2 \\ 4a+q=3 \end{cases}$
これを解いて
$a=-1,\ q=7$
よって，求める 2 次関数は
$\boldsymbol{y=-(x+2)^2+7}$

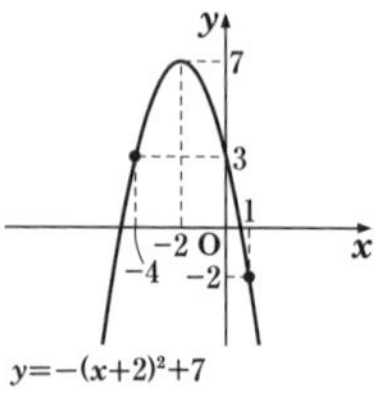

27　2 次方程式 (p.72)

例 60

ア　3　　　**イ**　4

例 61

ア　$\dfrac{1\pm\sqrt{13}}{3}$

92

(1) $x+1=0$　または　$x-2=0$
よって　$\boldsymbol{x=-1,\ 2}$

(2) $2x+1=0$　または　$3x-2=0$
よって　$\boldsymbol{x=-\dfrac{1}{2},\ \dfrac{2}{3}}$

(3) 左辺を因数分解すると
$(x+4)(x-2)=0$
よって　$x+4=0$　または　$x-2=0$
したがって　$\boldsymbol{x=-4,\ 2}$

(4) 左辺を因数分解すると
$(x+5)(x-5)=0$
よって　$x+5=0$　または　$x-5=0$
したがって　$\boldsymbol{x=-5,\ 5}$

93

(1) 解の公式より
$$x=\frac{-3\pm\sqrt{3^2-4\times1\times(-2)}}{2\times1}$$
$$=\boldsymbol{\frac{-3\pm\sqrt{17}}{2}}$$

(2) 解の公式より
$$x=\frac{-8\pm\sqrt{8^2-4\times2\times1}}{2\times2}$$
$$=\frac{-8\pm2\sqrt{14}}{4}$$
$$=\boldsymbol{\frac{-4\pm\sqrt{14}}{2}}$$

(3) 解の公式より
$$x=\frac{-(-5)\pm\sqrt{(-5)^2-4\times1\times3}}{2\times1}$$
$$=\boldsymbol{\frac{5\pm\sqrt{13}}{2}}$$

(4) 解の公式より
$$x=\frac{-(-5)\pm\sqrt{(-5)^2-4\times3\times(-1)}}{2\times3}$$
$$=\boldsymbol{\frac{5\pm\sqrt{37}}{6}}$$

(5) 解の公式より

$$x=\frac{-6\pm\sqrt{6^2-4\times1\times(-8)}}{2\times1}$$
$$=\frac{-6\pm2\sqrt{17}}{2}$$
$$=\boldsymbol{-3\pm\sqrt{17}}$$

(6) 解の公式より

$$x=\frac{-8\pm\sqrt{8^2-4\times3\times2}}{2\times3}$$
$$=\frac{-8\pm2\sqrt{10}}{6}$$
$$=\boldsymbol{\frac{-4\pm\sqrt{10}}{3}}$$

28　2次方程式の実数解の個数 (p. 74)

例 62

ア　2

例 63

ア　$-12m+24$　　**イ**　2　　**ウ**　$4m^2-8m-32$

エ　4　　**オ**　2　　**カ**　-2　　**キ**　1

94

(1)　2次方程式 $x^2-2x-4=0$ の判別式を D とすると

$D=(-2)^2-4\times1\times(-4)$
$=4+16=20$

より　$D>0$

よって，実数解の個数は **2個**

(2)　2次方程式 $4x^2-12x+9=0$ の判別式を D とすると

$D=(-12)^2-4\times4\times9$
$=144-144=0$

より　$D=0$

よって，実数解の個数は **1個**

(3)　2次方程式 $3x^2+3x+2=0$ の判別式を D とすると

$D=3^2-4\times3\times2$
$=9-24=-15$

より　$D<0$

よって，実数解の個数は **0個**

(4)　2次方程式 $2x^2-5x+2=0$ の判別式を D とすると

$D=(-5)^2-4\times2\times2$
$=25-16=9$

より　$D>0$

よって，実数解の個数は **2個**

95

2次方程式 $2x^2+8x+m=0$ の判別式を D とすると

$D=8^2-4\times2\times m=64-8m$

この2次方程式が異なる2つの実数解をもつためには，$D>0$ であればよい。

よって，$64-8m>0$ より　$\boldsymbol{m<8}$

96

2次方程式 $x^2+2mx+m+20=0$ の判別式を D とすると

$D=(2m)^2-4\times1\times(m+20)=4m^2-4m-80$

この2次方程式が重解をもつためには，$D=0$ であればよい。

よって，$4m^2-4m-80=0$ より　$\boldsymbol{m=5,\ -4}$

$m=5$ のとき，$x^2+10x+25=0$ となり，$(x+5)^2=0$

より　重解は　$\boldsymbol{x=-5}$

$m=-4$ のとき，$x^2-8x+16=0$ となり，$(x-4)^2=0$

より　重解は　$\boldsymbol{x=4}$

29　2次関数のグラフと x 軸の位置関係 (p. 76)

例 64

ア　4　　**イ**　3

例 65

ア　2　　**イ**　1

例 66

ア　$4-12m$　　**イ**　$\frac{1}{3}$

97

(1)　2次方程式 $x^2+5x+6=0$ を解くと

$(x+3)(x+2)=0$ より　$x=-3,\ -2$

よって，共有点の x 座標は　$\boldsymbol{-3,\ -2}$

(2)　2次方程式 $x^2-4x+4=0$ を解くと

$(x-2)^2=0$ より　$x=2$

よって，共有点の x 座標は　**2**

98

(1)　2次関数 $y=x^2+5x+3$ のグラフと x 軸の共有点の x 座標は，2次方程式 $x^2+5x+3=0$ の実数解である。

解の公式より

$$x=\frac{-5\pm\sqrt{5^2-4\times1\times3}}{2\times1}$$
$$=\frac{-5\pm\sqrt{13}}{2}$$

よって，共有点の x 座標は　$\boldsymbol{\frac{-5\pm\sqrt{13}}{2}}$

(2)　2次関数 $y=3x^2+6x-1$ のグラフと x 軸の共有点の x 座標は，2次方程式 $3x^2+6x-1=0$ の実数解である。

解の公式より

$$x=\frac{-6\pm\sqrt{6^2-4\times3\times(-1)}}{2\times3}$$
$$=\frac{-6\pm4\sqrt{3}}{6}$$
$$=\frac{-3\pm2\sqrt{3}}{3}$$

よって，共有点の x 座標は　$\boldsymbol{\frac{-3\pm2\sqrt{3}}{3}}$

99

(1)　2次関数 $y=x^2-4x+2$ について，2次方程式

$x^2-4x+2=0$ の判別式を D とすると

$D=(-4)^2-4\times1\times2=8>0$

よって，グラフと x 軸の共有点の個数は　**2個**

(2)　2次関数 $y=-3x^2+5x-1$ について，2次方程式

$-3x^2+5x-1=0$　すなわち　$3x^2-5x+1=0$

の判別式を D とすると

$D=(-5)^2-4\times3\times1=13>0$

よって，グラフと x 軸の共有点の個数は　**2個**

(3)　2次関数 $y=x^2-2x+1$ について，2次方程式 $x^2-2x+1=0$ の判別式を D とすると

$D=(-2)^2-4\times1\times1=0$

よって，グラフと x 軸の共有点の個数は　**1個**

(4)　2次関数 $y=3x^2+3x+1$ について，2次方程式 $3x^2+3x+1=0$ の判別式を D とすると

$D=3^2-4\times3\times1=-3<0$

よって，グラフと x 軸の共有点の個数は　**0個**

100

2次方程式 $2x^2-3x+m=0$ の判別式を D とすると

$D=(-3)^2-4\times2\times m$

$=9-8m$

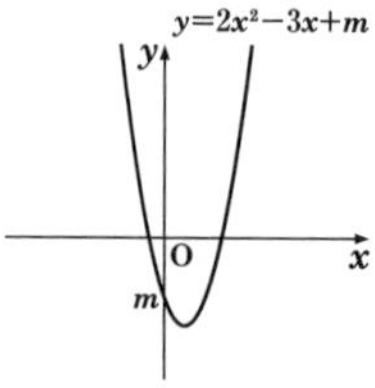

グラフと x 軸の共有点の個数が2個であるためには，$D>0$ であればよい。

よって

$9-8m>0$ より　$\boldsymbol{m<\frac{9}{8}}$

30　2次関数のグラフと2次不等式 (1) (p.78)

例67

ア　-2

例68

ア　2　　　　**イ**　4

例69

ア　$-2-\sqrt{7}$　　　　**イ**　$-2+\sqrt{7}$

例70

ア　$3-\sqrt{7}$　　　　**イ**　$3+\sqrt{7}$

101

(1)　1次方程式 $2x+6=0$ の解は

$x=-3$

よって $2x+6>0$ の解は，右の図より

$\boldsymbol{x>-3}$

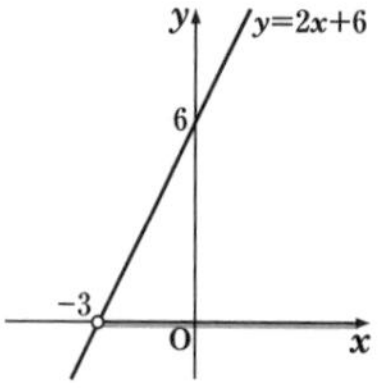

(2)　1次方程式 $3x-3=0$ の解は

$x=1$

よって $3x-3<0$ の解は，右の図より

$\boldsymbol{x<1}$

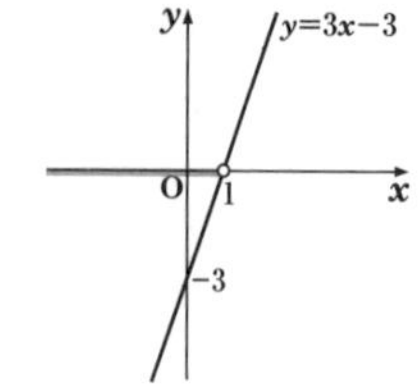

102

(1)　2次方程式 $(x-3)(x-5)=0$ を解くと $x=3,\ 5$

よって，$(x-3)(x-5)<0$ の解は

$\boldsymbol{3<x<5}$

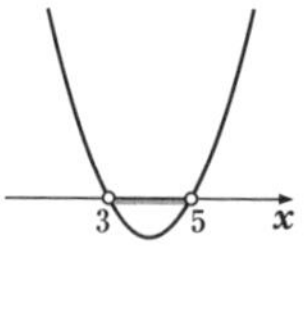

(2)　2次方程式 $(x-1)(x+2)=0$ を解くと

$x=1,\ -2$

よって，$(x-1)(x+2)\leqq0$ の解は

$\boldsymbol{-2\leqq x\leqq1}$

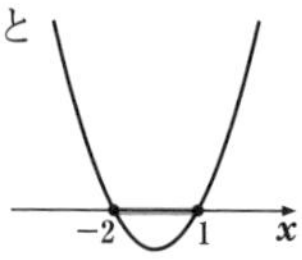

(3)　2次方程式 $x^2-7x+10=0$ を解くと

$(x-2)(x-5)=0$ より　$x=2,\ 5$

よって，$x^2-7x+10\geqq0$ の解は

$\boldsymbol{x\leqq2,\ 5\leqq x}$

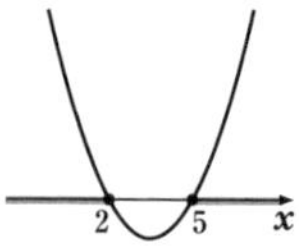

(4)　2次方程式 $x^2-3x-10=0$ を解くと

$(x+2)(x-5)=0$ より　$x=-2,\ 5$

よって，$x^2-3x-10\geqq0$ の解は

$\boldsymbol{x\leqq-2,\ 5\leqq x}$

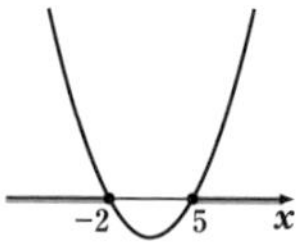

(5)　2次方程式 $x^2-9=0$ を解くと

$(x+3)(x-3)=0$ より　$x=-3,\ 3$

よって，$x^2-9>0$ の解は

$\boldsymbol{x<-3,\ 3<x}$

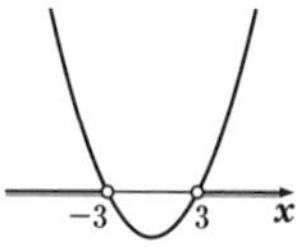

(6)　2次方程式 $x^2+x=0$ を解くと

$x(x+1)=0$ より　$x=0,\ -1$

よって，$x^2+x<0$ の解は

$\boldsymbol{-1<x<0}$

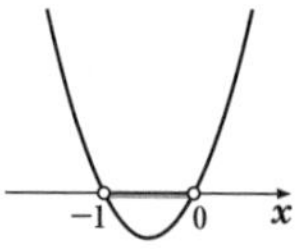

103

(1)　2次方程式 $x^2+3x+1=0$ を解くと，解の公式より

$x=\frac{-3\pm\sqrt{3^2-4\times1\times1}}{2\times1}$

$=\frac{-3\pm\sqrt{5}}{2}$

よって，$x^2+3x+1\geqq0$ の解は

$\boldsymbol{x\leqq\frac{-3-\sqrt{5}}{2},\ \frac{-3+\sqrt{5}}{2}\leqq x}$

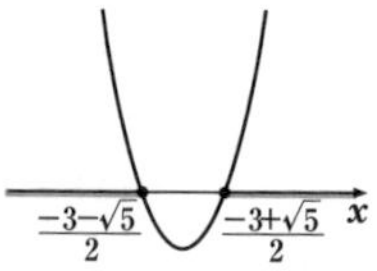

(2)　2次方程式 $3x^2-2x-4=0$ を解くと，解の公式より

$x=\frac{-(-2)\pm\sqrt{(-2)^2-4\times3\times(-4)}}{2\times3}$

$=\frac{2\pm2\sqrt{13}}{6}$

$=\frac{1\pm\sqrt{13}}{3}$

よって，$3x^2-2x-4<0$ の解は

$\boldsymbol{\frac{1-\sqrt{13}}{3}<x<\frac{1+\sqrt{13}}{3}}$

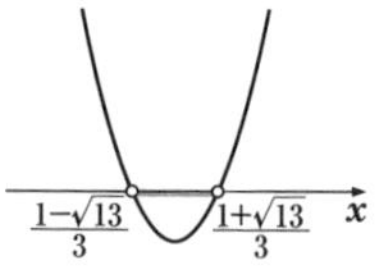

104

(1)　$-x^2-2x+8<0$ の両辺に -1 を掛けると

$x^2+2x-8>0$

2次方程式 $x^2+2x-8=0$ を解くと

$(x+4)(x-2)=0$ より　$x=-4,\ 2$

よって，$-x^2-2x+8<0$ の解は

$\boldsymbol{x<-4,\ 2<x}$

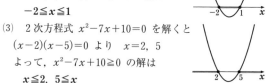

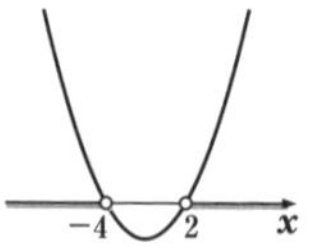

(2)　$-x^2+4x-1\geqq0$ の両辺に -1 を掛けると

$x^2-4x+1\leqq0$

2次方程式 $x^2-4x+1=0$ を解くと

解の公式より

$$x=\frac{-(-4)\pm\sqrt{(-4)^2-4\times1\times1}}{2\times1}$$

$$=\frac{4\pm2\sqrt{3}}{2}$$

$$=2\pm\sqrt{3}$$

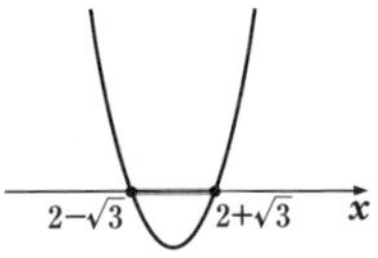

よって，$-x^2+4x-1\geqq0$ の解は

$2-\sqrt{3}\leqq x\leqq2+\sqrt{3}$

31　2次関数のグラフと2次不等式 (2) (p.80)

例 71

ア　$x=1$

例 72

ア　ない

105

(1)　2次方程式 $(x-2)^2=0$ を解くと

$x=2$

よって，$(x-2)^2>0$ の解は

$x=2$ 以外のすべての実数

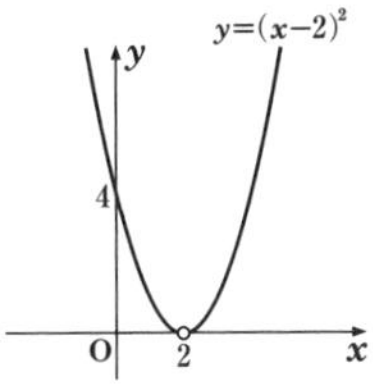

(2)　2次方程式 $(2x+3)^2=0$ を解くと

$x=-\dfrac{3}{2}$

よって，$(2x+3)^2\leqq0$ の解は

$x=-\dfrac{3}{2}$

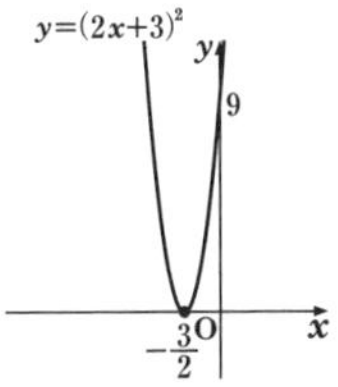

(3)　2次方程式 $x^2+4x+4=0$ を解くと

$(x+2)^2=0$ より　$x=-2$

よって，$x^2+4x+4<0$ の解は

ない

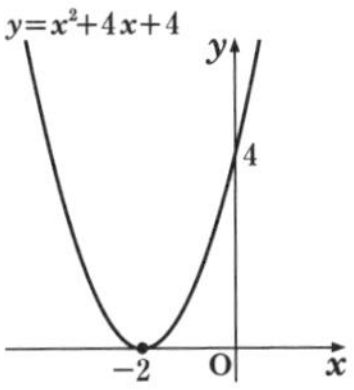

(4)　2次方程式 $9x^2+6x+1=0$ を解くと

$(3x+1)^2=0$ より　$x=-\dfrac{1}{3}$

よって，$9x^2+6x+1\geqq0$ の解は

すべての実数

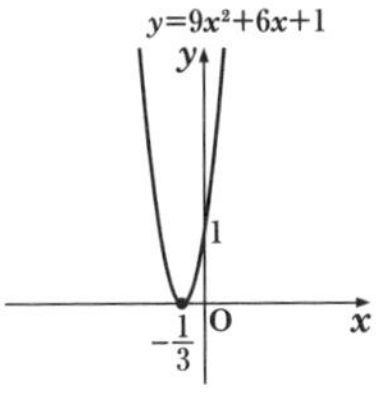

106

(1)　2次方程式 $x^2+4x+5=0$ の判別式をDとすると

$D=4^2-4\times1\times5=-4<0$

より，この2次方程式は実数解をもたない。

よって，$x^2+4x+5>0$ の解は

すべての実数

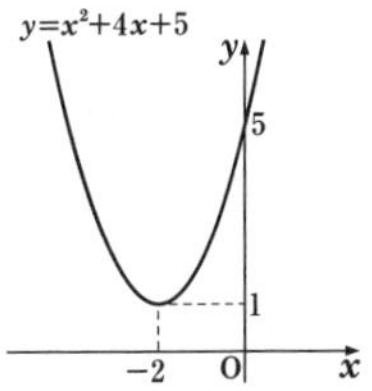

(2)　2次方程式 $x^2-5x+7=0$ の判別式をDとすると

$D=(-5)^2-4\times1\times7=-3<0$

より，この2次方程式は実数解をもたない。

よって，$x^2-5x+7<0$ の解は

ない

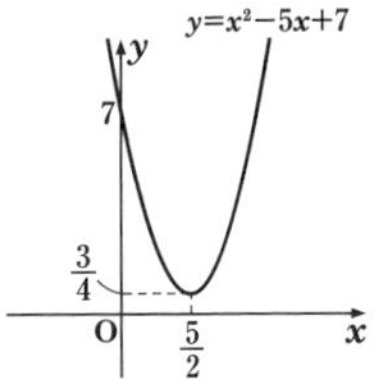

(3)　2次方程式 $x^2-3x+4=0$ の判別式をDとすると

$D=(-3)^2-4\times1\times4=-7<0$

より，この2次方程式は実数解をもたない。

よって，$x^2-3x+4\geqq0$ の解は

すべての実数

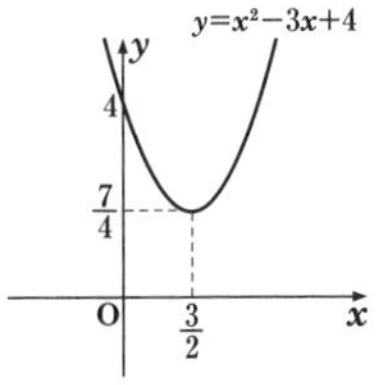

(4)　2次方程式 $2x^2-3x+2=0$ の判別式をDとすると

$D=(-3)^2-4\times2\times2=-7<0$

より，この2次方程式は実数解をもたない。

よって，$2x^2-3x+2\leqq0$ の解は

ない

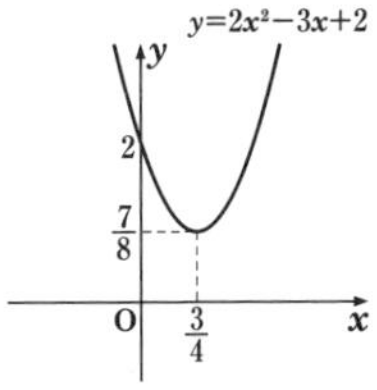

確 認 問 題 8 (p.82)

1

(1) 左辺を因数分解すると

$(x+5)(x-2)=0$

よって　$x+5=0$　または　$x-2=0$

したがって　$\boldsymbol{x=-5,\ 2}$

(2) 左辺を因数分解すると

$(2x-3)(x-2)=0$

よって　$2x-3=0$　または　$x-2=0$

したがって　$\boldsymbol{x=\frac{3}{2},\ 2}$

(3) 解の公式より

$$x=\frac{-(-5)\pm\sqrt{(-5)^2-4\times2\times(-2)}}{2\times2}$$

$$=\boldsymbol{\frac{5\pm\sqrt{41}}{4}}$$

(4) 解の公式より

$$x=\frac{-2\pm\sqrt{2^2-4\times3\times(-2)}}{2\times3}$$

$$=\frac{-2\pm2\sqrt{7}}{6}=\boldsymbol{\frac{-1\pm\sqrt{7}}{3}}$$

2

(1) 2次関数 $y=2x^2-7x+6$ について，2次方程式 $2x^2-7x+6=0$ の判別式を D とすると

$D=(-7)^2-4\times2\times6=1>0$

よって，グラフと x 軸の共有点の個数は　**2個**

(2) 2次関数 $y=16x^2-8x+1$ について，2次方程式 $16x^2-8x+1=0$ の判別式を D とすると

$D=(-8)^2-4\times16\times1=0$

よって，グラフと x 軸の共有点の個数は　**1個**

(3) 2次関数 $y=x^2+3x$ について，2次方程式 $x^2+3x=0$ の判別式を D とすると

$D=3^2-4\times1\times0=9>0$

よって，グラフと x 軸の共有点の個数は　**2個**

(4) 2次関数 $y=-x^2+4x-6$ について，2次方程式 $-x^2+4x-6=0$ すなわち $x^2-4x+6=0$ の判別式を D とすると

$D=(-4)^2-4\times1\times6=-8<0$

よって，グラフと x 軸の共有点の個数は　**0個**

3

2次方程式 $x^2+(m+1)x+2m-1=0$ の判別式を D とすると

$D=(m+1)^2-4(2m-1)=m^2-6m+5$

この2次方程式が重解をもつためには，$D=0$ であればよい。

よって，$m^2-6m+5=0$ より　$(m-1)(m-5)=0$

したがって　$\boldsymbol{m=1,\ 5}$

$m=1$ のとき，2次方程式は $x^2+2x+1=0$ となり，

$(x+1)^2=0$ より重解は　$\boldsymbol{x=-1}$

$m=5$ のとき，2次方程式は $x^2+6x+9=0$ となり，

$(x+3)^2=0$ より重解は　$\boldsymbol{x=-3}$

4

2次方程式 $x^2-4x+m=0$ の判別式を D とすると

$D=(-4)^2-4\times1\times m$

$=16-4m$

グラフと x 軸の共有点がないためには，$D<0$ であればよい。

よって $16-4m<0$ より　$\boldsymbol{m>4}$

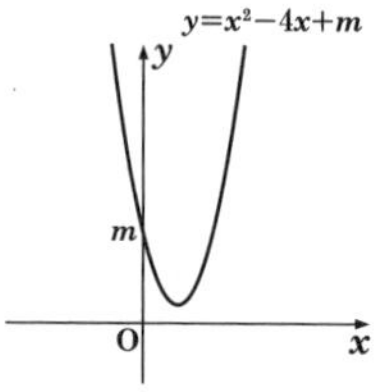

5

(1) 2次方程式 $x^2-3x-40=0$ を解くと

$(x+5)(x-8)=0$ より　$x=-5,\ 8$

よって，$x^2-3x-40>0$ の解は

$\boldsymbol{x<-5,\ 8<x}$

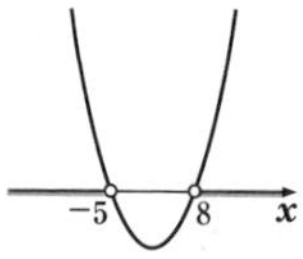

(2) $-2x^2+x+3\geqq0$ の両辺に -1 を掛けると

$2x^2-x-3\leqq0$

2次方程式 $2x^2-x-3=0$ を解くと

$(x+1)(2x-3)=0$ より　$x=-1,\ \frac{3}{2}$

よって，$-2x^2+x+3\geqq0$ の解は

$\boldsymbol{-1\leqq x\leqq\frac{3}{2}}$

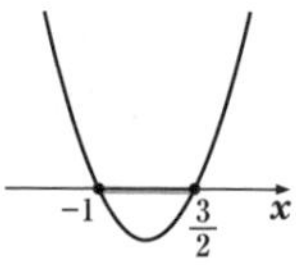

(3) 2次方程式 $x^2+5x+3=0$ を解くと，解の公式より

$$x=\frac{-5\pm\sqrt{5^2-4\times1\times3}}{2\times1}$$

$$=\frac{-5\pm\sqrt{13}}{2}$$

よって，$x^2+5x+3\leqq0$ の解は

$$\boldsymbol{\frac{-5-\sqrt{13}}{2}\leqq x\leqq\frac{-5+\sqrt{13}}{2}}$$

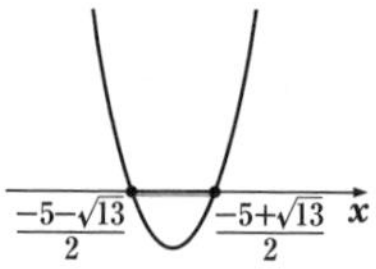

(4) 2次方程式 $3x^2+2x-2=0$ を解くと，解の公式より

$$x=\frac{-2\pm\sqrt{2^2-4\times3\times(-2)}}{2\times3}$$

$$=\frac{-2\pm\sqrt{28}}{6}=\frac{-2\pm2\sqrt{7}}{6}=\frac{-1\pm\sqrt{7}}{3}$$

よって，$3x^2+2x-2>0$ の解は

$$\boldsymbol{x<\frac{-1-\sqrt{7}}{3},\ \frac{-1+\sqrt{7}}{3}<x}$$

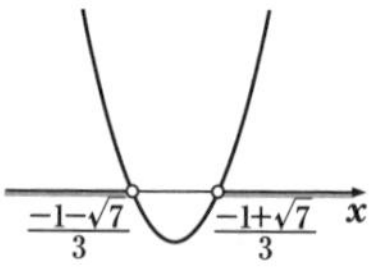

(5) $-5x^2+3x<0$ の両辺に -1 を掛けると

$5x^2-3x>0$

2次方程式 $5x^2-3x=0$ を解くと

$x(5x-3)=0$ より　$x=0,\ \frac{3}{5}$

よって，$-5x^2+3x<0$ の解は

$\boldsymbol{x<0,\ \frac{3}{5}<x}$

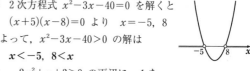

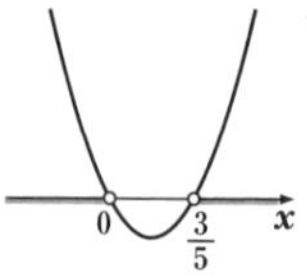

(6) 2次方程式 $9x^2-6x+1=0$
を解くと

$(3x-1)^2=0$ より　$x=\frac{1}{3}$

よって，$9x^2-6x+1 \leqq 0$ の解は

$\boldsymbol{x=\frac{1}{3}}$

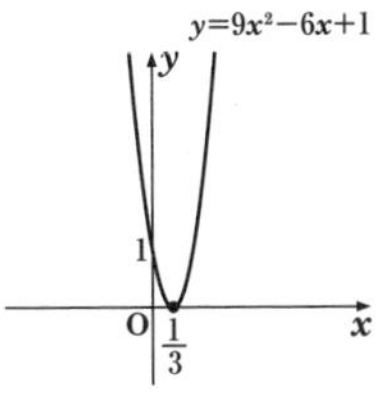

TRY PLUS (p.84)

問3

$y=-x^2-2x+3$ を変形すると

$y=-(x+1)^2+4$ ……①

$y=-x^2-6x+1$ を変形すると

$y=-(x+3)^2+10$ ……②

よって，①，②のグラフは，ともに $y=-x^2$ のグラフを平行移動した放物線であり，頂点はそれぞれ

点 $(-1,\ 4)$，点 $(-3,\ 10)$

したがって，$y=-x^2-2x+3$ のグラフを

x 軸方向に -2，y 軸方向に 6

だけ平行移動すれば，$y=-x^2-6x+1$ のグラフに重なる。

問4

(1) $2x+1>0$ を解くと

$x>-\frac{1}{2}$ ……①

$x^2-4<0$ を解くと

$(x+2)(x-2)<0$ より

$-2<x<2$ ……②

①，②より連立不等式の解は

$\boldsymbol{-\frac{1}{2}<x<2}$

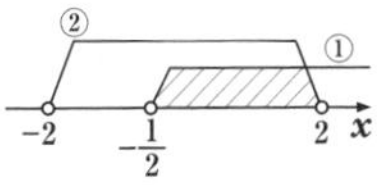

(2) $x^2-3x<0$ を解くと

$x(x-3)<0$ より

$0<x<3$ ……①

$x^2-6x+8 \geqq 0$ を解くと

$(x-2)(x-4) \geqq 0$

$x \leqq 2,\ 4 \leqq x$ ……②

①，②より連立不等式の解は

$\boldsymbol{0<x \leqq 2}$

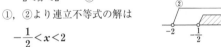

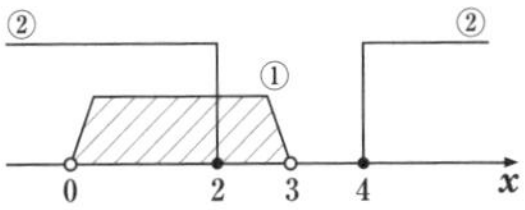

第4章　図形と計量

32 三角比 (1) (p.86)

例73

ア $\frac{\sqrt{11}}{6}$　　イ $\frac{5}{6}$　　ウ $\frac{\sqrt{11}}{5}$

例74

ア $\frac{\sqrt{21}}{5}$　　イ $\frac{2}{5}$　　ウ $\frac{\sqrt{21}}{2}$

例75

ア 21°

107

(1) $\sin A=\frac{8}{10}=\boldsymbol{\frac{4}{5}}$，$\cos A=\frac{6}{10}=\boldsymbol{\frac{3}{5}}$，

$\tan A=\frac{8}{6}=\boldsymbol{\frac{4}{3}}$

(2) $\sin A=\boldsymbol{\frac{3}{\sqrt{10}}}$，$\cos A=\boldsymbol{\frac{1}{\sqrt{10}}}$，$\tan A=\frac{3}{1}=\boldsymbol{3}$

(3) $\sin A=\boldsymbol{\frac{\sqrt{5}}{3}}$，$\cos A=\boldsymbol{\frac{2}{3}}$，$\tan A=\boldsymbol{\frac{\sqrt{5}}{2}}$

108

(1) 三平方の定理より　$AB^2=3^2+1^2=10$

ここで，$AB>0$ であるから　$AB=\sqrt{10}$

よって　$\sin A=\boldsymbol{\frac{1}{\sqrt{10}}}$，$\cos A=\boldsymbol{\frac{3}{\sqrt{10}}}$，

$\tan A=\boldsymbol{\frac{1}{3}}$

(2) 三平方の定理より　$AC^2+4^2=(2\sqrt{5})^2$

よって　$AC^2=20-16=4$

ここで，$AC>0$ であるから　$AC=2$

したがって　$\sin A=\frac{4}{2\sqrt{5}}=\boldsymbol{\frac{2}{\sqrt{5}}}$，

$\cos A=\frac{2}{2\sqrt{5}}=\boldsymbol{\frac{1}{\sqrt{5}}}$，

$\tan A=\frac{4}{2}=\boldsymbol{2}$

(3) 三平方の定理より　$AC^2+3^2=4^2$

よって　$AC^2=16-9=7$

ここで，$AC>0$ であるから　$AC=\sqrt{7}$

したがって　$\sin A=\boldsymbol{\frac{3}{4}}$，$\cos A=\boldsymbol{\frac{\sqrt{7}}{4}}$，

$\tan A=\boldsymbol{\frac{3}{\sqrt{7}}}$

109

(1) $\sin 39°=\boldsymbol{0.6293}$

(2) $\cos 26°=\boldsymbol{0.8988}$

(3) $\tan 70°=\boldsymbol{2.7475}$

110

(1) $\sin A=0.6$，

$\sin 36°=0.5878$，$\sin 37°=0.6018$

であるから，0.6 に最も近くなる A の値を求めると

$A \fallingdotseq \boldsymbol{37°}$

(2) $\cos A=\frac{4}{5}=0.8$，

$\cos 36°=0.8090$，$\cos 37°=0.7986$

であるから，0.8 に最も近くなる A の値を求めると

$A \fallingdotseq \boldsymbol{37°}$

(3) $\tan A=5$，

$\tan 78°=4.7046$，$\tan 79°=5.1446$

であるから，5 に最も近くなる A の値を求めると

$A \fallingdotseq \boldsymbol{79°}$

33　三角比 (2) (p.88)

例 76

ア　4　　　**イ**　$2\sqrt{3}$

例 77

ア　70　　　**イ**　495

例 78

ア　2.1

111

(1)　$x=4\cos30°=4\times\frac{\sqrt{3}}{2}=\mathbf{2\sqrt{3}}$

$y=4\sin30°=4\times\frac{1}{2}=\mathbf{2}$

(2)　$3=x\cos45°$ より

$x=3\div\cos45°=3\div\frac{1}{\sqrt{2}}$

$=3\times\frac{\sqrt{2}}{1}=\mathbf{3\sqrt{2}}$

$y=3\tan45°=3\times1=\mathbf{3}$

112

$BC=4000\sin29°=4000\times0.4848=1939.2≒1939$

$AC=4000\cos29°=4000\times0.8746=3498.4≒3498$

よって，標高差は **1939 m**，水平距離は **3498 m**

113

$BC=20\tan25°=20\times0.4663$

$=9.326≒9.3$

よって　$BD=BC+CD$

$=9.3+1.6=10.9$

したがって，鉄塔の高さは **10.9 m**

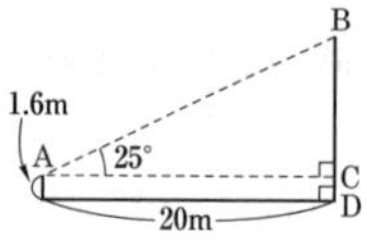

34　三角比の性質 (p.90)

例 79

ア　$\frac{\sqrt{15}}{4}$　　　**イ**　$\frac{1}{\sqrt{15}}$

例 80

ア　$\frac{1}{3}$　　　**イ**　$\frac{2\sqrt{2}}{3}$

例 81

ア　$\cos35°$　　　**イ**　$\sin35°$　　　**ウ**　$\frac{1}{\tan35°}$

114

$\sin A=\frac{\sqrt{5}}{3}$ のとき，$\sin^2A+\cos^2A=1$ より

$\cos^2A=1-\sin^2A=1-\left(\frac{\sqrt{5}}{3}\right)^2=\frac{4}{9}$

$0°<A<90°$ のとき，$\cos A>0$ であるから

$\cos A=\sqrt{\frac{4}{9}}=\mathbf{\frac{2}{3}}$

また，$\tan A=\frac{\sin A}{\cos A}$ より

$\tan A=\frac{\sqrt{5}}{3}\div\frac{2}{3}=\frac{\sqrt{5}}{3}\times\frac{3}{2}=\mathbf{\frac{\sqrt{5}}{2}}$

115

$\cos A=\frac{4}{5}$ のとき，$\sin^2A+\cos^2A=1$ より

$\sin^2A=1-\cos^2A=1-\left(\frac{4}{5}\right)^2=\frac{9}{25}$

$0°<A<90°$ のとき，$\sin A>0$ であるから

$\sin A=\sqrt{\frac{9}{25}}=\mathbf{\frac{3}{5}}$

また，$\tan A=\frac{\sin A}{\cos A}$ より

$\tan A=\frac{3}{5}\div\frac{4}{5}=\frac{3}{5}\times\frac{5}{4}=\mathbf{\frac{3}{4}}$

116

$\tan A=\sqrt{5}$ のとき，$1+\tan^2A=\frac{1}{\cos^2A}$ より

$\frac{1}{\cos^2A}=1+\tan^2A=1+(\sqrt{5})^2=6$

よって　$\cos^2A=\frac{1}{6}$

$0°<A<90°$ のとき，$\cos A>0$ であるから

$\cos A=\sqrt{\frac{1}{6}}=\mathbf{\frac{1}{\sqrt{6}}}$

また，$\tan A=\frac{\sin A}{\cos A}$ より

$\sin A=\tan A\times\cos A=\sqrt{5}\times\frac{1}{\sqrt{6}}$

$=\frac{\sqrt{5}}{\sqrt{6}}=\mathbf{\frac{\sqrt{30}}{6}}$

117

(1)　$\sin81°=\sin(90°-9°)=\mathbf{\cos9°}$

(2)　$\cos74°=\cos(90°-16°)=\mathbf{\sin16°}$

(3)　$\tan65°=\tan(90°-25°)=\mathbf{\frac{1}{\tan25°}}$

35　三角比の拡張 (1) (p.92)

例 82

ア　$\frac{3}{5}$　　　**イ**　$-\frac{4}{5}$　　　**ウ**　$-\frac{3}{4}$

例 83

ア　$\frac{1}{2}$　　　**イ**　$-\frac{\sqrt{3}}{2}$　　　**ウ**　$-\frac{1}{\sqrt{3}}$

エ　1　　　**オ**　0

例 84

ア　$\sin70°$

118

(1)　$\sin\theta=\mathbf{\frac{\sqrt{7}}{3}}$，$\cos\theta=\mathbf{\frac{\sqrt{2}}{3}}$

$\tan\theta=\frac{\sqrt{7}}{\sqrt{2}}=\mathbf{\frac{\sqrt{14}}{2}}$

(2)　$\sin\theta=\mathbf{\frac{12}{13}}$，$\cos\theta=\frac{-5}{13}=\mathbf{-\frac{5}{13}}$

$\tan\theta=\frac{12}{-5}=\mathbf{-\frac{12}{5}}$

119

(1) 右の図の半径 $\sqrt{2}$ の半円において，$\angle AOP=135^\circ$ となる点Pの座標は $(-1,\ 1)$ であるから

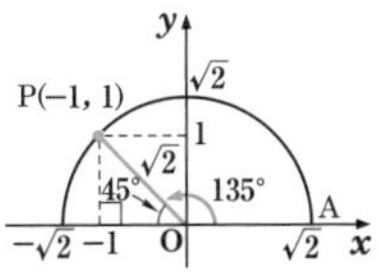

$\sin 135^\circ=\dfrac{1}{\sqrt{2}}$

$\cos 135^\circ=\dfrac{-1}{\sqrt{2}}=-\dfrac{1}{\sqrt{2}}$

$\tan 135^\circ=\dfrac{1}{-1}=-1$

(2) 右の図の半径2の半円において，$\angle AOP=120^\circ$ となる点Pの座標は $(-1,\ \sqrt{3})$ であるから

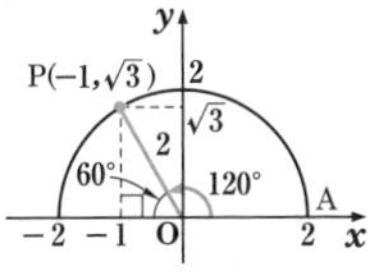

$\sin 120^\circ=\dfrac{\sqrt{3}}{2}$

$\cos 120^\circ=\dfrac{-1}{2}=-\dfrac{1}{2}$

$\tan 120^\circ=\dfrac{\sqrt{3}}{-1}=-\sqrt{3}$

(3) 右の図の半径1の半円において，$\angle AOP=180^\circ$ となる点Pの座標は $(-1,\ 0)$ であるから

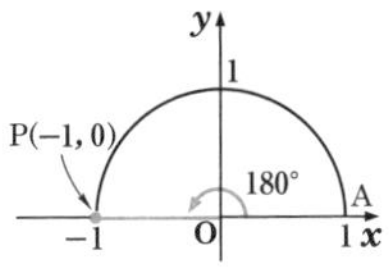

$\sin 180^\circ=\dfrac{0}{1}=0$

$\cos 180^\circ=\dfrac{-1}{1}=-1$

$\tan 180^\circ=\dfrac{0}{-1}=0$

120

(1) $\sin 130^\circ=\sin(180^\circ-50^\circ)=\boldsymbol{\sin 50^\circ}$

(2) $\cos 105^\circ=\cos(180^\circ-75^\circ)=\boldsymbol{-\cos 75^\circ}$

(3) $\tan 168^\circ=\tan(180^\circ-12^\circ)=\boldsymbol{-\tan 12^\circ}$

36 三角比の拡張 (2) (p.94)

例85

ア 60°　　イ 120°　　ウ 120°

例86

ア 150°

121

(1) 単位円の x 軸より上側の周上の点で，y 座標が $\dfrac{1}{\sqrt{2}}$ となるのは，右の図の2点P，P′ である。

$\angle AOP=45^\circ$

$\angle AOP'=180^\circ-45^\circ=135^\circ$

であるから，求める θ は

$\theta=45^\circ,\ 135^\circ$

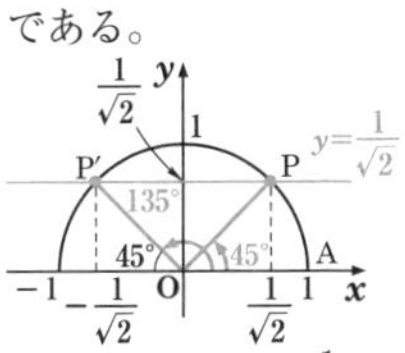

(2) 単位円の x 軸より上側の周上の点で，x 座標が $\dfrac{1}{2}$ となるのは，右の図の点Pである。

$\angle AOP=60^\circ$

であるから，求める θ は

$\theta=60^\circ$

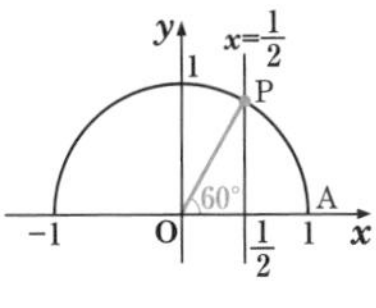

122

直線 $x=1$ 上に点 $Q\left(1,\ \dfrac{1}{\sqrt{3}}\right)$ をとり，直線OQと単位円との交点Pを右の図のように定める。このとき，$\angle AOP$ の大きさが求める θ であるから

$\theta=30^\circ$

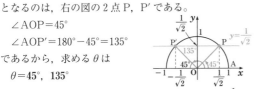

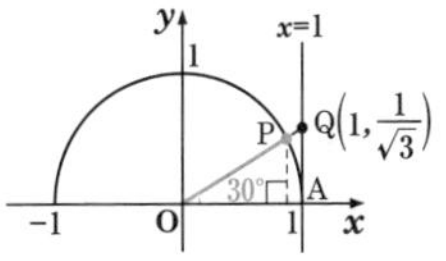

37 三角比の拡張 (3) (p.96)

例87

ア $-\dfrac{\sqrt{5}}{3}$　　イ $-\dfrac{2}{\sqrt{5}}$

例88

ア $-\dfrac{3}{\sqrt{10}}$　　イ $\dfrac{1}{\sqrt{10}}$

123

(1) $\sin\theta=\dfrac{1}{4}$ のとき，$\sin^2\theta+\cos^2\theta=1$ より

$\cos^2\theta=1-\sin^2\theta=1-\left(\dfrac{1}{4}\right)^2=\dfrac{15}{16}$

$90^\circ<\theta<180^\circ$ のとき，$\cos\theta<0$ であるから

$\cos\theta=-\sqrt{\dfrac{15}{16}}=-\dfrac{\sqrt{15}}{4}$

また，$\tan\theta=\dfrac{\sin\theta}{\cos\theta}$

$=\dfrac{1}{4}\div\left(-\dfrac{\sqrt{15}}{4}\right)=\dfrac{1}{4}\times\left(-\dfrac{4}{\sqrt{15}}\right)$

$=-\dfrac{1}{\sqrt{15}}$

(2) $\cos\theta=-\dfrac{1}{3}$ のとき，$\sin^2\theta+\cos^2\theta=1$ より

$\sin^2\theta=1-\cos^2\theta=1-\left(-\dfrac{1}{3}\right)^2=\dfrac{8}{9}$

$90^\circ<\theta<180^\circ$ のとき，$\sin\theta>0$ であるから

$\sin\theta=\sqrt{\dfrac{8}{9}}=\dfrac{2\sqrt{2}}{3}$

また，$\tan\theta=\dfrac{\sin\theta}{\cos\theta}$

$=\sin\theta\div\cos\theta=\dfrac{2\sqrt{2}}{3}\div\left(-\dfrac{1}{3}\right)$

$=\dfrac{2\sqrt{2}}{3}\times\left(-\dfrac{3}{1}\right)=-2\sqrt{2}$

(3) $\sin\theta=\dfrac{2}{\sqrt{5}}$ のとき，$\sin^2\theta+\cos^2\theta=1$ より

$\cos^2\theta=1-\sin^2\theta=1-\left(\dfrac{2}{\sqrt{5}}\right)^2=\dfrac{1}{5}$

$90^\circ<\theta<180^\circ$ のとき $\cos\theta<0$ であるから

$\cos\theta=-\sqrt{\dfrac{1}{5}}=-\dfrac{1}{\sqrt{5}}$

また，$\tan\theta=\dfrac{\sin\theta}{\cos\theta}$

$=\sin\theta\div\cos\theta=\dfrac{2}{\sqrt{5}}\div\left(-\dfrac{1}{\sqrt{5}}\right)$

$$=\frac{2}{\sqrt{5}}\times\left(-\frac{\sqrt{5}}{1}\right)=\mathbf{-2}$$

124

$\tan\theta=-\sqrt{2}$ のとき，$1+\tan^2\theta=\frac{1}{\cos^2\theta}$ より

$$\frac{1}{\cos^2\theta}=1+(-\sqrt{2})^2=3$$

よって　$\cos^2\theta=\frac{1}{3}$

$90^\circ<\theta<180^\circ$ のとき，$\cos\theta<0$ であるから

$$\cos\theta=-\frac{\mathbf{1}}{\mathbf{\sqrt{3}}}$$

また，$\tan\theta=\frac{\sin\theta}{\cos\theta}$ より　$\sin\theta=\tan\theta\times\cos\theta$

したがって　$\sin\theta=-\sqrt{2}\times\left(-\frac{1}{\sqrt{3}}\right)=\frac{\mathbf{\sqrt{6}}}{\mathbf{3}}$

確認問題 9 (p.98)

1

(1)　$\sin A=\frac{\sqrt{13}}{7}$，$\cos A=\frac{6}{7}$，$\tan A=\frac{\sqrt{13}}{6}$

(2)　$\sin A=\frac{\sqrt{15}}{8}$，$\cos A=\frac{7}{8}$，$\tan A=\frac{\sqrt{15}}{7}$

2

(1)　$3=x\tan30^\circ$ より

$$x=3\div\tan30^\circ=3\div\frac{1}{\sqrt{3}}$$

$$=3\times\frac{\sqrt{3}}{1}=\mathbf{3\sqrt{3}}$$

$3=y\sin30^\circ$ より

$$y=3\div\sin30^\circ=3\div\frac{1}{2}$$

$$=3\times\frac{2}{1}=\mathbf{6}$$

(2)　$x=1000\cos12^\circ$ より

$x=1000\times0.9781$

$=\mathbf{978.1}$

また，$y=1000\sin12^\circ$ より

$y=1000\times0.2079$

$=\mathbf{207.9}$

3

(1)　$\cos A=\frac{2}{3}$ のとき，$\sin^2A+\cos^2A=1$ より

$$\sin^2A=1-\cos^2A=1-\left(\frac{2}{3}\right)^2=\frac{5}{9}$$

$0^\circ<A<90^\circ$ のとき，$\sin A>0$ であるから

$$\sin A=\sqrt{\frac{5}{9}}=\frac{\mathbf{\sqrt{5}}}{\mathbf{3}}$$

また，$\tan A=\frac{\sin A}{\cos A}$ より

$$\tan A=\frac{\sqrt{5}}{3}\div\frac{2}{3}=\frac{\sqrt{5}}{3}\times\frac{3}{2}=\frac{\mathbf{\sqrt{5}}}{\mathbf{2}}$$

(2)　$\sin A=\frac{12}{13}$ のとき，$\sin^2A+\cos^2A=1$ より

$$\cos^2A=1-\sin^2A=1-\left(\frac{12}{13}\right)^2=\frac{25}{169}$$

$0^\circ<A<90^\circ$ のとき，$\cos A>0$ であるから

$$\cos A=\sqrt{\frac{25}{169}}=\frac{\mathbf{5}}{\mathbf{13}}$$

また，$\tan A=\frac{\sin A}{\cos A}$ より

$$\tan A=\frac{12}{13}\div\frac{5}{13}=\frac{12}{13}\times\frac{13}{5}=\frac{\mathbf{12}}{\mathbf{5}}$$

4

(1)　$\sin74^\circ=\sin(90^\circ-16^\circ)=\mathbf{\cos16^\circ}$

(2)　$\cos67^\circ=\cos(90^\circ-23^\circ)=\mathbf{\sin23^\circ}$

5

θ	0°	30°	45°	60°	90°	120°	135°	150°	180°
$\sin\theta$	0	$\frac{1}{2}$	$\frac{1}{\sqrt{2}}$	$\frac{\sqrt{3}}{2}$	1	$\frac{\sqrt{3}}{2}$	$\frac{1}{\sqrt{2}}$	$\frac{1}{2}$	0
$\cos\theta$	1	$\frac{\sqrt{3}}{2}$	$\frac{1}{\sqrt{2}}$	$\frac{1}{2}$	0	$-\frac{1}{2}$	$-\frac{1}{\sqrt{2}}$	$-\frac{\sqrt{3}}{2}$	-1
$\tan\theta$	0	$\frac{1}{\sqrt{3}}$	1	$\sqrt{3}$	／	$-\sqrt{3}$	-1	$-\frac{1}{\sqrt{3}}$	0

6

(1)　$\sin140^\circ=\sin(180^\circ-40^\circ)$

$=\mathbf{\sin40^\circ}$

(2)　$\cos165^\circ=\cos(180^\circ-15^\circ)$

$=\mathbf{-\cos15^\circ}$

7

単位円の x 軸より上側の周上の点で，x 座標が $-\frac{\sqrt{3}}{2}$ となるのは，右の図の点Pである。

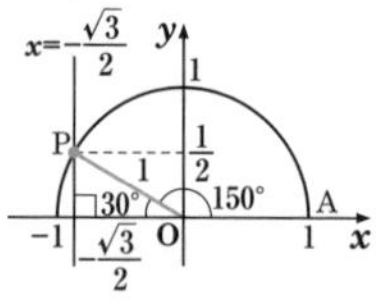

$\angle AOP=180^\circ-30^\circ=150^\circ$

であるから，求める θ は

$\theta=\mathbf{150^\circ}$

8

(1)　$\sin\theta=\frac{1}{5}$ のとき，$\sin^2\theta+\cos^2\theta=1$ より

$$\cos^2\theta=1-\sin^2\theta=1-\left(\frac{1}{5}\right)^2=\frac{24}{25}$$

$90^\circ<\theta<180^\circ$ のとき，$\cos\theta<0$ であるから

$$\cos\theta=-\sqrt{\frac{24}{25}}=-\frac{\mathbf{2\sqrt{6}}}{\mathbf{5}}$$

また，$\tan\theta=\frac{\sin\theta}{\cos\theta}=\frac{1}{5}\div\left(-\frac{2\sqrt{6}}{5}\right)$

$$=\frac{1}{5}\times\left(-\frac{5}{2\sqrt{6}}\right)=-\frac{\mathbf{1}}{\mathbf{2\sqrt{6}}}$$

(2)　$\cos\theta=-\frac{1}{4}$ のとき，$\sin^2\theta+\cos^2\theta=1$ より

$$\sin^2\theta=1-\cos^2\theta=1-\left(-\frac{1}{4}\right)^2=\frac{15}{16}$$

$90^\circ<\theta<180^\circ$ のとき，$\sin\theta>0$ であるから

$$\sin\theta=\sqrt{\frac{15}{16}}=\frac{\mathbf{\sqrt{15}}}{\mathbf{4}}$$

また，$\tan\theta=\frac{\sin\theta}{\cos\theta}=\frac{\sqrt{15}}{4}\div\left(-\frac{1}{4}\right)$

$$=\frac{\sqrt{15}}{4}\times\left(-\frac{4}{1}\right)=-\sqrt{15}$$

38　正弦定理（p.100）

例 89

ア　7

例 90

ア　$4\sqrt{2}$

125

(1)　正弦定理より

$$\frac{5}{\sin 45^\circ}=2R$$

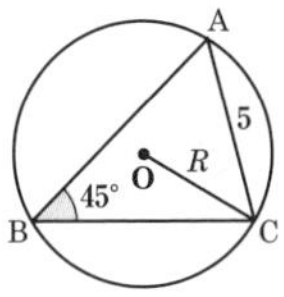

ゆえに　$2R=\frac{5}{\sin 45^\circ}$

よって　$R=\frac{5}{2\sin 45^\circ}$

$$=\frac{5}{2}\div\sin 45^\circ$$

$$=\frac{5}{2}\div\frac{1}{\sqrt{2}}$$

$$=\frac{5}{2}\times\frac{\sqrt{2}}{1}=\frac{5\sqrt{2}}{2}$$

(2)　正弦定理より

$$\frac{3}{\sin 60^\circ}=2R$$

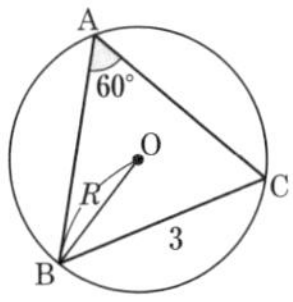

ゆえに　$2R=\frac{3}{\sin 60^\circ}$

よって　$R=\frac{3}{2\sin 60^\circ}$

$$=\frac{3}{2}\div\sin 60^\circ$$

$$=\frac{3}{2}\div\frac{\sqrt{3}}{2}$$

$$=\frac{3}{2}\times\frac{2}{\sqrt{3}}=\sqrt{3}$$

(3)　正弦定理より

$$\frac{\sqrt{3}}{\sin 150^\circ}=2R$$

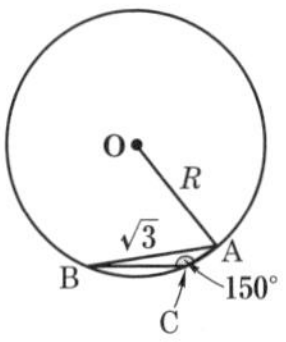

ゆえに　$2R=\frac{\sqrt{3}}{\sin 150^\circ}$

よって　$R=\frac{\sqrt{3}}{2\sin 150^\circ}$

$$=\frac{\sqrt{3}}{2}\div\sin 150^\circ$$

$$=\frac{\sqrt{3}}{2}\div\frac{1}{2}$$

$$=\frac{\sqrt{3}}{2}\times\frac{2}{1}=\sqrt{3}$$

126

(1)　正弦定理より

$$\frac{12}{\sin 30^\circ}=\frac{b}{\sin 45^\circ}$$

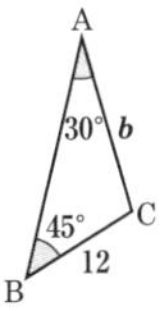

両辺に $\sin 45^\circ$ を掛けて

$\frac{12}{\sin 30^\circ}\times\sin 45^\circ=b$　より

$$b=\frac{12}{\sin 30^\circ}\times\sin 45^\circ$$

$$=12\div\sin 30^\circ\times\sin 45^\circ$$

$$=12\div\frac{1}{2}\times\frac{1}{\sqrt{2}}$$

$$=12\times 2\times\frac{\sqrt{2}}{2}=12\sqrt{2}$$

(2)　$A=180^\circ-(75^\circ+45^\circ)$

$=60^\circ$

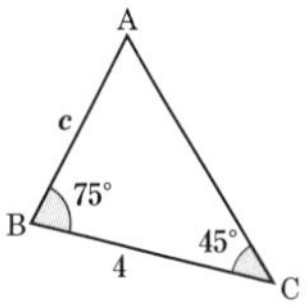

正弦定理より

$$\frac{4}{\sin 60^\circ}=\frac{c}{\sin 45^\circ}$$

両辺に $\sin 45^\circ$ を掛けて

$\frac{4}{\sin 60^\circ}\times\sin 45^\circ=c$　より

$$c=\frac{4}{\sin 60^\circ}\times\sin 45^\circ$$

$$=4\div\sin 60^\circ\times\sin 45^\circ$$

$$=4\div\frac{\sqrt{3}}{2}\times\frac{1}{\sqrt{2}}$$

$$=4\times\frac{2}{\sqrt{3}}\times\frac{\sqrt{2}}{2}$$

$$=\frac{4\sqrt{2}}{\sqrt{3}}=\frac{4\sqrt{6}}{3}$$

39　余弦定理（p.102）

例 91

ア　$2\sqrt{7}$

例 92

ア　$-\frac{1}{2}$　　　　**イ**　120°

127

(1)　余弦定理より

$$b^2=(\sqrt{3})^2+4^2-2\times\sqrt{3}\times 4\times\cos 30^\circ$$

$$=3+16-8\sqrt{3}\times\frac{\sqrt{3}}{2}$$

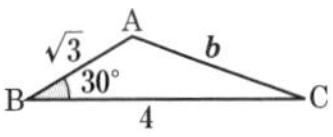

$$=3+16-12$$

$$=7$$

$b>0$ より

$b=\sqrt{7}$

(2)　余弦定理より

$$a^2=3^2+4^2-2\times 3\times 4\times\cos 120^\circ$$

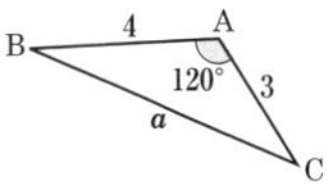

$$=9+16-24\times\left(-\frac{1}{2}\right)$$

$$=9+16+12$$

$$=37$$

$a>0$ より

$a=\sqrt{37}$

128

(1)　余弦定理より

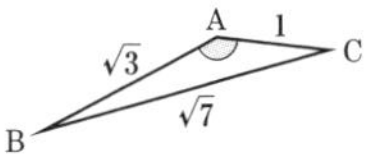

$$\cos A=\frac{b^2+c^2-a^2}{2bc}$$

$=\dfrac{1^2+(\sqrt{3})^2-(\sqrt{7})^2}{2\times1\times\sqrt{3}}$

$=-\dfrac{3}{2\sqrt{3}}$

$=-\dfrac{\sqrt{3}}{2}$

よって，$0°<A<180°$ より

$A=$**150°**

(2) 余弦定理より

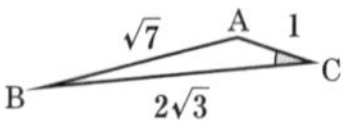

$\cos C=\dfrac{a^2+b^2-c^2}{2ab}$

$=\dfrac{(2\sqrt{3})^2+1^2-(\sqrt{7})^2}{2\times2\sqrt{3}\times1}$

$=\dfrac{6}{4\sqrt{3}}$

$=\dfrac{\sqrt{3}}{2}$

よって，$0°<C<180°$ より

$C=$**30°**

40　三角形の面積 / 空間図形の計量 (p.104)

例93

ア　6

例94

ア　$-\dfrac{1}{3}$　　**イ**　$\dfrac{2\sqrt{2}}{3}$　　**ウ**　$12\sqrt{2}$

例95

ア　$10\sqrt{6}$

129

(1) $S=\dfrac{1}{2}\times5\times4\times\sin45°$

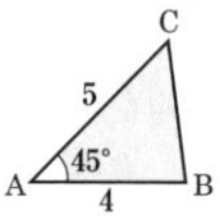

$=\dfrac{1}{2}\times5\times4\times\dfrac{1}{\sqrt{2}}=\mathbf{5\sqrt{2}}$

(2) $S=\dfrac{1}{2}\times6\times4\times\sin120°$

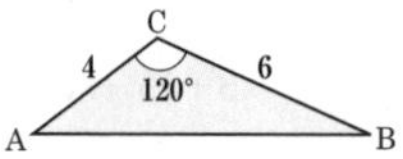

$=\dfrac{1}{2}\times6\times4\times\dfrac{\sqrt{3}}{2}$

$=\mathbf{6\sqrt{3}}$

130

(1) 余弦定理より

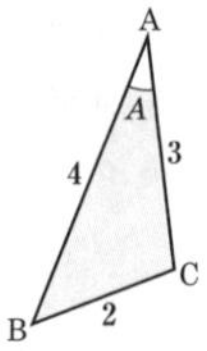

$\cos A=\dfrac{b^2+c^2-a^2}{2bc}$

$=\dfrac{3^2+4^2-2^2}{2\times3\times4}$

$=\dfrac{21}{2\times3\times4}$

$=\mathbf{\dfrac{7}{8}}$

(2) $\sin^2A+\cos^2A=1$　より

$\sin^2A=1-\cos^2A=1-\left(\dfrac{7}{8}\right)^2=1-\dfrac{49}{64}=\dfrac{15}{64}$

ここで，$\sin A>0$　であるから

$\sin A=\sqrt{\dfrac{15}{64}}=\mathbf{\dfrac{\sqrt{15}}{8}}$

(3) △ABC の面積 S は

$S=\dfrac{1}{2}bc\sin A=\dfrac{1}{2}\times3\times4\times\dfrac{\sqrt{15}}{8}$

$=\mathbf{\dfrac{3\sqrt{15}}{4}}$

131

△ABC において，

$\angle ACB=180°-(60°+75°)=45°$

であるから，正弦定理より

$\dfrac{BC}{\sin60°}=\dfrac{40}{\sin45°}$

よって

$BC=\dfrac{40}{\sin45°}\times\sin60°$

$=40\div\dfrac{1}{\sqrt{2}}\times\dfrac{\sqrt{3}}{2}$

$=40\times\sqrt{2}\times\dfrac{\sqrt{3}}{2}=20\sqrt{6}$

したがって，△BCH において

$CH=BC\sin60°=20\sqrt{6}\times\dfrac{\sqrt{3}}{2}=\mathbf{30\sqrt{2}}$ **(m)**

確認問題 10 (p.106)

1

(1) 正弦定理より

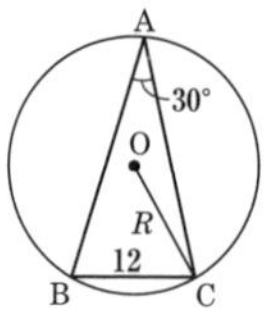

$\dfrac{12}{\sin30°}=2R$

ゆえに　$2R=\dfrac{12}{\sin30°}$

よって　$R=\dfrac{6}{\sin30°}$

$=6\div\sin30°$

$=6\div\dfrac{1}{2}$

$=6\times\dfrac{2}{1}$

$=$**12**

(2) 正弦定理より

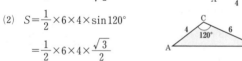

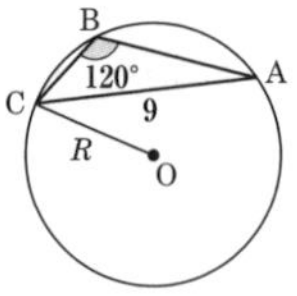

$\dfrac{9}{\sin120°}=2R$

ゆえに　$2R=\dfrac{9}{\sin120°}$

よって　$R=\dfrac{9}{2\sin120°}$

$=\dfrac{9}{2}\div\sin120°$

$=\dfrac{9}{2}\div\dfrac{\sqrt{3}}{2}$

$=\dfrac{9}{2}\times\dfrac{2}{\sqrt{3}}$

$=\dfrac{9}{\sqrt{3}}=\mathbf{3\sqrt{3}}$

2

(1) 正弦定理より

$$\frac{a}{\sin 60^\circ}=\frac{6}{\sin 45^\circ}$$

両辺に $\sin 60^\circ$ を掛けて

$$a=\frac{6}{\sin 45^\circ}\times\sin 60^\circ$$
$$=6\div\sin 45^\circ\times\sin 60^\circ$$
$$=6\div\frac{1}{\sqrt{2}}\times\frac{\sqrt{3}}{2}$$
$$=6\times\sqrt{2}\times\frac{\sqrt{3}}{2}=\mathbf{3\sqrt{6}}$$

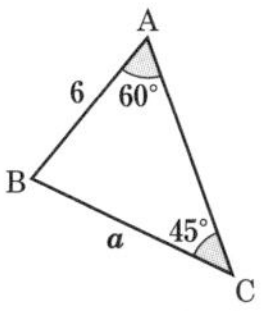

(2) 余弦定理より

$$a^2=b^2+c^2-2bc\cos A$$
$$=3^2+(3\sqrt{2})^2-2\times3\times3\sqrt{2}\times\cos 135^\circ$$
$$=9+18-18\sqrt{2}\times\left(-\frac{1}{\sqrt{2}}\right)$$
$$=9+18+18=45$$

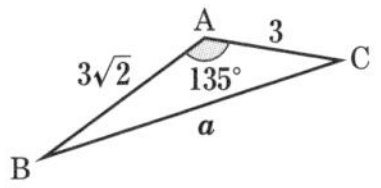

$a>0$ より

$$a=\sqrt{45}=\mathbf{3\sqrt{5}}$$

3

余弦定理より

$$\cos B=\frac{c^2+a^2-b^2}{2ca}$$
$$=\frac{4^2+5^2-6^2}{2\times4\times5}$$
$$=\frac{5}{2\times4\times5}$$
$$=\mathbf{\frac{1}{8}}$$

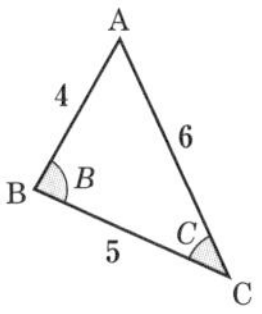

同様に

$$\cos C=\frac{a^2+b^2-c^2}{2ab}$$
$$=\frac{5^2+6^2-4^2}{2\times5\times6}$$
$$=\frac{45}{2\times5\times6}$$
$$=\mathbf{\frac{3}{4}}$$

4

$$S=\frac{1}{2}bc\sin A$$
$$=\frac{1}{2}\times6\sqrt{2}\times5\times\sin 135^\circ$$
$$=15\sqrt{2}\times\frac{1}{\sqrt{2}}$$
$$=\mathbf{15}$$

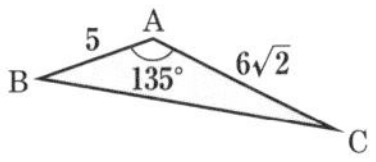

5

(1) 余弦定理より

$$\cos C=\frac{a^2+b^2-c^2}{2ab}$$
$$=\frac{6^2+7^2-3^2}{2\times6\times7}$$
$$=\frac{76}{2\times6\times7}$$
$$=\mathbf{\frac{19}{21}}$$

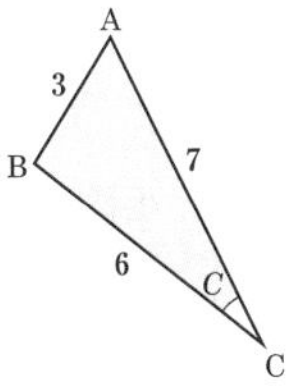

(2) $\sin^2C+\cos^2C=1$ より

$$\sin^2C=1-\cos^2C=1-\left(\frac{19}{21}\right)^2=\frac{80}{441}$$

ここで，$\sin C>0$ であるから

$$\sin C=\sqrt{\frac{80}{441}}=\frac{4\sqrt{5}}{21}$$

したがって，△ABC の面積 S は

$$S=\frac{1}{2}ab\sin C$$
$$=\frac{1}{2}\times6\times7\times\frac{4\sqrt{5}}{21}$$
$$=\mathbf{4\sqrt{5}}$$

6

△ABH において

$$\angle ABH=180^\circ-(30^\circ+105^\circ)$$
$$=45^\circ$$

正弦定理より $\dfrac{AH}{\sin 45^\circ}=\dfrac{10}{\sin 30^\circ}$

であるから

$$AH=\frac{10}{\sin 30^\circ}\times\sin 45^\circ$$
$$=10\div\frac{1}{2}\times\frac{1}{\sqrt{2}}=10\times2\times\frac{1}{\sqrt{2}}$$
$$=10\sqrt{2}$$

よって，△CAH において

$$CH=AH\tan\angle CAH=10\sqrt{2}\times\tan 60^\circ$$
$$=10\sqrt{2}\times\sqrt{3}=\mathbf{10\sqrt{6}\ (m)}$$

TRY *PLUS* (p. 108)

問5

余弦定理より

$$a^2=(\sqrt{3})^2+(2\sqrt{3})^2$$
$$-2\times\sqrt{3}\times2\sqrt{3}\times\cos 60^\circ$$
$$=3+12-12\times\frac{1}{2}=9$$

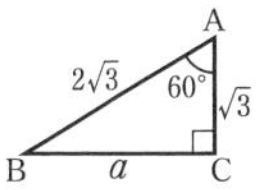

ここで，$a>0$ であるから　$a=3$

また，正弦定理より

$$\frac{3}{\sin 60^\circ}=\frac{\sqrt{3}}{\sin B}$$

両辺に $\sin 60^\circ\sin B$ を掛けて

$$3\sin B=\sqrt{3}\sin 60^\circ$$

ゆえに

$$\sin B=\frac{\sqrt{3}}{3}\sin 60^\circ$$
$$=\frac{\sqrt{3}}{3}\times\frac{\sqrt{3}}{2}=\frac{1}{2}$$

ここで，$A=60^\circ$ であるから，$B<120^\circ$ より

$$B=30^\circ$$

よって　$C=180^\circ-(60^\circ+30^\circ)=90^\circ$

したがって

$a=3$，$B=30°$，$C=90°$

問6

(1)　余弦定理より

$a^2=8^2+3^2-2\times8\times3\times\cos60°$

$=64+9-48\times\dfrac{1}{2}=49$

よって，$a>0$ より　$a=\mathbf{7}$

(2)　$S=\dfrac{1}{2}\times8\times3\times\sin60°=12\times\dfrac{\sqrt{3}}{2}=6\sqrt{3}$

ここで，$S=\dfrac{1}{2}r(a+b+c)$ であるから

$6\sqrt{3}=\dfrac{1}{2}r(7+8+3)$

よって　$6\sqrt{3}=9r$ より　$r=\dfrac{6\sqrt{3}}{9}=\dfrac{2\sqrt{3}}{3}$

第5章　データの分析

41　データの整理（p.110）

例96

ア　55

イ

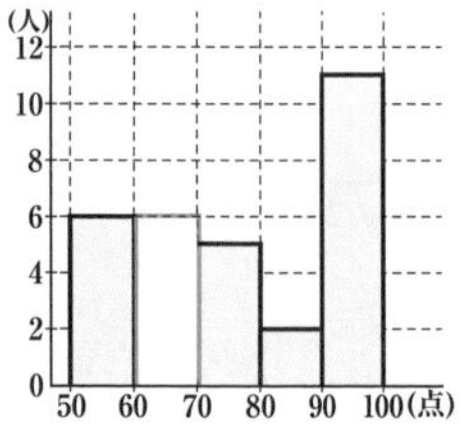

例97

ア　0.18　　　　　　**イ**　1

132

(1)

階級(回) 以上～未満	階級値(回)	度数(人)
12～16	**14**	**1**
16～20	**18**	**3**
20～24	**22**	**6**
24～28	**26**	**8**
28～32	**30**	**2**
合計		20

(2)

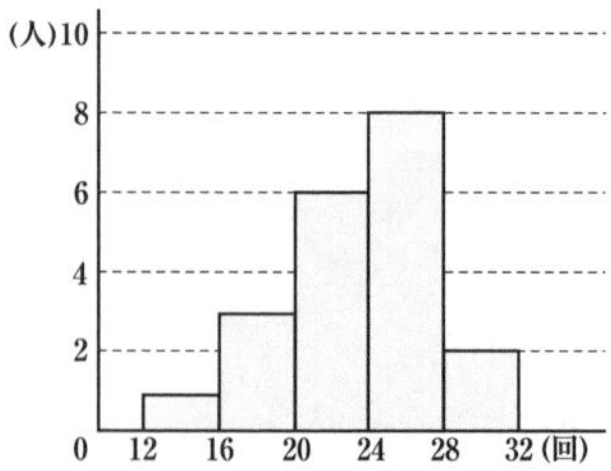

133

10 歳以上 20 歳未満の階級の相対度数は

$\dfrac{3}{50}=\mathbf{0.06}$

60 歳以上 70 歳未満の階級の相対度数は

$\dfrac{11}{50}=\mathbf{0.22}$

42　代表値（p.112）

例98

ア　12.8

例99

ア　25

例100

ア　21

134

A班の平均値 $\overline{x}$ は

$\overline{x}=\dfrac{1}{9}(29+33+35+38+40+41+49+51+53)$

$=\dfrac{369}{9}=\mathbf{41}$ **(kg)**

B班の平均値 $\overline{y}$ は

$\overline{y}=\dfrac{1}{10}(23+30+36+39+41+43+44+46+48+50)$

$=\dfrac{400}{10}=\mathbf{40}$ **(kg)**

135

表より，31 個が最も多いから　　**200 円**

136

(1)　データの大きさが 9 であるから　**37**

(2)　データの大きさが 10 であるから

$\dfrac{17+21}{2}=\mathbf{19}$

137

データを値の小さい順に並べると

7，8，9，10，12，14，17，20

データの大きさが 8 であるから

$\dfrac{10+12}{2}=\mathbf{11}$

43　四分位数と四分位範囲（p.114）

例101

ア　3　　　　　　**イ**　11

例102

ア　2　　**イ**　14　　**ウ**　12　　**エ**　8

例103

ア　①，②，③

138

(本書では，第 1 四分位数，第 2 四分位数，第 3 四分位数をそれぞれ，Q_1，Q_2，Q_3 で表す。)

(1)　中央値が Q_2 であるから　$Q_2=6$

Q_2 を除いて，データを前半と後半に分ける。

Q_1 は前半の中央値であるから　$Q_1=3$

Q_3 は後半の中央値であるから　$Q_3=8$

よって　$Q_1=\mathbf{3}$，$Q_2=\mathbf{6}$，$Q_3=\mathbf{8}$

(2)　中央値が Q_2 であるから　　$Q_2=\dfrac{5+6}{2}=5.5$

Q_2 によって，データを前半と後半に分ける。

Q_1 は前半の中央値であるから

$$Q_1=\frac{3+3}{2}=3$$

Q_3 は後半の中央値であるから

$$Q_3=\frac{6+7}{2}=6.5$$

よって　$Q_1=\mathbf{3}$，$Q_2=\mathbf{5.5}$，$Q_3=\mathbf{6.5}$

139

(1)　$Q_1=6$，$Q_2=9$，$Q_3=10$ より

範囲は　$11-5=\mathbf{6}$

四分位範囲は　$10-6=\mathbf{4}$

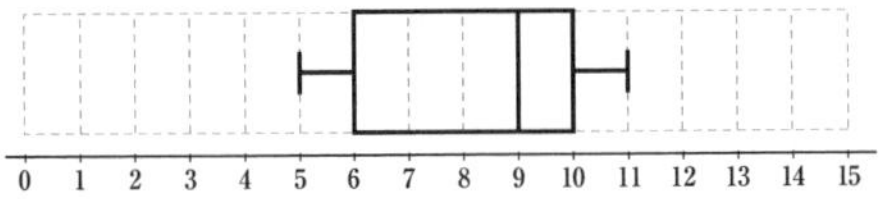

(2)　$Q_1=\frac{3+3}{2}=3$，$Q_2=3$，$Q_3=\frac{6+8}{2}=7$ より

範囲は　$9-1=\mathbf{8}$

四分位範囲は　$7-3=\mathbf{4}$

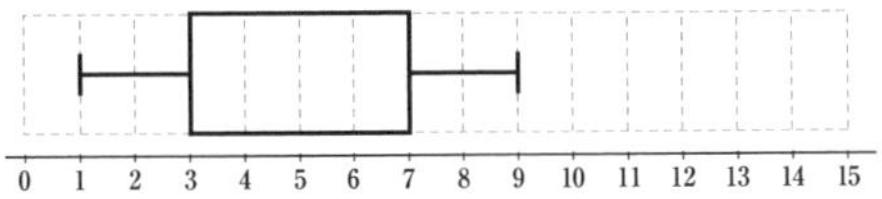

140

①　那覇と東京の最大値と最小値の差はそれぞれ
$26-16=10$ (°C)，$22-7=15$ (°C)
であるから，正しい。

②　那覇と東京の四分位範囲はそれぞれ
$24-19=5$ (°C)，$19-10=9$ (°C)
であるから，正しくない。

③　那覇の最高気温の最小値は 16 (°C) であるから，正しい。

④　31 個の値について，四分位数の位置は次のようになる。

①～⑦　⑧　⑨～⑮　⑯　⑰～㉓　㉔　㉕～㉛

⑧↑Q_1　⑯↑Q_2　㉔↑Q_3

東京の Q_1 は 10°C であるが，たとえば次のような最高気温を低い順に並べたデータの場合，最高気温が 10°C 未満の日数は 7 日ではない。

(単位 °C)

	①	②	③	④	⑤	⑥	⑦	⑧	⑨	～	⑯	～	㉔	～	㉛
東京	7	9	10	10	10	10	10	10	10	～	14	～	19	～	22

以上より，正しいと判断できるものは　①，③

44　分散と標準偏差 (p.116)

例 104

ア　9　　　**イ**　3

例 105

ア　4　　　**イ**　2

141

5 個の値の平均値 $\overline{x}$ は

$$\overline{x}=\frac{1}{5}(3+5+7+4+6)=\frac{25}{5}=5$$

よって，分散 s^2 は

$$s^2=\frac{1}{5}\{(3-5)^2+(5-5)^2+(7-5)^2+(4-5)^2+(6-5)^2\}$$

$$=\frac{1}{5}(4+0+4+1+1)$$

$$=\frac{10}{5}=\mathbf{2}$$

						計
x	3	5	7	4	6	25
$x-\overline{x}$	−2	0	2	−1	1	0
$(x-\overline{x})^2$	4	0	4	1	1	10

また，標準偏差 s は　$s=\sqrt{2}$

142

							計	平均値
x	7	9	1	10	6	3	36	6
x^2	49	81	1	100	36	9	276	46

x の平均値 $\overline{x}$ は　$\overline{x}=\frac{1}{6}(7+9+1+10+6+3)=\frac{1}{6}\times36$

$=6$

x^2 の平均値 $\overline{x^2}$ は

$$\overline{x^2}=\frac{1}{6}(49+81+1+100+36+9)=\frac{1}{6}\times276$$

$=46$

よって，分散 s^2 は

$$s^2=\overline{x^2}-(\overline{x})^2=46-6^2=\mathbf{10}$$

また，標準偏差 s は　$s=\sqrt{10}$

例 105 の標準偏差は 2 であるから，**142 のデータの方が散らばりの度合いが大きい。**

143

	身長 (cm)									計	平均値
x	185	175	183	178	179	186	182	174	178	1620	180
$x-\overline{x}$	5	−5	3	−2	−1	6	2	−6	−2	0	0
$(x-\overline{x})^2$	25	25	9	4	1	36	4	36	4	144	16

$(x-\overline{x})^2$ の平均値は

$$\frac{1}{9}(25+25+9+4+1+36+4+36+4)$$

$$=\frac{1}{9}\times144=16$$

よって，分散 s^2 は　$s^2=\mathbf{16}$

また，標準偏差 s は

$s=\sqrt{16}=\mathbf{4\ (cm)}$

45　データの相関 (1) (p.118)

例 106

ア　正

144

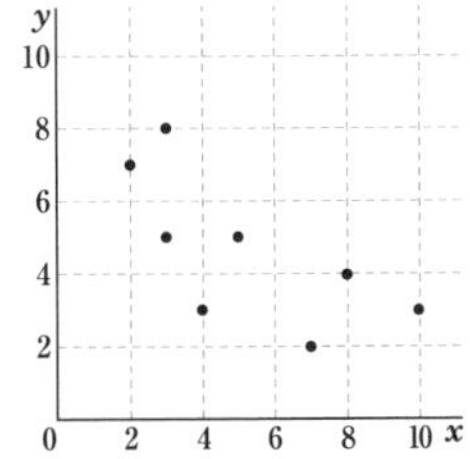

負の相関がある。

145

(1)

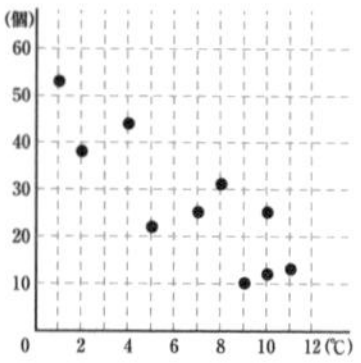

負の相関がある。

(2)

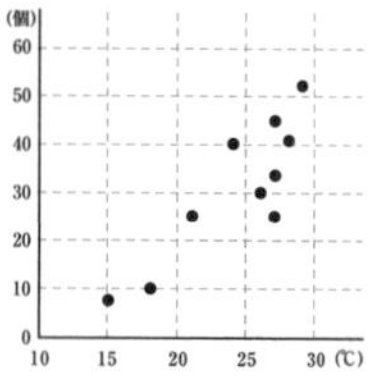

正の相関がある。

46 データの相関 (2) (p.120)

例 107

ア 0.22

146

(1) $\bar{x}=\frac{1}{4}(4+7+3+6)$

$=\frac{20}{4}=\mathbf{5}$

$\bar{y}=\frac{1}{4}(4+8+6+10)$

$=\frac{28}{4}=\mathbf{7}$

$x-\bar{x}$, $y-\bar{y}$ の値は，下の表のようになる。

(2) 下の表より，共分散 s_{xy} は

$s_{xy}=\frac{1}{4}\{(-1)\times(-3)+2\times1+(-2)\times(-1)+1\times3\}$

$=\frac{1}{4}\times10=\mathbf{2.5}$

生徒	x	y	$x-\bar{x}$	$y-\bar{y}$	$(x-\bar{x})(y-\bar{y})$
①	4	4	−1	−3	3
②	7	8	2	1	2
③	3	6	−2	−1	2
④	6	10	1	3	3
計	20	28	0	0	10

147

生徒	x	y	$x-\bar{x}$	$y-\bar{y}$	$(x-\bar{x})^2$	$(y-\bar{y})^2$	$(x-\bar{x})(y-\bar{y})$
①	4	7	−2	−1	4	1	2
②	7	9	1	1	1	1	1
③	5	8	−1	0	1	0	0
④	8	10	2	2	4	4	4
⑤	6	6	0	−2	0	4	0
計	30	40	0	0	10	10	7
平均値	6	8	0	0	2	2	1.4

上の表より

$s_x=\sqrt{2}$，$s_y=\sqrt{2}$，$s_{xy}=1.4$

よって，相関係数 r は　$r=\frac{s_{xy}}{s_xs_y}=\frac{1.4}{\sqrt{2}\times\sqrt{2}}=\mathbf{0.7}$

47 外れ値と仮説検定 (p.122)

例 108

ア 47　**イ** 42　**ウ** 54

エ 24　**オ** 72

例 109

ア 誤り

148

(1) 回数のデータを小さい順にならべると

0, 3, 6, 6, 6, 7, 8, 8, 9, 12

よって　$Q_1=\mathbf{6}$ **(回)**，$Q_3=\mathbf{8}$ **(回)**

(2) $Q_1-1.5(Q_3-Q_1)=6-1.5\times2=3$

$Q_3+1.5(Q_3-Q_1)=8+1.5\times2=11$

よって，外れ値は　3 以下 または 11 以上の値である。

したがって，外れ値の生徒は　①，③，⑤

149

度数分布表より，コインを 6 回投げたとき，表が 6 回出る相対度数は $\frac{13}{1000}=0.013$ である。

よって，A が 6 勝する確率は 1.3 % と考えられ，基準となる確率の 5 % より小さい。

したがって，**「A，B の実力が同じ」という仮説が誤り**と判断する。すなわち，A が 6 勝したときは，A の方が強いといえる。

確認問題 11 (p.124)

1

(1) データの大きさが 10 であるから，平均値は

$\frac{1}{10}(1+13+14+20+28+40+58+62+89+95)$

$=\frac{420}{10}=\mathbf{42}$

中央値は $\frac{28+40}{2}=\mathbf{34}$

(2) データの大きさが 11 であるから，平均値は

$\frac{1}{11}(10+17+17+27+27+32+36+58+59+85+94)$

$=\frac{462}{11}=\mathbf{42}$

中央値は **32**

2

(1) $Q_1=\mathbf{5}$，$Q_2=\mathbf{8}$，$Q_3=\mathbf{9}$ より

範囲は　$12-5=\mathbf{7}$

四分位範囲は　$9-5=\mathbf{4}$

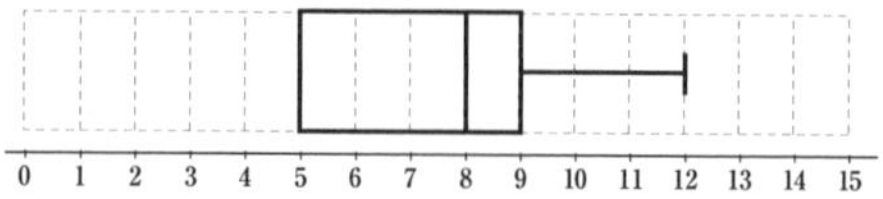

(2) $Q_1=\frac{4+6}{2}=\mathbf{5}$，$Q_2=\mathbf{8}$，$Q_3=\frac{12+12}{2}=\mathbf{12}$ より

範囲は　$15-2=\mathbf{13}$

四分位範囲は　$12-5=\mathbf{7}$

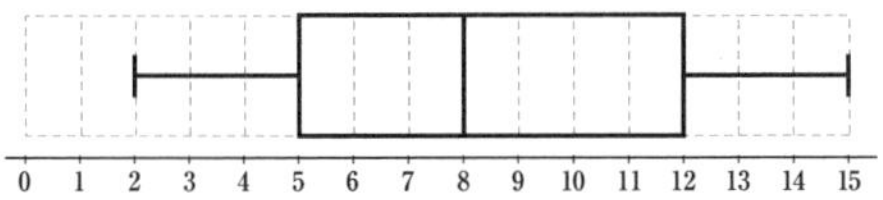

3

① 範囲は,

男子 57－30＝27 (kg)　女子 39－17＝22 (kg)

であるから, 男子の範囲の方が, 女子の範囲より 5 kg 大きい。よって, 正しくない。

② 男子　①～$\underbrace{\text{④⑤}}_{Q_1}$～$\underbrace{\text{⑧⑨}}_{Q_2}$～$\underbrace{\text{⑫⑬}}_{Q_3}$～⑯

女子　①～$\underset{Q_1}{\underset{\uparrow}{\text{④}}}$～⑦$\underset{Q_2}{\underset{\uparrow}{\text{⑧}}}$⑨～$\underset{Q_3}{\underset{\uparrow}{\text{⑫}}}$～⑮

男子と女子それぞれについて, 握力の小さい方から順に並べたとき, 四分位数の位置は上のようになる。

女子の第 3 四分位数にあたる生徒は 12 番目なので, 正しい。

③ 男子の最小値は 30 kg であるから, それより記録の小さい生徒はいない。

よって, 正しい。

④ ②の図から, 男子の上のひげには, 最大値も含めて 1 人以上 4 人以下の生徒が含まれる。1 人の場合は 50 kg 以上の生徒は 1 人となる。

よって。正しくない。

⑤ 25 kg 未満の生徒, すなわち女子の第 2 四分位数より小さい記録の生徒は, ②の図より 7 人以下である。

よって, 正しくない。

以上より, 正しいと判断できるものは　②, ③

4

(1) 6 個の値の平均値 $\overline{x}$ は

$$\overline{x}=\frac{1}{6}(1+2+5+5+7+10)=\frac{30}{6}=5$$

よって, 分散 s^2 は

$$s^2=\frac{1}{6}\{(1-5)^2+(2-5)^2+(5-5)^2+(5-5)^2+(7-5)^2+(10-5)^2\}$$

$$=\frac{1}{6}(16+9+0+0+4+25)$$

$$=\frac{54}{6}=\mathbf{9}$$

							計	平均値
x	1	2	5	5	7	10	30	5
$x-\overline{x}$	−4	−3	0	0	2	5	0	0
$(x-\overline{x})^2$	16	9	0	0	4	25	54	9

また, 標準偏差 s は　$s=\sqrt{9}=\mathbf{3}$

(2) 10 個の値の平均値 $\overline{x}$ は

$$\overline{x}=\frac{1}{10}(44+45+46+49+51+52+54+56+61+62)$$

$$=\frac{520}{10}=52$$

よって, 分散 s^2 は

$$s^2=\frac{1}{10}\{(-8)^2+(-7)^2+(-6)^2+(-3)^2+(-1)^2$$

$$+0^2+2^2+4^2+9^2+10^2\}=\frac{360}{10}=\mathbf{36}$$

また, 標準偏差 s は　$s=\sqrt{36}=\mathbf{6}$

											計	平均値
x	44	45	46	49	51	52	54	56	61	62	520	52
$x-\overline{x}$	−8	−7	−6	−3	−1	0	2	4	9	10	0	0
$(x-\overline{x})^2$	64	49	36	9	1	0	4	16	81	100	360	36

5

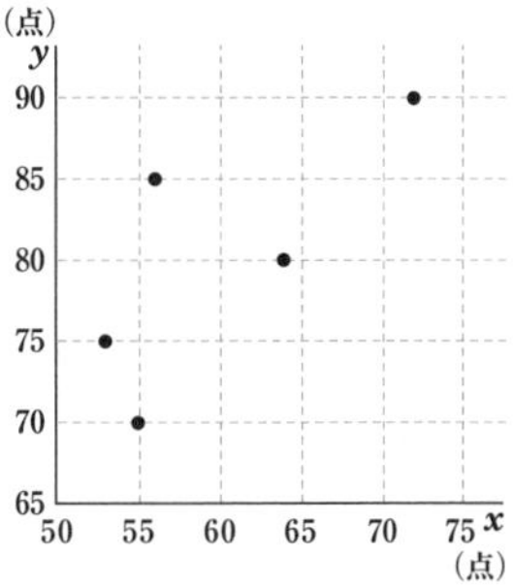

	x	y	$x-\overline{x}$	$y-\overline{y}$	$(x-\overline{x})^2$	$(y-\overline{y})^2$	$(x-\overline{x})(y-\overline{y})$
①	56	85	−4	5	16	25	−20
②	64	80	4	0	16	0	0
③	53	75	−7	−5	49	25	35
④	72	90	12	10	144	100	120
⑤	55	70	−5	−10	25	100	50
計	300	400	0	0	250	250	185
平均値	60	80	0	0	50	50	37

上の表より　$s_x=\sqrt{50}$, $s_y=\sqrt{50}$, $s_{xy}=\mathbf{37}$

よって, 相関係数 r は $r=\dfrac{s_{xy}}{s_xs_y}=\dfrac{37}{\sqrt{50}\times\sqrt{50}}=\mathbf{0.74}$

数学A

第1章　場合の数と確率

1　集合 (p.126)

例1

ア　1, 2, 3, 6, 9, 18

イ　−2, −1, 0, 1, 2, 3

例2

ア　$\supset$

例3

ア　2, 4　　**イ**　1, 2, 3, 4, 5, 6, 8, 10

ウ　$\varnothing$

例4

ア　4, 5, 6　　**イ**　1, 2, 4, 5　　**ウ**　4, 5

エ　1, 2, 4, 5, 6　　**オ**　6

カ　1, 2, 3, 4, 5

1

(1)　$A=\{1,\ 2,\ 3,\ 4,\ 6,\ 12\}$

(2)　$B=\{-3,\ -2,\ -1,\ 0,\ 1\}$

2

$A\supset B$

3

(1)　$A\cap B=\{3,\ 5,\ 7\}$　　(2)　$A\cup B=\{1,\ 2,\ 3,\ 5,\ 7\}$

(3)　$A\cap C=\varnothing$

4

(1)　$\overline{A}=\{7,\ 8,\ 9,\ 10\}$　　(2)　$\overline{B}=\{1,\ 2,\ 3,\ 4,\ 9,\ 10\}$

(3)　$A\cap B=\{5,\ 6\}$ より

$\overline{A\cap B}=\{1,\ 2,\ 3,\ 4,\ 7,\ 8,\ 9,\ 10\}$

(4)　$A\cup B=\{1,\ 2,\ 3,\ 4,\ 5,\ 6,\ 7,\ 8\}$ より

$\overline{A\cup B}=\{9,\ 10\}$

(5)　$\overline{A}\cup B=\{5,\ 6,\ 7,\ 8,\ 9,\ 10\}$

(6)　$A\cap\overline{B}=\{1,\ 2,\ 3,\ 4\}$

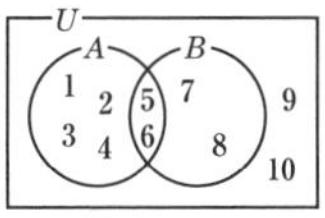

2　集合の要素の個数 (p.128)

例5

ア　25

例6

ア　6

例7

ア　3　　**イ**　13

5

$A=\{6\times1,\ 6\times2,\ 6\times3,\ \cdots\cdots,\ 6\times11\}$

であるから　$n(A)=\mathbf{11}$ (個)

$B=\{7\times1,\ 7\times2,\ 7\times3,\ \cdots\cdots,\ 7\times10\}$

であるから　$n(B)=\mathbf{10}$ (個)

6

$n(A)=5,\ n(B)=5$

また, $A\cap B=\{1,\ 3,\ 5\}$ より

$n(A\cap B)=3$

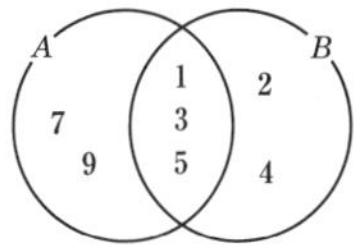

よって

$n(A\cup B)=n(A)+n(B)-n(A\cap B)$

$=5+5-3=\mathbf{7}$

別解　$A\cup B=\{1,\ 2,\ 3,\ 4,\ 5,\ 7,\ 9\}$ より

$n(A\cup B)=\mathbf{7}$

7

80 以下の自然数のうち 6 の倍数の集合を A, 8 の倍数の集合を B とすると

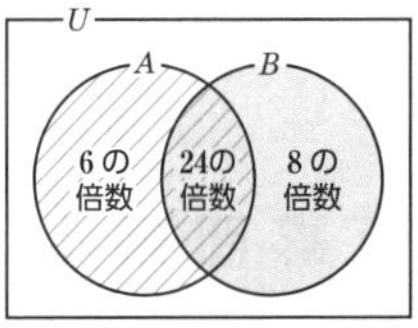

$A=\{6\times1,\ 6\times2,\ \cdots\cdots,\ 6\times13\}$

$B=\{8\times1,\ 8\times2,\ \cdots\cdots,\ 8\times10\}$

(1)　6 の倍数かつ 8 の倍数の集合は $A\cap B$ である。この集合は 6 と 8 の最小公倍数 24 の倍数の集合である。

$A\cap B=\{24\times1,\ 24\times2,\ 24\times3\}$

であるから, 求める個数は　$n(A\cap B)=\mathbf{3}$ (個)

(2)　6 の倍数または 8 の倍数の集合は $A\cup B$ である。

$n(A)=13,\ n(B)=10$

であるから, 求める個数は

$n(A\cup B)=n(A)+n(B)-n(A\cap B)$

$=13+10-3=\mathbf{20}$ (個)

3　補集合の要素の個数 (p.130)

例8

ア　27

例9

ア　26　　**イ**　4

8

80 以下の自然数を全体集合 U とすると　$n(U)=80$

(1)　U の部分集合で, 8 で割り切れる数の集合を A とすると

$A=\{8\times1,\ 8\times2,\ 8\times3,\ \cdots\cdots,\ 8\times10\}$

より　$n(A)=10$

8 で割り切れない数の集合は $\overline{A}$ であるから, 求める個数は

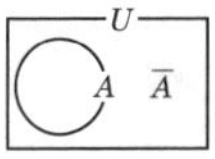

$n(\overline{A})=n(U)-n(A)=80-10=\mathbf{70}$ (個)

(2) Uの部分集合で，13で割り切れる数の集合をBとすると

$B=\{13\times1,\ 13\times2,\ 13\times3,\ \cdots\cdots,\ 13\times6\}$

より　$n(B)=6$

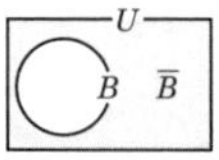

13で割り切れない数の集合は

$\overline{B}$であるから，求める個数は

$n(\overline{B})=n(U)-n(B)=80-6=\mathbf{74}$ **(個)**

9

生徒全体の集合を全体集合Uとし，その部分集合で，本aを読んだ生徒の集合をA，本bを読んだ生徒の集合をBとすると

$n(U)=100,\ n(A)=72,\ n(B)=60,\ n(A\cap B)=45$

(1) aまたはbを読んだ生徒の集合は

$A\cup B$と表されるから，求める生徒の人数は

$n(A\cup B)=n(A)+n(B)-n(A\cap B)$

$=72+60-45=\mathbf{87}$ **(人)**

(2) aもbも読んでいない生徒の集合は$\overline{A}\cap\overline{B}$である。

ド・モルガンの法則より

$\overline{A}\cap\overline{B}=\overline{A\cup B}$

であるから，求める生徒の人数は

$n(\overline{A}\cap\overline{B})=n(\overline{A\cup B})=n(U)-n(A\cup B)$

$=100-87=\mathbf{13}$ **(人)**

確認問題1 (p.132)

1

(1) $\boldsymbol{A=\{1,\ 2,\ 4,\ 8,\ 16\}}$

(2) $\boldsymbol{B=\{2,\ 3,\ 5,\ 7,\ 11,\ 13,\ 17,\ 19\}}$

2

$\varnothing$, $\{2\}$, $\{4\}$, $\{6\}$, $\{2,\ 4\}$, $\{2,\ 6\}$, $\{4,\ 6\}$, $\{2,\ 4,\ 6\}$

3

(1) $A\cap B=\{3,\ 5,\ 7\}$

(2) $A\cup B=\{1,\ 2,\ 3,\ 5,\ 7,\ 9\}$

(3) $B\cap C=\varnothing$

4

(1) $\overline{A}=\{2,\ 4,\ 6,\ 8,\ 10\}$　(2) $\overline{B}=\{4,\ 5,\ 7,\ 8,\ 9,\ 10\}$

(3) $\overline{A}\cap\overline{B}=\{4,\ 8,\ 10\}$　(4) $\overline{A\cup B}=\{4,\ 8,\ 10\}$

5

$A=\{5\times1,\ 5\times2,\ 5\times3,\ \cdots\cdots,\ 5\times14\}$

より　$n(A)=\mathbf{14}$ **(個)**

$B=\{8\times1,\ 8\times2,\ 8\times3,\ \cdots\cdots,\ 8\times8\}$

より　$n(B)=\mathbf{8}$ **(個)**

6

$n(A)=5,\ n(B)=4$

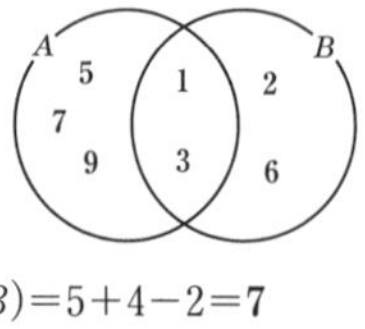

また，$A\cap B=\{1,\ 3\}$ より

$n(A\cap B)=2$

よって

$n(A\cup B)=n(A)+n(B)-n(A\cap B)=5+4-2=\mathbf{7}$

別解　$A\cup B=\{1,\ 2,\ 3,\ 5,\ 6,\ 7,\ 9\}$ より

$n(A\cup B)=\mathbf{7}$

7

50以下の自然数のうち，4の倍数の集合をA，5の倍数の集合をBとすると

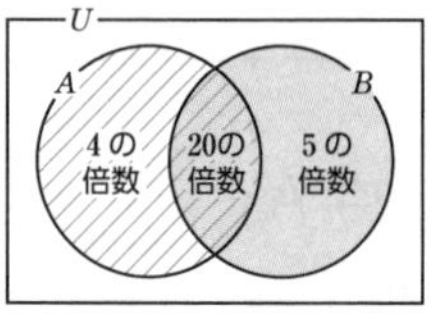

$A=\{4\times1,\ 4\times2,\ 4\times3,\ \cdots\cdots,\ 4\times12\}$

$B=\{5\times1,\ 5\times2,\ 5\times3,\ \cdots\cdots,\ 5\times10\}$

(1) 4の倍数かつ5の倍数の集合は$A\cap B$である。この集合は4と5の最小公倍数20の倍数の集合である。

$A\cap B=\{20\times1,\ 20\times2\}$

であるから，求める個数は　$n(A\cap B)=\mathbf{2}$ **(個)**

(2) 4の倍数または5の倍数の集合は$A\cup B$である。

$n(A)=12,\ n(B)=10$

であるから，求める個数は

$n(A\cup B)=n(A)+n(B)-n(A\cap B)$

$=12+10-2=\mathbf{20}$ **(個)**

8

60以下の自然数を全体集合Uとすると

$n(U)=60$

(1) Uの部分集合で，7で割り切れる数の集合をAとすると

$A=\{7\times1,\ 7\times2,\ 7\times3,\ \cdots\cdots,\ 7\times8\}$

より　$n(A)=8$

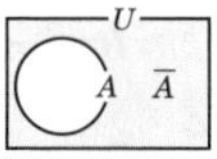

7で割り切れない数の集合は

$\overline{A}$であるから，求める個数は

$n(\overline{A})=n(U)-n(A)=60-8=\mathbf{52}$ **(個)**

(2) Uの部分集合で，11で割り切れる数の集合をBとすると

$B=\{11\times1,\ 11\times2,\ 11\times3,\ 11\times4,\ 11\times5\}$

より　$n(B)=5$

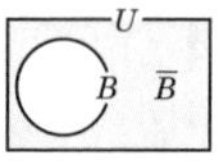

11で割り切れない数の集合は

$\overline{B}$であるから，求める個数は

$n(\overline{B})=n(U)-n(B)=60-5=\mathbf{55}$ **(個)**

9

生徒全体の集合を全体集合Uとし，その部分集合で，バスで通学する生徒の集合をA，電車で通学する生徒の集合をBとすると

$n(U)=80,\ n(A)=56,\ n(B)=64$

$n(A\cap B)=48$

(1) バスまたは電車で通学する生徒の集合は

$A\cup B$と表されるから，求める生徒の人数は

$n(A\cup B)=n(A)+n(B)-n(A\cap B)$

$=56+64-48=\mathbf{72}$ **(人)**

(2) バスも電車も使わずに通学する生徒の集合は

$\overline{A}\cap\overline{B}$である。ド・モルガンの法則より

$\overline{A}\cap\overline{B}=\overline{A\cup B}$

であるから，求める生徒の人数は

$n(\overline{A}\cap\overline{B})=n(\overline{A\cup B})=n(U)-n(A\cup B)$

$=80-72=\mathbf{8}$ **(人)**

4 樹形図・和の法則 (p.134)

例 10

ア 12

例 11

ア 9

10

樹形図をかくと，次のようになる。

500円(枚)	100円(枚)	50円(枚)	
2	0	0	1通り
1	5	0	6通り
	4	2	
	3	4	
	2	6	
	1	8	
	0	10	
0	10	0	11通り
	9	2	
	8	4	
	7	6	
	6	8	
	5	10	
	4	12	
	3	14	
	2	16	
	1	18	
	0	20	

よって　$1+6+11=$**18**（通り）

11

1回目，2回目のさいころの目の和の表をつくると，右のようになる。

1回＼2回	1	2	3	4	5	6
1	2	3	4	5	6	7
2	3	4	5	6	7	8
3	4	5	6	7	8	9
4	5	6	7	8	9	10
5	6	7	8	9	10	11
6	7	8	9	10	11	12

(1)　3の倍数となる目の和は3，6，9，12であり，3となるのは2通り，6となるのは5通り，9となるのは4通り，12となるのは1通りであるから，求める場合の数は，和の法則より

$2+5+4+1=$**12**（通り）

(2)　7以下となる目の和は2，3，4，5，6，7であり，それぞれ1，2，3，4，5，6通りあるから，求める場合の数は，和の法則より

$1+2+3+4+5+6=$**21**（通り）

5 積の法則 (p.136)

例 12

ア 12

例 13

ア 216　　　**イ** 8

例 14

ア 12

12

パンの選び方は4通りあり，そのそれぞれについて，ドリンクの選び方が6通りずつあるから，求める場合の数は，積の法則より　$4\times6=$**24**（通り）

13

A高校からB高校への行き方は5通りあり，そのそれぞれについて，B高校からC高校への行き方が3通りずつあるから，求める場合の数は，積の法則より

$5\times3=$**15**（通り）

14

(1)　大，中のさいころの奇数の目の出方は　1，3，5の3通りずつあり，小のさいころの2以上となる目の出方は　2，3，4，5，6の5通りあるから，求める場合の数は，積の法則より

$3\times3\times5=$**45**（通り）

(2)　それぞれのさいころの5以上の目の出方は　5，6の2通りずつあるから，求める場合の数は，積の法則より

$2\times2\times2=$**8**（通り）

15

(1)　$27=3^3$ より，正の約数は　$1,\ 3,\ 3^2,\ 3^3$ の**4個**

(2)　$96=2^5\times3$

ゆえに，96の正の約数は，2^5 の正の約数の1つと3の正の約数の1つの積で表される。2^5 の正の約数は $1,\ 2,\ 2^2,\ 2^3,\ 2^4,\ 2^5$ の6個あり，3の正の約数は1，3の2個ある。

よって，96の正の約数の個数は，積の法則より

$6\times2=$**12**（個）

6 順列 (1) (p.138)

例 15

ア 56　　　**イ** 840

例 16

ア 120

例 17

ア 990

例 18

ア 720

16

(1)　${}_4P_2=4\cdot3=$**12**

(2)　${}_5P_5=5!=5\cdot4\cdot3\cdot2\cdot1=$**120**

(3)　${}_6P_5=6\cdot5\cdot4\cdot3\cdot2=$**720**

(4)　${}_7P_1=$**7**

17

${}_5P_3=5\cdot4\cdot3$

$=$**60**（通り）

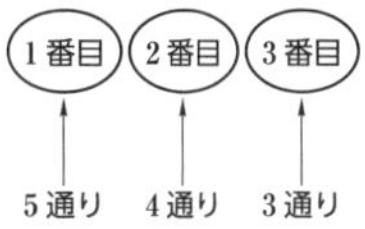

18

(1)　${}_{12}P_2=12\cdot11$

$=$**132**（通り）

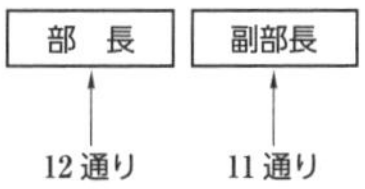

(2)　${}_9P_3=9\cdot8\cdot7$

$=$**504**（通り）

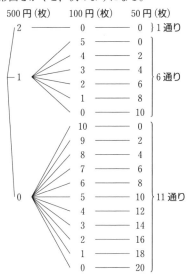

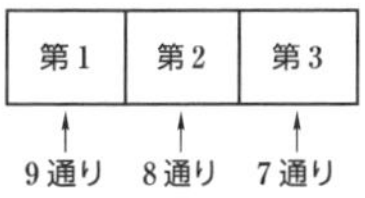

19

$_5P_5=5!$
$=5\cdot4\cdot3\cdot2\cdot1$
$=$**120（通り）**

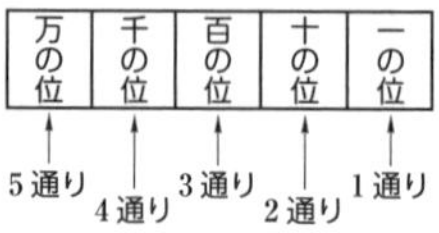

7　順列 (2) (p.140)

例 19

ア　168　　**イ**　294

例 20

ア　144　　**イ**　144

20

一の位のカードの並べ方は，2, 4, 6 の 3 通りある。このそれぞれの場合について，百の位，十の位に残りの 5 枚のカードから 2 枚を選んで並べる並べ方は

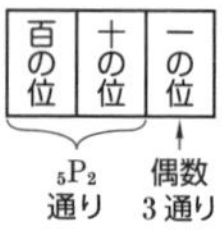

$_5P_2=5\cdot4=20$（通り）ずつある。
よって，3 桁の偶数の総数は，積の法則より
$3\times{}_5P_2=3\times5\cdot4=$**60（通り）**

21

百の位のカードの並べ方は，0 以外のカードの 6 通りある。このそれぞれの場合について，十の位，一の位に，0 を含む残りの 6 枚のカードから 2 枚を選んで並べる並べ方は
$_6P_2=6\cdot5=30$（通り）ずつある。
よって，3 桁の整数の総数は，積の法則より
$6\times{}_6P_2=6\times6\cdot5=$**180（通り）**

22

(1)　女子 4 人のうち両端にくる女子 2 人の並び方は $_4P_2=4\cdot3=12$（通り）
このそれぞれの場合について，残りの 4 人が 1 列に並ぶ並び方は

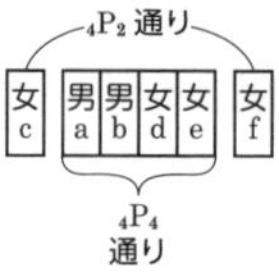

$_4P_4=4!=4\cdot3\cdot2\cdot1=24$（通り）
よって，並び方の総数は，積の法則より
$_4P_2\times4!=12\times24=$**288（通り）**

(2)　女子 4 人をひとまとめにして 1 人と考えると，3 人が 1 列に並ぶ並び方は

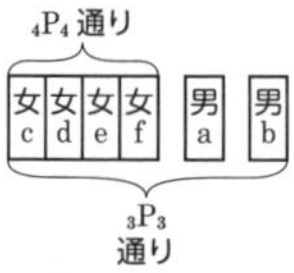

$_3P_3=3!=3\cdot2\cdot1=6$（通り）
このそれぞれの場合について，女子 4 人の並び方は
$_4P_4=4!=4\cdot3\cdot2\cdot1=24$（通り）
よって，並び方の総数は，積の法則より
$3!\times4!=6\times24=$**144（通り）**

8　円順列・重複順列 (p.142)

例 21

ア　24

例 22

ア　16

23

(1)　異なる 7 個のものの円順列であるから，座り方の総数は
$(7-1)!=6!=6\cdot5\cdot4\cdot3\cdot2\cdot1=$**720（通り）**

(2)　異なる 4 個のものの円順列であるから，塗り方の総数は
$(4-1)!=3!=3\cdot2\cdot1=$**6（通り）**

24

(1)　○，×の 2 個のものから 6 個取る重複順列であるから，記入の仕方の総数は
$2^6=$**64（通り）**

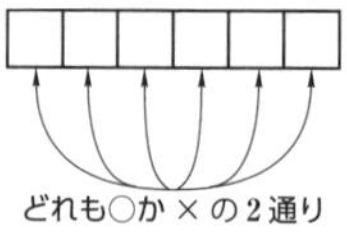

(2)　2 人を A，B とするとき，それぞれ 3 通りの出し方があるから，3 個のものから 2 個取る重複順列である。
よって，出し方の総数は
$3^2=$**9（通り）**

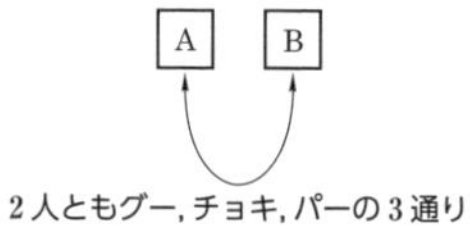

(3)　各桁にそれぞれ 3 通りずつ入れ方があるから，3 個のものから 5 個取る重複順列である。よって，5 桁の整数の総数は
$3^5=$**243（通り）**

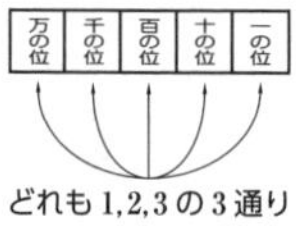

確 認 問 題 2 (p.144)

1

樹形図をかくと，次のようになる。

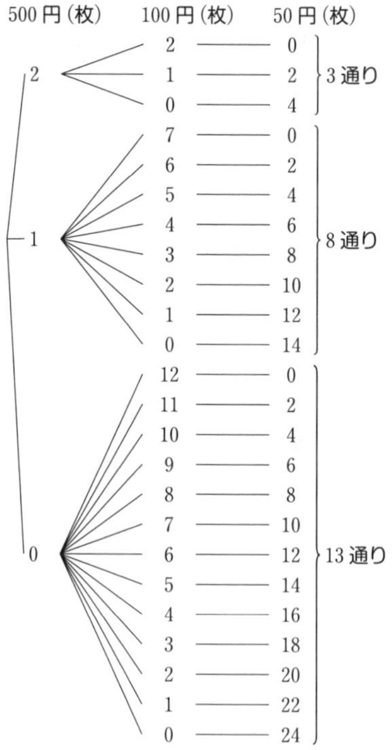

よって　$3+8+13=$**24（通り）**

2

1回目，2回目のさいころの目の和の表をつくると，右のようになる。

1回＼2回	1	2	3	4	5	6
1	2	3	4	5	6	7
2	3	4	5	6	7	8
3	4	5	6	7	8	9
4	5	6	7	8	9	10
5	6	7	8	9	10	11
6	7	8	9	10	11	12

(1)　4の倍数となる目の和は4，8，12であり，4となるのは3通り，8となるのは5通り，12となるのは1通りであるから，求める場合の数は，和の法則より　　$3+5+1=$**9（通り）**

(2)　5以下となる目の和は2，3，4，5であり，それぞれ1，2，3，4通りあるから，求める場合の数は，和の法則より

$1+2+3+4=$**10（通り）**

3

色の選び方は5通りあり，そのそれぞれについて，装飾の選び方が3通りずつあるから，求める場合の数は，積の法則より　　$5\times3=$**15（通り）**

4

(1)　$32=2^5$ より，正の約数は

$1,\ 2,\ 2^2,\ 2^3,\ 2^4,\ 2^5$ の**6個**

(2)　$54=2\times3^3$

ゆえに，54の正の約数は，2の正の約数の1つと 3^3 の正の約数の1つの積で表される。2の正の約数は1，2の2個あり，3^3 の正の約数は1，3，3^2，3^3 の4個ある。

よって，54の正の約数の個数は，積の法則より

$2\times4=$**8（個）**

5

(1)　${}_6\mathrm{P}_2=6\cdot5=$**30**

(2)　${}_5\mathrm{P}_1=$**5**

(3)　${}_5\mathrm{P}_4=5\cdot4\cdot3\cdot2=$**120**

6

${}_7\mathrm{P}_4=7\cdot6\cdot5\cdot4=$**840（通り）**

7

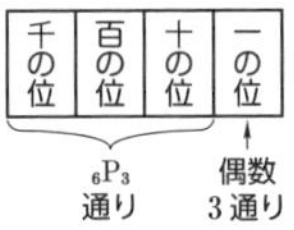

一の位のカードの並べ方は，2，4，6の3通りある。このそれぞれの場合について，千の位，百の位，十の位に残りの6枚のカードから3枚を選んで並べる並べ方は

${}_6\mathrm{P}_3=6\cdot5\cdot4=120$（通り）ずつある。

よって，4桁の偶数の総数は，積の法則より

$3\times{}_6\mathrm{P}_3=3\times120=$**360（通り）**

8

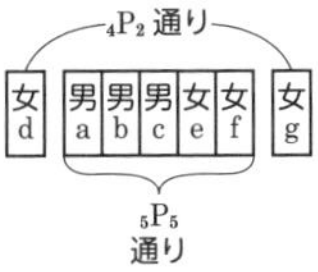

(1)　女子4人のうち両端にくる女子2人の並び方は ${}_4\mathrm{P}_2=4\cdot3=12$（通り）

このそれぞれの場合について，残りの5人が並ぶ並び方は

${}_5\mathrm{P}_5=5!=5\cdot4\cdot3\cdot2\cdot1=120$（通り）

よって，並び方の総数は，積の法則より

${}_4\mathrm{P}_2\times5!=12\times120=$**1440（通り）**

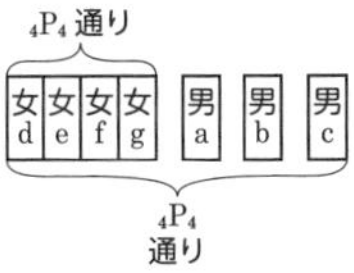

(2)　女子4人をひとまとめにして1人と考えると，4人が1列に並ぶ並び方は

${}_4\mathrm{P}_4=4!=4\cdot3\cdot2\cdot1=24$（通り）

このそれぞれの場合について，女子4人の並び方は

${}_4\mathrm{P}_4=4!=4\cdot3\cdot2\cdot1=24$（通り）

よって，並び方の総数は，積の法則より

$4!\times4!=24\times24=$**576（通り）**

9

(1)　異なる8個のものの円順列であるから，座り方の総数は

$(8-1)!=7!=7\cdot6\cdot5\cdot4\cdot3\cdot2\cdot1=$**5040（通り）**

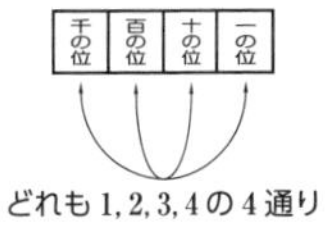

(2)　各桁にそれぞれ4通りずつ入れ方があるから，4個のものから4個取る重複順列である。よって，4桁の整数の総数は

$4^4=$**256（通り）**

9　組合せ(1)（p.146）

例23

ア　28　　　**イ**　15

例24

ア　21

例25

ア　8

例26

ア　35

25

(1)　${}_5\mathrm{C}_2=\dfrac{5\cdot4}{2\cdot1}=$**10**

(2)　${}_6\mathrm{C}_3=\dfrac{6\cdot5\cdot4}{3\cdot2\cdot1}=$**20**

(3)　${}_{11}\mathrm{C}_1=\dfrac{11}{1}=$**11**

(4)　${}_7\mathrm{C}_7=\dfrac{7\cdot6\cdot5\cdot4\cdot3\cdot2\cdot1}{7\cdot6\cdot5\cdot4\cdot3\cdot2\cdot1}=$**1**

26

(1)　10個のものから5個取る組合せであるから

${}_{10}\mathrm{C}_5=\dfrac{10\cdot9\cdot8\cdot7\cdot6}{5\cdot4\cdot3\cdot2\cdot1}=$**252（通り）**

(2)　12個のものから4個取る組合せであるから

${}_{12}\mathrm{C}_4=\dfrac{12\cdot11\cdot10\cdot9}{4\cdot3\cdot2\cdot1}=$**495（通り）**

27

(1)　${}_8\mathrm{C}_6={}_8\mathrm{C}_2=\dfrac{8\cdot7}{2\cdot1}=$**28**

(2)　${}_{10}\mathrm{C}_9={}_{10}\mathrm{C}_1=\dfrac{10}{1}=$**10**

(3)　${}_{12}\mathrm{C}_9={}_{12}\mathrm{C}_3=\dfrac{12\cdot11\cdot10}{3\cdot2\cdot1}=$**220**

(4)　${}_{14}\mathrm{C}_{12}={}_{14}\mathrm{C}_2=\dfrac{14\cdot13}{2\cdot1}=$**91**

28

三角形の個数は，5 個の頂点から 3 個取る組合せの総数に等しい。

よって　${}_5C_3={}_5C_2=\frac{5\cdot4}{2\cdot1}=$**10（個）**

10　組合せ (2)（p.148）

例27

ア　12

例28

ア　20　　**イ**　10

29

(1)　男子 7 人から 2 人を選ぶ選び方は ${}_7C_2$ 通り，このそれぞれの場合について，女子 5 人から 3 人を選ぶ選び方は ${}_5C_3$ 通りずつある。
よって，選び方の総数は，積の法則より
${}_7C_2\times{}_5C_3=21\times10=$**210（通り）**

(2)　1 から 9 の中に，奇数は 1，3，5，7，9 の 5 つ，偶数は 2，4，6，8 の 4 つが含まれる。よって，奇数を 2 枚選ぶ選び方は ${}_5C_2$ 通り，このそれぞれの場合について，偶数を 2 枚選ぶ選び方は ${}_4C_2$ 通りずつある。
よって，選び方の総数は，積の法則より
${}_5C_2\times{}_4C_2=10\times6=$**60（通り）**

30

(1)　8 人から A に入る 4 人を選ぶ選び方は ${}_8C_4$ 通り，このそれぞれの場合について，残りの 4 人は B に入る。
よって，求める分け方の総数は
${}_8C_4\times{}_4C_4=\frac{8\cdot7\cdot6\cdot5}{4\cdot3\cdot2\cdot1}\times1=$**70（通り）**

(2)　4 人ずつ 2 組に分けることは，(1)で A，B の部屋の区別をなくすことである。このとき，同じ組分けになるものが，それぞれ 2! 通りずつあるから
$\frac{70}{2!}=$**35（通り）**

11　同じものを含む順列（p.150）

例29

ア　1260

例30

ア　126　　**イ**　6

ウ　10　　**エ**　60

31

7 枚のカードの中に，[1]が 3 枚，[2]が 2 枚，[3]が 2 枚あるときの順列であるから，並べ方の総数は
$\frac{7!}{3!2!2!}=$**210（通り）**

別解　7 か所から 3 か所を選んで[1]を並べ，残りの 4 か所から 2 か所を選んで[2]を並べ，残りの 2 か所に[3]を並べる並べ方であるから，並べ方の総数は
${}_7C_3\times{}_4C_2\times{}_2C_2=35\times6\times1=$**210（通り）**

32

8 個の文字の中に a が 4 個，b が 2 個，c が 2 個あるときの順列であるから，並べ方の総数は
$\frac{8!}{4!2!2!}=$**420（通り）**

別解　8 か所から 4 か所を選んで a を並べ，残りの 4 か所から 2 か所を選んで b を並べ，残りの 2 か所に c を並べる並べ方であるから，並べ方の総数は
${}_8C_4\times{}_4C_2\times{}_2C_2=70\times6\times1=$**420（通り）**

33

(1)　右へ 1 区画進むことを a，上へ 1 区画進むことを b と表すと，求める道順の総数は，6 個の a と 3 個の b を 1 列に並べる順列の総数に等しい。
よって，求める道順の総数は　$\frac{9!}{6!3!}=$**84（通り）**

別解　9 区画の中から，右へ進む 6 区画をどこにするか選べば，最短経路が 1 つ決まる。
よって，求める道順の総数は
${}_9C_6={}_9C_3=\frac{9\cdot8\cdot7}{3\cdot2\cdot1}=$**84（通り）**

(2)　A から B への道順の総数は $\frac{3!}{2!1!}$ 通り，B から C への道順の総数は $\frac{6!}{4!2!}$ 通り。よって，求める道順の総数は
$\frac{3!}{2!1!}\times\frac{6!}{4!2!}=3\times15=$**45（通り）**

確認問題 3（p.152）

1

(1)　${}_4C_2=\frac{4\cdot3}{2\cdot1}=$**6**

(2)　${}_{10}C_3=\frac{10\cdot9\cdot8}{3\cdot2\cdot1}=$**120**

(3)　${}_6C_1=\frac{6}{1}=$**6**

(4)　${}_5C_5=\frac{5\cdot4\cdot3\cdot2\cdot1}{5\cdot4\cdot3\cdot2\cdot1}=$**1**

(5)　${}_{11}C_{10}={}_{11}C_1=\frac{11}{1}=$**11**

(6)　${}_9C_7={}_9C_2=\frac{9\cdot8}{2\cdot1}=$**36**

2

(1)　8 個のものから 3 個取る組合せであるから
${}_8C_3=\frac{8\cdot7\cdot6}{3\cdot2\cdot1}=$**56（通り）**

(2)　12 個のものから 5 個取る組合せであるから
${}_{12}C_5=\frac{12\cdot11\cdot10\cdot9\cdot8}{5\cdot4\cdot3\cdot2\cdot1}=$**792（通り）**

3

三角形の個数は，9 個の頂点から 3 個取る組合せの総数に等しい。

よって　${}_9C_3=\frac{9\cdot8\cdot7}{3\cdot2\cdot1}=$**84（個）**

4

男子６人から２人を選ぶ選び方は ${}_6C_2$ 通り，このそれぞれの場合について，女子３人から１人を選ぶ選び方は ${}_3C_1$ 通りずつある。
よって，選び方の総数は，積の法則より
$${}_6C_2\times{}_3C_1=15\times3=\mathbf{45}$$ **（通り）**

5

(1)　10人からＡに入る５人を選ぶ選び方は ${}_{10}C_5$ 通り，このそれぞれの場合について，残りの５人はＢに入る。
よって，求める分け方の総数は
$${}_{10}C_5\times{}_5C_5=\frac{10\cdot9\cdot8\cdot7\cdot6}{5\cdot4\cdot3\cdot2\cdot1}\times1=\mathbf{252}$$ **（通り）**

(2)　５人ずつ２組に分けることは，(1)でＡ，Ｂの部屋の区別をなくすことである。このとき，同じ組分けになるものが，それぞれ $2!$ 通りずつあるから
$$\frac{252}{2!}=\mathbf{126}$$ **（通り）**

6

７個の文字の中に a が２個，b が３個，c が２個あるときの順列であるから，並べ方の総数は
$$\frac{7!}{2!3!2!}=\mathbf{210}$$ **（通り）**

別解　７か所から２か所を選んで a を並べ，残りの５か所から３か所を選んで b を並べ，残りの２か所に c を並べる並べ方であるから，並べ方の総数は
$${}_7C_2\times{}_5C_3\times{}_2C_2=21\times10\times1=\mathbf{210}$$ **（通り）**

7

(1)　右へ１区画進むことを a，上へ１区画進むことを b と表すと，求める道順の総数は，５個の a と４個の b を１列に並べる順列の総数に等しい。
よって，求める道順の総数は　$\frac{9!}{5!4!}=\mathbf{126}$ **（通り）**

別解　９区画のうち右へ進む５区画をどこにするか選べば，最短経路が１つ決まる。
よって，求める道順の総数は
$${}_9C_5={}_9C_4=\frac{9\cdot8\cdot7\cdot6}{4\cdot3\cdot2\cdot1}=\mathbf{126}$$ **（通り）**

(2)　ＡからＢへの道順の総数は $\frac{5!}{2!3!}$ 通り，ＢからＣへの道順の総数は $\frac{4!}{3!1!}$ 通り。よって，求める道順の総数は
$$\frac{5!}{2!3!}\times\frac{4!}{3!1!}=10\times4=\mathbf{40}$$ **（通り）**

12　試行と事象・事象の確率（p.154）

例 31

ア　3

例 32

ア　$\frac{2}{3}$

例 33

ア　$\frac{4}{7}$

34

全事象　$U=\{1,\ 2,\ 3,\ 4,\ 5\}$
根元事象　$\{1\}$，$\{2\}$，$\{3\}$，$\{4\}$，$\{5\}$

35

全事象は　$U=\{1,\ 2,\ 3,\ 4,\ 5,\ 6\}$
ゆえに　$n(U)=6$

(1)「３の倍数の目が出る」事象を A とすると，
$A=\{3,\ 6\}$ より　$n(A)=2$
よって　$P(A)=\frac{n(A)}{n(U)}=\frac{2}{6}=\mathbf{\frac{1}{3}}$

(2)「３より小さい目が出る」事象を B とすると，
$B=\{1,\ 2\}$ より　$n(B)=2$
よって　$P(B)=\frac{n(B)}{n(U)}=\frac{2}{6}=\mathbf{\frac{1}{3}}$

36

$n(U)=90$

(1)「３の倍数のカードを引く」事象を A とすると
$A=\{3\times4,\ 3\times5,\ 3\times6,\ \cdots\cdots,\ 3\times33\}$
より　$n(A)=30$
よって　$P(A)=\frac{n(A)}{n(U)}=\frac{30}{90}=\mathbf{\frac{1}{3}}$

(2)「引いたカードの十の位の数と一の位の数の和が７である」事象を B とすると
$B=\{16,\ 25,\ 34,\ 43,\ 52,\ 61,\ 70\}$
より　$n(B)=7$
よって　$P(B)=\frac{n(B)}{n(U)}=\mathbf{\frac{7}{90}}$

37

「白球を取り出す」事象を A とすると
$n(U)=8$，$n(A)=5$
よって　$P(A)=\frac{n(A)}{n(U)}=\mathbf{\frac{5}{8}}$

13　いろいろな事象の確率 (1)（p.156）

例 34

ア　$\frac{1}{2}$

例 35

ア　$\frac{5}{36}$　　**イ**　$\frac{1}{6}$

38

$n(U)=2^2=4$
「２枚とも裏が出る」事象を A とすると，$n(A)=1$ より
$P(A)=\frac{n(A)}{n(U)}=\mathbf{\frac{1}{4}}$

39

$n(U)=2^3=8$

(1)「３枚とも表が出る」事象を A とすると，$n(A)=1$ より
$P(A)=\frac{n(A)}{n(U)}=\mathbf{\frac{1}{8}}$

(2)「２枚だけ表が出る」事象を B とすると，$n(B)$ は３個から２個取る組合せの総数であり　$n(B)={}_3C_2=3$

よって　$P(B)=\dfrac{n(B)}{n(U)}=\mathbf{\dfrac{3}{8}}$

40

大小 2 個のさいころの目の出方は全部で

$6\times6=36$（通り）

大＼小	1	2	3	4	5	6
1	2	3	4	5	6	7
2	3	4	5	6	7	8
3	4	5	6	7	8	9
4	5	6	7	8	9	10
5	6	7	8	9	10	11
6	7	8	9	10	11	12

(1)　目の和が 5 になるのは (1, 4), (2, 3), (3, 2), (4, 1) の 4 通りである。

よって，求める確率は　$\dfrac{4}{36}=\mathbf{\dfrac{1}{9}}$

(2)　目の和が 6 以下になるのは (1, 1), (1, 2), (1, 3), (1, 4), (1, 5), (2, 1), (2, 2), (2, 3), (2, 4), (3, 1), (3, 2), (3, 3), (4, 1), (4, 2), (5, 1) の 15 通りである。

よって，求める確率は　$\dfrac{15}{36}=\mathbf{\dfrac{5}{12}}$

14　いろいろな事象の確率 (2) (p.158)

例 36

ア　$\mathbf{\dfrac{1}{20}}$

例 37

ア　$\mathbf{\dfrac{9}{20}}$

41

5 人全員の走る順番の総数は　${}_5P_5=5!$（通り）

a が 2 番目，b が 4 番目になる場合は，a，b 以外の 3 人の並び方の総数だけあるから

${}_3P_3=3!$（通り）

よって，求める確率は　$\dfrac{3!}{5!}=\dfrac{3\cdot2\cdot1}{5\cdot4\cdot3\cdot2\cdot1}=\mathbf{\dfrac{1}{20}}$

42

6 人が 1 列に並ぶ並び方の総数は　${}_6P_6=6!$（通り）

左から 1 番目が a，3 番目が b，5 番目が c になる場合は，a，b，c 以外の 3 人の並び方の総数だけあるから

${}_3P_3=3!$（通り）

よって，求める確率は　$\dfrac{3!}{6!}=\dfrac{3\cdot2\cdot1}{6\cdot5\cdot4\cdot3\cdot2\cdot1}=\mathbf{\dfrac{1}{120}}$

43

7 個の球から 3 個の球を同時に取り出す取り出し方は

${}_7C_3=35$（通り）

(1)　赤球 3 個を取り出す取り出し方は　${}_4C_3=4$（通り）

よって，求める確率は　$\mathbf{\dfrac{4}{35}}$

(2)　赤球 2 個，白球 1 個を取り出す取り出し方は

${}_4C_2\times{}_3C_1=6\times3=18$（通り）

よって，求める確率は　$\mathbf{\dfrac{18}{35}}$

15　確率の基本性質 (1) (p.160)

例 38

ア　**1, 3, 4, 5, 6**

例 39

ア　排反

例 40

ア　$\mathbf{\dfrac{1}{4}}$

44

$A=\{2, 4, 6\}$，$B=\{2, 3, 5\}$ より，

$A\cap B=\mathbf{\{2\}}$

$A\cup B=\mathbf{\{2, 3, 4, 5, 6\}}$

45

$A=\{2, 4, 6, 8, 10, \cdots\cdots, 30\}$

$B=\{5, 10, 15, 20, 25, 30\}$

$C=\{1, 2, 3, 4, 6, 8, 12, 24\}$

より，$A\cap B\neq\varnothing$，$A\cap C\neq\varnothing$，$B\cap C=\varnothing$

よって，**B と C** が互いに排反である。

46

(1)　「1 等が当たる」事象を A，「2 等が当たる」事象を B とすると，事象 A と B は互いに排反である。

よって，求める確率は

$$P(A\cup B)=P(A)+P(B)$$
$$=\frac{1}{20}+\frac{2}{20}=\mathbf{\frac{3}{20}}$$

(2)　「4 等が当たる」事象を C，「はずれる」事象を D とすると，事象 C，D は互いに排反である。

よって，求める確率は

$$P(C\cup D)=P(C)+P(D)$$
$$=\frac{4}{20}+\frac{10}{20}=\frac{14}{20}=\mathbf{\frac{7}{10}}$$

16　確率の基本性質 (2) (p.162)

例 41

ア　$\mathbf{\dfrac{3}{7}}$

例 42

ア　$\mathbf{\dfrac{12}{25}}$

47

8 人から 3 人の委員を選ぶ選び方は　${}_8C_3=56$（通り）

「3 人とも男子が選ばれる」事象を A，「3 人とも女子が選ばれる」事象を B とすると

$$P(A)=\frac{{}_3C_3}{{}_8C_3}=\frac{1}{56}$$

$$P(B)=\frac{{}_5C_3}{{}_8C_3}=\frac{10}{56}$$

「3 人とも男子または 3 人とも女子が選ばれる」事象は，A と B の和事象 $A\cup B$ であり，A と B は互いに排反である。よって，求める確率は

$$P(A\cup B)=P(A)+P(B)$$
$$=\frac{1}{56}+\frac{10}{56}=\mathbf{\frac{11}{56}}$$

48

カードの引き方は全部で 100 通り。

引いたカードの番号が「4の倍数である」事象をA,「6の倍数である」事象をBとすると

$A=\{4\times1,\ 4\times2,\ 4\times3,\ \cdots\cdots,\ 4\times25\}$

$B=\{6\times1,\ 6\times2,\ 6\times3,\ \cdots\cdots,\ 6\times16\}$

積事象 $A\cap B$ は，4と6の最小公倍数 12 の倍数である事象であるから

$A\cap B=\{12\times1,\ 12\times2,\ 12\times3,\ \cdots\cdots,\ 12\times8\}$

ゆえに　$n(A)=25,\ n(B)=16,\ n(A\cap B)=8$

よって

$$P(A)=\frac{25}{100},\ P(B)=\frac{16}{100},\ P(A\cap B)=\frac{8}{100}$$

したがって，求める確率は

$$P(A\cup B)=P(A)+P(B)-P(A\cap B)=\frac{25}{100}+\frac{16}{100}-\frac{8}{100}=\mathbf{\frac{33}{100}}$$

17　余事象とその確率（p.164）

例 43

ア　$\mathbf{\frac{2}{3}}$

例 44

ア　$\mathbf{\frac{13}{14}}$

49

引いたカードの番号が「5の倍数である」事象をAとすると,「5の倍数でない」事象は，事象Aの余事象$\overline{A}$である。

$A=\{5\times1,\ 5\times2,\ 5\times3,\ \cdots\cdots,\ 5\times6\}$ より

$$P(A)=\frac{6}{30}=\frac{1}{5}$$

よって，求める確率は

$$P(\overline{A})=1-P(A)=1-\frac{1}{5}=\mathbf{\frac{4}{5}}$$

50

「少なくとも1個は白球である」事象を A とすると，事象 A の余事象 $\overline{A}$ は「3個とも赤球である」事象である。球は全部で9個であり，この中から3個の球を取り出す取り出し方は　${}_9C_3=84$（通り）

このうち，3個とも赤球になる取り出し方は

${}_4C_3=4$（通り）

よって，事象 $\overline{A}$ が起こる確率 $P(\overline{A})$ は

$$P(\overline{A})=\frac{{}_4C_3}{{}_9C_3}=\frac{4}{84}=\frac{1}{21}$$

したがって，求める確率は

$$P(A)=1-P(\overline{A})=1-\frac{1}{21}=\mathbf{\frac{20}{21}}$$

51

「少なくとも1本は当たる」事象を A とすると，事象 A の余事象 $\overline{A}$ は「4本ともはずれる」事象である。くじは全部で 12 本であり，この中から4本のくじを引く引き方は

${}_{12}C_4=495$（通り）

このうち，4本ともはずれる引き方は

${}_9C_4=126$（通り）

よって，事象 $\overline{A}$ が起こる確率 $P(\overline{A})$ は

$$P(\overline{A})=\frac{{}_9C_4}{{}_{12}C_4}=\frac{126}{495}=\frac{14}{55}$$

したがって，求める確率は

$$P(A)=1-P(\overline{A})=1-\frac{14}{55}=\mathbf{\frac{41}{55}}$$

確認問題 4（p.166）

1

全事象　$\mathbf{U=\{1,\ 2,\ 3,\ 4,\ 5,\ 6,\ 7,\ 8,\ 9\}}$

根元事象　$\mathbf{\{1\},\ \{2\},\ \{3\},\ \{4\},\ \{5\},\ \{6\},\ \{7\},\ \{8\},\ \{9\}}$

2

全事象　$U=\{1,\ 2,\ 3,\ 4,\ 5,\ 6\}$

より　$n(U)=6$

(1)「4の約数の目が出る」事象をAとすると，

$A=\{1,\ 2,\ 4\}$ より　$n(A)=3$

よって　$P(A)=\frac{n(A)}{n(U)}=\frac{3}{6}=\mathbf{\frac{1}{2}}$

(2)「2より大きい目が出る」事象をBとすると，

$B=\{3,\ 4,\ 5,\ 6\}$ より　$n(B)=4$

よって　$P(B)=\frac{n(B)}{n(U)}=\frac{4}{6}=\mathbf{\frac{2}{3}}$

3

$n(U)=2^3=8$

「3枚とも裏が出る」事象をAとすると，$n(A)=1$ より

$$P(A)=\frac{n(A)}{n(U)}=\mathbf{\frac{1}{8}}$$

4

$n(U)=6\times6=36$

(1) 目の和が 10 になるのは，(4, 6), (5, 5), (6, 4) の3通りである。

よって，求める確率は　$\frac{3}{36}=\mathbf{\frac{1}{12}}$

(2) 目の和が偶数になるのは，2回とも偶数の目が出るか，2回とも奇数の目が出る場合である。それらの場合は

$3\times3+3\times3=18$（通り）

よって，求める確率は　$\frac{18}{36}=\mathbf{\frac{1}{2}}$

5

8個の球から3個の球を同時に取り出す取り出し方は

${}_8C_3=56$（通り）

赤球1個，白球2個を取り出す取り出し方は

${}_5C_1\times{}_3C_2=5\times3=15$（通り）

よって，求める確率は　$\mathbf{\frac{15}{56}}$

6

$A=\{2,\ 4,\ 6,\ 8\},\ B=\{2,\ 3,\ 5,\ 7\}$ より

$A\cap B=\{\mathbf{2}\}$

$A\cup B=\{\mathbf{2,\ 3,\ 4,\ 5,\ 6,\ 7,\ 8}\}$

7

カードの引き方は全部で 100 通り。

引いたカードの番号が「8の倍数である」事象を A，「12の倍数である」事象を B とすると

$A=\{8\times1,\ 8\times2,\ 8\times3,\ \cdots\cdots,\ 8\times12\}$

$B=\{12\times1,\ 12\times2,\ 12\times3,\ \cdots\cdots,\ 12\times8\}$

積事象 $A\cap B$ は，24 の倍数である事象であるから

$A\cap B=\{24\times1,\ 24\times2,\ 24\times3,\ 24\times4\}$

ゆえに　$n(A)=12,\ n(B)=8,\ n(A\cap B)=4$

よって　$P(A)=\frac{12}{100},\ P(B)=\frac{8}{100},\ P(A\cap B)=\frac{4}{100}$

したがって，求める確率は

$$P(A\cup B)=P(A)+P(B)-P(A\cap B)$$
$$=\frac{12}{100}+\frac{8}{100}-\frac{4}{100}=\frac{16}{100}=\mathbf{\frac{4}{25}}$$

8

カードの引き方は全部で 50 通り。

引いたカードの番号が「7の倍数である」事象を A とすると，「7の倍数でない」事象は，事象 A の余事象 $\overline{A}$ である。

$A=\{7\times1,\ 7\times2,\ 7\times3,\ \cdots\cdots,\ 7\times7\}$ より

$$P(A)=\frac{7}{50}$$

よって，求める確率は

$$P(\overline{A})=1-P(A)=1-\frac{7}{50}=\mathbf{\frac{43}{50}}$$

9

「少なくとも1個は白球である」事象を A とすると，事象 A の余事象 $\overline{A}$ は「2個とも赤球である」事象である。球は全部で 10 個であり，この中から 2 個の球を取り出す取り出し方は　${}_{10}C_2=45$（通り）

このうち，2個とも赤球になる取り出し方は

${}_5C_2=10$（通り）

よって，事象 $\overline{A}$ が起こる確率 $P(\overline{A})$ は

$$P(\overline{A})=\frac{{}_5C_2}{{}_{10}C_2}=\frac{10}{45}=\frac{2}{9}$$

したがって，求める確率は

$$P(A)=1-P(\overline{A})=1-\frac{2}{9}=\mathbf{\frac{7}{9}}$$

18　独立な試行の確率・反復試行の確率（p.168）

例 45

ア　$\frac{1}{6}$

例 46

ア　$\frac{1}{24}$

例 47

ア　$\frac{3}{8}$

52

これら2つの試行は，互いに独立である。

さいころで 3 以上の目が出る確率は　$\frac{4}{6}$

硬貨で裏が出る確率は　$\frac{1}{2}$

よって，求める確率は　$\frac{4}{6}\times\frac{1}{2}=\mathbf{\frac{1}{3}}$

53

各回の試行は，互いに独立である。

(1)　1 回目に 1 の目が出る確率は $\frac{1}{6}$，2 回目に 2 の倍数の目が出る確率は $\frac{3}{6}$，3 回目に 3 以上の目が出る確率は $\frac{4}{6}$

よって，求める確率は　$\frac{1}{6}\times\frac{3}{6}\times\frac{4}{6}=\mathbf{\frac{1}{18}}$

(2)　1 回目に 6 の約数の目が出る確率は $\frac{4}{6}$，2 回目に 3 の倍数の目が出る確率は $\frac{2}{6}$，3 回目に 2 以下の目が出る確率は $\frac{2}{6}$

よって，求める確率は　$\frac{4}{6}\times\frac{2}{6}\times\frac{2}{6}=\mathbf{\frac{2}{27}}$

54

1 枚の硬貨を 1 回投げるとき，表が出る確率は $\frac{1}{2}$

また，6 回のうち表が 2 回出るとき，残りの 4 回は裏である。

よって，求める確率は

$${}_6C_2\left(\frac{1}{2}\right)^2\left(1-\frac{1}{2}\right)^4=15\times\frac{1}{4}\times\frac{1}{16}=\mathbf{\frac{15}{64}}$$

19　条件つき確率と乗法定理（p.170）

例 48

ア　$\frac{4}{11}$　　イ　$\frac{4}{7}$

例 49

ア　$\frac{2}{7}$　　イ　$\frac{3}{28}$

55

(1)　$P_A(B)=\frac{n(A\cap B)}{n(A)}=\frac{9}{9+11}=\mathbf{\frac{9}{20}}$

(2)　$P_B(A)=\frac{n(B\cap A)}{n(B)}=\frac{9}{14+9}=\mathbf{\frac{9}{23}}$

56

「a が当たる」事象を A，「b が当たる」事象を B とする。

(1)　求める確率は $P_A(B)$ であるから

$$P_A(B)=\frac{4-1}{10-1}=\frac{3}{9}=\mathbf{\frac{1}{3}}$$

(2)　「2 人とも当たる」事象は $A\cap B$ であるから，2 人とも当たる確率は $P(A\cap B)$ である。

$P(A)=\frac{4}{10}$，$P_A(B)=\frac{1}{3}$ であるから，求める確率は，乗法定理より

$$P(A\cap B)=P(A)\times P_A(B)$$
$$=\frac{4}{10}\times\frac{1}{3}=\frac{4}{30}=\mathbf{\frac{2}{15}}$$

57

(1) 「1個目に赤球が出る」事象を A，「2個目に白球が出る」事象を B とすると，求める確率は $P_A(B)$ である。

1個目に赤球が出たとき，袋には赤球2個と白球5個が残っている。

よって $P_A(B)=\frac{5}{8-1}=\mathbf{\frac{5}{7}}$

(2) 「1個目に赤球が出て，2個目に白球が出る」事象は $A\cap B$ であるから

求める確率は $P(A\cap B)$ である。

$P(A)=\frac{3}{8}$，$P_A(B)=\frac{5}{7}$ であるから，乗法定理より

$$P(A\cap B)=P(A)\times P_A(B)$$
$$=\frac{3}{8}\times\frac{5}{7}=\mathbf{\frac{15}{56}}$$

20 期待値 (p.172)

例50

ア 5

例51

ア $\mathbf{\frac{200}{3}}$

58

引いたカードに書かれた数字は1，3，5，7，9のいずれかであり，これらの数字が書かれたカードを引く確率は，すべて $\frac{1}{5}$ である。

よって，求める期待値は

$$1\times\frac{1}{5}+3\times\frac{1}{5}+5\times\frac{1}{5}+7\times\frac{1}{5}+9\times\frac{1}{5}$$
$$=\frac{25}{5}=\mathbf{5}$$

59

1枚の硬貨を続けて3回投げるとき，表が出る回数とその確率は，次の表のようになる。

表の回数	0	1	2	3	計
確率	$\frac{1}{8}$	$\frac{3}{8}$	$\frac{3}{8}$	$\frac{1}{8}$	1

よって，表が出る回数の期待値は

$$0\times\frac{1}{8}+1\times\frac{3}{8}+2\times\frac{3}{8}+3\times\frac{1}{8}$$
$$=\frac{12}{8}=\mathbf{\frac{3}{2}}\ \textbf{(回)}$$

注意 1枚の硬貨を続けて3回投げるとき，表が r 回出る確率は

$${}_3C_r\left(\frac{1}{2}\right)^r\left(\frac{1}{2}\right)^{3-r}={}_3C_r\left(\frac{1}{2}\right)^3\quad(r=0,\ 1,\ 2,\ 3)$$

60

取り出した3個の球に含まれる赤球の個数は，1個，2個，3個のいずれかである。

赤球が1個である確率は $\frac{{}_3C_1\times{}_2C_2}{{}_5C_3}=\frac{3}{10}$

赤球が2個である確率は $\frac{{}_3C_2\times{}_2C_1}{{}_5C_3}=\frac{6}{10}$

赤球が3個である確率は $\frac{{}_3C_3}{{}_5C_3}=\frac{1}{10}$

したがって，もらえる点数とその確率は，下の表のようになる。

点数	500	1000	1500	計
確率	$\frac{3}{10}$	$\frac{6}{10}$	$\frac{1}{10}$	1

よって，求める期待値は

$$500\times\frac{3}{10}+1000\times\frac{6}{10}+1500\times\frac{1}{10}$$
$$=\frac{9000}{10}=\mathbf{900}\ \textbf{(点)}$$

確認問題5 (p.174)

1

袋Aから球を取り出す試行と，袋Bから球を取り出す試行は互いに独立である。

袋Aから赤球を取り出す確率は $\frac{3}{9}$

袋Bから青球を取り出す確率は $\frac{6}{8}$

よって，求める確率は $\frac{3}{9}\times\frac{6}{8}=\mathbf{\frac{1}{4}}$

2

各回の試行は，互いに独立である。

1回目に赤球が出る確率は $\frac{5}{12}$，2回目に白球が出る確率は $\frac{4}{12}$，3回目に青球が出る確率は $\frac{3}{12}$

よって，求める確率は

$$\frac{5}{12}\times\frac{4}{12}\times\frac{3}{12}=\mathbf{\frac{5}{144}}$$

3

1個のさいころを1回投げて5以上の目が出る確率は $\frac{1}{3}$

5回のうち5以上の目が3回，それ以外の目が2回出る確率であるから

$${}_5C_3\left(\frac{1}{3}\right)^3\left(1-\frac{1}{3}\right)^2=10\times\frac{1}{27}\times\frac{4}{9}=\mathbf{\frac{40}{243}}$$

4

「1枚目に3の倍数が出る」事象を A，「2枚目に4の倍数が出る」事象を B とすると，求める確率は $P_A(B)$ である。

よって $P_A(B)=\frac{2}{10-1}=\mathbf{\frac{2}{9}}$

5

(1) 「1回目に赤球が出る」事象を A，「2回目に白球が出

る」事象をBとすると，求める確率は $P(A\cap B)$ である。

$$P(A)=\frac{4}{9},\ P_A(B)=\frac{5}{9-1}=\frac{5}{8}$$

であるから，乗法定理より

$$P(A\cap B)=P(A)\times P_A(B)=\frac{4}{9}\times\frac{5}{8}=\mathbf{\frac{5}{18}}$$

(2) 「2回目に赤球が出る」事象をCとすると，求める確率は $P(A\cap C)$ である。

$$P_A(C)=\frac{4-1}{9-1}=\frac{3}{8}$$

であるから，乗法定理より

$$P(A\cap C)=P(A)\times P_A(C)=\frac{4}{9}\times\frac{3}{8}=\mathbf{\frac{1}{6}}$$

6

引いた2本のくじの中に含まれる当たりの本数は，0本，1本，2本のいずれかである。

当たりが0本である確率は　$\frac{{}_7C_2}{{}_{10}C_2}=\frac{21}{45}$

当たりが1本である確率は　$\frac{{}_3C_1\times{}_7C_1}{{}_{10}C_2}=\frac{21}{45}$

当たりが2本である確率は　$\frac{{}_3C_2}{{}_{10}C_2}=\frac{3}{45}$

したがって，もらえる点数とその確率は，次の表のようになる。

点数	0	100	200	計
確率	$\frac{21}{45}$	$\frac{21}{45}$	$\frac{3}{45}$	1

よって，求める期待値は

$$0\times\frac{21}{45}+100\times\frac{21}{45}+200\times\frac{3}{45}=\frac{2700}{45}=\mathbf{60}\ \textbf{(点)}$$

TRY *PLUS* (p.176)

問1

4人の手の出し方の総数は

$3^4=81$ (通り)

(1) aとbの2人だけが勝つ場合は，aとbが，グー，チョキ，パーのそれぞれで勝つ3通りがある。

よって，求める確率は

$$\frac{3}{3^4}=\frac{3}{81}=\mathbf{\frac{1}{27}}$$

(2) 4人のうち，勝つ2人の選び方は${}_4C_2$通りあり，このそれぞれの場合について，グー，チョキ，パーで勝つ3通りがある。

よって，求める確率は

$$\frac{{}_4C_2\times3}{3^4}=\frac{6\times3}{81}=\mathbf{\frac{2}{9}}$$

(3) 4人のうち，勝つ3人の選び方は${}_4C_3$通りあり，このそれぞれの場合について，グー，チョキ，パーで勝つ3通りがある。

よって，求める確率は

$$\frac{{}_4C_3\times3}{81}=\frac{4\times3}{81}=\mathbf{\frac{4}{27}}$$

問2

「1の目がちょうど2回出る」事象をA，「3回とも1の目が出る」事象をBとすると，1の目が2回以上出る事象は $A\cup B$ である。

ここで，$P(A)={}_3C_2\left(\frac{1}{6}\right)^2\left(1-\frac{1}{6}\right)^{3-2}=3\times\frac{1}{6^2}\times\frac{5}{6}=\frac{15}{6^3}$

$$P(B)={}_3C_3\left(\frac{1}{6}\right)^3=\frac{1}{6^3}$$

AとBは互いに排反であるから，求める確率は

$$P(A\cup B)=P(A)+P(B)=\frac{15}{6^3}+\frac{1}{6^3}=\frac{16}{6^3}=\mathbf{\frac{2}{27}}$$

第2章　図形の性質

21　平行線と線分の比 (p.178)

例52

ア　8　　　　**イ**　3

例53

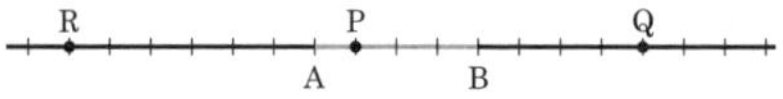

61

(1) $x:6=3:7$ より　$7x=18$

よって　$x=\mathbf{\frac{18}{7}}$

$y:7=3:7$ より　$7y=21$

よって　$y=\mathbf{3}$

(2) $x:(9-x)=6:3$ より　$3x=6(9-x)$

よって　$x=\mathbf{6}$

$y:2=6:3$ より　$3y=12$

よって　$y=\mathbf{4}$

(3) $5:x=6:2$ より　$6x=10$

よって　$x=\mathbf{\frac{5}{3}}$

$4:y=6:8$ より　$6y=32$

よって　$y=\mathbf{\frac{16}{3}}$

(4) $x:5=3:2$ より　$2x=15$

よって　$x=\mathbf{\frac{15}{2}}$

$y:4=3:2$ より　$2y=12$

よって　$y=\mathbf{6}$

62

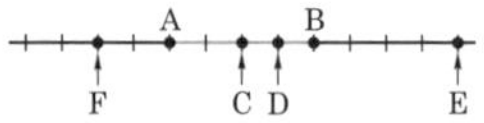

22　角の二等分線と線分の比 (p.180)

例54

ア　8

例55

ア　6

63

BD：DC＝AB：AC より

$x:(14-x)=16:12$

よって　$12x=16(14-x)$

したがって　$x=\mathbf{8}$

64

(1)　BD：DC＝AB：AC＝7：3 より

$BD=\dfrac{7}{7+3}\times BC=\dfrac{7}{10}\times 6=\mathbf{\dfrac{21}{5}}$

(2)　BE：EC＝AB：AC＝7：3 より

$CE=\dfrac{3}{7-3}\times BC=\dfrac{3}{4}\times 6=\mathbf{\dfrac{9}{2}}$

(3)　$DE=DC+CE$

$=(BC-BD)+CE$

$=\left(6-\dfrac{21}{5}\right)+\dfrac{9}{2}=\mathbf{\dfrac{63}{10}}$

23　三角形の重心・内心・外心 (p.182)

例 56

ア　12

例 57

ア　70°

例 58

ア　40°

65

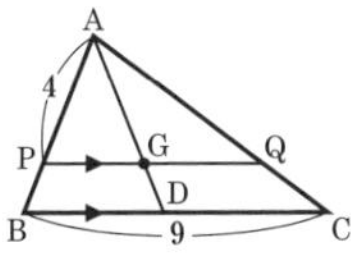

G は △ABC の重心であるから

AG：GD＝2：1

△ABD において，PG∥BD であるから　AP：PB＝AG：GD

よって，4：PB＝2：1 より　PB＝**2**

また，△ABC において，PQ∥BC であるから

AP：AB＝PQ：BC

よって　4：6＝PQ：9 より　PQ＝**6**

66

(1)　I は △ABC の内心であるから

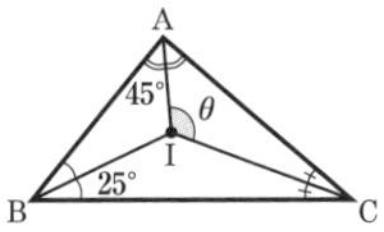

∠IAC＝∠IAB＝45°

∠IBA＝∠IBC＝25°

∠ICA＝∠ICB

△ABC において，内角の和は 180° であるから

$2\times\angle ICA+2\times(45^\circ+25^\circ)=180^\circ$

ゆえに　$\angle ICA=20^\circ$

よって，△IAC において内角の和は 180° であるから

$\theta+20^\circ+45^\circ=180^\circ$

したがって　$\theta=\mathbf{115^\circ}$

(2)　I は △ABC の内心であるから

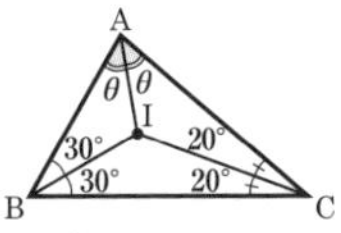

∠IBA＝∠IBC＝30°

∠ICA＝∠ICB＝20°

△ABC において，内角の和は 180° であるから

$2\times(\theta+30^\circ+20^\circ)=180^\circ$

ゆえに　$2\theta=80^\circ$

よって　$\theta=\mathbf{40^\circ}$

(3)　∠IBC＝α，∠ICB＝β とおくと，

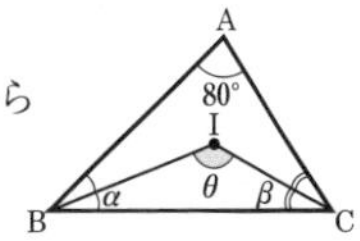

△ABC の内角の和は 180° であるから

$2\alpha+2\beta+80^\circ=180^\circ$

より　$\alpha+\beta=50^\circ$

△IBC において，内角の和は 180° であるから

$\theta+\alpha+\beta=180^\circ$

よって　$\theta=\mathbf{130^\circ}$

67

(1)　O は △ABC の外心であるから

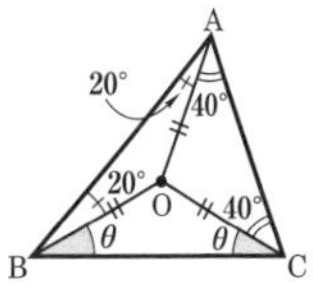

∠OBA＝∠OAB＝20°

∠OAC＝∠OCA＝40°

∠OCB＝∠OBC＝θ

△ABC において，内角の和は 180° であるから　$2\times(\theta+20^\circ+40^\circ)=180^\circ$

よって　$\theta=\mathbf{30^\circ}$

(2)　O は △ABC の外心であるから，右の図のように

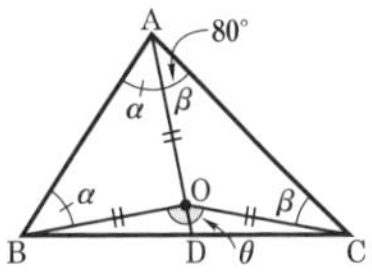

∠OAB＝∠OBA＝α

∠OAC＝∠OCA＝β

とおくと

∠BOD＝2α，∠COD＝2β

より　$\theta=\angle BOD+\angle COD=2\alpha+2\beta=2(\alpha+\beta)$

ここで，$\alpha+\beta=80^\circ$ であるから

$\theta=2\times 80^\circ=\mathbf{160^\circ}$

別解　△ABC の外接円の円周角と中心角の関係から

$80^\circ=\dfrac{1}{2}\theta$　　よって　$\theta=\mathbf{160^\circ}$

(3)　△ABC において，内角の和は 180° であるから

$\angle ACB=180^\circ-(120^\circ+25^\circ)=35^\circ$

O は △ABC の外心であるから，下の図のように

∠OBC＝∠OCB＝α とおくと

$\angle OAB=\angle OBA=\alpha+25^\circ$

$\angle OAC=\angle OCA=\alpha+35^\circ$

$\angle BAC=\angle OAB+\angle OAC=120^\circ$

であるから　$(\alpha+25^\circ)+(\alpha+35^\circ)=120^\circ$

ゆえに　$\alpha=30^\circ$

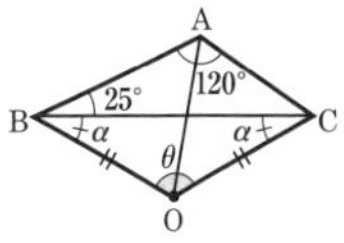

△OBC において，内角の和は 180° であるから

$\theta+30^\circ+30^\circ=180^\circ$

よって　$\theta=\mathbf{120^\circ}$

24　メネラウスの定理とチェバの定理 (p.184)

例 59

ア　11　　**イ**　4

例 60

ア　3　　**イ**　4

68

メネラウスの定理より

$$\frac{BP}{PC}\cdot\frac{CQ}{QA}\cdot\frac{AR}{RB}=\frac{BP}{PC}\cdot\frac{1}{1}\cdot\frac{1}{3}=1$$

ゆえに $\dfrac{BP}{PC}=\dfrac{3}{1}$

よって BP : PC = **3 : 1**

69

メネラウスの定理より

$$\frac{BP}{PC}\cdot\frac{CQ}{QA}\cdot\frac{AR}{RB}=\frac{1}{3}\cdot\frac{3}{2}\cdot\frac{AR}{RB}=1$$

ゆえに $\dfrac{AR}{RB}=\dfrac{2}{1}$

よって AR : RB = **2 : 1**

70

チェバの定理より

$$\frac{BP}{PC}\cdot\frac{CQ}{QA}\cdot\frac{AR}{RB}=\frac{5}{3}\cdot\frac{2}{3}\cdot\frac{AR}{RB}=1$$

ゆえに $\dfrac{AR}{RB}=\dfrac{9}{10}$

よって AR : RB = **9 : 10**

71

(1) △ABD と直線 CF において，メネラウスの定理より

$$\frac{BC}{CD}\cdot\frac{DP}{PA}\cdot\frac{AF}{FB}=\frac{BC}{CD}\cdot\frac{3}{7}\cdot\frac{2}{3}=1$$

ゆえに $\dfrac{BC}{CD}=\dfrac{7}{2}$ より BC : CD = 7 : 2

よって BD : DC = **5 : 2**

(2) △ABC において，チェバの定理より

$$\frac{BD}{DC}\cdot\frac{CE}{EA}\cdot\frac{AF}{FB}=1$$

(1)より $\dfrac{5}{2}\cdot\dfrac{CE}{EA}\cdot\dfrac{2}{3}=1$

ゆえに $\dfrac{CE}{EA}=\dfrac{3}{5}$

よって AE : EC = **5 : 3**

確認問題 6 (p.186)

1

(1) $(10+x):10=12:8$ より $8(10+x)=120$

よって $x=\mathbf{5}$

$(y+4):y=12:8$ より $8(y+4)=12y$

よって $y=\mathbf{8}$

(2) $x:9=4:6$ より $x=\mathbf{6}$

$15:y=10:6$ より $y=\mathbf{9}$

2

(1) △DAC において

AE : EC = DA : DC より

AE : EC = **2 : 3**

(2) △BCA において

AE : EC = BA : BC より

$2:3=4:x$

よって $x=\mathbf{6}$

3

(1) BD : DC = AB : AC = 15 : 5 = 3 : 1

より $BD=\dfrac{3}{3+1}\times BC=\dfrac{3}{4}\times 12=\mathbf{9}$

(2) BE : EC = AB : AC = 3 : 1 より

$CE=\dfrac{1}{3-1}\times BC=\dfrac{1}{2}\times 12=\mathbf{6}$

(3) $DE=DC+CE=(BC-BD)+CE$

$=(12-9)+6=\mathbf{9}$

4

G は △ABC の重心であるから AG : GD = 2 : 1

よって 8 : GD = 2 : 1 より GD = **4**

D は BC の中点であるから DC = BD = 6

また，△ADC において，GQ∥DC であるから

AG : AD = GQ : DC

よって 8 : (8+4) = GQ : 6 より

GQ = **4**

5

(1) I は △ABC の内心であるから

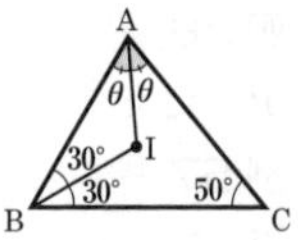

∠IAC = ∠IAB = θ

∠IBC = ∠IBA = 30°

△ABC において，内角の和は 180°

であるから $2\times\theta+2\times30°+50°=180°$

したがって $\theta=\mathbf{35°}$

(2) O は △ABC の外心であるから

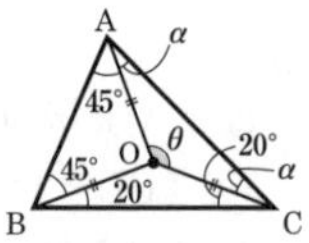

∠OBA = ∠OAB = 45°

∠OBC = ∠OCB = 20°

よって

∠ABC = ∠OBA + ∠OBC = 65°

∠OAC = ∠OCA = α とおくと，△ABC において，内角の和は 180° であるから

$2\times(45°+20°+\alpha)=180°$

よって $\alpha=25°$

△OAC において，内角の和は 180° であるから

$\theta+2\alpha=\theta+2\times25°=180°$

よって $\theta=\mathbf{130°}$

6

(1) △ABD において，メネラウスの定理より

$$\frac{BC}{CD}\cdot\frac{DP}{PA}\cdot\frac{AF}{FB}=\frac{BC}{CD}\cdot\frac{2}{5}\cdot\frac{3}{4}=1$$

ゆえに $\dfrac{BC}{CD}=\dfrac{10}{3}$ より BC : CD = 10 : 3

よって BD : DC = **7 : 3**

(2) △ABC において，チェバの定理より

$$\frac{BD}{DC}\cdot\frac{CE}{EA}\cdot\frac{AF}{FB}=1$$

(1)より $\dfrac{7}{3}\cdot\dfrac{CE}{EA}\cdot\dfrac{3}{4}=1$

ゆえに $\dfrac{CE}{EA}=\dfrac{4}{7}$

よって AE : EC = **7 : 4**

25 円周角の定理とその逆 (p.188)

例61

ア 50°　　**イ** 90°　　**ウ** 40°

例62

ア BDC

72

(1) AとOを結ぶと，OA＝OB＝OC より，△OAB，△OCA は二等辺三角形であるから

$\angle OAB=\angle OBA=25°$

$\angle OAC=\angle OCA=40°$

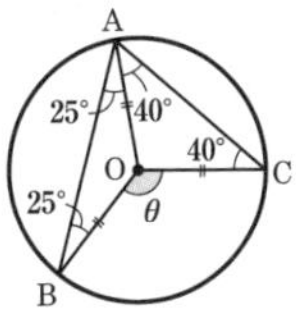

ゆえに　$\angle BAC=\angle OAB+\angle OAC=25°+40°=65°$

θは円周角 ∠BAC の中心角であるから

$\theta=2\times65°=$**130°**

(2) 円周角の定理より

$\angle ABD=\angle ACD=\theta$

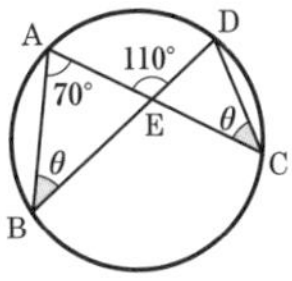

△ABE において，内角と外角の関係から

$\angle ABE+\angle BAE=\angle AED$

すなわち　$\theta+70°=110°$

よって　　**θ＝40°**

(3) AとDを結ぶと

円周角の定理より

$\angle ADC=\angle ABC=\theta$

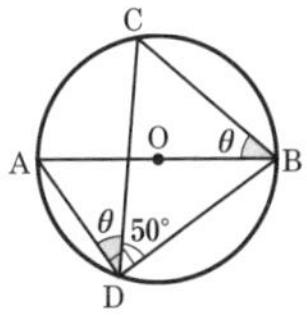

∠ADB は直径に対する円周角であるから　$\angle ADB=90°$

ゆえに　$\angle ADC+\angle BDC=90°$

すなわち　　$\theta+50°=90°$

よって　**θ＝40°**

(4) AとDを結ぶと

円周角の定理より

$\angle DAC=\angle DBC=35°$

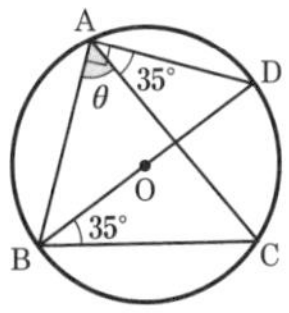

∠DAB は直径に対する円周角であるから　$\angle DAB=90°$

ゆえに　$\angle BAC+\angle DAC=90°$

すなわち　　$\theta+35°=90°$

よって　**θ＝55°**

73

(1) 2点A，Dが直線BCについて同じ側にあり，$\angle BAC=\angle BDC$ であるから

4点A，B，C，Dは**同一円周上にある。**

(2) $\angle BAC\neq\angle BDC$ であるから，

4点A，B，C，Dは**同一円周上にない。**

26 円に内接する四角形 (p.190)

例63

ア 120°　　**イ** 100°

例64

ア 100°　　**イ** 180°

74

(1) 円に内接する四角形の性質より，向かい合う内角の和は 180° であるから

$\alpha=180°-75°=$**105°**

∠ABC は ∠ADC の外角に等しいから　**β＝50°**

(2) 円に内接する四角形の性質より，∠BAD は ∠BCD の外角に等しいから

α＝100°

△ABD において，内角の和は 180° であるから

$\beta=180°-(45°+100°)=$**35°**

(3) 円に内接する四角形の性質より，向かい合う内角の和は 180° であるから

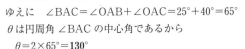

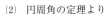

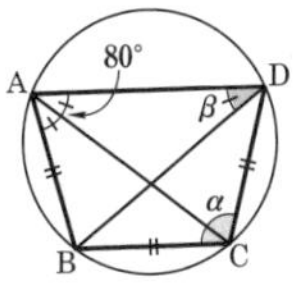

$\alpha=180°-80°=$**100°**

$\overset{\frown}{AB}=\overset{\frown}{BC}=\overset{\frown}{CD}$ であるから

$\beta=\angle BAC=\angle CAD$

$=\dfrac{1}{2}\times\angle BAD$

$=\dfrac{1}{2}\times80°=$**40°**

注意　$\overset{\frown}{AB}$ は弧 AB の長さのことである。

75

(1) 四角形 ABCD は円に内接するから

$\angle BCD=180°-\angle BAD=180°-110°=70°$

また，∠BDC は直径に対する円周角であるから

$\angle BDC=90°$

よって，△BCD において，内角の和は 180° であるから

$\theta=180°-(70°+90°)=$**20°**

(2) △DAE において，内角の和は 180° であるから

$\angle ADC=180°-(55°+20°)=105°$

四角形 ABCD は円に内接するから

$\angle DCF=\angle DAB=55°$

また，$\angle ADC=\angle DFC+\angle DCF$ であるから

$105°=\theta+55°$

よって　**θ＝50°**

76

(ア) $\angle A+\angle C=90°+70°=160°$

向かい合う内角の和が 180° でないから，四角形 ABCD は円に内接しない。

(イ) $\angle DAB=180°-105°=75°$ より

∠DAB は ∠BCD の外角に等しい。

ゆえに，四角形 ABCD は円に内接する。

(ウ) △BCD において，内角の和は 180° であるから

$\angle C=180°-(35°+25°)=120°$

ゆえに　$\angle A+\angle C=60°+120°=180°$

向かい合う内角の和が 180° であるから，四角形 ABCD は円に内接する。

よって，円に内接するのは　**(イ)と(ウ)**

27　円の接線（p.192）

例 65

ア　4　　　**イ**　9

例 66

ア　5　　　**イ**　8　　　**ウ**　3

77

(1)　AR＝AQ より　AR＝2

CP＝CQ より　CP＝3

ゆえに　BP＝BC－PC＝9－3＝6

BR＝BP より　BR＝6

よって　AB＝AR＋RB＝2＋6＝**8**

(2)　AQ＝AR より　AQ＝7

CP＝CQ より　CP＝AC－CQ＝11－7＝4

BR＝BP より　BR＝BC－PC＝9－4＝5

よって　AB＝AR＋BR＝7＋5＝**12**

78

BP＝x とすると　BR＝BP，AB＝13

より　AR＝AB－BR＝13－x

よって，AQ＝AR より　AQ＝13－x

また，BC＝8 より　CP＝BC－BP＝8－x

よって，CQ＝CP より　CQ＝8－x

ここで，AQ＋CQ＝CA，CA＝9 であるから

$(13-x)+(8-x)=9$

したがって　BP＝x＝**6**

28　接線と弦のつくる角（p.194）

例 67

ア　110°

例 68

ア　90°　　　**イ**　30°　　　**ウ**　30°

79

(1)　接線と弦のつくる角の性質より

$\theta=\angle\mathrm{BAT}=180^\circ-140^\circ=\mathbf{40^\circ}$

(2)　接線と弦のつくる角の性質より

$\theta=\angle\mathrm{CAP}=90^\circ-55^\circ=\mathbf{35^\circ}$

80

(1)　BC は直径であるから　∠CAB＝90°

接線と弦のつくる角の性質より

$\theta=\angle\mathrm{ACB}=90^\circ-30^\circ=\mathbf{60^\circ}$

(2)　接線と弦のつくる角の性質より　∠DAB＝25°

△ABC において，内角の和は 180° であるから

$\angle\mathrm{ACB}+\angle\mathrm{CAB}+\theta=180^\circ$

$25^\circ+(90^\circ+25^\circ)+\theta=180^\circ$

よって　$\theta=180^\circ-140^\circ$

$=\mathbf{40^\circ}$

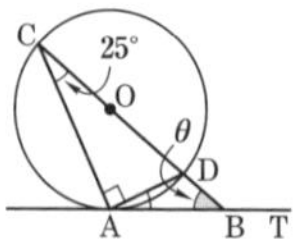

29　方べきの定理（p.196）

例 69

ア　10　　　**イ**　11

例 70

ア　6

81

(1)　PA・PB＝PC・PD より　$x\cdot4=6\cdot2$

よって　$x=\mathbf{3}$

(2)　PA・PB＝PC・PD より　$3\cdot(x+3)=4\cdot(4+5)$

よって　$x=\mathbf{9}$

82

(1)　PA・PB＝PT² より　$4\cdot(4+7)=x^2$

$x^2=44$

$x>0$ より　$x=\sqrt{44}=\mathbf{2\sqrt{11}}$

(2)　PA・PB＝PT² より　$3\cdot(3+x)=6^2$

よって　$3+x=12$ より　$x=\mathbf{9}$

(3)　PA・PB＝PT² より　$x(x+5)=6^2$

整理すると　$x^2+5x-36=0$ より

$(x+9)(x-4)=0$

$x>0$ より　$x=\mathbf{4}$

(4)　PA・PB＝PT² より　$x(x+6)=4^2$

整理すると　$x^2+6x-16=0$ より

$(x+8)(x-2)=0$

$x>0$ より　$x=\mathbf{2}$

30　2つの円（p.198）

例 71

ア　10　　　**イ**　4

例 72

ア　$2\sqrt{6}$

83

2 つの円が外接するとき

$r+5=8$ より　$r=3$

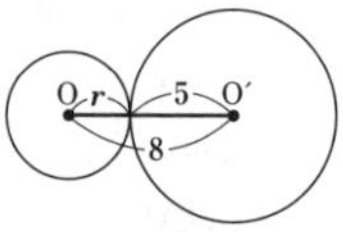

2 つの円が内接するときの中心間の距離を d とすると

$d=5-r$

$=5-3=\mathbf{2}$

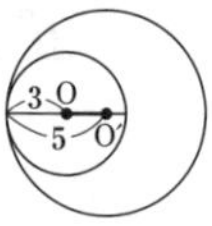

84

(1)　13>7＋4 より，2 円 O と O′ は **離れている**。

よって，共通接線は **4 本**。

(2)　11＝7＋4 より，2 円 O と O′ は **外接する**。

よって，共通接線は **3 本**。

(3)　7－4<6<7＋4 より，2 円 O と O′ は **2 点で交わる**。

よって，共通接線は **2 本**。

85

(1)　点 O′ から線分 OA に垂線 O′H をおろすと

OH＝OA－O′B

＝6－4＝2

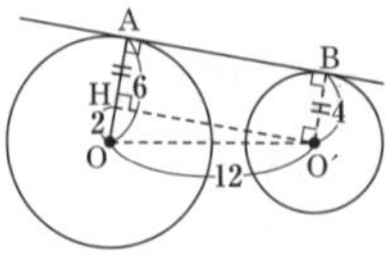

△OO′H は，直角三角形であるから

$\mathrm{AB}=\mathrm{O'H}=\sqrt{12^2-2^2}=\sqrt{140}=\mathbf{2\sqrt{35}}$

(2) (1)と同様にして

$AB=O'H=\sqrt{9^2-(7-4)^2}=\sqrt{81-9}$

$=\sqrt{72}=\mathbf{6\sqrt{2}}$

確認問題 7 (p.200)

1

(1) △ABD において，内角の和は 180° であるから

$\alpha=180^\circ-(45^\circ+35^\circ)=\mathbf{100^\circ}$

円に内接する四角形の性質より，向かい合う内角の和は 180° であるから

$\beta=180^\circ-\alpha=180^\circ-100^\circ=\mathbf{80^\circ}$

(2) 円に内接する四角形の性質より，向かい合う内角の和は 180° であるから

$\alpha=180^\circ-80^\circ=\mathbf{100^\circ}$

また，内角と外角の関係から，$\alpha=\beta+40^\circ$ より

$\beta=\alpha-40^\circ=100-40^\circ=\mathbf{60^\circ}$

(3) OB=OD より

$\angle ODB=\angle OBD=35^\circ$, $\angle BOD=180^\circ-(35^\circ\times 2)=110^\circ$

∠BCD は，中心角 ∠BOD の円周角であるから

$\angle BCD=\frac{1}{2}\times 110^\circ=55^\circ$

円に内接する四角形の性質より，向かい合う内角の和は 180° であるから

$\alpha=180^\circ-55^\circ=\mathbf{125^\circ}$

また，∠BCD の外角であるから

$\beta=180^\circ-55^\circ=\mathbf{125^\circ}$

2

BR=BP より　BR=4

CQ=CP より　CQ=6

ゆえに　AQ=AC−CQ=10−6=4

AR=AQ より　AR=4

よって　AB=AR+BR=4+4=**8**

3

AR=x とすると，AQ=AR，AC=7 より

CQ=AC−AQ=7−x

よって，CP=CQ より　CP=7−x

また，AB=6 より

BR=AB−AR=6−x

よって，BP=BR より　BP=6−x

ここで，BP+CP=BC，BC=8 であるから

$(6-x)+(7-x)=8$

これを解いて　$x=\frac{5}{2}$

したがって　AR=$\mathbf{\frac{5}{2}}$

4

(1) 接線と弦のつくる角の性質より　$\theta=\mathbf{60^\circ}$

(2) 接線と弦のつくる角の性質より　∠BAT=θ

また，BC=BA より　∠BAC=θ

よって　∠BAT+∠BAC+74°=180°

ゆえに　$\theta+\theta+74^\circ=180^\circ$ より　$\theta=\mathbf{53^\circ}$

(3) OP と円との交点をCとすると

接線と弦のつくる角の性質より　∠BCA=70°

∠BAC は直径に対する円周角であるから

∠BAC=90°

△BAC の内角の和は 180° であるから

$\theta+70^\circ+90^\circ=180^\circ$

したがって　$\theta=\mathbf{20^\circ}$

5

(1) 接線と弦のつくる角の性質より　$\alpha=\mathbf{55^\circ}$

△ABD において，内角の和は 180° であるから

∠BAD=180°−(60°+55°)=65°

向かい合う内角の和は 180° であるから

$\beta=180^\circ-\angle BAD=180^\circ-65^\circ=\mathbf{115^\circ}$

(2) 接線と弦のつくる角の性質より　∠ABC=β

∠BAC は直径に対する円周角であるから　∠BAC=90°

△ACP において，内角と外角の関係から

$\beta=\alpha+54^\circ$　……①

△ABC において，内角の和は 180° であるから

$\alpha+\beta+90^\circ=180^\circ$　……②

①，②より　$\alpha=\mathbf{18^\circ}$，$\beta=\mathbf{72^\circ}$

(3) △OAB は二等辺三角形であるから

∠AOB=180°−2×40°=100°

円周角の定理より　$\angle ACB=\frac{1}{2}\times 100^\circ=50^\circ$

接線と弦のつくる角の性質より，∠ACB=α であるから

$\alpha=\mathbf{50^\circ}$

また，O と C を結ぶと

∠OBC=∠OCB=30°，β=∠OCA より

$\beta=\angle OCA=50^\circ-30^\circ=\mathbf{20^\circ}$

6

(1) PA・PB=PC・PD より　$8\cdot(8+x)=6\cdot(6+5\times 2)$

よって　$64+8x=96$ より

$x=\mathbf{4}$

(2) PA・PB=PC・PD より　$x\cdot 5=(4-3)(3+4)$

よって　$5x=7$ より

$x=\mathbf{\frac{7}{5}}$

(3) PA・PB=PT^2 より

$2\cdot(2+2x)=4^2$

よって　$4+4x=16$ より

$x=\mathbf{3}$

7

点 O′ から OA の延長に垂線 O′H をおろすと

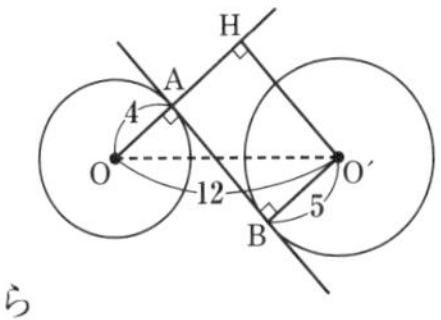

OH=OA+O′B

=4+5=9

△OO′H は，直角三角形であるから

$AB=O'H=\sqrt{12^2-9^2}=\sqrt{144-81}=\sqrt{63}=\mathbf{3\sqrt{7}}$

31　作図 (p.202)

例 73

ア　C_3C_5

86

① 長さ 1 の線分 AB をかく。

② 点 A を通る直線 l を引き，等間隔に 4 個の点 C_1, C_2, C_3, C_4 をとる。

③ 線分 C_4B と平行に点 C_3 を通る直線を引き，線分 AB との交点を P とすれば，$AP=\frac{3}{4}$ となる。

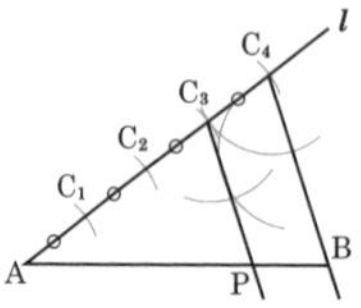

87

① 点 O から ∠XOY の二等分線 l を引く。

② 点 P から直線 OX に垂線 h を引く。

③ 直線 l と直線 h の交点を C とする。

④ C を中心，CP を半径とする円が求める円である。

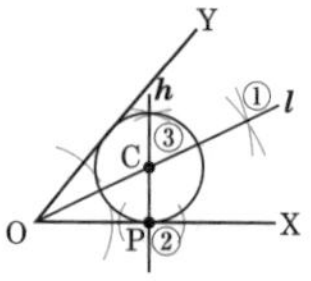

88

① 長さ 1 の線分 AB の延長上に，BC=3 となる点Cをとる。

② 線分 AC の中点 O を求め，OA を半径とする円をかく。

③ 点Bを通り，AC に垂直な直線を引き，円Oとの交点を D, D′ とすれば，$BD=BD'=\sqrt{3}$ である。

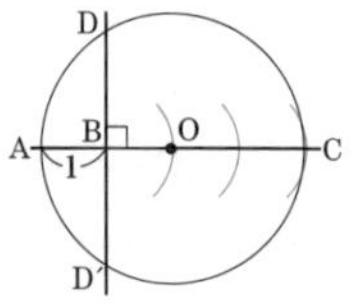

別解　右の図のように直角三角形をかく方法でも，長さ $\sqrt{3}$ の線分を作図できる。

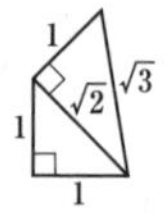

32　空間における直線と平面 (p.204)

例 74

ア　CG, DH, EH, FG　**イ**　90°

ウ　30°　**エ**　60°

89

(1) **BC, EH, FG**

(2) **AB, AE, DC, DH**

(3) **BF, CG, EF, HG**

(4) **平面 BFGC, 平面 EFGH**

(5) **平面 ABCD, 平面 AEHD**

(6) **平面 AEFB, 平面 DHGC**

90

(1) BC, AE のなす角は，BC, BF のなす角に等しいから **90°**

(2) AD, EG のなす角は，AD, AC のなす角に等しいから **45°**

(3) AB, DE のなす角は，EF, DE のなす角に等しいから **90°**

(4) BD, CH のなす角は，BD, BE のなす角に等しい。
△BDE は正三角形であるから　∠DBE=60°
よって　**60°**

33　多面体 (p.206)

例 75

ア　20　　**イ**　30　　**ウ**　2

91

(1) $v=\mathbf{6}$, $e=\mathbf{9}$, $f=\mathbf{5}$ より
$v-e+f=6-9+5=\mathbf{2}$

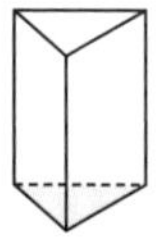

(2) $v=\mathbf{5}$, $e=\mathbf{8}$, $f=\mathbf{5}$ より
$v-e+f=5-8+5=\mathbf{2}$

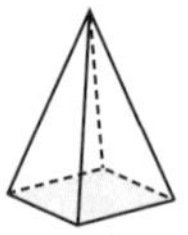

92

$v=\mathbf{9}$, $e=\mathbf{16}$, $f=\mathbf{9}$ より
$v-e+f=9-16+9=\mathbf{2}$

93

$v=3\times20\div5=\mathbf{12}$, $e=3\times20\div2=\mathbf{30}$, $f=\mathbf{20}$ より
$v-e+f=12-30+20=\mathbf{2}$

TRY *PLUS* (p.208)

問3

(1) △ABP と直線 CQ にメネラウスの定理を用いると

$$\frac{BC}{CP}\cdot\frac{PO}{OA}\cdot\frac{AQ}{QB}=\frac{3+1}{1}\cdot\frac{PO}{OA}\cdot\frac{3}{2}=1$$

ゆえに　$\frac{PO}{OA}=\frac{1}{6}$

よって　AO : OP=**6 : 1**

(2) △OBC と △ABC は，辺 BC を共有しているから

$$\frac{\triangle OBC}{\triangle ABC}=\frac{OP}{AP}=\frac{1}{6+1}=\frac{1}{7}$$

よって　△OBC : △ABC=**1 : 7**

問4

(1) △ABC において，AD は ∠A の二等分線であるから
BD : DC=AB : AC
よって　BD : DC=**4 : 3**

(2) $BD=x$ とおくと BD : DC=4 : 3 より
$x:(5-x)=4:3$
よって　$3x=4(5-x)$
これを解くと　$x=\frac{20}{7}$
△ABD において，BI は ∠B の二等分線であるから
AI : ID=BA : BD
よって　$AI:ID=4:\frac{20}{7}=28:20=\mathbf{7:5}$

第3章　数学と人間の活動

34　n 進法（p.210）

例 76

ア　22

例 77

ア　1011

例 78

ア　47

例 79

ア　201

例 80

ア　294

例 81

ア　243

94

(1)　$111_{(2)}=1\times2^2+1\times2+1\times1=4+2+1=\mathbf{7}$

(2)　$1001_{(2)}=1\times2^3+0\times2^2+0\times2+1\times1$

$=8+0+0+1=\mathbf{9}$

95

(1)　右の計算より　$12=\mathbf{1100_{(2)}}$

2) 12
2) 6 … 0
2) 3 … 0
2) 1 … 1
　 0 … 1

(2)　右の計算より　$27=\mathbf{11011_{(2)}}$

2) 27
2) 13 … 1
2) 6 … 1
2) 3 … 0
2) 1 … 1
　 0 … 1

96

(1)　$212_{(3)}=2\times3^2+1\times3+2\times1$

$=18+3+2=\mathbf{23}$

(2)　$1021_{(3)}=1\times3^3+0\times3^2+2\times3+1\times1$

$=27+0+6+1=\mathbf{34}$

97

(1)　右の計算より　$35=\mathbf{1022_{(3)}}$

3) 35
3) 11 … 2
3) 3 … 2
3) 1 … 0
　 0 … 1

(2)　右の計算より　$65=\mathbf{2102_{(3)}}$

3) 65
3) 21 … 2
3) 7 … 0
3) 2 … 1
　 0 … 2

98

(1)　$314_{(5)}=3\times5^2+1\times5+4\times1=75+5+4=\mathbf{84}$

(2)　$1043_{(5)}=1\times5^3+0\times5^2+4\times5+3\times1$

$=125+0+20+3=\mathbf{148}$

99

(1)　右の計算より　$38=\mathbf{123_{(5)}}$

5) 38
5) 7 … 3
5) 1 … 2
　 0 … 1

(2)　右の計算より　$97=\mathbf{342_{(5)}}$

5) 97
5) 19 … 2
5) 3 … 4
　 0 … 3

35　約数と倍数（p.212）

例 82

ア　1, 3, 5, 15

例 83

ア　7

例 84

ア　4　　イ　3

100

(1)　$18=1\times18=(-1)\times(-18)$

$18=2\times9=(-2)\times(-9)$

$18=3\times6=(-3)\times(-6)$

よって，18 のすべての約数は

1，2，3，6，9，18，−1，−2，−3，−6，−9，−18

(2)　$100=1\times100=(-1)\times(-100)$

$100=2\times50=(-2)\times(-50)$

$100=4\times25=(-4)\times(-25)$

$100=5\times20=(-5)\times(-20)$

$100=10\times10=(-10)\times(-10)$

よって，100 のすべての約数は

1，2，4，5，10，20，25，50，100，−1，−2，−4，−5，−10，−20，−25，−50，−100

101

整数 a，b は 7 の倍数であるから，整数 k，l を用いて

$a=7k$，　$b=7l$

と表される。

ゆえに　$a+b=7k+7l=\boxed{\mathbf{7(k+l)}}$

ここで，k，l は整数であるから，$k+l$ は整数である。

よって，$\boxed{\mathbf{7(k+l)}}$ は 7 の倍数である。

したがって，$a+b$ は 7 の倍数である。　終

102

下 2 桁が 4 の倍数であるかどうかを調べる。

①　$32=4\times8$　　③　$24=4\times6$　　④　$84=4\times21$

よって，4 の倍数は ①，③，④

103

各位の数の和が 3 の倍数であるかどうかを調べる。

①　$1+0+2=3$　　②　$3+6+9=18=3\times6$

④　$7+7+7=21=3\times7$

よって，3 の倍数は ①，②，④

104

各位の数の和が9の倍数であるかどうかを調べる。

② $3+4+2=9$

③ $3+8+8+8=27=9\times3$

よって，9の倍数は ②，③

36　素因数分解 (p.214)

例85

ア　3^2

例86

ア　2　　**イ**　3　　**ウ**　6

105

1以外の約数をもつかどうかを調べる。

① $51=3\times17$，② $57=3\times19$，④ $87=3\times29$，

⑤ $91=7\times13$

よって，素数は ③，⑥

106

(1) $78=\mathbf{2\times3\times13}$

(2) $105=\mathbf{3\times5\times7}$

(3) $585=\mathbf{3^2\times5\times13}$

(4) $616=\mathbf{2^3\times7\times11}$

(1)
2) 78
3) 39
13

(2)
3) 105
5) 35
7

(3)
3) 585
3) 195
5) 65
13

(4)
2) 616
2) 308
2) 154
7) 77
11

107

(1) 27を素因数分解すると　$27=3^3$

$27n$ を素因数分解したとき，各素因数の指数がすべて偶数になればよい。

よって，求める最小の自然数 n は

$n=\mathbf{3}$

(2) 378を素因数分解すると　$378=2\times3^3\times7$

$378n$ を素因数分解したとき，各素因数の指数がすべて偶数になればよい。

よって，求める最小の自然数 n は

$n=2\times3\times7=\mathbf{42}$

37　最大公約数と最小公倍数 (1) (p.216)

例87

ア　12

例88

ア　180

108

(1) $12=2^2\times3$

$42=2\times3\times7$

よって，最大公約数は　$2\times3=\mathbf{6}$

2) 12　42
3) 6　21
2　7

(2) $26=2\times13$

$39=3\times13$

よって，最大公約数は **13**

13) 26　39
2　3

(3) $28=2^2\times7$

$84=2^2\times3\times7$

よって，最大公約数は　$2^2\times7=\mathbf{28}$

2) 28　84
2) 14　42
7) 7　21
1　3

(4) $54=2\times3^3$

$72=2^3\times3^2$

よって，最大公約数は　$2\times3^2=\mathbf{18}$

2) 54　72
3) 27　36
3) 9　12
3　4

(5) $147=3\times7^2$

$189=3^3\times7$

よって，最大公約数は　$3\times7=\mathbf{21}$

3) 147　189
7) 49　63
7　9

(6) $64=2^6$

$256=2^8$

よって，最大公約数は　$2^6=\mathbf{64}$

2) 64　256
2) 32　128
2) 16　64
2) 8　32
2) 4　16
2) 2　8
1　4

109

(1) $12=2^2\times3$

$20=2^2\times5$

よって，最小公倍数は

$2^2\times3\times5=\mathbf{60}$

2) 12　20
2) 6　10
3　5

(2) $18=2\times3^2$

$24=2^3\times3$

よって，最小公倍数は　$2^3\times3^2=\mathbf{72}$

2) 18　24
3) 9　12
3　4

(3) $21=3\times7$

$26=2\times13$

よって，最小公倍数は　$21\times26=\mathbf{546}$

(4) $39=3\times13$

$78=2\times3\times13$

よって，最小公倍数は　$2\times3\times13=\mathbf{78}$

3) 39　78
13) 13　26
1　2

(5) $20=2^2\times5$

$75=3\times5^2$

よって，最小公倍数は　$2^2\times3\times5^2=\mathbf{300}$

5) 20　75
4　15

(6) $84=2^2\times3\times7$

$126=2\times3^2\times7$

よって，最小公倍数は　$2^2\times3^2\times7=\mathbf{252}$

2) 84　126
3) 42　63
7) 14　21
2　3

38　最大公約数と最小公倍数 (2) (p.218)

例89

ア　6

例90

ア　60

例91

ア　互いに素である　　**イ**　互いに素でない

110

正方形のタイルを縦に m 枚，横に n 枚並べて，長方形に敷き詰めるとすると　$78=mx$，$195=nx$

よって，x は 78 と 195 の公約数であるから，x の最大値は 78 と 195 の最大公約数である。

$78=2\times3\times13$，$195=3\times5\times13$

より，78 と 195 の最大公約数は $3\times13=39$

したがって，x の最大値は **39**

```
 3) 78  195
13) 26   65
     2    5
```

111

2 台の電車が，次に同時に発車する時刻までの間隔は，12 と 16 の最小公倍数に等しい。

$12=2^2\times3$，$16=2^4$

であるから，12 と 16 の最小公倍数は

$2^4\times3=48$

```
2) 12  16
2)  6   8
    3   4
```

よって，次に同時に発車するのは **48 分後**

112

① $14=2\times7$，$91=7\times13$ より
　最大公約数は 7

② $39=3\times13$，$58=2\times29$ より
　1 以外の正の公約数をもたない。

③ $57=3\times19$，$75=3\times5^2$ より
　最大公約数は 3

よって，互いに素であるものは ②

39　整数の割り算と商および余り（p.220）

例 92

ア　7　　　**イ**　5

例 93

ア　3

例 94

ア　$3k^2-k$　　**イ**　$3k^2+k$　　**ウ**　$3k^2+3k$

113

(1) $\mathbf{73=16\times4+9}$

(2) $\mathbf{163=24\times6+19}$

114

整数 a は整数 k を用いて　$a=6k+4$

と表される。変形して

$a=6k+4=3(2k+1)+1$

ここで，$2k+1$ は整数である。

よって，a を 3 で割ったときの余りは **1**

115

ア　$3k^2-2k$　**イ**　$3k^2-1$　**ウ**　$3k^2+2k$

確認問題 8（p.222）

1

(1) $143_{(5)}=1\times5^2+4\times5+3\times1$
$=25+20+3=\mathbf{48}$

(2) 右の計算より
$13=\mathbf{111}_{(3)}$

```
3) 13
3)  4 … 1
3)  1 … 1
    0 … 1
```

(3) $10010_{(2)}=1\times2^4+0\times2^3+0\times2^2+1\times2+0\times1$
$=16+0+0+2+0=18$

右の計算より
$18=\mathbf{200}_{(3)}$

```
3) 18
3)  6 … 0
3)  2 … 0
    0 … 2
```

2

(1) 下 2 桁が 4 の倍数であるかどうかを調べる。

$16=4\times4$　　$68=4\times17$　　$12=4\times3$

よって，4 の倍数は **216，568，612**

(2) 各位の数の和が 9 の倍数であるかどうかを調べる。

$2+1+6=9$　　$3+6+9=18=9\times2$

$6+1+2=9$

よって，9 の倍数は **216，369，612**

3

$675=\mathbf{3^3\times5^2}$

4

(1) $252=2^2\times3^2\times7$
$315=3^2\times5\times7$

よって，最大公約数は

$3^2\times7=\mathbf{63}$

```
3) 252  315
3)  84  105
7)  28   35
     4    5
```

(2) $104=2^3\times13$
$156=2^2\times3\times13$

よって，最小公倍数は

$2^3\times3\times13=\mathbf{312}$

```
 2) 104  156
 2)  52   78
13)  26   39
      2    3
```

5

正方形のタイルを縦に m 枚，横に n 枚並べて，長方形に敷き詰めるとすると

$132=mx$，$330=nx$

よって，x は 132 と 330 の公約数であるから，x の最大値は 132 と 330 の最大公約数である。

$132=2^2\times3\times11$，$330=2\times3\times5\times11$ より，

132 と 330 の最大公約数は　$2\times3\times11=66$

したがって，x の最大値は **66**

```
 2) 132  330
 3)  66  165
11)  22   55
      2    5
```

6

板を縦に m 枚，横に n 枚並べて，1 辺の長さが x cm の正方形に敷き詰められたとすると

$x=70m=56n$

x は 70 と 56 の公倍数であるから，x の最小値は 70 と 56 の最小公倍数である。

$70=2\times5\times7$，$56=2^3\times7$ より

70 と 56 の最小公倍数は

$2^3\times5\times7=280$

```
2) 70  56
7) 35  28
    5   4
```

よって，x の最小値は **280**

7

整数 a は整数 k を用いて $a=15k+7$ と表される。

変形して

$a=15k+7=5(3k+1)+2$

ここで，$3k+1$ は整数である。よって，a を5で割ったときの余りは **2**

8

ア $2k^2+k$ **イ** $2k^2+3k+1$

40 ユークリッドの互除法 (p.224)

例 95

ア 13

116

(1) $273=63\times4+21$

$63=21\times3$

よって，最大公約数は **21**

(2) $319=99\times3+22$

$99=22\times4+11$

$22=11\times2$

よって，最大公約数は **11**

(3) $325=143\times2+39$

$143=39\times3+26$

$39=26\times1+13$

$26=13\times2$

よって，最大公約数は **13**

(4) $615=285\times2+45$

$285=45\times6+15$

$45=15\times3$

よって，最大公約数は **15**

41 不定方程式 (1) (p.225)

例 96

ア 5

117

(1) 不定方程式 $3x-4y=0$ を変形すると

$3x=4y$ ……①

$4y$ は4の倍数であるから，①より $3x$ も4の倍数である。3と4は互いに素であるから，x は4の倍数であり，整数 k を用いて $x=4k$ と表される。

ここで，$x=4k$ を①に代入すると

$3\times4k=4y$ より $y=3k$

よって，すべての整数解は

$\boldsymbol{x=4k,\ y=3k}$ （**k は整数**）

(2) 不定方程式 $9x-5y=0$ を変形すると

$9x=5y$ ……①

$5y$ は5の倍数であるから，①より $9x$ も5の倍数である。9と5は互いに素であるから，x は5の倍数であり，整数 k を用いて $x=5k$ と表される。

ここで，$x=5k$ を①に代入すると

$9\times5k=5y$ より $y=9k$

よって，すべての整数解は

$\boldsymbol{x=5k,\ y=9k}$ （**k は整数**）

(3) 不定方程式 $2x+5y=0$ を変形すると

$2x=-5y$ ……①

$-5y$ は5の倍数であるから，①より $2x$ も5の倍数である。2と5は互いに素であるから，x は5の倍数であり，整数 k を用いて $x=5k$ と表される。

ここで，$x=5k$ を①に代入すると

$2\times5k=-5y$ より $y=-2k$

よって，すべての整数解は

$\boldsymbol{x=5k,\ y=-2k}$ （**k は整数**）

(4) 不定方程式 $11x+6y=0$ を変形すると

$11x=-6y$ ……①

$6y$ は6の倍数であるから，①より $11x$ も6の倍数である。11と6は互いに素であるから，x は6の倍数であり，整数 k を用いて $x=6k$ と表される。

ここで，$x=6k$ を①に代入すると

$11\times6k=-6y$ より $y=-11k$

よって，すべての整数解は

$\boldsymbol{x=6k,\ y=-11k}$ （**k は整数**）

42 不定方程式 (2) (p.226)

例 97

ア 4

例 98

ア $2k+1$ **イ** $5k+2$

118

(1) $\boldsymbol{x=-2,\ y=3}$

(2) $\boldsymbol{x=2,\ y=2}$

(3) $\boldsymbol{x=4,\ y=-1}$

(4) $\boldsymbol{x=2,\ y=3}$

119

(1) $17x-3y=2$ ……①

の整数解を1つ求めると $x=1,\ y=5$

これを①の左辺に代入すると

$17\times1-3\times5=2$ ……②

①−② より

$17(x-1)-3(y-5)=0$

$17(x-1)=3(y-5)$ ……③

17と3は互いに素であるから，$x-1$ は3の倍数であり，整数 k を用いて $x-1=3k$ と表される。

ここで，$x-1=3k$ を③に代入すると

$17\times3k=3(y-5)$ より $y-5=17k$

よって，①のすべての整数解は

$\boldsymbol{x=3k+1,\ y=17k+5}$ （**k は整数**）

(2) $11x+7y=1$ ……①

の整数解を1つ求めると $x=2,\ y=-3$

これを①の左辺に代入すると

$11\times2+7\times(-3)=1$ ……②

①−② より

$11(x-2)+7(y+3)=0$

$11(x-2)=-7(y+3)$ ……③

11 と 7 は互いに素であるから，$x-2$ は 7 の倍数であり，整数 k を用いて $x-2=7k$ と表される。

ここで，$x-2=7k$ を③に代入すると

$11\times 7k=-7(y+3)$ より $y+3=-11k$

よって，①のすべての整数解は

$x=7k+2$，$y=-11k-3$ （k は整数）

43 不定方程式 (3) (p.228)

例 99

ア 5　　**イ** −7

120

51 と 19 は互いに素である。

51 と 19 に互除法を適用して，余りに着目すると

$51=19\times 2+13$ より $13=51-19\times 2$ ……①

$19=13\times 1+6$ より $6=19-13\times 1$ ……②

$13=6\times 2+1$ より $1=13-6\times 2$ ……③

ここで，③より $13-6\times 2=1$ ……④

④の 6 を，②で置きかえると $13-(19-13\times 1)\times 2=1$

ゆえに $13\times 3-19\times 2=1$ ……⑤

⑤の 13 を，①で置きかえると $(51-19\times 2)\times 3-19\times 2=1$

ゆえに $51\times 3-19\times 8=1$

よって，不定方程式 $51x+19y=1$ の整数解の 1 つは

$x=3$，$y=-8$

44 不定方程式 (4) (p.229)

例 100

ア 20　　**イ** 28

121

$51x+19y=3$ ……①

$51x+19y=1$ の整数解の 1 つは $x=3$，$y=-8$ であるから

$51\times 3+19\times(-8)=1$

両辺を 3 倍して $51\times 9+19\times(-24)=3$ ……②

①−② より $51(x-9)+19(y+24)=0$

すなわち $51(x-9)=-19(y+24)$ ……③

51 と 19 は互いに素であるから，$x-9$ は 19 の倍数であり，整数 k を用いて $x-9=19k$ と表される。

ここで，$x-9=19k$ を③に代入すると，

$51\times 19k=-19(y+24)$ より $y+24=-51k$

よって，すべての整数解は

$x=19k+9$，$y=-51k-24$ （k は整数）

確 認 問 題 9 (p.230)

1

(1) $133=91\times 1+42$

$91=42\times 2+7$

$42=7\times 6$

よって，最大公約数は **7**

(2) $312=182\times 1+130$

$182=130\times 1+52$

$130=52\times 2+26$

$52=26\times 2$

よって，最大公約数は **26**

(3) $816=374\times 2+68$

$374=68\times 5+34$

$68=34\times 2$

よって，最大公約数は **34**

2

(1) 不定方程式 $8x-15y=0$ を変形すると

$8x=15y$ ……①

$15y$ は 15 の倍数であるから，①より $8x$ も 15 の倍数である。8 と 15 は互いに素であるから，x は 15 の倍数であり，整数 k を用いて $x=15k$ と表される。

ここで，$x=15k$ を①に代入すると

$8\times 15k=15y$ より $y=8k$

よって，すべての整数解は

$x=15k$，$y=8k$ （k は整数）

(2) $12x+7y=0$ を変形すると

$12x=-7y$ ……①

$-7y$ は 7 の倍数であるから，①より $12x$ も 7 の倍数である。12 と 7 は互いに素であるから，x は 7 の倍数であり，整数 k を用いて $x=7k$ と表される。

ここで，$x=7k$ を①に代入すると

$12\times 7k=-7y$ より $y=-12k$

よって，すべての整数解は

$x=7k$，$y=-12k$ （k は整数）

3

(1) $3x+7y=1$ ……①

の整数解を 1 つ求めると $x=-2$，$y=1$

これを①の左辺に代入すると

$3\times(-2)+7\times 1=1$ ……②

①−② より

$3(x+2)+7(y-1)=0$

$3(x+2)=-7(y-1)$ ……③

3 と 7 は互いに素であるから，$x+2$ は 7 の倍数であり，整数 k を用いて，$x+2=7k$ と表される。

ここで，$x+2=7k$ を③に代入すると

$3\times 7k=-7(y-1)$ より $y-1=-3k$

よって，①のすべての整数解は

$x=7k-2$，$y=-3k+1$ （k は整数）

(2) $7x-9y=3$ ……①

の整数解を 1 つ求めると $x=3$，$y=2$

これを①の左辺に代入すると

$7\times 3-9\times 2=3$ ……②

①−② より

$7(x-3)-9(y-2)=0$

$7(x-3)=9(y-2)$ ……③

7 と 9 は互いに素であるから，$x-3$ は 9 の倍数であり，

整数kを用いて，$x-3=9k$ と表される。

ここで，$x-3=9k$ を③に代入すると

$7\times9k=9(y-2)$ より $y-2=7k$

よって，①のすべての整数解は

$x=9k+3$，$y=7k+2$ （kは整数）

4

(1) 53 と 37 は互いに素である。

53 と 37 に互除法を適用して，余りに着目すると

$53=37\times1+16$ より $16=53-37\times1$ ……①

$37=16\times2+5$ より $5=37-16\times2$ ……②

$16=5\times3+1$ より $1=16-5\times3$ ……③

③より $16-5\times3=1$ ……④

④の 5 を，②で置きかえると $16-(37-16\times2)\times3=1$

ゆえに $16\times7-37\times3=1$ ……⑤

⑤の 16 を，①で置きかえると $(53-37\times1)\times7-37\times3=1$

ゆえに $53\times7-37\times10=1$

よって，$53x-37y=1$ の整数解の 1 つは

$x=7$，$y=10$

(2) $53x-37y=1$ ……①

$53x-37y=1$ の整数解の 1 つは $x=7$，$y=10$ であるから

$53\times7-37\times10=1$ ……②

①−② より $53(x-7)-37(y-10)=0$

すなわち $53(x-7)=37(y-10)$ ……③

53 と 37 は互いに素であるから，$x-7$ は 37 の倍数であり，整数kを用いて $x-7=37k$ と表される。

ここで，$x-7=37k$ を③に代入すると，

$53\times37k=37(y-10)$ より $y-10=53k$

よって，①のすべての整数解は

$x=37k+7$，$y=53k+10$ （kは整数）

(3) $53x-37y=2$ ……①

$53x-37y=1$ の整数解の 1 つは $x=7$，$y=10$ であるから

$53\times7-37\times10=1$

両辺を 2 倍して $53\times14-37\times20=2$ ……②

①−② より $53(x-14)-37(y-20)=0$

すなわち $53(x-14)=37(y-20)$ ……③

53 と 37 は互いに素であるから，$x-14$ は 37 の倍数であり，整数kを用いて $x-14=37k$ と表される。

ここで，$x-14=37k$ を③に代入すると

$53\times37k=37(y-20)$ より $y-20=53k$

よって，すべての整数解は

$x=37k+14$，$y=53k+20$ （kは整数）

45 相似を利用した測量，三平方の定理の利用 (p.232)

例 101

ア 3　　**イ** $\frac{16}{3}$

例 102

ア 4.8

例 103

ア $\sqrt{5}$

122

(1) △ABC∽△DEF より $6:4=x:2$

ゆえに $4x=12$ よって **$x=3$**

また $6:4=5:y$

ゆえに $6y=20$ よって **$y=\frac{10}{3}$**

(2) △ABC∽△DEF より $4:7=x:5$

ゆえに $7x=20$ よって **$x=\frac{20}{7}$**

また $4:7=3:y$

ゆえに $4y=21$ よって **$y=\frac{21}{4}$**

123

右の図において，△ABC∽△DEF である。

ゆえに BC：EF＝AC：DF

すなわち 24：0.6＝AC：1.8

よって 0.6AC＝43.2

したがって AC＝**72 (m)**

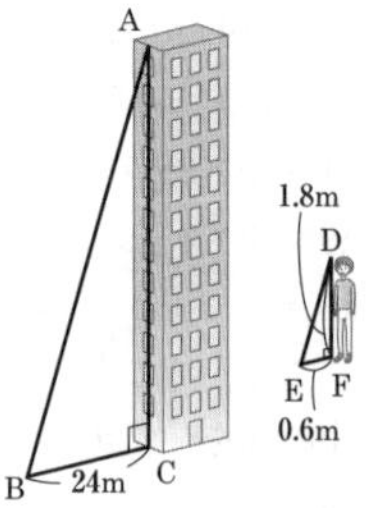

124

(1) 三平方の定理より $x^2+2^2=4^2$

$x>0$ であるから

$x=\sqrt{4^2-2^2}=\sqrt{12}=$**$2\sqrt{3}$**

(2) 三平方の定理より $x^2+x^2=5^2$

$x>0$ であるから

$x=\sqrt{\frac{25}{2}}=\frac{5}{\sqrt{2}}=$**$\frac{5\sqrt{2}}{2}$**

46 座標の考え方 (p.234)

例 104

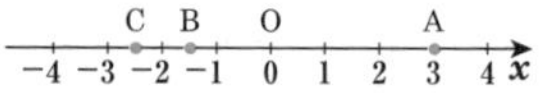

例 105

ア 2　　**イ** −3　　**ウ** −2

エ 3　　**オ** −2　　**カ** −3

例 106

ア 3　　**イ** 2　　**ウ** −4

エ −3　　**オ** 2　　**カ** 4

125

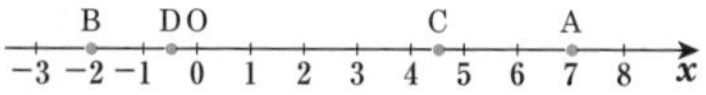

126

B(3, 2)，C(−3, −2)，D(−3, 2)

127

P(3, 2, 4)，Q(3, 2, 0)，R(0, 2, 4)，S(3, 0, 4)，T(−3, 2, 4)

図形の性質

1 角の二等分線と線分の比

△ABC において，∠A の二等分線と辺 BC との交点を D とするとき

AB：AC＝BD：DC

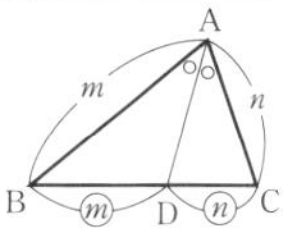

2 三角形の重心・内心・外心

重心

三角形の 3 本の中線の交点

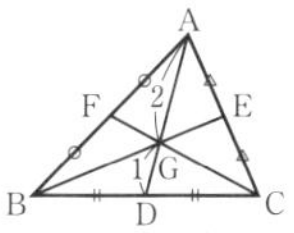

内心

三角形の 3 つの内角の二等分線の交点

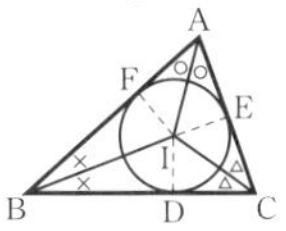

外心

三角形の 3 つの辺の垂直二等分線の交点

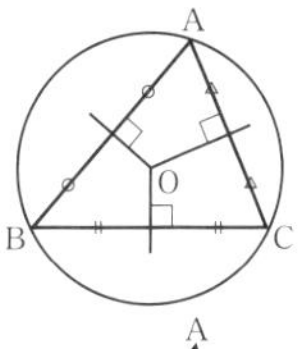

傍心

三角形の 1 つの内角と他の外角の二等分線の交点

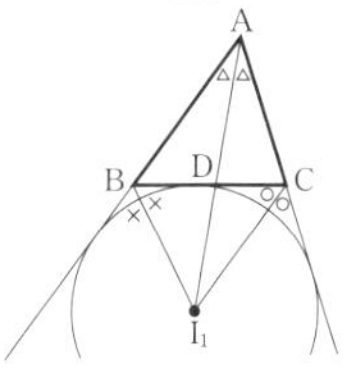

垂心

三角形の 3 つの頂点から，それぞれの対辺におろした垂線の交点

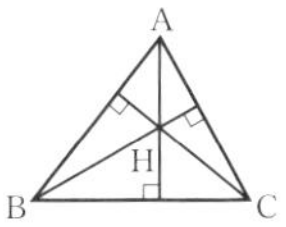

3 円周角の定理

∠APB＝∠AP′B

$\angle APB=\frac{1}{2}\angle AOB$

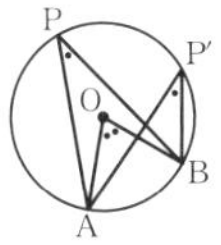

4 メネラウスの定理・チェバの定理

メネラウスの定理

$$\frac{BP}{PC}\cdot\frac{CQ}{QA}\cdot\frac{AR}{RB}=1$$

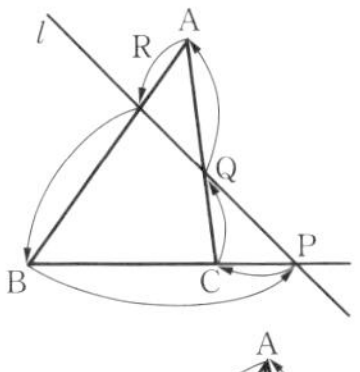

チェバの定理

$$\frac{BP}{PC}\cdot\frac{CQ}{QA}\cdot\frac{AR}{RB}=1$$

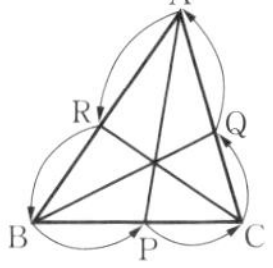

5 円に内接する四角形

[1]　向かい合う内角の和は 180°

[2]　1 つの内角は，それに向かい合う内角の外角に等しい。

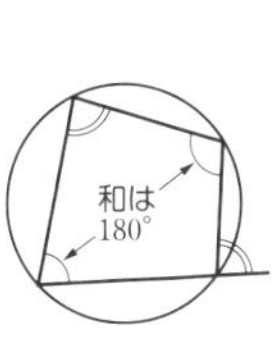

6 接線と弦のつくる角

∠TAB＝∠ACB

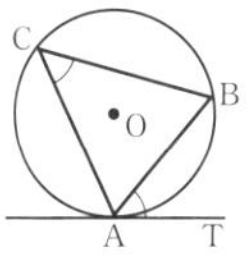

7 方べきの定理

・円の 2 つの弦 AB, CD の交点，または，それらの延長の交点を P とするとき

PA・PB＝PC・PD

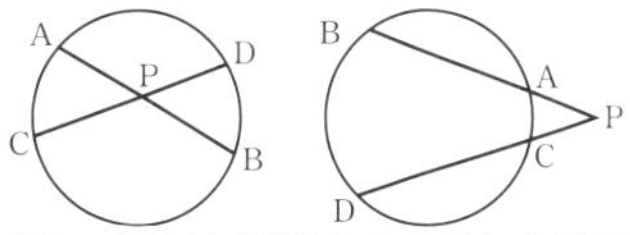

・円の弦 AB の延長と円周上の点 T における接線が点 P で交わるとき

$PA\cdot PB=PT^2$

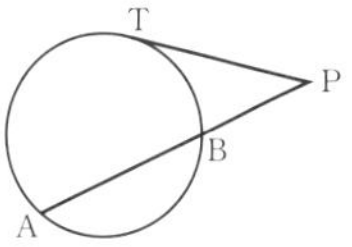

8 三垂線の定理

[1]　PO⊥α，OA⊥l ならば PA⊥l

[2]　PO⊥α，PA⊥l ならば OA⊥l

[3]　PA⊥l，OA⊥l，PO⊥OA ならば PO⊥α

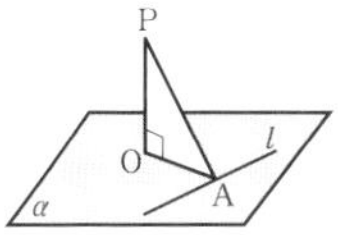

9 多面体

多面体

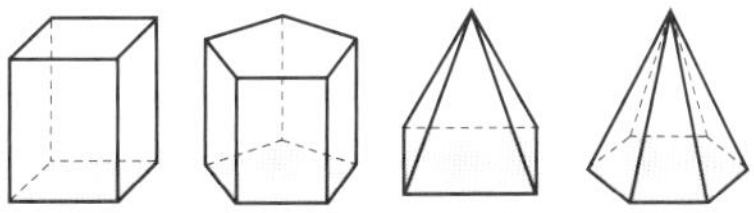

四角柱　五角柱　四角錐　六角錐

正多面体

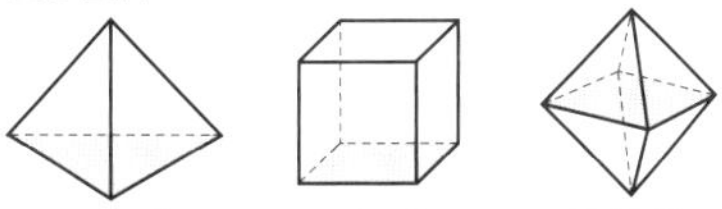

正四面体　正六面体　正八面体

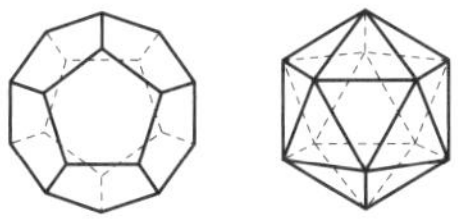

正十二面体　正二十面体

10 オイラーの多面体定理

凸多面体の頂点の数を v，辺の数を e，面の数を f とすると　$v-e+f=2$

実教出版株式会社

本書は植物油を使ったインキおよび再生紙を使用しています。

見やすいユニバーサルデザインフォントを採用しています。 UD FONT

ISBN978-4-407-36032-5

C7041 ¥809E

定価890円(本体809円)

9784407360325

1927041008095

(数Ⅰ 707　数A 707)ステージノート数学Ⅰ+A

年　組　番　名前